电子电镀技术

第二版

刘仁志 编著

Electroplating Technology for Electronics

化学工业出版社

·北京·

内 容 简 介

本书作者根据自己从事电子电镀50多年的经历，以新的视角对电子电镀的常识做了通俗的讲解，内容涉及电镀基本知识和各种电子电镀技术，包括通用电子电镀工艺、专用的电子电镀工艺，如印制线路板电镀、电子连接器电镀、线材电镀、微波器件电镀、塑料电镀、纳米电镀、稀贵金属电镀、合金电镀和复合镀等的应用。并根据电镀过程的量子理论，对电子电镀技术做了展望。

对需要学习和了解当代电子电镀技术的读者来说本书是一本信息量较大的读物。适合从事电子电镀的专业人员和教师、学生阅读，其中有些章节的末尾对该领域的技术动向和发展趋势作了预测，提出了一些新课题和新设想，对科研人员亦具有参考价值。

图书在版编目（CIP）数据

电子电镀技术/刘仁志编著. —2版. —北京：化学工业出版社，2023.3

ISBN 978-7-122-42597-3

Ⅰ.①电…　Ⅱ.①刘…　Ⅲ.①电子技术-应用-电镀
Ⅳ.①TQ153-39

中国版本图书馆CIP数据核字（2022）第230583号

责任编辑：段志兵　于　水　　　　　　　　　装帧设计：张　辉
责任校对：赵懿桐

出版发行：化学工业出版社（北京市东城区青年湖南街13号　邮政编码100011）
印　　装：北京虎彩文化传播有限公司
710mm×1000mm　1/16　印张27　字数512千字
2023年6月北京第2版第1次印刷

购书咨询：010-64518888　　　　　　　　　售后服务：010-64518899
网　　址：http://www.cip.com.cn

凡购买本书，如有缺损质量问题，本社销售中心负责调换。

定　　价：118.00元

前　言

当今世界，正经历百年未遇之大变局。在这个时候，量子理论为当代人类应对变局，提供了一个极好的战略武装。这有如 17 世纪的经典力学为 18 世纪的工业兴起发挥了重要作用一样。人类只有坚持发展的理念和保持持久的努力，才是应对任何变局的唯一出路。而人类的发展与科技的进步紧密相连。尽管有过两次世界大战，但也都没能阻止人类向往美好世界和安定生活的理想，无论什么时候，科技都在发挥推动社会生产力进步的作用，当代更是如此。

现在，互联网技术和智能电子系统正在改变人类的生产、生活和社会治理模式。在这个重要的改变过程中，各种电子产品起到了重要作用。因此，电子制造也就成为当代社会最重要的硬件生产产业链，而电子电镀则是这个重要产业链中的一个重要环节。这个环节不可或缺，否则就没有先进和发达的电子制造。尤其是在"摩尔定律"一再应验的形势下，具有原子级别加法制造能力的电子电镀成为支持半导体晶体管密度提高的重要互联技术。而随着移动网络应用进入 5G 时代，微波陶瓷、新型塑料等新材料的电镀也都成为紧迫的课题，对新合金和复合电镀的需求也有所增长。

在这种形势下，对十多年前出版的《电子电镀技术》进行修订很有必要。读者从目录中就可以看到新增内容的提示。值得一提的是，本书对量子电化学理论在电子电镀技术中的应用做了简要介绍。这一理论创新对微电子制造技术的发展是极为重要的。

正如第一版前言中已提到的，电镀技术曾经一度被误解，这种情况当下也并没有完全改变。令人欣慰的是，随着电子电镀技术在电子制造中的重要性日益显现，国家已经开始从战略上重视电子电镀技术的发展。中国科学院学部将"我国电子电镀技术基础与工业的现状和发展"作为咨询评议项目立项并启动运作，为我国电子电镀技术的进一步发展带来强大的推动力。我作为这个项目组的顾问之一，能为我国电子电镀技术的进步贡献微力，感到非常荣幸。《电子电镀技术》的修订再版，可以说是顺应了形势的发展。

同时，我认为，第一版前言所述依然符合我国电子电镀产业当前的现状。因此，电子电镀领域的从业人员，仍然任重道远。希望共同努力，提升我国电子电镀技术水平，用实际行动，为世界科技进步作出贡献。

刘仁志
于武汉东方华府
2022 年 8 月

第一版前言

　　20 世纪 60 年代发展起来的电子工业经过半个多世纪的发展，现在已经成为世界性支柱产业。电子工业的发展带动了许多传统工业的发展和技术更新，特别是现代电子技术向智能化的发展已经完全改变了现代工业的面貌，甚至有人认为现在已经进入了后工业化时代，不少传统工业处于要么就跟上信息化时代的步伐，要么就面临被淘汰出局的局面。

　　在这些面临淘汰的工艺技术中，曾经有不少人认为电镀技术也将列入其中，从而担心电镀工业的命运。但是工业发展的事实证明，电镀工业不但没有被淘汰，而且还有所发展。特别是与电子工业有着特别关联的电子电镀业，对电子工业有着特殊的贡献，成为电子产品制造链中非常重要的一个环节。

　　世界上先进工业国家的电镀业早在 20 世纪 70 年代就基本完成了由常规电镀向电子电镀转换的过程，而我国在这方面却明显滞后。于 20 世纪 80 代末开始的海峡两岸电镀与精饰学术交流会，从第一届开始，乃至往后的连续几届，台湾同胞的技术论文大部分是与电子电镀有关的，而我们还在镀锌、镀镍、镀铬等五金电镀上做文章，直到近些年这种情况才有所改变。

　　现在，经过从事电子电镀的专业人士和广大从业者多年的努力，在我国已经初步形成了电子电镀的专业领域。一大批国际性电子加工企业进驻我国，我国成为世界加工中心的地位已经确立，但是由于了解电镀工业的人不是很多，电子电镀就更不为世人所知。即使许多从事电子电镀加工的从业人员，也不能全面了解电子电镀的含义。而随着电子电镀的发展，一些传统电镀的企业和人员也开始加入到电子电镀的行业中来。作为中国电子学会生产技术学分会电镀专家委员会的成员，我深感为电镀业提供一本可供参考学习的通俗读物很有必要，恰巧化学工业出版社也有这个计划，可谓不谋而合，促成了这本书的出版。

以前一提到电子电镀，很多人都会想到印制板的电镀，实际上电子电镀已经远不止是印制板的电镀，而是几乎涉及了传统电镀的所有镀种，并且还有所扩展，从而极大地丰富了电镀技术和工艺的内容，延展和增强了电镀技术的生命力。

为了让更多的从业人员了解电子电镀，本书除了以整整一章的篇幅（第3章）集中介绍了电子电镀的通用工艺以外，对电子电镀的专业工艺，如印制线路板电镀、纳米电镀、磁性材料电镀、线材电镀、微波器件电镀、电子连接器电镀、塑料电镀等都以专门的章节做了介绍，对与环境保护和资源节约有关的技术和工艺也做了介绍，同时在开篇的第1章对电子和电子技术、电子工业的来龙去脉也做了介绍，力求全面。这些介绍中有不少凝聚着我自己的实践经验，特别是塑料电镀、印制线路板电镀、微波器件电镀、电子连接器电镀、线材电镀等，都是我曾经参与过产品制造或设备开发的工作领域，希望所提供的工艺对大家有较高的参考价值。需要指出的是，有时同一个镀种会出现在本书的不同章节，这正是电子电镀的特点之一，同一个镀种用于不同的电子产品领域时，工艺会有所不同，而工艺上的这种区别正是工艺技术的诀窍。细心的读者将会在其中发现一个镀种在不同电子产品的应用中需要做出的调整和改善。

在有些章节的末尾，还结合生产和科研实际，并根据相关领域的技术进步趋势和科学发展前景做了一些预测或设想，相信会引起有强烈创新意识的读者的共鸣。特别是相关院校的研究人员可以从这些提出的新设想中得到启发和提示，从而开发出有研究和应用价值的新课题。希望收到这些读者提出的问题并就这类问题展开交流和讨论。

尽管写作中对所有资料都做了仔细核对，也还是难免挂一漏万，恳切希望读者，特别是本专业的专家给予指正，以期有机会加以改正。

无可讳言，我国电子电镀技术和工艺与世界先进水平还存在着较大差距，特别是电子化学品和电子电镀生产设备的研发和生产还处在初级阶段，正是这种状况促使我们还要继续努力工作和学习，为提升我国电子电镀工业的水平而奋斗。如果本书能为本行业的读者提供些许帮助，则是我莫大的心愿。

刘仁志
于武汉东方华府

特 别 提 示

　　尊敬的读者，如果您准备对本书的内容进行试验或实践，请在使用化学药品时严格遵守相关操作规程。如果付诸生产，请务必遵守清洁生产和环境保护的相关法规。如果是非专业人士，则请在专业人员的指导下进行操作。特此敬告！

目　录

第 1 章

电子工业与电镀

1.1 从电子讲起

当我们谈论电子时代、电子工业和电子电镀时，知不知道电子到底是什么？尽管我们现在每天都要和电打交道，但能将电子的来龙去脉说清楚的人恐怕并不多。

当我们信手打开电灯、电视、电脑，或当我们乘电梯往返于几十层楼之间的时候，当我们发动汽车或接听手机的时候，我们知道这些产品和设备的运行都少不了电能。现代物质文明就建立在电的基础之上，电能已经是现代人类生活中不可缺少的重要能源。

但是当我们享用着各种家用电器和现代电子科技的时候，会不会知道这些电子器件与电镀技术有着重要的关联呢？恐怕除了与电子电镀有关的专业人员以外，很少有人知道这个答案了。

电子工业也好，电子电镀也好，都少不了电子。因此，我们在学习电子电镀技术之前，先讲一点关于电子的发现历史，就是为了增加读者关于电子的常识。

"读史可以明志"，这是人文和社会科学领域的读者都知道的一句箴言。读科技史也是如此。由于我国几千年重文轻工的倾向对科技发展的阻碍，使普及科学技术知识成为更为重要的任务，而了解科技史对提高学习科技知识的兴趣和通过借鉴历史增强科技创新能力是非常有益的。因此，我们对电子多一些了解，就会对电子电镀有更深层次的认识。

（1）神秘的琥珀与静电

电能被开发出来为人类服务不过是近一二百年的事，但是与电的发现有关的故事却可以追溯到很久很久以前。这些故事的发端，则是神秘的琥珀。

琥珀在希腊文中是"electron"，以其摩擦可生静电而得名，故琥珀亦曾被译为"电石"［据《美国传统辞典》electric 条的字源注解，电子一词来自拉丁语：electrum（amber）；新拉丁语：electricus（deriving from amber, as by rubbing），其中的 amber 就是现在的英文琥珀］。最早观察和记载了琥珀这种摩擦生电现象的是古希腊杰出的哲学家和天文学家泰勒斯（Thales），他于公元前 600 年在米利都繁荣的伊奥尼亚港观察到一种罕见的透明度有如宝石一样的橘黄色的石料，这就是琥珀。这种琥珀在经过布料快速摩擦后，可以吸引羽毛、稻草等轻盈的物体。琥珀的这种奇怪的现象早在大约公元前 400 年就迷惑了柏拉图和亚里士多德等著名的哲学家，由于当时无法提出合理的解释，更为琥珀增添了几分神秘色彩。

我国古籍中也记载了不少琥珀的静电效应。后汉的王充在《论衡》一书中记载：顿牟介，磁石引针，"顿牟"即指琥珀。晋代的王嘉在《拾遗记》卷七曾提及：一双琥珀鸟置于静室，自于室内鸣翔。能飞翔恐怕是古人夸大其词，但能够鸣叫则应属琥珀静电摩擦之效。汉郭宪《洞冥记》卷四叙述：帝所幸宫人丽娟，以琥珀为佩，置衣裾里不使人知，云骨自鸣。这也是摩擦琥珀而产生静电的例子。

在古希腊人的传说中，琥珀是女神赫丽提斯的眼泪变成的。我国古代先民则认为，琥珀由猛虎死后的魂魄变化而来。

那么琥珀究竟是什么呢？琥珀实际上是地球早期的植物树脂石化的产物，是4000 万年以前的松柏科植物脂化石，是一种保存完整的实体生物化石。其主要成分是碳、氢、氧以及少量的硫，硬度在 2～3，密度 $1.05～1.1 \mathrm{g/cm^3}$，熔点150～180℃，燃点 250～375℃。德国人把琥珀称为燃烧石，因为它能在一定温度下燃烧。琥珀和珍珠、珊瑚被并称为三大有机宝石。

琥珀摩擦可以产生静电，这是人类关于电的最早观察，但当时人们并不知道这是电现象，因而赋予了它很多神秘的色彩。

人类对于电的真正认识是直到 17 世纪才开始的。起点还是琥珀。这就是英国的一位有名的医生威廉·吉尔伯特（William Gilbert）从琥珀经摩擦可以产生出吸引细小物体能力的现象入手，提出了"电磁素"的概念，从此有更多的人开始关注和从事关于电和磁的研究，并在荷兰的著名莱登大学诞生了静电储存器——电容器，这就是著名的莱登瓶。那个时代，从皇家学会到大学刊物，都在讨论关于电的种种现象，以致在民间将莱登瓶当作魔术道具而在街头巷尾设摊表演。电的神秘和新奇使 18 世纪早期欧洲许多才华横溢的学者沉浸其中，各种试验和论文相继问世，对电的研究成为当时的前沿工作[1]。而对于使电成为一种重要能源作出了重要贡献的则是美国人富兰克林。

1752 年，美国科学家富兰克林冒着生命危险，做了一个永垂科学史册的"费城试验"，证明电和闪电是同样的物质。1753 年，他发明了避雷针，富兰克林有关电学的初步理论照亮了电学发展的道路。

1785 年，库仑用试验方法在量值上确定了电荷间相互作用的定律，同时确定了电荷的定量意义。因此，库仑定律成为静电学的基础。

意大利科学家伽伐尼（1737—1798）于 1791 年曾经进行过著名的青蛙肌肉收缩试验，发现了动电。意大利物理教授伏特（1745—1827）对这一试验做出解释，认为是由于一种"电的激发力"引起了伽伐尼电流。

1799 年，伏特发明了电池，成功地将化学能转化为电能。由此，可以源源不断地获得电流，电流的化学效应和热效应也随之被发现。伏特发明电池使人类从静电时代走向了动电时代。电流不仅成为科学研究的重要对象，而且也成了科学研究的手段和重要工具。

此后一系列关于电的发明让世界发生着迅速的变化，从电灯到电报、电话，再到发电机、电动机，电终于取代蒸汽成为人类最为重要的能源，但是对于电的本质的认识，则是 19 世纪以后的事。

（2）电子的发现

前面已经说到，电学研究是 18 世纪以来的热门课题。不仅是皇家科学院和大专院校等科研机构，在新兴的工业企业和民间，都有不少人对电有着浓厚的兴趣，并进行了一系列的试验，这其中对电子的发现有重要贡献的有德国的一位玻璃工。

1858 年，一个名叫盖斯勒的德国玻璃工制成了一个封接着金属电极的真空玻璃管，用来进行电流流经真空环境的试验，结果发现有某种射线产生并在玻璃管壁上可以留下痕迹。这种奇特的现象引起了许多人进一步研究。

1876 年，德国物理学家戈德斯坦指出，管壁的辉光是由阴极上所产生的某种射线射到玻璃壁上引起的。他把这种射线称为"阴极射线"。

1879 年，当时著名的物理学家和化学家、德国波恩大学教授普鲁克和他的学生希托夫通过试验证实了射线的确是从灯丝电极射出来的。他们对密封在真空玻璃管内的电极进行了通电试验。当将管内空气抽出使管内压力降到低于十万分之一大气压时，他们发现电极对面管壁上出现了绿色的辉光，好像有什么东西从阴极跑出来，打到对面的管壁上似的，从而证明在真空条件下，灯丝电极上有一种物质不断地发射出来。这些试验都已经证明，戈德斯坦所说的"阴极射线"是确实存在的。

但射线是什么东西呢？以当时人们对电的认识，还不能完全解答这个问题。但是当时对电流和磁的关系已经有了比较充分的研究，这就为解开阴极射线的谜团提供了技术支持，使当时对电的研究在 19 世纪末有了一个飞跃性的发展，正是这种发展，使 20 世纪进入了电子时代。

1897 年，英国物理学家约翰·汤姆逊发现阴极射线在磁场中偏转所遵循的法则竟和一根通电导线一样；而在电场中，阴极射线与负电荷运动方向相一致。因此他断定阴极射线是带负电的粒子流。汤姆逊认为这种带负电的微粒即为电子（"电子"这个词是爱尔兰物理学家斯托尼在 1874 年首先提出的）。汤姆逊测定了电子的速度以及电子所带的电量与电子的质量的比值。汤姆逊由于确定了电子的存在而获得了 1906 年度的诺贝尔物理学奖。

汤姆逊的试验实质上是一种破坏原子的方法。在低压气体下放电，原子被分为带电的两部分。其一带负电（称为电子），而另一个较重要的部分则带正电。这一事实说明原子不再是不可分割的。根据这种试验结果，汤姆逊提出的原子模型是像鸡蛋一样的球体，蛋黄是质子，蛋白是电子，由正、负电荷将它们紧紧地连接在一起。

而早在 1895 年，德国的伦琴发现了 X 射线，接着贝克勒及居里夫妇相继发现了放射性元素。放射性元素就是可放出"某些东西"的原子。这些东西后来被

称为 α、β 粒子，飞行很快，可穿透物质。这一穿透能力很快成为探讨原子内部构造的工具，试验结果很有趣，也促使人们思考物质的微观结构。

使用粒子流穿透物质的试验发现，粒子流有时能毫无阻碍地通过，有时则又发生猛烈碰撞。用汤姆逊的原子模型不能解释这些现象。

1911 年，卢瑟福为了解释这一试验结果，提出一个新的原子模型。他证明：原子中带正电的部分必须集中于一个非常小而重的原子核里，而电子则如行星绕日般地围着原子核运动，原子核与电子间是有很大空隙的。用这一模型算出的数值与试验结果是相符合的。

1911 年，美国物理学家密立根等人用精确的试验测出了单个电子的电荷质量。除了卢瑟福外，当时丹麦的物理学家波尔和奥地利物理学家泡利也相继提出了原子结构模型。

人们终于明白：电子存在于物质之中，一切电磁现象皆起源于电子；电磁波也是电子振动的产物。

现在我们知道，电子是组成物质的基本粒子，它自己在不停地自旋和在原子外围高速地飞转。

电子的发现推动了第一代电子产品的关键器件——真空电子管的急速发展，大大丰富了无线电电子学的内容。对当时刚兴起的无线电电子学起到了难以估量的作用。而无线电电子学的发展则是现代电子技术发展的一个高起点[2]。

（3）电子的作用

电子的发现使电子的作用得到了进一步的发挥。电子已经不仅仅是一种能量的载体，而且是一种重要的信息载体。在我们进入原子时代之前，现代物质文明就是建立在电子之上的。我们现在所说的电子技术也好，电子工业也好，电子电镀也好，都是说的作为信息载体的电子功能的开发和利用。当然，所有电子器件又离不开电流作为其能量的来源。

作为信息载体的电子技术的开发是由电报开始的，但是电报仍然需要电线作为信息流通的通道，要想进行远距离的传送，需要架设很长的电线，这无论是在成本上，还是在保证信号传递的质量上都存在一些问题。无线电传播技术的发明是对这种技术的改进，它是电子技术的一次重要的飞跃。

无线电技术的发明是世界进入电子时代的象征。电子工业正是在无线电技术应用的基础上发展起来的。而对无线电技术发展作出重要贡献的是意大利的马可尼和俄国的波波夫，他们均被确定为无线电技术的发明人。无线电技术的发明和应用最先使电报可以不用架设电线就能传到几千里之外，在此基础之上，随着光电信号、声电信号转换技术的成熟，无线电广播和电视先后诞生，从而使电子技术与人类生活紧密地联系在一起，电子技术成为现代生活不可或缺的技术。进入 21 世纪以来，互联网技术则成为电子技术的集大成者，使电子技术的发展走向自己的顶峰。可以肯定的是，随着互联网技术的进步，人类科技知识的共享达到了一个新的水平，从而对一些尚在开发期的高新技术起到了助推的作用。由电子技术发展的历程可以预期，人类科技的下一个时代将是原子技术的时代。

1.2　电子工业的兴起

（1）军事需要的促进

现在公认电子工业是从第二次世界大战以后兴起的，实际上在第二次世界大战期间，无线电电子情报工作的重要性已经充分显现出来了，军事需要促进了以无线电技术为代表的电子技术的发展，使电子工业成为第二次世界大战后迅猛发展的各工业领域中的突起异军，至今电子对抗都是现代战争的重要内容之一。

电子产品特别是无线电技术产品在军事中的重要作用在第二次世界大战中得到了充分的体现。

无线电技术在军事对抗中的作用首先是在军事情报的传递上无可替代，并且随着无线电技术的进步而发展为电子对抗，不仅只是利用无线电传送情报，而且利用无线电技术获取情报和利用电子干扰等技术干扰或破坏敌方的信息传递。电影《永不消失的电波》就很好地说明了无线电技术在情报工作中的重要性。这种例子在第二次世界大战中比比皆是。正是战争的紧迫需要使无线电技术获得了不断进步的动力。

由于无线电技术是获取和传递军事情报的重要手段，用于军事的无线电产品的开发得到了强力支持。从军事需要的角度，要求这些产品有良好的性能和高的可靠性，这就在结构上和加工工艺上使其具有了军工产品的特点。这些特点在包括表面处理工艺在内的各种加工过程中都有所体现。电子产品的高可靠性要求最初就是由军工产品的要求发展而来的。现在航空航天工业的高可靠性要求基本上都源自军事技术关系到生死存亡的质量意识和一整套的管理理念。直到今天，在现代战争中，电子技术仍在发挥着极为重要的作用。在军事电子对抗中，电子技术甚至成为决定胜败的主要因素。

（2）战后经济发展的推动

第二次世界大战以后，世界各国的经济走上了快速发展的道路。一方面，冷战的格局仍然在刺激军事工业的发展，其中电子对抗技术更是为军事电信技术的进步提供了强大的推力；另一方面，民用电子产品的兴盛也起到了关键的作用。特别是半导体技术的进步，使无线电技术由电子管时代走向了晶体管时代，以收音机、电视机等信息电子产品为代表的民用电子产品迅速发展。随着战后经济重建工作的完成和人们生活的进一步改善，社会呈现出歌舞升平的景象，人们对信息传媒的需求迅猛增长，为电子产品的高速发展提供了强大的推动力。

从 20 世纪 70 年代开始到 20 世纪末，电子工业获得了飞速的发展，可以说是以几何级数在增长。电子工业的高速发展改变了人们的生活方式。现在，各种家用电器以及电话、电脑、手机几乎是每个家庭的常用电子产品，电子产品成为人们生活中不可或缺的工具，电子工业成为最重要的工业领域之一。电子工业不仅是增长最快的，而且是前景非常广阔的支柱产业，成为现代发达国家的核心产业。

（3）信息化时代的基础工业

除了移动通信外，网络信息化社会的建设也日新月异，虚拟社会中的众多功能已经与现实社会有了大量接口，网络信息的流量已经大大超过传统社会的信息流。无论是政务还是社区管理，也无论是企业交往还是银行往来，许多交易都可以通过网络完成，使社会活动的效率大大提高，成本进一步降低。而所有这些交往的物理平台都是建立在电子产品之上的。电子工业已经成为信息化时代的基础工业。

说电子工业成为信息化时代的基础工业是因为电子技术的高技术化和对加工工艺的高技术要求也带动和促进了机电一体化技术、机械加工技术、表面处理技术，特别是电镀技术的发展和进步，这些加工技术的进步又进一步促进了电子工业的发展和进步。在以后的章节中，我们将可以看出，电镀技术在电子工业中占有多么重要的地位，电镀技术是电子制造不可或缺的重要工艺技术。

1.3　电镀在电子工业中的作用

电镀技术作为一种加工工艺技术，在机械、轻工、电子等诸多工业领域都有广泛应用，但是其在电子工业中的作用显得特别重要，这是因为电镀技术在电子工业中除了发挥其本来意义上的防护和装饰作用外，还在电子产品的制造中发挥着其他重要作用。

1.3.1　电子产品与电镀

电子工业是生产制造各类电子产品企业的行业总称，电子工业产品涉及社会生活的各个方面，从家用电器到航空航天，地上跑的、天上飞的、家里摆的都离不开电子产品，而这些产品中的许多零部件都要用到电镀技术，表 1-1 就列举了电子产品的大类和所涉及的零件、所需要的电镀工艺。表 1-1 只是提纲式地列举了相关的零件，仅以标准件来说，电子产品所需要的标准件中有许多属于自攻螺丝，这些螺丝的电镀就涉及好几个镀种，比如有镀镍的、镀铬的、镀锌的等，镀锌又有蓝白色钝化的、彩色钝化的、黑色钝化的，也有镀锌着色的。至于装饰件电镀，就更是因不同产品的结构而五花八门，不一而足，涉及的镀种有镀装饰铬，也有镀仿金、枪色等，而材料有塑料电镀，也有铝合金的电镀或着色。

表 1-1 电子产品与电镀工艺

产品大类	产 品	需要电镀的零件	所需要的电镀工艺
家用电器	电视机 音响系统 数码产品(照相机、摄像机) 智能电冰箱 全自动洗衣机 电子厨具 空调机 灯具	印制线路板 安装板 装饰框、条 提手、把手 旋钮 标准件、自攻螺丝 基板 连接件 碟片	印制板制造与电镀,装饰性电镀(铜、镍、铬等),防护性电镀(锌、多层镍等),接插件电镀(镀金、银、钯、贵金属合金等),塑料电镀,铝及合金氧化,导电氧化,铝上电镀、其他轻合金(镁等)电镀,强磁体电镀,引线、引线框电镀,微电子制造中的电镀和电铸,化学镀,脉冲电镀,刷镀,物理镀等
电子玩具	遥控电子玩具 电子游戏机 电子宠物	线路板 安装板 标准件 天线	
医用电子设备	心电图机 CT扫描机 其他各类电子检测设备	线路板 安装基板 标准件 电极与接插件	
体育运动电子产品	电子记分系统 电子测速仪 电子显示器 遥控电子产品	线路板 安装板 标准件 连接件 装饰件	
办公学习电子产品	传真机 复印机 投影仪 复读机 计算器 电子笔 电视电话会议系统	线路板 安装板 传动件 标准件 连接件 装饰件	
通信电子设备	电话机 电视电话 手机 手机基站系统 微波通信系统 无线电系统 传真机	线路板 基板 外壳 标准件 连接件 装饰件 功能器件 微电子器件	
机械电器	加工中心控制系统 数控机控制系统 各类机电一体化产品 传统机器人 仿真机器人	线路板 安装板 标准件 装饰件 功能器件 微电子器件	
汽车电器	汽车导航系统 汽车音像系统 汽车遥控系统	线路板 基板 连接件 标准件 装饰件	

续表

产品大类	产　品	需要电镀的零件	所需要的电镀工艺
仪器仪表	各种测试仪器 电子显示器 电子传感器	线路板 基板 外框	印制板制造与电镀,装饰性电镀(铜、镍、铬等),防护性电镀(锌、多层镍等),接插件电镀(镀金、银、钯、贵金属合金等),塑料电镀,铝及合金氧化,导电氧化,铝上电镀,其他轻合金(镁等)电镀,强磁体电镀,引线、引线框电镀,微电子制造中的电镀和电铸,化学镀,脉冲电镀,刷镀,物理镀等
电脑与网络系统	台式电脑 笔记本电脑 大型计算机系统 网络服务器 互联网系统	多层板 机箱 安装板 标准件 连接件 连接线 磁盘 微电子器件	
航天、航空、航海	雷达系统 遥测遥控系统 电子识别系统	天线 线路板 机架 连接件 标准件	

从表 1-1 可以看出,电镀在电子产品中不仅有着广泛的应用,而且起着重要的作用。很多场合,电镀不只是电子产品中某一两件零件加工制造的需要,而是对电子产品的整个设备都有至关重要的作用。因此,电子电镀与电子整机有着重要的关联,与电子整机的防护、装饰和电子功能的实现都有重要关系。

1.3.2　电子产品的防护性电镀

前面已经谈到,电子产品的可靠性是从军工产品质量的角度衍生出来的一个重要概念,这个概念现在已经成为电子产品的基本质量指标,而保证电子产品可靠性的技术措施中,电镀等表面处理技术有着举足轻重的作用。因为影响电子产品可靠性的除了机械结构和强度等指标外,"三防"指标是最为重要的指标,所谓"三防",是指电子产品防腐蚀、防潮湿和防霉菌的能力。

防腐蚀是三防中的重点,而对于电子产品,防腐蚀的主要手段就是电镀。很多电子产品的金属结构件都要用到电镀工艺进行表面处理。比如镀锌彩色钝化就是电子产品机箱、机壳、底板等钢铁冲压件的主要防护性镀层。根据产品的不同需要,有些则要求军绿色钝化、黑色钝化或蓝白色钝化等。表面拉手、面板、框条等许多金属配件则采用防护装饰性镀层,比如铜镍铬镀层等。所有这些防护性镀层都需要有一定的厚度和低的孔隙率,以保证产品符合相关防护性能的要求。

用于电子产品防护性电镀的工艺见表 1-2。

由于电子整机严格的"三防"要求,使电子电镀零部件产品的防护性电镀的要求也相应提高。只有所有的零部件都通过"三防"试验，电子整机才有可能通过"三防"试验。因此，电子电镀的后处理在防护性电镀中也占有一席之地，有时对产品能否通过检验起决定性作用。

表 1-2　用于电子产品的防护性镀层

基体材料	镀层或镀层组合	采用工艺
钢铁	镀锌和彩色钝化 军绿色钝化 镀镍 镀双层镍或三层镍 钢氧化或磷化	氰化物镀锌（主要用于军工产品） 锌酸盐镀锌 氰化物光亮镀锌 瓦特型镀镍（氰化铜打底或镍预镀） 半光镍、光亮镍或高硫镍 仅用于要求不高的标准件或弹簧类产品 对"三防"要求严格的产品，特别是军工产品，要增加涂"三防"漆等后处理工艺
铜和铜合金	镀镍或镀双层镍	氰化铜打底
铝和铝合金	铝电解氧化 镀铜 镀多层镍 化学氧化	低温硬质氧化 两次浸锌或化学镍打底后电镀
锌基合金	镀铜、镍、铬	氰化铜打底
ABS 塑料	镀铜、镍、铬 镀多层镍铬	塑料电镀工艺

1.3.3　电子产品的装饰性电镀

电子产品由于与人们生活密切相关，对装饰性要求比其他产品都要高一些。特别是日常用到的电子产品，对外装件的金属表面处理一向都有较高的要求。因此，装饰性电镀在电子产品中一直有着广泛的应用，特别是 ABS 塑料的装饰性电镀，在电子产品中的应用是最多的。从收音机、收录机的旋钮、装饰框、外壳到电冰箱、微波炉、洗衣机的拉手、镶条等都要用到塑料装饰镀件，就可见一斑。除了塑料电镀外，电子产品的外装饰件如外壳、拉手、面板等也有许多采用的是金属制件，这些制件的表面处理也多选用电镀加工，主要是装饰性镀铬或镀仿金、枪色、珍珠镍或其他复合镀等镀层。用于电子产品装饰性电镀的镀层见表 1-3。

表 1-3　用于电子产品的装饰性镀层

基体材料	镀层或镀层组合	采用工艺
钢铁	镀光亮镍、铬或代铬（铜锡锌三元合金） 铜、镍、铬 铜、镍、仿金或其他装饰镀层 缎面镍 镀锌彩色着色	（氰化铜打底或镍预镀）半光镍、高硫镍、光亮镍，表面镀铬或代铬镀层 用于标准件等

续表

基体材料	镀层或镀层组合	采用工艺
铜和铜合金	镀光亮铜、镍、铬或代铬 缎面镍 枪色	氰化铜打底,镀酸性光亮铜、光亮镍、装饰铬或代铬
铝和铝合金	铝抛光电解氧化着色 镀铜、镍、铬 其他装饰镀层(如仿金等)	低温氧化工艺、有机染料着色 两次浸锌或化学镀镍
锌基合金	铜、镍、铬或代铬 其他装饰镀层	氰化物镀铜打底
ABS 塑料	铜、镍、铬或代铬	塑料电镀工艺

电子产品由于结构方面的特殊要求,所用的材料大多数是有色金属或工程塑料。因此,装饰性电镀的工艺类别较多,且对装饰电镀工艺的要求也较高。更为重要的是,电子产品的更新换代周期越来越短,促使电子产品的装饰也要日新月异,这就对电子产品的装饰性电镀技术的改进和更新提出了更高的要求。

1.3.4 电子产品的功能性电镀

功能性电镀是电子电镀中最为重要的,电子电镀在很大意义上是针对其功能性应用而言的。电子产品除了导电性能外,在磁性能、微波特性、光学性能、热稳定性等多种功能性能方面都有不同的要求,所涉及的镀种包括贵金属电镀、合金电镀、复合电镀以及纳米电镀等。

最常用的电子电镀工艺有镀金、镀银、镀锡或锡合金、镀铜、镀镍等。除了这些用于电子电镀的常规工艺外,化学镀和多元合金电镀、复合电镀、纳米电镀专用于电子类产品的镀种也很多。即使是常规的镀种或通用的电镀工艺,在用于电子产品时,也因为产品功能性方面的要求不同而需要对工艺做出适当调整,以适合电子产品的特殊需要。电子电镀的概念正是基于这些要求而提出来的。因此,电子电镀的功能性镀层的种类会随着电子产品的创新而不断有所增加或变化,表1-4所列举的只是其中的常见功能性镀层。

表1-4 用于电子产品的常见功能性镀层

基体材料	镀层或镀层组合	采用工艺
钢铁	镀锌黑钝化 镀镍 镀双层镍或三层镍 镀沙面镍 镀黑镍 镀黑铬 镀铜 镀其他合金 复合物镀层	氰化物镀锌(主要用于军工产品);锌酸盐镀锌;氯化物光亮镀锌;瓦特型镀镍(氰化铜打底或镍预镀);半光亮、光亮镍或半光镍、高硫镍、光亮镍;磁性合金、高硬度合金、耐磨或减摩合金、其他功能性合金等;镍基复合镀、锌基复合镀、纳米材料复合镀等

基体材料	镀层或镀层组合	采 用 工 艺
铜和铜合金	镀镍或镀双层镍 黑镍 黑铬 沙面镍 镀铜 镀锡 镀银 镀金 镀合金 复合物镀层	氰化物镀锌(主要用于军工产品);锌酸盐镀锌;氯化物光亮镀锌;瓦特型镀镍(氰化铜打底或镍预镀);半光镍、光亮镍或半光镍、高硫镍、光亮镍;磁性合金、高硬度合金、耐磨或减摩合金、其他功能性合金等;镍基复合镀、锌基复合镀、纳米材料复合镀等
铝和铝合金	电解氧化 化学导电氧化 镀银 镀金 镀锡 镀合金	 两次浸锌或化学镍、镀铜打底 两次浸锌或化学镍、镀镍打底 两次浸锌或化学镍、镀铜打底 两次浸锌或化学镍、镀铜打底
锌基合金	镀镍 镀锡 镀合金、复合物镀层	氰化铜打底
ABS塑料或其他工业塑料	镀镍 镀铜、镀锡、镀合金	

事实上,功能性电子电镀才是电子电镀最主要的内容。表1-4只是列出了电子产品最基本的功能性电镀要求,这是因为电子产品种类繁多、门类齐全,并且新产品的开发周期也越来越短,这都促使电子产品的功能性电镀技术的开发呈现欣欣向荣的局面。一些新的电镀工艺也相继涌现,比如芯片电镀中的"大马士革"(Damascene/镶嵌;金银线镶嵌工艺)铜互联技术和各种微电子加工技术[3]。

1.3.5 电子电镀的概念

通过以上介绍,相信读者对电子电镀已经有了一个大概的了解,应该可以给电子电镀下一个定义了。

电子电镀如果用一句话加以概括,那就是"用于电子产品制造的电镀过程"。所谓用于电子产品制造,是指电子产品中的零部件的制造,这些制造要用到电镀工艺。这时的电镀工艺是一种产品制造的加工方法,而不是常规电镀概念中的表面处理功能,即不是只为了表面防护或表面装饰而进行的电镀过程,最为典型的电子电镀就是印制线路板的电镀。这也是狭义的电子电镀的概念,强调的是将电镀作为一种制造手段,像车、铣、刨、磨一样。因此,早期的电子电镀就是指以印制板制造为主的电镀过程。随着电子产品功能性要求的增加,对电镀工艺的需求也相应增长,电子电镀的概念也就有了扩展。现在可以这样说,电子产品生产过程中所用到的电镀工艺即为电子电镀,这就将所有功能性电镀和防护装饰性电镀都包括了进去。

　　如果从概念的扩展来看电子电镀，也许有人会有疑惑，因为这样一来，电子电镀与常规电镀已经没有什么区别了。所有电子产品要用到的镀种，常规电镀也都要用到，常规电镀用到的镀种，也可以用于电子电镀。好像没有必要专门画出一个电子电镀的概念，但是实际上情况并非这么简单，并不是所有常规镀种都可以用来进行电子电镀加工。电子电镀有着自己的特殊性，有着自己的特点。那么，电子电镀到底与常规电镀有什么区别呢？这正是本书要向读者详细介绍的。

参 考 文 献

[1] 吉尔·琼斯. 光电帝国 [M]. 北京：中信出版社，2006.

[2] 赵震初. 无线电技术基础 [M]. 北京：北京理工大学出版社，2004.

[3] 郁祖湛. 电子电镀中若干新工艺和新技术 [C] //. 电子电镀学术报告会资料汇编，2006.

第2章

电镀基本知识

2.1　关于电镀

对于电镀知识有较多了解的读者可以跳过这一章。不过，许多从事电子产品设计的工程技术人员有必要对电子电镀有所了解，特别是从事电子产品结构设计的人员，如果缺乏电镀技术方面的基本知识，在进行结构设计时，经常会出现电镀加工困难的局面。产品一旦定型，就会成为先天的电镀隐患。当然，现在一些从事电镀工作的人员也未必都对电镀技术的基本知识有系统的了解，特别是对于刚刚入门的电镀专业的学生，也许仍然值得一读。只有在比较了解电镀技术以后，才能对电子电镀有更深层次的认识。

2.1.1　电镀技术介绍

电镀技术是至今仍然残留有中世纪炼丹术式神秘性的少数现代技术之一，是一种可以将原始的瓶瓶罐罐和五颜六色的溶液通过导线与现代高科技相连接的有趣技术。

电镀技术在电池被发明以后才得以出现。而电一经发现，就被当时的物理学家和化学家当作强力的工具拿来做各种可能想象得到的试验，这中间就包括向各种物质进行通电的试验，在通电试验的各种材料中，溶液是其中之一。正是科学家的好奇心和探索精神，在电池被发明不久就发现了电解和电沉积现象。电解最早的、也是最出色的应用是由此发现了一些以前不可能被认识的金属元素，比如钠、钾。然后是发明了电铸，再后来才是电镀。

电镀技术发展到今天，已经成为非常重要的现代加工技术，它早已经不仅仅是金属表面防护和装饰加工手段，尽管防护和装饰电镀仍然占电镀加工的很大比例。电镀的功能性用途则越来越广泛，尤其在电子工业、通信、军工和航天等领域大量采用功能性电镀技术。电镀不仅仅可以镀出漂亮的金属镀层，还可以镀出各种二元合金、三元合金乃至四元合金；还可以制作复合镀层、纳米材料；可以在金属材料上电镀，也可以在非金属材料上电镀。这些技术的工业化和电镀添加剂技术、电镀新材料技术在电镀液配方技术中的应用是分不开的。

据不完全统计，现在可以获得的各种工业镀层已经达到 60 多种，其中单金属镀层 20 多种，几乎包括了所有的常用金属或稀贵金属。合金镀层 40 多种，但是研究中的合金则达到 240 多种[1]。合金电镀技术极大地丰富和延伸了冶金学里关于合金的概念。很多从冶金方法难以得到的合金用电镀的方法却可以获得。并且已经证明电镀是获得纳米级金属材料的重要加工方法之一。可以利用电镀技术获得的镀层见表 2-1，电镀层的分类和用途见表 2-2。

表 2-1　利用电镀技术可以获得的镀层

类　别	可 获 得 的 镀 层	备　注
单金属镀层	铝、锌、镍、铁、镉、锡、铅、铜、铬、银、金、铂、钌、铑、钯、钴、钛、铟、铼、锑、铋、砷(非金属元素,但具有金属光泽,质脆而硬)、汞等	铝目前要在非水溶液中电镀
合金镀层	铜锌、铜锡、铜锡锌、锡钴、锡镍、镍铁、锌镍、锌铁、锌钴、锡锌、镉钛、锌锰、锌铬、锌钛、镉锡、锌镉、锡铅、镍钴、镍钯、铬镍、铁铬镍、铬钼、镍钨、银镉、银锌、银锑、银铅、金钴、金镍、金银、金铜、金锡、金铋、金锡钴、金锡铜、金锡镍、金银锌、金银镉、金银铜、金铜镉银	

复合镀层	载体镀层	复 合 材 料	载体镀层也就是复合镀层的金属基质,复合材料分散在镀液中,通过电镀与载体镀层共沉积
	镍	三氧化二铝、三氧化二铬、氧化铁、二氧化钛、二氧化锆、二氧化硅、金刚石、碳化硅、碳化钨、碳化钛、氮化钛、氮化硅、聚四氟乙烯、氟化石墨、二硫化钼等	
	铜	三氧化二铝、二氧化钛、二氧化硅、碳化硅、碳化钛、氮化硼、聚四氟乙烯、氟化石墨、二硫化钼、硫酸钡、硫酸锶等	
	钴	三氧化二铝、碳化钨、金刚石等	
	铁	三氧化二铝、三氧化二铁、碳化硅、碳化钨、聚四氟乙烯、二硫化钼等	
	锌	二氧化锆、二氧化硅、二氧化钛、碳化硅、碳化钛等	
	锡	刚玉	
	铬	三氧化二铝、二氧化铯、二氧化钛、二氧化硅等	
	金	三氧化二铝、二氧化硅、二氧化钛等	
	银	三氧化二铝、二氧化钛、碳化硅、二硫化钼	
	镍钴	三氧化二铝、碳化硅、氮化硼等	
	镍铁	三氧化二铝、三氧化二铁、碳化硅等	
	镍锰	三氧化二铝、碳化硅、氮化硼等	
	铅锡	二氧化钛	
	镍硼	三氧化二铝、三氧化铬、二氧化钛	
	镍磷	三氧化二铝、三氧化铬、金刚石、聚四氟乙烯、氮化硅等	
	镍硼	三氧化二铝、三氧化二铬、二氧化钛	
	钴硼	三氧化二铝	
	铁磷	三氧化二铝、碳化硅	

表 2-2　电镀层的分类和用途

类别	用　途	电 镀 层
机械类	耐磨损、耐摩擦	硬铬、镍磷、镍碳化硅、镍氮化硼钴碳化铬、镍碳化硼、镍磷碳化硅
	自润滑	镍二硫化钼、镍氟化碳、银镉、锡铅、铜石墨、镍聚四氟乙烯
	修复性	厚镍、硬铁
	强化合金	镍三氧化二铝、镍二氧化钛、铁三氧化二铝、镍铬
	电铸	铜、镍、铝、钨、钼、硼化钛、镍铁钴

续表

类别	用途	电镀层
电子类	导电性	塑料电镀,印制线路板,波导等用的铜、银、金、锡
	电接触	金、金钴、金镍、金碳化钛、金碳化钨、银铜、锡镍
	电阻	镍磷、镍硼、镍钴硼、镍钼硼、镍钼磷
	可焊性	锡、锡铅、铟
	超导体	铷、铷锆、铅铋
化学类	防护性(耐蚀性)	锌、镉、铅、锌合金、铬镍铁、锡镍、铂、铱、锇、铌
	装饰性	铜镍铬、锡镍、锡钴、金、银
	有机物复合	锌环氧树脂、锌 ABS 塑料等
	电极材料	镍二氧化钛、镍氧化锆、镍硫、镍硼、镍磷、铂钽
光学、热学	光电转换	硫化镉、硅、锗、镉碲
	彩色镀	镍荧光颜料、铬着色、锌着色等
	太阳能吸收	黑镍、黑铬、黑色铬钴、黑色化学镍等
	耐热性	铬镍、镍钨、钴钨、镍钼、钴钼、铬镍铁
磁性	软磁性	镍铁、镍铁钴
	硬磁性	钴磷、镍钴磷、钴铁磷
纳米材料	新材料性能	纳米材料的制造、纳米复合镀层等

除了合金镀层外，还有一些复合镀层也已经在各个工业领域中发挥作用，比如金刚石复合镀层用于钻具已经有多年的历史。现在，不仅是金刚石，碳化硅、三氧化二铝和其他新型硬质微粒都可以作为复合镀层材料而获得以镍、铜、铁等为载体的复合镀层。同时，除了硬质材料可以复合镀外，自润滑复合镀层也开发成功。如聚四氟乙烯复合镀层、石墨复合镀层、二硫化钼复合镀层等都已经成功地应用于各种机械设备。已经储备或正在研制的非常规用复合镀层就更多，其中包括生物复合材料镀层、发光复合材料镀层、纳米复合材料镀层等。

对电镀技术的研究开发也不仅仅限于镀液、配方和添加剂。在电源、阳极、自动控制等物理因素的开发方面也有很大进步。

脉冲电源已经普遍用于贵金属电镀，磁场、超声波、激光等都被用来控制电镀过程，以改变电镀层的性能。专用产品的全自动智能生产线也有应用。更加环保的技术和设备也不断有专利出现。

镀液成分自动分析添加系统已经开发并有应用实例。光亮剂、阳极材料等的自动补加也早已经有成熟的技术可以应用。

所有这些都证明电镀技术不仅仅在现代工业产品表面防护和装饰中起着重要的作用，而且在获取或增强产品的功能性方面也发挥着重要的作用。尽管存在环境保护方面的问题，使电镀技术的应用受到某些限制，但要完全取代或淘汰电镀技术至少在当前是不可能的。而今后随着表面技术的进一步发展，相信电镀技术本身能够以更多的环保型技术和产品来改变目前电镀业存在的对环境有所污染的现状。

总之，电镀技术是一门边缘类工艺技术，与许多基础工业技术和学科都有密切的关系。由表 2-2 就可以看出，许多学科和专业都要用到电镀技术，使电镀技术成为现代工业中的重要加工手段。同时，也要求从事电镀专业的人员有较为丰富的跨学科的知识和不断更新知识的能力。

2.1.2 电镀的基本原理

现在我们知道，与电镀相关的基础理论主要是物理化学中的电化学理论。当然，要真正对电镀过程有完整的认识和在电镀技术开发中有所作为，仅仅有电化学知识是不够的。因为电镀实际上是一门实践性很强的实验科学，又是一门边缘学科。除了电化学外，要求从事电镀技术开发的人员对基础化学，包括有机化学、分析化学等都要有所了解。但是最基本的还是电化学。

2.1.2.1 电化学基本知识

在奠定电化学基础理论方面最有贡献的人物是自学成才的法拉第（Michael Faraday，1791—1867），他最终成为英国皇家学会的主席。

他发现的电解定律至今仍然是电镀技术中最基本的定律，在电化学中被称为法拉第定律。这一著名的定律又分为两个子定律，即法拉第第一定律和第二定律。

法拉第第一定律：电解过程中，阴极上还原物质析出的量与所通过的电流强度和通电时间成正比。可以用公式表示为

$$M = KQ = KIt$$

式中 M——析出金属的质量；

$\quad\quad K$——比例常数；

$\quad\quad Q$——通过的电量；

$\quad\quad I$——电流强度；

$\quad\quad t$——通电时间。

法拉第第二定律：电解过程中，通过的电量相同，所析出或溶解的不同物质的物质的量相同。也可以表述为：电解 1mol 的物质，所需用的电量都是 1 个"法拉第"（F），等于 96500C 或者 26.8A·h（安培·小时）。

$$1F = 26.8A \cdot h = 96500C$$

结合第一定律也可以说用相同的电量通过不同的电解质溶液时，在电极上析出（或溶解）的物质与它们的物质的量成正比。所谓物质的量（mol）就是某物质的原子量与它在电极上反应时得到或失去的电子数之比：

$$1mol(某物质) = \frac{某物质的原子量}{电极反应时的电子得失数}$$

例如，镍的相对原子质量是 58.69，在电镀过程中，镍离子还原时每一个镍离子得到的电子数是 2，则 1mol 的镍就是 29.35g。也就是说，在电镀镍时，每

通过 26.8A·h 的电量，就能得到 29.35g 的镀镍层。

我们由法拉第第一定律的公式还可以得知，比例常数 K 实际上是单位电量所能析出的物质的质量：

由 $M=KQ$，可得 $K=\dfrac{M}{Q}$。

因此，电化学中也将比例常数 K 称作电化当量。由此可推算出镍的电化当量是

$$29.35g/96500C=0.304mg/C$$

需要提醒的是，电化当量的值因所选用的单位不同而有所不同。比如同样是镍，如果不以库仑作单位，而改用安培·小时作单位，则电化当量的值就不同了：

$$29.35g/26.8A·h=1.059g/(A·h)$$

为了方便读者查对，现将常用金属元素的电化当量列于表 2-3。

表 2-3　常用金属元素的电化当量

元素	元素符号	原子价	相对原子质量	密度 /(g/cm³)	化学当量	电化当量 K 值 /(mg/C)	电化当量 K 值 /[g/(A·h)]
金	Au	1	196.967	19.3	196.967	2.04	7.353
		3			65.656	0.68	2.45
银	Ag	1	107.868	10.5	107.868	1.118	4.025
镉	Cd	2	112.40	8.642	56.20	0.582	1.097
锌	Zn	2	65.38	7.14	32.69	0.399	1.220
铬	Cr	6	51.996	7.20	8.666	0.0898	0.324
		3			17.332	0.180	0.647
钴	Co	2	58.933	8.9	29.466	0.305	1.099
铜	Cu	1	63.546	8.92	63.546	0.658	2.371
		2			31.733	0.329	1.186
铁	Fe	2	55.847	7.86	27.924	0.289	1.042
铟	In	3	114.82	7.30	38.27	0.399	1.429
镍	Ni	2	58.70	8.90	29.35	0.304	1.095
铅	Pb	2	207.2	11.344	103.6	1.074	3.865
钯	Pd	2	106.4	11.40	53.2	0.551	1.99
铂	Pt	4	195.09	21.45	48.77	0.506	1.820
铑	Rh	3	102.906	12.4	34.302	0.355	1.28
锑	Sb	3	121.75	6.684	40.58	0.421	1.514
锡	Sn	2	118.69	7.28	59.34	0.615	2.214
		4			29.67	0.307	1.107

2.1.2.2　电沉积过程基本知识

（1）双电层的形成与性质

与电镀过程直接有关的动力学知识是电极过程的动力学，而电极过程动力学的研究基础是建立在金属电极与溶液的双电层理论之上的。

电解质导电中的电子交换是在电极表面进行的。无论是阳极还是阴极，在电解过程中，在电极上都有电子能量的交换。

电子能量到底是怎样在电极表面交换的呢？这就要引入双电层的概念来加以说明。所谓双电层，是指当电极浸入到电解质溶液中时，由于金属电极表面的电荷密度大于溶液中分散的离子或偶极子（比如极性分子水或其他有电荷倾向的溶质分子）的电荷密度，这些溶液中的离子等会以相反的电荷在电极表面排列，形成一种与电极表面电荷极性相反的动态双电层，并且相应地存在一定的电位差。根据形成双电层的电荷载体的不同，双电层可以分为离子双电层、偶极子双电层和吸附双电层。对于电沉积过程来说，重点要认识的是离子双电层。

离子双电层有可能是在电极与电解质溶液接触后自发形成的，但也可能是在外电源作用下形成的，比如电沉积中所使用的电源。无论哪种情况下形成的双电层，在性质上基本是一样的。

对于金属电极来说，当与电解质溶液接触时，在固相（金属）和液相（电解质溶液）之间会发生金属离子在两相间的转移。这种转移是动态的，当进入溶液中的金属离子达到一定量的时候，金属表面的电子数就会增加，从而以库仑力的作用使金属离子在电极表面排列，并阻滞电极上的金属离子进一步进入溶液。这就是自发形成的双电层。这种以电极金属离子进入溶液的形式形成的双电层，电极表面是负电性而溶液表面层则呈正电性。金属锌电极在含锌离子的电解液中形成的双电层就是这种性质的双电层。还有一种情况是金属电极上金属离子的化学位能比溶液中的低，这时当金属电极浸入到相应的电解质溶液中时，溶液中的金属离子会自发地沉积到电极上。比如金属铜电极在硫酸盐溶液中，溶液中的铜离子会向铜表面聚集，使电极表面正电荷增加，从而使双电层界面中的溶液一侧呈电负性。

金属进入到相应的溶液中形成自发双电层的速度非常快，可以说是瞬间完成的，大概只需要百万分之一秒。

而在外电源作用下形成的双电层则相当于给一个平板电容器充电。由于电极表面双电层之间的距离极近，在这个双电层之间有很高的场强，可达 10^{10} V/m。而从电工学的角度可知，当场强达到 10^6 V/m 时，所有的电介质都会因放电而被击穿。由于双电层之间的距离非常小，在两极之间没有介质可以进入，因而不会引起介质破坏的问题。

双电层的这种特性可以使一些在通常情况下不能进行的化学反应得以进行，又可以使电极过程的速度发生极大的变化。

例如界面间的电位差改变 0.1～0.2V，反应速度可以改变 10 倍左右。由此可知，电极过程的反应速度与双电层电位差之间有着非常密切的关系。

（2）双电层的负离子特性

前面已经介绍过，电极在形成双电层时，电极表面的电荷极性有时是正的，有时是负的。许多研究表明，电极表面的这种不同的电性能表现在电极行为上有很大的差别。概括起来有如下几点。

① 电极表面为负电荷集聚时，溶液中的正离子在电极表面附近分布，这单纯地取决于库仑力的作用。而当电极表面集合的是正电荷时，溶液中的负离子除了在库仑力的作用下分布在双电层内溶液一侧，还受到非静电力的作用，使负离子与电极表面直接接触，说明负离子与电极分子间有分子轨道的相互作用，使负离子能停留在电极表面。这种作用力被称为吸附或特性吸附。

② 水分子是偶极子，在有库仑力作用时，也会在电极表面附近排列，从而影响双电层的结构和性能。由于水分子还可以与其他显示电性的离子形成外围水分子极性团，这对其达到和进入双电层都会有影响。

③ 很多有机物的分子或离子都能在电极表面吸附，并且对电极过程有很大影响。例如电镀中的添加剂或金属防腐蚀中使用的缓蚀剂就是利用表面活性物质在电极表面的强吸附作用。有机物的活性离子向电极表面移动时，必须先去掉包围着它的水化极性膜，并排挤掉原来在电极表面的水分子。这两个过程都将使体系的自由焓增加。在电极上被吸附的活性粒子与电极间的相互作用则将使体系的自由焓减小。只有后者的作用超过了前者的作用，体系的总自由焓减小，吸附才会发生。

（3）紧密层和分散层

双电层是由电极和溶液中异种电荷的离子相对排列构成的，但是溶液中离子的排列存在紧密和分散两种状态。在静电力或其他作用力大的区间，将形成紧密的离子排列层，双电层的性质主要由这个紧密层决定。但是在这个紧密层外围，由于偶极子现象会有异种电荷的离子或分子从接近紧密层的离子向外排列，形成分散层。电极表面附近溶液的这些性质对电极过程都存在一定程度的影响。前面在介绍电结晶过程时已经讲到，对于阴极过程来说，进入紧密层的金属离子要摆脱水合离子、络离子配体等外围离子的包围，才能完成放电过程。

（4）传质与电极过程

当有外电流通过电极时，溶液中的离子将参加电极反应，得到或放出电子能量。对于电沉积而言，在阴极上将有金属沉积。如果阳极是不溶性阳极，则随着通电时间的延长，溶液中阴极区附近的金属离子将由于不断地沉积到阴极上而减少，溶液本体中的离子将运动过来补充。如果补充不及时或没有离子补充，反应速度就会下降或停止。离子向电极表面运动的过程在电化学中叫作传质过程，简称为传质。

电化学反应的速度还会受到电极所在溶液中的一些其他反应的影响。我们以锌在碱性电沉积液中的行为为例来加以说明。

在碱性镀锌液中，锌离子（Zn^{2+}）以锌络合物离子 $[Zn(OH)_4^{2-}]$ 的形式存在，但是在阴极上获得电子能量还原时，却是以 $Zn(OH)_2$ 的形式存在。它在向阴极移动的过程中还要经历两次放出羟基的过程：

$$Zn(OH)_4^{2-} =\!=\!= Zn(OH)_3^- + OH^-$$

$$Zn(OH)_3^- =\!=\!= Zn(OH)_2 + OH^-$$

这些过程将减缓锌离子到达阴极区进入双电层的速度。同时，对于已经获得电能被还原的物质，在电极表面也还有一个形成分子或晶种再长大的过程。像氢离子在阴极的还原，也是这样：

$$H^+ + e =\!=\!= H$$

$$H + H =\!=\!= H_2$$

先是一个氢离子得到一个电子还原为氢原子，两个氢原子结合到一起才形成氢分子，由于氢原子是所有元素中个子最小的，它可以在金属原子的间隙内穿行或停留，这就是电沉积金属往往有氢脆危险的原因。

（5）电极过程的步骤

参加反应的粒子通过传质过程到达电极区内以后，还要经过放电过程，直至出现新的产物，也就是生成新相。

无论是氢气或氧气的析出，还是金属沉积物的沉积，在电化学中都是新相的生成。有新相生成是电沉积过程的最终结果，也是电极电化学过程的最后一个步骤。这样我们可以将电极过程归纳为以下几个步骤。

① 传质步骤。这是电解质溶液中的反应物粒子向电极表面附近移动的过程。阴离子或带负电荷的偶极子、络离子等向阳极移动，阳离子或带正电荷的偶极子、络离子等向阴极移动。这种在电场作用下的粒子的移动，我们称之为电迁移。

电解质溶液中的粒子除了电迁移外，还可以在浓度差别（也叫浓度梯度）存在的时候出现扩散性移动，使其浓度趋向于均匀。这种浓度梯度可能是电极区反应物的消耗导致的，也可能是外界添加物进入溶液后形成的。

显然，外加的机械搅拌或温度差异（也可以叫温度梯度）也会引起粒子的流动，我们称之为对流。

② 电子转移步骤。参加电极反应的离子经历一些不涉及电子转移的离解后，在电极表面接收或放出电子。这是整个电极反应中最为本质的步骤，也叫电化学步骤。

③ 新相生成步骤。经过电子转移后生成的新相在阴极上可能是金属晶格的形成和成长，也可能是气体的析出，在阳极则可能是一部分原子转变为离子向溶液本体扩散，也可能是气体的析出，或者是其他离子的氧化。电极过程只有完成

了这个步骤，才是一个完整的电极过程。而电沉积过程正是这一过程随着时间的连续和重复。

④ 速度控制步骤。在电极过程中，每一个步骤在进行时都有可能遇到一定的阻力。显然这些步骤的进行速度是不一样的，有的快，有的慢。并且改变电极过程进行中的某些条件，比如浓度、温度、搅拌等，各个步骤的速度会有所不同，但是不管其中哪一个步骤的速度再快，也不能代表整个电极过程的反应速度。相反，那个速度最慢的过程决定整个电极反应过程的快慢。这个最慢的过程即为控制过程或控制步骤。

研究和分析电极过程实际上就是分析和研究这个过程中的控制步骤。整个过程的动力学特征实质上就是控制步骤的动力学特征。

(6) 与传质有关的电化学参数

① 活度。我们所讨论的电解质溶液基本上都是强电解质溶液，但即使在强电解质溶液中，离子也不是完全处于自由离解的状态。离子之间的相互作用使离子参加化学反应和电极反应的能力有所削弱。当我们要定量地描述电极过程时，不能简单地将所配制的电解液的浓度作为依据，而是要根据其参加反应的程度进行修正。修正后的浓度参数就叫活度，也可以称为有效浓度。电解质的活度可以由实验测出，但通常是测量活度与溶液 c 的比值 γ。当我们以 a 表示活度时，则活度与浓度 c 的关系为

$$a = \gamma c$$

γ 为活度系数，其值可从化学手册中查到。物理化学中规定固态物质的活度为 1，当溶液的浓度无限稀时，可以认为 $a = c$，$\gamma = 1$。

但是对于较高浓度的强电解质溶液，就不得不用活度来取代浓度了。比如 1mol/L 的 NaCl，其活度为 0.67mol/L。

② 电导率。导体电阻（R）的大小取决于导体材料的性质和它们的几何形状。对于无论是一截导线还是一槽电解质溶液，其电阻的大小与电流流经的长度（L）成正比而与流经的截面积（S）成反比：

$$R \propto \rho \frac{L}{S}$$

式中，ρ 为电阻率，$\Omega \cdot m$，它代表 $L = 1m$ 和 $S = 1m^2$ 时的电阻。

因为导体的几何形状对电阻有影响，使人们对它们进行比较时存在一定困难。因此，为了便于比较，需要有一个表示导体共性的指标，这就是电阻率。对于电解质溶液，由于其导电过程的特殊性，比较方便的是采用电阻和电阻率的倒数来表示，这就是电导（G）和电导率（k）。

$$G = \frac{1}{R} \qquad k = \frac{1}{\rho}$$

电导的单位是西门子（S），电导率的单位是西门子/厘米（S/cm）。电导率是描述第二类导体导电能力的重要参数。比较电解质水溶液的导电能力就只需比较它们的电导率。电导率可以用电桥法测量，也可以用直流测定法测量。重要的电解质的电导率可以从有关手册中查到。

影响溶液电导率的因素主要有电解质的本性、电解质溶液的浓度和温度等。

③ 离子迁移数。离子在电场作用下的移动称为电迁移。由于一种电解质通常总是离解为电荷相反的两种离子，两种离子分担着导电任务，阳离子迁移数为 t_+，阴离子的迁移数为 t_-，则有

$$t_+ + t_- = 1$$

离子的迁移数比离子的浓度、运动速度和所带的电荷等更真实地表示了离子对导电的贡献。离子的迁移数与离子的本性有关，也与溶液中其他离子的性质有关，因此，每一种离子在不同的溶液中的迁移数是不同的。常用离子的迁移数可以从手册中查到，但手册中所列举的是只有这一种离子导电时的迁移数。如果溶液中有几种离子存在，则其中某一种离子的迁移数比它单独存在时要小。比如在单纯的硫酸镍溶液中，镍离子的迁移数是 0.4 左右，即镍离子迁移全部电量的 40%。但是如果在这一溶液中加入一定数量的硫酸钠，则镍离子的迁移数明显变小，甚至可以小到趋近于零。即镍离子这时根本不迁移电流。

④ 扩散系数。在电解质溶液中，如果存在某种浓度差，这时即使在溶液完全静止的情况下，也会发生离子从高浓度区向中、低浓度区转移的现象，这种传质的方式就叫扩散。

当我们将电解质溶液中单位距离间的浓度差称为梯度，如果这个梯度为 1，这时离子扩散传质的速度就是扩散系数 D。它的单位是米/秒（m/s）。

（7）电极电位和标准电极电位

电极电位是金属离子进入电解质溶液中后，在金属表面排列形成双电层时表现出的电极特性。从双电层的结构可以推知，在双电层中的金属电极表面一侧和溶液中异种离子排列的一侧相当于一个平行的平板电容。在这两极之间是存在电位差的，但是这个电位的绝对值目前是无法测到的，只能间接测量。在标准状态下，每一种金属都有一个稳定不变的电极电位。这就是标准电极电位。当发生电极反应时，比如发生电沉积时，金属电极的电位会发生变化。在研究了对电极电位的变化有影响的因素后，德国物理化学家瓦尔特·能斯特（Walther Nernst，1864—1941）提出了计算电极电位的方程，这就是在电化学中有名的能斯特方程：

$$E = E^{\ominus} + 2.303 \frac{RT}{nF} \lg a$$

式中　E——被测电极的（平衡）电极电位；

$E^{\ominus}$——被测电极的标准电极电位；

R——理想气体常数，等于 8.314J/（mol·K）；

T——热力学温度，等于 237K；

n——在电极上还原的单个金属离子的电子数；

F——法拉第常数；

a——电解液中参加反应离子的活度（有效浓度）。

（8）金属的电结晶过程

电沉积过程实际上是金属离子从阴极持续获得电子，在阴极上还原为金属原子，然后再结合成金属结晶的过程。因此，也有人将电沉积过程叫作电结晶过程。

① 金属晶体。结晶是指在一定条件下，溶液中的分子从溶液中形成一定结构的固态物质的过程。比如过饱和盐溶液中的盐晶体。结晶过程是从晶核生成到晶体长大的过程。如果晶核形成的速度比晶核长大的速度快，则结晶比较细小；相反，如果结晶长大的速度比晶核形成的速度快，则结晶比较粗大。金属结晶过程基本上也遵循这个机理。

a. 金属键。金属晶体原子间的结合力是由金属键维持的。金属键是由金属的自由电子和金属原子及离子组成的晶体格子之间的相互作用构成的。金属键实际上是一种包含有无限多原子的多原子键，因为电子能量可以在整个金属晶体内自由传递。

需要指出的是，金属结晶实际上有自己的一些不同于一般化学结晶体的性质和特征。这主要是由于金属结晶所依靠的键力不同于一般分子间的键力。

首先金属晶体实际上是由金属原子直接堆积而成的晶体，也可以说是多原子晶体的极限情况。当多原子共价键中的原子个数由几个、几十个发展到 10^{20} 个那么多时，键的性质就会发生变化，我们可以称这种极强的多原子间力或金属分子间的力键为金属键。

金属键的另一个特征是没有方向性和饱和性，可以在任何方向与任何数目的邻近原子的价电子云重叠，从而成长为任意规格的金属结晶体，并且是最为稳定的结晶结构。这就是为什么金属有最好的力学性能的原因。

b. 晶面指数。很多研究电沉积过程的报告在描述金属结晶的结构时，用到了晶体的晶面指数[2]。这种晶面指数也叫密勒（Miller）指数（hkl）。

选择一组把阵点划分为最好格子的平移向量 $\underline{a}$、$\underline{b}$、$\underline{c}$ 的方向 a、b、c 为坐标轴。如果有一平面点阵或晶面与 a、b、c 轴相交于 M_1、M_2、M_3 三点，则截长分别等于：

$$OM_1 = h'\underline{a} = 3\underline{a}$$
$$OM_2 = h'\underline{b} = 2\underline{b}$$

$$OM_3 = h'\underline{c} = \underline{c}$$

因为点阵面必须通过点阵点，所以截长一定是单位向量的整数倍，即 h'、k'、l' 必定是整数。这 h'、k'、l' 三个整数可以作为表示晶面的指数。但是如果平面与 $\underline{a}$ 轴平行，则 h' 会无穷大。为了避免这个无穷大，密勒采取用 h'、k'、l' 的倒数的互质比来表示晶面：

$$\frac{1}{h'} : \frac{1}{k'} : \frac{1}{l'} = h : k : l$$

这个 hkl 就叫密勒指数或晶面指数。根据边长和交角的不同，空间点阵单位一共有 7 种：即立方晶系、六方晶系、四方晶系、三方晶系、正交晶系、单斜晶系、三斜晶系。

这些空间点阵又因构成形式不同而分为简单 P、面心 F、体心 I、底心 C、侧心 A、侧心 B 等 14 种形式。点阵一般为整数（包括零），可采取 100、110、111、200、210、211、220、221、222、300 等数值，通常以方括号将晶面指数括起来，以便于识别。比如在低电流密度下的镀镍层具有 [100] 或 [111] 的结构。

② 电结晶。前面已经说过，电沉积过程也称电结晶过程。这是以电为能量从含有所需金属离子的溶液中获得金属结晶的过程。这个过程的要点是金属离子的还原，如果没有金属离子还原为金属原子，就不可能有金属结晶出现。很清楚，金属离子（化合物）的结晶体是与同种金属的结晶体性质完全不同的物质。因此，金属结晶过程是金属离子已经还原为原子后的过程，是原子晶核的成长。如果要用电结晶来定义电沉积过程，正确地说应该是"电化学还原结晶过程"，简称电结晶过程。

一般的盐类结晶过程是一个物理过程。只要提高溶液的浓度，使其达到过饱和状态，就可以实现结晶，但是对于含有金属盐的溶液，无论将浓度增加到多少，都不可能得到金属的结晶。只有在外电场的作用下，达到金属离子的还原电位，使金属离子还原为原子以后，才可以实现金属的结晶过程。电结晶中的过电位与溶液的过饱和度所起的作用是相当的，并且过电位的绝对值越大，金属结晶越容易形成，形成结晶的晶核尺寸越小。

电结晶的另一个重要特征是金属结晶必须在电极上进行，也就是说必须要有一个载体或平台，使金属结晶可以在上面成核和成长。由于电极（金属）本身也是金属晶体，而金属晶体表面一定会存在结晶缺陷，这些部位会有金属晶核露出，因此，还原的金属原子也可以从这些晶核上成长起来。也就是说对于电结晶而言，不形成新的晶核，也可以进行电结晶。而一般盐的结晶，形成晶核是必要条件。

金属离子的电结晶过程主要经历以下几个步骤。

　　a. 金属离子的"瘦身"。在电解质溶液中的金属离子都不是简单盐的离子，通常是络合物离子。即使是在简单盐溶液中，金属离子外围也有极化水分子膜的包围。在电场作用下，进入阴极区紧密层以前的金属离子必须去掉配体离子和水分子膜，使自己"瘦身"后，才能在电极表面获得电子而还原。如果没有这个步骤，金属离子缺电子的空轨道被配体或极性水分子膜屏蔽，无法接收电子能量使自己还原。

　　b. 还原为吸附原子。完全裸露的金属离子在电极表面获得电子成为可以在电极表面自由移动的原子。靠吸附作用在表面移动，寻找最低能量的位置，也可以说是向低位能处流动。这个过程也可以叫作表面扩散步骤。

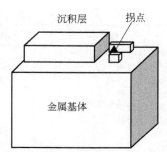

图 2-1　吸附原子进入晶格示意

　　c. 进入晶格。电极表面的低位能位置实际上是晶体表面的台阶位或"拐点"（图 2-1）。这些位置的能量比较低，原子进入到这样的位置才能够稳定下来，成为结晶体。这种适合接纳新来的原子进入晶格的地方，称为"生长点"。

　　电结晶过程是阴极电极过程实用化的重要过程。

2.1.3　电镀过程及其相关计算

2.1.3.1　电流效率的计算

　　电镀过程实际上是当直流电通过含有欲镀金属离子的电解质溶液中的电极时，金属离子在阴极上还原成金属的过程。这时的阳极通常采用欲镀金属制成，阴极就是需要电镀的产品。其简单的电极反应式如下。

阳极：
$$M - ne \Longrightarrow M^{n+}$$

阴极：
$$M^{n+} + ne \Longrightarrow M$$

作为副反应，还有水的电解等：

$$H_2O（电解） \Longrightarrow H^+（阴极） + OH^-（阳极）$$

$$2H^+ + 2e \Longrightarrow H_2$$

$$4OH^- - 4e \Longrightarrow O_2 + 2H_2O$$

　　既然在电极上有副反应发生，那么通过电镀槽的电流就不可能全部用在金属的还原上，这就提出了电流效率的概念。

　　对电镀过程而言，所谓电流效率是指电解时在电极上实际沉积或溶解的物质的量与按理论计算出的析出或溶解量之比。通常用符号 η 表示：

$$\eta = \frac{M'}{M} \times 100\% = \frac{M'}{KIt} \times 100\%$$

式中　M'——电极上实际析出或溶解物质的量；

　　　M——按理论计算出的应析出或溶解物质的量。

K、I、t 是法拉第第一定律中已经出现过的物理量：电化当量、电流和电解时间。

由不同电镀液或不同镀种所获得的镀层的质量与理论值的比率可知，不同镀液或镀种的电流效率有很大差别。某些电镀溶液的阴极电流效率见表 2-4。

表 2-4　某些电镀溶液的阴极电流效率

电 镀 溶 液	电流效率/%	电 镀 溶 液	电流效率/%
硫酸盐镀铜	95～100	碱性镀锡	60～75
氰化物镀铜	60～70	硫酸盐镀锡	85～95
焦磷酸盐镀铜	90～100	氰化物镀黄铜	60～70
硫酸盐镀锌	95～100	氰化物镀青铜	60～70
氰化物镀锌	60～85	氰化物镀镉	90～95
锌酸盐镀锌	70～85	铵盐镀镉	90～98
铵盐镀锌	94～98	硫酸盐镀铟	50～80
镀镍	95～98	氟硼酸盐镀铟	80～90
镀铁	95～98	氰化物镀铟	70～95
镀铬	12～16	镀铋	95～100
氰化物镀金	60～80	氟硼酸盐镀铅	90～98
氰化物镀银	95～100	镀镉锡合金	65～75
镀铂	30～50	镀锡镍合金	80～100
镀钯	90～95	镀铅锡合金	95～100
镀铼	10～15	镀镍铁合金	90～98
镀铑	40～60	镀锡锌合金	80～100

在测量电解过程的电流效率时，利用了有稳定的接近 100％ 电流效率的硫酸盐镀铜电解槽，这种镀铜电解槽也被叫作铜库仑计。将被测的镀液与之串联连接，在单位时间内电解后分别对镀铜阴极上的镀层和被测阴极上的镀层用减重法测出质量，它们的比值就是被测液的电流效率。

2.1.3.2　镀层厚度的计算

由电流效率公式可以得到：

$$M'=KIt\eta$$

同时，所得金属镀层的质量也可以用金属的体积和它的密度计算出来：

$$M'=V\gamma=S\delta\gamma$$

式中　V——金属镀层的体积，cm^3；

　　　S——金属镀层的面积，cm^2；

　　　δ——金属镀层的厚度，cm；

　　　γ——金属的密度，g/cm^3。

由于实际科研和生产中对镀层的度量单位都用微米（μm），而对受镀面积则都采用平方分米（dm^2）作为单位，这样，当我们要根据已知的各个参数来计算所获得镀层的厚度时，需要做一些换算。

由 $1\mathrm{dm}^2=100\mathrm{cm}^2$，$1\mathrm{cm}=10000\mu\mathrm{m}$ 可得到

$$M'=100S\times\frac{\delta}{10000}\gamma=\frac{S\delta\gamma}{100}$$

将 $M'=KIt\eta$ 代入上式得

$$\delta=\frac{KIt\eta\times100}{S\gamma}$$

电镀过程中，通过制品表面的电流是以电流密度为参数的，也就是单位面积上通过的电流值。为了方便计算，根据电流密度的概念，$D=I/S$，可以将上式中的 I/S 换成电流密度 D。而电流密度的单位是 $\mathrm{A/dm}^2$，考虑到电镀是以 min 计时的，代入后得

$$\delta=\frac{KDt\eta\times100}{60\gamma}$$

这就是根据所镀镀种的电化学性质（电化当量和电流效率）和所使用的电流密度以及时间进行镀层厚度计算的公式。根据这个公式，可以计算出在一定电流密度下电镀一定时间的镀层厚度，也可以计算要镀得某个厚度需要多少时间。使用时要特别注意各项参数的单位。

例如，如果我们以 $1.5\mathrm{A/dm}^2$ 的电流密度在锌酸盐镀锌槽中镀锌 45min，所得镀层的厚度是多少？已知锌酸盐镀锌的电流效率是 78%，锌的密度为 $7.14\mathrm{g/dm}^3$，电化当量为 $1.22\mathrm{g/(A\cdot h)}$。经计算得到镀锌层的厚度为

$$\delta=\frac{KDt\eta\times100}{60\gamma}=\frac{1.22\times1.5\times45\times78\%\times100}{60\times7.14}=15\mu\mathrm{m}$$

又如，我们要想给磨损了的轴的直径增加 0.3mm，在电流效率为 13% 的镀硬铬槽中以 $50\mathrm{A/dm}^2$ 的电流密度电镀，需要多少时间？

经查：铬的密度为 $7.2\mathrm{g/dm}^3$，电化当量是 $0.324\mathrm{g/(A\cdot h)}$。直径增加 0.3mm，也就是轴的镀层厚度为 $0.3\mathrm{mm}/2=0.15\mathrm{mm}=150\mu\mathrm{m}$。将时间作为未知数而将镀层厚度作为已知数代入公式，可以求出所需要的时间：

$$t=\frac{60\gamma\delta}{KD\eta\times100}=\frac{60\times7.2\times150}{0.324\times50\times13\%\times100}=308\mathrm{min}$$

2.1.3.3　电极电位的计算

我们已经知道对于金属的标准电极电位，有以下表达式，即前面已经介绍过的能斯特方程：

$$E=E^{\ominus}+2.303\frac{RT}{nF}\lg a$$

电极电位是电化学中一个非常重要的概念，也是电镀技术研发过程中经常要用到的一个概念。这里所说的电极电位方程是用来计算电极在非标准状态下的实际电极电位的。因为电极在实际工作中的状态很少是标准状态。特别是电镀过

程，电镀液中除了被镀金属的主盐离子外，还添加了许多辅助剂和添加剂，有时温度达 60℃ 以上，电极的电位值肯定会偏离原来的标准电位，并且很多时候我们都是希望被镀电极的电位向我们需要的方向有一定的偏移，我们称之为极化。一定的极化对电镀是有利的。利用加入络合剂或其他添加剂，可以使两种标准电极电位相差较远的金属在特定镀液中的电位接近，从而可以共沉积为合金。这就是合金电镀的原理。

为了方便计算，电镀工程技术人员经常使用的电极电位方程是经过简化的，即将几个基本固定的常数项先行计算合并，化简为一个常数，并且用欲镀金属离子的浓度代替活度。这样，将法拉第常数、阿伏伽德罗常数和热力学温度（定在 25℃）进行合并后得到 0.0592 这个常数，使能斯特方程简化为：

$$E = E^{\ominus} + \frac{0.0592}{n} \lg c$$

我们以普通镀镍为例，可以通过这个方程式计算镍沉积时的平衡电位。由表查得镍的标准电极电位为 -0.250V，普通镀镍中镍离子的浓度约为 1mol/L，每个镍离子还原为金属镍需要 2 个电子，代入上述方程：

$$E = -0.250 + \frac{0.0592}{2} \times \lg 1 = -0.250V$$

由此可知，普通镀镍的平衡电位近似地等于它的标准电极电位。

2.1.4 现代电镀技术及其添加剂

2.1.4.1 现代电镀技术

随着电子技术的进步，现代电镀技术也进入了一个新的发展阶段，无论是基础理论还是研发手段都比传统电镀技术有了很大进步。现代电镀技术的一个特征是在测试和技术开发上充分利用了现代科学技术，使电沉积过程的研究进一步深入，从而对新工艺的开发起到了一定的指导作用。

现代电镀技术是建立在化学和电化学以及测试等技术进步基础之上的。这些技术的进步为电镀提供了新的材料、设备和测试手段，从而促进了电镀技术的进步和发展，使电镀技术在镀种上有了很大扩展。

（1）原料和设备

现代化学化工技术的进步为电镀提供了许多更好的原材料，各种金属盐的提纯技术也使电子电镀受益；而各种中间体又为添加剂增加了更多的选择，还有各种设备技术、机电一体化技术使电镀过程的受控得到保障。各种合金材料的出现也使电镀合金有了更多的研发目标，而纳米材料的应用更是为电镀开拓了新的领域。

（2）测试技术

现代测试技术比传统电化学测试方法有了很大改进，对电极过程的测试已经进入直接观测的时代，即使获取经典的电化学参数，也采用了新的现代测试方法，数字化处理模式使测试的效率和表征方式都有了很大的进步。

现在对表面进行观测所用到的技术涉及微电子技术、显微技术、电脑及解析软件、微传感技术等。所用到的设备有各种扫描型显微镜，比较典型的有以下几种：

探针式扫描显微镜（scanning probe microscope），简称 SPM；

隧道式扫描显微镜（scanning tunneling microscope），简称 STM；

原子间力显微镜（atomic force microscope），简称 AFM；

场式扫描型光学显微镜（scanning near-field optical microscope），简称 SNOM；

激光扫描显微镜（scanning laser microscope），简称 SLM；

电化学扫描显微镜（scanning electro chemistry microscope），简称 SECM，等等。

事实上在 20 世纪中期，电子显微镜已经用于科研和开发，但那时都是对静止的样本进行观测，而现在的一个显著进步就是可以对动态的样本进行观测，更重要的是这种新的显微技术不仅仅只是用于科学研究，并且已经用于一些微观过程的生产或加工控制，这种动向在进入纳米时代会进一步增强。

现代电镀技术的另一个鲜明特征是各种添加剂技术的应用。

2.1.4.2　电镀添加剂

(1) 奇妙的电镀添加剂

电镀添加剂现在已经公认是现代电镀技术中的核心技术。很多电镀液没有电镀添加剂根本就不能工作，完全镀不出合格的镀层。例如酸性光亮镀铜、酸性光亮镀锌、酸性光亮镀锡等。如果镀液中只有主盐和辅盐而没有相应的添加剂，镀出来的通常都是粗糙镀层，甚至没有镀层；而当加入添加剂后，就可以得到光亮平整的镀层。因此，电镀添加剂在电镀技术中有举足轻重的作用。

现在电镀添加剂研发、生产和销售已经成为一个很有规模的产业，并且有许多是国际著名的公司在参与。但是以电镀光亮剂为主的电镀添加剂的发明却是由一些偶然因素引起的。

20 世纪 20 年代，美国有一家生产电镀设备和提供电镀技术的公司曾经因为推销员的吹牛而售出了一批可以镀出光亮镉镀层的设备，但是当时他们并没有镀光亮镉的技术。结果是售出的镀液又都被退回来，要求退换。公司的技工只好日夜加班来调整镀液，但是一直都没有什么进展。在又是一个大半夜的白忙之后，大家只好先去吃夜宵，准备回来将镀液倒掉再重来。吃饱喝足以后，回到工作现场，有人提议再试镀一回，结果出人意料的是镀层变得光亮细致起来。而究其原因，竟然是有一件羊毛衫不小心落入镀槽内没有被发现，羊毛的溶解物起到了光亮作用。这家公司不仅因此挽回了声誉，还将用碱来溶解羊毛制成镀镉光亮剂申请并获得了专利[2]。

另一个有关镀镍光亮剂的发明据说也是发明人不小心将自己的假牙掉进了镀槽，结果发现了胶质物质的光亮作用。还有关于糊精、砂糖等掉入镀槽等方面的传说和故事，都在说明有机物对电镀过程有重要影响。并且可以推测，最初确实出现过偶然有东西掉进镀槽而改变了镀层质量的事件发生，但是后来有很多开发人员会重复这种往镀液里加各种佐料的做法，并最终获得了理想结果。

现在，事实已经证明，如果将电镀配方当作电镀的核心技术，那实际上说的是电镀添加剂技术。因为很多电镀液的基本组成已经是公知的技术，但是电镀添加剂的配方则是技术机密。现在，电镀添加剂的研发和制造以及销售已经是一个持续发展和增长的行业，成为有机合成、精细化学和电化学等多学科支持的一个新兴行业。其中一个很重要的分支就是电镀添加剂中间体的研制和生产。

（2）电镀添加剂的作用原理

电镀添加剂与辅盐不同的是，电镀添加剂用量比辅盐少得多，而作用比辅盐大得多。电镀添加剂中最大的一族是光亮剂，其他还有走位剂、柔软剂、抗针孔剂、抗沙面剂等。

电镀添加剂的奇妙就在于，其用量非常少，每升镀液中只需加入几毫升，现在更有只加零点几毫升的。但是一旦加入，就有明显的作用。比如，我们用硫酸铜和硫酸配成镀铜液，如果不加入光亮添加剂，镀出的镀层根本不能用，粗糙无光，甚至是呈朱红色铜粉状的沉积物。但是，只要我们往这种镀液里每升加入$1\sim2mL$光亮剂，镀出的镀层就呈现出光亮细致的亮紫铜色。很多镀种，比如镀镍、镀锌、镀锡、镀合金等，都有这种现象。

再比如镀镍的脆性问题，如果不加入柔软剂，镀出的镀层会由于内应力而发脆，有时会因太脆而开裂。但加入柔软剂后，就可以使内应力大大减小，甚至出现零应力状态。而其添加量则是很小的，只有零点几至几毫升。如果加多了，反而会产生另一个方向的应力。

那么电镀添加剂为什么会有如此奇妙的作用呢？这是因为所有的电镀添加剂都是在电极表面的微区域内起作用的。在微观表面的界面内，即使是单一的分子膜就已经是一种重要的改变。所有这些微少量的添加剂之所以能起大的作用，主要是因为这些添加剂是在阴极区间的表面双电层内起作用的，有着类似表面活性剂的性质，只要单分子膜级别的添加剂进入双电层并干预金属离子在阴极还原的过程，就会使镀层的结晶发生改变，向着我们期待的结果变化。电镀添加剂的作用可以认为是以添加物对电结晶过程进行的一种干涉。

曾经有许多间接的测量技术证明了电镀添加剂的表面活性作用，比如微分电容曲线、极化曲线、旋转电极曲线等。现在，更有表面直接观测的微电子技术可以更加直接地了解各种有机物对阴极过程的影响。理想的状态是要进入这样一个时代，那就是能够了解和设计基团或结构，让特定的结构去完成特定的表面干扰作用，以改变以往盲目摸索的研发过程。但是，在能够真正完全按我们的意志合成添加剂以前，电镀添加剂的研制就多少带有炼丹术式的神秘。

（3）电镀添加剂的选用

如果说早期的电镀添加剂是利用一些现成的有机化学物质，甚至天然的有机物，那么经过这么多年的开发和深入研究，已经对能够影响电镀阴极过程的某些有机物基团有了认识，并可以进行合成和改进，对它们在不同的组合中发挥的作用也有了定性和定量的认识。这就是前面说到的电镀添加剂中间体的研制和生产。这些已经被确定为可以用来配制成电镀光亮剂或添加剂的中间体成为电镀添加剂开发商的重要原料。

开发商在采用各种化学物中间体配制电镀添加剂时，是有一定产品定位的，有些偏重于出光快速，有些则是分散能力好，还有些则是镀层的其他性能的满足，比如低脆性等。可以兼顾所有镀层指标的全能添加剂是极少的，总要因为兼顾其他性能而降低一些主要性能。所以在选用电镀添加剂时，要清楚自己需要的是什么样性能的镀层。当以功能性为主时，就要在装饰性方面降低指标；如果照顾到了装饰性，则功能性指标就会有所降低。这些在添加剂的选用中会有所体现。由于定位错误而导致的产品镀层性能达不到标准，往往不能马上得到纠正，以至于检验人员和生产者或用户与生产方经常会发生分歧。所以根据镀层的性能或者质量的需要来选用电镀添加剂是很重要的。

2.2 滚镀技术

滚镀是电镀技术中的一个重要分支技术，也是电子电镀技术的重要组成部分。虽然本章所介绍的电镀基本原理对于滚镀也是适用的，但是由于滚镀过程是在一个相对封闭的容器内在滚动中进行的，其电极过程显然会受到滚动过程的影响，从而显示出一些不同的特点，有必要以专门的篇幅加以介绍。

2.2.1 滚镀技术的特点

滚镀是在一种圆形或多边形的桶中进行的电镀，由于这种桶在电镀过程中在不停地旋转，因此也有叫旋转镀的。

2.2.1.1 滚镀的优点

（1）提高生产效率，降低劳动强度

滚镀的最大优点是省去了易滚镀小零件的装挂时间，在提高了电镀生产效率的同时，降低了劳动强度。许多小零件由于没有可供挂具悬挂的孔位而在电镀中需要费心思寻找装挂方法，比如用铁丝缠绕，或用镀盘盘镀。这些变通的方法不仅效率低下，而且电镀质量难以保证。而采用滚筒电镀技术，一个中型以上的滚筒可以装载 90～100kg，一条生产线如果有十来个滚筒，一次就可以镀 1000kg 的产品。这种效率是人工难以达到的。以在各个工业领域大量采用的各种螺钉为例，如果没有滚镀技术，由人工上挂具或用盘子来电镀，其效率之低和质量的不稳定，难以满足工业生产的大量需要，特别是汽车业和电子工业中的各色各样的标准件，没有滚镀将是不可想象的。滚镀还大大降低了劳动强度，由于滚镀的滚筒可以由机械提升和运送，因此人工只需要操作按钮就可以完成大部分操作。如果没滚镀设备，由人工来完成相同的生产量，劳动强度要大得多。

（2）电镀质量的改进

滚镀中的零件是在不停运动中电镀的，零件之间还存在相互的摩擦，因此，滚镀镀层的结晶会比较细致。如果滚筒设计合理而又装载得当，当电镀时间适当时，镀层的分散能力也会有所改进。因此，滚镀产品的外观质量一般都优于挂镀产品。但是由于滚镀受设备的影响很大，与装载量和电镀时间等都有关系，因此不能认为凡是滚镀就一定会有优于挂镀的质量。

从理论上讲，在一个滚筒中不停翻动的零件，其在筒中的位置将是随机的，但随着时间的延长，一个零件出现在滚筒中的各处部位的概率是相等的，或者说被镀零件会不停地改变自己受镀的部位和姿势，应该有更好的镀层分散性。但是由于滚筒形状和零件本身的限制，会出现重叠和互相咬死的状态，这时电镀质量就难以保证了。

2.2.1.2 滚镀的缺点和改进

我们在讲到滚镀对镀层质量的改进时，也谈到了滚镀的局限性。概括起来有以下几点。

（1）对零件的适用性有限

滚镀首先不能适用于大型的制件，不可能为大型制件制作可以装下这类制件的超大型的滚筒，因为如果只装一两个大型零件的滚筒就失去了滚镀的意义。

即使是小型零件，也不是都可以用滚镀法来加工的，对于片状、易重叠和互相咬合或卡死的小零件，也不适合滚镀。理想的适用于滚镀的制件就是类似标准件样的产品。现在，也有一些在滚筒内增加翻动零件的附件的措施出现，以增加滚镀设备对不同产品的适应能力。

一种新的滚镀概念是将滚筒作为挂镀的挂架，将较大而又不能在滚筒内滚镀的制品以挂镀的形式进行滚镀，以加强镀液搅拌和提高工作电流密度，从而达到提高分散能力的目的。

（2）电量消耗有所增加

由于在筒内受镀，电力线的传送阻力增加，耗电量有所增加。普通电镀电压在 6V 以内即可以生产，而滚镀的电压通常在 15V 以上。因此，要对滚镀液的配方做适当调整，增加电解液的导电性能，并对滚筒的结构做一些调整，以利于电流的通过。

（3）获得厚镀层的时间延长

与挂镀相比，滚镀要获得与挂镀相同厚度的镀层，电镀时间要延长一些，也就是说滚镀的电沉积速度有点慢。这是与电阻增加、有效电流密度降低等有关的问题，应该尽量设法提高镀筒内的真实电流密度，来提高沉积速度。

（4）阳极面积难以保证

由于滚镀槽空间较小，不可能有富余的地方放置较多的阳极，使阳极电流密度升高，溶解速度下降，从而影响镀液的稳定性。一种新的结构设计可以增大镀槽内阳极放置的空间，从而保持镀液的稳定性。

2.2.2　影响滚镀工艺的因素

影响滚镀质量的因素很多，包括设备方面的和操作工艺条件方面的以及镀液本身的影响。认识和了解了这些影响因素，对于使用好滚镀技术是很有帮助的。

2.2.2.1　滚筒眼孔径的影响

滚镀机的滚筒上要钻满密密麻麻的孔，这些孔既方便镀液的流动，又可保证电流的通过。因此，孔径的大小对于镀液的流动和电流的通过有着重要的影响。而镀液和电流的流动直接关系到镀液的导电能力和镀层的厚度，对电镀过程有着重要的作用。

（1）孔径大小与电压的关系

很直观地可以估计到，大的孔径有利于电流的通过，对于第二类导体，这时的孔径相当于导电体的截面，而第二类导体同样遵守欧姆定律，因此当孔的直径增大时，电解液的电阻会下降，槽电压也就会随之下降。由表 2-5 可以看出这种关系是线性的比例关系。

表 2-5　滚筒孔径与槽电压的关系（瓦特镀镍液）

孔径/mm	槽电压/V	孔径/mm	槽电压/V
2.0	11	4.0	8.5
3.0	9.5	5.0	8.0

（2）孔径大小与镀层厚度及分散能力的关系

孔径的大小与镀层的厚度显示出较为复杂的关系，总的趋势是随着孔径的增大，镀层的厚度有所增加，但这种倾向与镀液的性质有很大关系，仍以镀镍为例。对于瓦特型镀镍液，当孔径增大时，在一定范围内镀层厚度是增加的，但进一步增大孔径后，镀层厚度反而又有所下降，但镀层的分散能力增加，即镀层的均匀性提高，计算下来，镀层金属的总量仍然是线性增加的，只是由于分散能力的提高，使镀层的局部厚度下降。

当镀液中加有光亮剂后，镀层厚度随着孔径的增加而有所增加，但分散能力随着孔径的增加反而有所下降。同时在小孔径时镀得的镀层的厚度相差幅度增大。

2.2.2.2 转速的影响

滚镀的转速对镀层的厚度变化的幅度和分散能力都有影响。当转数低时，镀

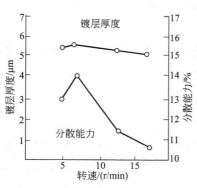

图 2-2 滚筒转速与镀层的关系

层厚度的变化较大，分散能力也不好，随着转速的增加，厚度差减少，分散能力提高，再进一步提高转速，镀层厚度的变化差值和分散能力都再度变差。因此，只能通过实验取一个适当的滚镀转速。滚筒转速与镀层厚度和分散能力的关系见图 2-2。

图 2-2 中镀层厚度随着转速的提高，在某一个速度达到最高值后就开始下降，最后趋于平稳，分散能力最先也是如此，但过了最高值后急剧下降。因为在高速度下，桶内零件的翻动反而因为惯性而减少，分散能力

下降。另外图 2-2 中厚度曲线的每个点的值是取样数的平均值，垂线的上、下端是在这个点上的镀层厚度的变化幅度（即最大值和最小值）。

2.2.2.3 装载量的影响

滚镀的装载量可以有三种计算方法，即镀件的表面积、重量和容积。常用的是镀件的容积，并且是根据镀件容积再换算出这种容积下滚筒的装载量，比如 50kg 桶、90kg 桶等。而实际镀件的容积只允许占滚筒容积的 40%。过量的或过少的装载都会影响电镀质量。装载量过大时，镀件滚动减少，里边的镀件难以镀上镀层而出现漏镀和镀不全的质量问题；装载量过少，则镀件在桶底部振动，镀层均匀性不良。

滚镀镀层的厚度是由电流强度、镀件表面积、电镀时间和阴极电流效率四者所决定的，因此，如果有可能，应该了解某容积下镀件的表面积，以确定需要在多大电流下工作。由于滚镀中的镀件往往处于断断续续的通电状态，无法确定阴极电流密度，因此，实际生产中是用电镀的槽电压来进行控制。即通过调整电压来使通过镀槽的电流保持在一个稳定的值。

2.2.2.4 电流强度的影响

在滚筒的装载量一定时，随着电流的增加，镀层厚度的变化幅度增大，镀层的均匀性下降，这种倾向在镀液中有添加剂时有所增加。测试表明，滚镀镀层的厚度与电流强度并不是呈线性增长的趋势，而是出现阶段性的波动，并且随着电流强度的增大，出现镀层厚度平均值下降的情况，尽管这时可以测到某些高电流

强度下最厚镀层值，但也有最低厚度值，平均数仍然低于其他低电流强度的厚度值。因此，滚镀一般在确定一个电流强度后，就不再调整电流，而是视电压变动来调整电压。

2.2.2.5　镀液成分的影响

不同的电镀液对滚镀镀层的厚度和分散能力有重要影响，因而选择合适的滚镀配方对滚镀工艺是十分重要的。以镀镍为例，按表 2-6 中所列的镀液进行滚镀试验后，所得的结果如表 2-7 所示，不同镀液中所得镀层的厚度有很大差异。

表 2-6　不同镀液配方　　　　　　　　　　　　　　单位：g/L

镀液号	硫酸镍	氯化镍	氯化铵	氯化钠	硼酸	光亮剂	明胶	炔醇	镉盐
1	150		15		15				
2	150		15		15				0.05
3	250	40			30				
4	250	40			30	7	0.01		
5	250	40			30	7	0.01		0.1
6	250	40			30	7		0.1	
7	250			30	30				

表 2-7　不同镀液配方（参照表 2-6）在滚镀中的厚度和分散能力

镀液号	测厚位置						分散能力/%
1	7.8	7.3	8.3	2.3	2.0	2.0	29.5
2	5.8	5.5	5.9	0.9	1.0	1.0	15.5
3	6.8	6.4	7.1	1.4	1.5	1.9	20.6
4	5.7	5.3	4.8	1.2	1.4	1.5	21.1
5	5.6	5.3	5.8	1.3	2.2	2.3	23.2
6	5.5	4.8	5.0	0.8	0.9	0.9	14.5
7	5.7	5.8	5.5	1.6	2.1	1.9	28.1

注：1. 分散能力的表达式为 $D/A \times 100\%$。
2. 测厚的部位如图 2-3 所示的试片中各面的正中部。

进行滚镀测试的试片是一种有一面为开口的方框形角形件（图 2-3），将这种试片置于试验滚镀槽中滚镀后，对试片上的 6 个不同的部位以金相法进行厚度测量。

值得注意的是，任何添加剂对滚镀的分散能力都是不利的。没有加任何添加剂的 1 号和 7 号液的分散能力最好，相当于光亮镀镍的 6 号液分散能力最差。这与挂镀中添加剂的作用结果是完全不同的，添加剂在挂镀中多数有利于提高分散能力。因此，滚镀液所用的添加剂的选取要更加谨慎，且用量不宜过多。

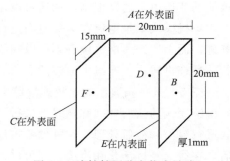

图 2-3　滚镀镀层分布能力试片

2.2.2.6 产品形状的影响

与挂镀一样，滚镀镀件的形状对电镀效果有很大影响，只不过镀件的形状对滚镀的影响更大。首先，有一些形状的产品根本就不能滚镀，比如片状制品、细针类产品等。其次，有些形状不很适合滚镀时，则需要延长电镀时间或将易镀的产品与难镀产品混装来电镀。这样可以提高难镀制件的合格率。

易镀的形状有球状、柱状、管状、圆形等不带钩和弯角等的产品。

在需要的时候，为了让一些片状镀件能利用滚镀加工来提高生产效率，可以用钢珠来做导电媒介和分散片状镀件的陪镀件，这种陪镀钢珠可以反复使用，从而成为滚镀工艺中一种特殊的工具。强磁体钕铁硼圆片的电镀就用到了这种滚镀工艺。

2.2.3 滚镀设备

2.2.3.1 滚镀单机与生产线

滚镀在电镀生产中占有很重要的地位。因为滚镀是一种既提高生产效率又改善电镀质量的生产模式。滚镀设备是电镀设备中一个独特产品，既可以单机生产，也可以组成生产线流水作业。滚镀所用的镀槽与普通镀槽基本上是一样的，不同之处是附有滚筒的转动传动机构。滚镀根据装载镀件的滚筒在镀槽中的浸入深度而分为全浸式和半浸式两种。现在基本上都是采用全浸式滚镀设备。图 2-4 是全浸式滚镀单机的示意。

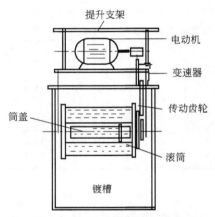

图 2-4 全浸式滚镀单机示意

这种单个滚镀机适合小批量零件的滚镀生产。滚筒的形状是正六面体，其中一个面上装有筒盖。镀槽的提升有手动也有电动，滚筒的动力由电动机提供，图 2-4 中是装在镀槽上部，也可以装在槽边。滚筒的变速由变速器控制，调速可电调，也配有传动齿轮调速装置。

单机模式只是电镀在滚镀机内进行，前后处理都是在另外的设备中手工操作处理。而生产线式滚镀设备则可以在线上完成前后处理工序，当然也有在线外进行前处理再转入生产线中滚镀的。

图 2-5 是一条典型的全浸式滚镀生产线，采用了槽边螺杆式传动系统。这种小型滚镀线的前后处理都在线下进行，有另外的前后处理装置以人工或半自动方式进行镀前和镀后处理。这种设备占地面积小，将经除油和除锈的产品装入滚筒后，在线上经过活化和清洗，即可进入镀槽电镀。

图 2-5　小型滚镀生产线

大型滚镀生产线也有采用吊轨龙门式。将镀前处理和镀后处理都放在一条生产线上。

2.2.3.2　滚镀辅助设备

实现滚镀加工生产除了要有滚镀机等主要设备外，还需要有辅助设备，特别是干燥设备。滚镀生产由于一次装载产品数量多，出槽后容易堆积，如果不迅速干燥，水痕等印迹难以避免。因此脱水和干燥设备是滚镀的重要辅助设备。当然常规电镀中的通用辅助设备如过滤设备等，滚镀也是需要的。

先进的线上脱水和干燥装置在滚筒经清洗后进入线上脱水工位进行脱水，再进入干燥工位干燥。线上脱水是在专门的脱水槽内让滚筒旋转脱水，并且这种箱式脱水槽还可以保持一定负压，有利于孔内水分的脱出，然后再在线上烘槽内边翻滚边干燥。当然，采用这种包含脱水和干燥的全自动滚镀线，滚槽材料一定要是能耐干燥温度的工程塑料，否则会产生受热变形。

2.2.3.3　滚镀导电辅助介质的应用

有些零件是不适合滚镀的。还有些小零件既不适合滚镀，也不适合挂镀。这时就需要用到振动镀等特别的滚镀装置。有些片状小零件滚镀时容易叠在一起，互相遮盖而出现局部镀不上问题，这时可以在滚筒内添加导电辅助介质来减少叠加态。有时可以将也需要镀同一种镀层的小零件如螺母等与片状零件如垫片等放在一起镀。没有合适的小零件作介质时，可以采用钢珠小球来作介质。这样虽然会损耗一部分非有效镀层，但从整个电镀质量和效率上看，仍然是值得的。因此，这种方法在电阻片等小零件电镀时是常用的方法。

2.3　电镀所需要的资源

电镀所需要的资源主要是直流电源、镀槽、阳极和电源导线，还有按一定配方配制的镀液。要使电镀过程具有科技的或工业的价值，需要对电镀过程进行控制，也就是要按照一定的工艺流程和工艺要求来进行电镀，并且还要用到一些辅助设备和管理设备，比如过滤机、加热或降温设备、试验设备、检测设备等。其中带有所谓炼丹术式神秘的部分就是电镀溶液中的添加剂技术，正是这种技术使电镀过程变得非常有趣而又富于挑战性。而电镀设备既可以是单一镀种的手工生产线，也可以根据工艺流程组合成全流程的自动生产线。以下从设备、工艺以及电镀添加剂对电镀技术进行简要的介绍。

2.3.1 整流电源

电镀是将电能转化为物理化学能（电结晶）的过程，因此，电镀加工需要电源装置。电镀过程的特点是需要持续定向流动的电流，因此，典型的电镀过程需要直流电源。

与其他工业技术相比，电镀技术的设备不仅很简单，而且有很大的变通性。以电源为例，只要是能够提供直流电的装置，就可以拿来作电镀电源，从电池到交直流发电机组、从硒堆到硅整流器、从可控硅到脉冲电源等，都是电镀可用的电源。其功率大小既可以由被镀产品的表面积来定，也可以由现有的电源来定。

当然，正式的电镀加工都会采用比较可靠的硅整流装置，并且主要的指标是电流值的大小和可调范围，电压则由 0～15V 随电流变化而变动。根据功率大小，可选用单相或三相输入。要能防潮和散热。工业用电镀电源一般从 100A 到几千安不等，通常也是根据生产能力需要而预先设计确定的。最好是单槽单用，不要一部电源向多个镀槽供电。如果只在实验室做试验，则采用 5～10A 的小型试验整流电源就行了。

至于电子电镀，由于对电镀层的功能性有一定要求，对电镀电源的要求也就比较高。几乎所有用于电镀加工的新型电源都在电子电镀中率先采用。比如高频开关电源、周期换向电源、脉冲电源等。对于贵金属电镀，已经普遍采用脉冲电源，在使镀层结晶细小、平整光滑的同时，还可以节约贵金属的用量。因为脉冲电镀可以在使结晶细化的同时降低镀层孔隙率，采用较薄的镀层就能达到原来较厚镀层的功能。

现在，电镀电源正向小型化和多功能化发展，除了高抗蚀性能和数字显示外，对工作通电量（以安培·小时计）、镀覆时间（时间继电器、报警器）等都可以组合在一起，从而适应电镀技术发展的要求。图 2-6 是常用的电镀整流电源示例，图 2-6(a) 是可控硅柜式机，图 2-6(b) 是台式高频开关电源。

2.3.2 电镀槽

电镀用的镀槽也是有很大变通空间的设备。小到烧杯，大到水池都可以用来作镀槽。因此只要能将镀液装进去而不流失的装置，就可以作镀槽用。就是实际

(a)

(b)

图 2-6 常用电镀整流电源示例

电镀工业生产中所用的镀槽也是五花八门，并没有统一的标准。大体上只按容量来确定其大小，比如 500L、800L、1000L、2000L 的镀槽都有。而其长、宽和高度也由各厂家自己根据所生产产品的尺寸和车间大小自己来确定。至于做镀槽的材料也是各色各样的，有用玻璃钢的，有用硬 PVC 的，有用钢板内衬软 PVC 的，还有用砖混结构砌成然后衬软 PVC，或在地上挖坑砌成的镀槽，甚至有用花岗岩凿成的镀槽。这中间当然有不少是不规范的做法，但却是我国电镀加工业中真实存在的状况。图 2-7 是常见电镀槽及其基本附件的示意。

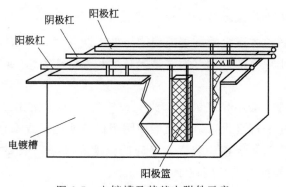

阴极杠
阳极杠
阳极杠
电镀槽
阳极篮

图 2-7 电镀槽及其基本附件示意

电子电镀由于有较高的要求，在镀槽的采用上比较讲究，通常都用 PP 塑料制作，采用不锈钢做外套槽也是常见的。

至于镀槽的使用方式，有按手工操作的工艺流程生产线直线排列的，也有因地制宜地根据现场空间分开镀种排列的。如果是机械自动生产线，则基本上是按工艺流程来排列。

2.3.3 辅助设备

要想按工艺要求完成电镀加工，光有电源和镀槽是不够的，还必须要有一些保证电镀正常生产的辅助设备。包括加温或降温设备、阴极移动或搅拌设备、镀液循环或过滤设备以及镀槽的必备附件，如电极棒、电极导线、阳极和阳极篮、电镀挂具等。

2.3.3.1 加温或降温装置

由于电镀液需要在一定温度下工作，因此要为镀槽配备加温设备。比如镀光亮镍需要镀液温度保持在 50℃，镀铬需要的温度是 50～60℃，而酸性光亮镀铜或光亮镀银又要求温度在 30℃ 以内。这样，对这些工艺要求需要用热交换设备加以满足。对于加温一般采用直接加热方式，就是采用不锈钢或钛质的电加热管，直接插到镀槽内，有些是固定安装到槽内，不影响电镀工作的槽边或槽底。

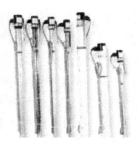

对于腐蚀较严重的镀液，最好采用聚四氟乙烯管制的电加热器。有些工厂仍采用蒸汽间接加热。

降温有直接降温也有间接降温的方式。在没有条件安装冷机的单位，有用冰块降温的。即将冰块放到镀槽周围，这是不得已的办法。真正需要降温的镀种还是应该采用冷机。交换器的管子也要和加热管一样采用可耐镀液腐蚀的材料。图 2-8 为以聚四氟乙烯为外套的直插式电加热管。

图 2-8 直插式电加热管

2.3.3.2 阴极移动或搅拌装置

有些镀种或者说大部分镀种都需要阴极处于摆动状态，这样可以加大工作电流，使镀液发挥出应有的作用（通常是光亮度和分散能力），并且可以防止尖端、边角镀毛、烧焦。

比如光亮镀镍、酸性光亮镀铜、光亮镀银等大多数光亮镀种都需要阴极移动。阴极移动也是非标准设备。只要能使阴极做直线往返或垂直往返旋转的机械装置都可以用来作为阴极移动装置。移动的幅度和频率一般要求在每分钟 10～20 次，每次行程根据镀槽长度在 10～20cm。

有些镀种可以用机械或空气搅拌代替阴极移动。机械搅拌是用耐腐蚀的材料做的搅拌机进行，通常是电机带动，但转速不可以太高。空气搅拌则采用经过滤去除了油污的压缩空气。

2.3.3.3 过滤和循环过滤设备

为了保证电镀质量，镀液需要定期过滤。有些镀种还要求能在工作中不停地循环过滤。过滤机在化学工业中是常用的设备，因此是有行业标准的设备，不过也是以企业自己的标准为主。可根据镀种情况和镀槽大小以及工艺需要来选用过滤机。通常的指标是每小时的流量，比如 5t/h、10t/h、20t/h 等。图 2-9 为常见的过滤机。

2.3.3.4 电镀槽必备附件

电镀槽必须配备的附件包括阳极和阳极篮或阳极挂钩、电极棒、电源连接线等。有些工厂为了节省投资，不用阳极篮，用挂钩直接将阳极挂到镀槽中也可以，但至少要套上阳极套。

用阳极篮的好处是可以保证阳极与阴极的面积比相对稳定，有利于阳极的正常溶解。在阳极金属材料消耗过多而来不及补充时，仍然可以维持一定时间的

图 2-9 过滤机

正常电镀工作，同时有利于将溶解变小的阳极残头等装入而充分加以利用。阳极套是为了防止阳极溶渣或阳极泥对镀液的污染。

阳极篮大多数采用钛材料制造，少数镀种也可以用不锈钢或其他钢材制造。

电极棒是用来悬挂阳极和阴极并与电源相连接的导电棒。通常用紫铜棒或黄铜棒制成，比镀槽略长，直径依电流大小确定，但最少要在 5cm 以上。

电源连接线的关键是要保证能通过所需的电流。最好是采用紫铜板，也有用多股电缆线的，这时一定要符合对其截面积的要求。

2.3.3.5 挂具

挂具是电镀加工最重要的辅助工具。它是保证被电镀制品与阴极有良好连接的工具，同时也是对电镀镀层的分布和工作效率有直接影响的设备。现在已经有专业挂具生产和供应商提供行业中通用的挂具，并根据用户需要设计和定做挂具。

挂具常用紫铜做主导电杆，黄铜做支杆。除了与导电阴极杠和产品直接连接导电的部位外，挂具的其他部分应该涂上挂具绝缘胶，这样可以保证电流有效地在产品上分布并防止挂具镀上金属镀层。

最简单的挂具是单一的金属钩子，而复杂的挂具则有双主导电杆和多层支杆，还有可以带辅助阳极的连接线等。

有些电镀厂为了节约投入，采用铁丝做挂具，这是得不偿失的。也有的对非有效导电部分不涂绝缘涂料，结果是浪费了金属材料和电能，产品质量还受到影响。因此应该按工艺要求配备合适的挂具，不能认为只让电通过就行了。

2.3.4 自动和半自动电镀生产线

前面说的各种电镀设备和各种装置基本上都是以单一镀槽为单元的配置。其中除了滚镀应用了机械操作外，其他既可以是手工生产装置，也可以是自动生产线上可用的装置。随着现代制造业的迅猛发展，电镀加工的规模越来越大，对产

量和效率的需求也越来越紧迫。完全采用手工的方式生产早已经不能满足大生产的需要，因此，现代电镀的一个特点就是采用全自动或半自动生产线进行生产。

全自动生产线适合于产品比较单一而产量又很大的产品，比如铝合金汽车轮壳或自行车车圈，用于这类产品电镀的自动生产线是根据产品的大小和产量设计的，因此有非常适合产品的装载方式和相对固定的动作节拍，在镀液管理严格和动作程序编好以后，就可以连续不断地进行电镀自动生产。当然这种自动线会有很多传感器监测各种参数，特别是电镀工艺参数，比如电流密度、温度、pH 值等，都应该在正常范围内波动。当变动值超过规定的工艺范围，被监测到的信号会转化为相应的设备动作，向镀液内补充相应的原材料。可以实现全自动补加的成分包括主盐溶液（将主盐先溶解在一定量的蒸馏水中，由控制阀在接收到相关指令后再排除）、辅助盐溶液、pH 调节剂、光亮剂、添加剂等。如果是采用阳极篮，则阳极材料要选用角状或球状阳极，这时也可以实现阳极材料的自动补加。全自动电镀生产的控制系统现在已经采用 PC 机控制，将确定的工艺流程编程后输入电脑，即可以进行全自动控制。

半自动化的电镀生产线主要适用于产量虽然大，但要经常变换产品的电镀加工。这时不仅上、下挂具是人工操作，而且起槽和转槽的流程都是人工操作控制开关来完成的。半自动生产线由于变通性强，而又有较高效率和产能，因此是当前国内电镀生产线中的主流设备。

当将滚镀机连成一条生产线时，也可以由自动控制系统来进行控制而形成自动或半自动滚镀生产线。滚镀生产线在标准件生产和电子连接器配件生产中有着广泛应用，并且其自动化程度越来越高。

2.3.5 电镀液

电镀液是电镀加工可以成功进行的关键原料。以上所有设备具备以后，没有电镀液仍然不能电镀，电镀液不正常也不能进行电镀。可以说，电镀工艺的关键就是电镀配方及其操作工艺条件。电镀加工的核心技术就是电镀液的配方技术。

一个完整的电镀工艺配方包括如下要素：主盐、络合剂或配体、辅盐、添加剂等。

2.3.5.1 主盐

主盐是所要电镀出的镀层的金属盐。这是电镀液中最主要的成分，没有它就根本镀不出所要求的金属镀层，所以被称为主盐。电镀的奇妙之处之一就是同一种镀层可以从各种不同主盐的镀液中获得。因此，主盐又是区分同一个镀种的不同工艺的标志。

当然在有些金属盐不能溶于简单盐溶液中或其简单盐溶液不能镀出合格的金属镀层时，需要用重叠络合剂来对金属盐进行溶解并在沉积时控制速度。这时，这种采用了络合剂的电镀液就用所用络合剂的名称来命名。

以镀锌为例，当采用硫酸锌作主盐配制成镀锌液时，就叫硫酸盐镀锌。如果用氯化锌作主盐配制镀锌液，则称为氯化物镀锌，而当用氧化锌与氢氧化钠配制成碱性镀锌液时，就叫锌酸盐镀锌。由于不同的盐在溶液中的稳定性与 pH 值有关，所以镀液又可以因不同的主盐而分为酸性镀液和碱性镀液。

同理，当用硫酸铜作主盐配制镀铜液时，这种镀铜工艺就叫硫酸盐镀铜。由此可以类推有焦磷酸盐镀铜、柠檬酸盐镀铜、氟硼酸盐镀铜等。

2.3.5.2　络合剂或其他配体

上面已经讲到有些简单盐镀液镀出的镀层是没有工业价值的，甚至有些金属盐在简单盐状态根本不能溶解于水，这时就要用到络合剂。所谓络合剂，是可以与简单金属盐离子结合生成复杂离子的化合物。通常是由简单的金属离子为中心（也叫络离子的形成体），在它周围直接配位一些中性分子或带负电荷的离子，使难溶的金属离子变成络离子而可以溶解于水溶液中。采用络合物来络合金属盐后，这种络合物镀液的命名方法就改由用络合物的名称来命名了。当然络合物也是一种盐，可以叫络盐，因此实际上仍然是以主盐在命名镀液。如焦磷酸盐镀铜就是说的络盐镀铜。

比如，用氰化钠来络合铜盐就被称为氰化物镀铜。还有氰化物镀锌、氰化物镀银等。

有些更难溶的金属盐类需要用到双络合剂。还有一些要用到更复杂的配体来改善镀液的性能。这就要用到多种配体的协同效应，有时这是用传统化学理论难以解释的现象。我们将这些加进去起了某种作用的化学物统称为配体。

2.3.5.3　辅盐

辅盐也叫辅助剂，是添加到电镀溶液中，增加镀液的某些功能的盐类。比如导电盐、抗氧化剂、阳极活化剂、pH 值缓冲剂等。

辅盐的作用从它的名称上就可以一目了然。比如导电盐，就是为了增加镀液的导电性；抗氧化剂是为了防止低价的金属离子氧化为高价的，如二价锡容易氧化为四价锡，就要加入抗氧化剂，防止或减缓二价锡氧化成四价锡。因为电镀金属离子的价态也是很重要的参数，在酸性硫酸盐镀铜中，如果有一价铜出现（由阳极上溶解下来，因为低价离子的电化学溶解电位要低一些），则会发生歧化反应，一部分生成硫酸铜的同时，另一部分还原出金属铜，金属铜以粉状姿态出现，就会给镀层带来质量问题。这时需要加入的是氧化剂，比如加入双氧水，将一价铜离子氧化成二价铜离子。

由辅盐的作用可知，它是电镀液的基本组成成分，如果没有这些各种各样的辅盐，电镀过程的持续稳定性将难以保证，电镀的质量也将受到影响。因此，不能因为辅盐只起辅助作用就对其放松管理。

2.3.5.4 电镀添加剂

我们在 2.1.4 中对电镀添加剂及其作用已经有了很详细的介绍。显然，电镀添加剂是电镀液中的重要组成部分，除极少数的镀液外，大多数镀种的镀液都少不了电镀添加剂。合理使用电镀添加剂是电镀生产正常进行的重要保证。

电镀添加剂根据用途的不同而分为光亮剂、走位剂、柔软剂、除杂剂等，要根据镀层的需要和镀液的状况来选用。

现在商家提供的电镀添加剂都附有详细的说明书，应该在使用前认真阅读，并取样做小槽试验后再使用，特别是新引入一种添加剂时，一定要按先试验，认定后使用的原则。否则，往镀槽中加入任何化学品都是加入容易，想取出就难了。

2.3.5.5 配制镀液的水

电镀一般是在水溶液中进行的，因此，电镀液的配制要用到大量的水，尽管从理论上来说采用纯净水配制镀液是最好的，但是从成本上考虑，常规电镀大量采用的是自来水。采用自来水对于大多数镀种是没有太大问题的，但是对于有些镀种则可能会有不利的影响。特别是对于电子电镀而言，通常都要求采用纯净水，这几乎是电子电镀行业的通例。特别是化学镀、贵金属电镀等对水质很敏感的镀种，就连清洗水也要用纯净水。只有在某些特别的场合，当自来水中的离子与镀液有同离子或确定不是有害离子时，才能使用自来水。比如酸性光亮镀铜，可以采用自来水配制，因为自来水中的氯离子的量有时正好是需要补加到镀液中去的量，当用自来水配制时，就不用额外加入氯离子了。

所谓纯净水多数是指去离子水，有时则特别要求采用蒸馏水。在采用这些纯净水时，应该有一个抽样检测的程序，以防止由于误用而带来的麻烦。无论是自己制造还是采购的纯净水，都有可能由于管理出现漏洞而变得不那么符合标准的要求，有些时候还会超标许多倍，比自来水还糟，如果只信其名而不查其实，配成镀液后就会悔之晚矣。因为有害的离子是进镀液容易，取出镀液就很难了。因此，不可以小看了配制镀液的水，特别是去离子水。这是因为去离子水在处理过程中要经过阴离子和阳离子树脂的处理，这些树脂在反冲再生时分别要用到相应的酸或碱，但是存在酸或碱冲洗不干净而残留在树脂中的情况，这时处理过的水的 pH 值会呈酸性或碱性，如果没有发现而拿来配制镀液，是很容易出问题的。

2.4 电镀前处理

2.4.1 除油

2.4.1.1 金属表面油污的来源与影响

（1）油污的来源

材料在机械加工，特别是冷加工过程中，会接触到各种油脂，这些油渍在材料表面吸附后覆盖在其表面，使其后在水溶液中进行各种工艺处理时，工作液无法与原始表面完全作用，因此，除油是金属表面处理不可缺少的第一道工序，无论其后需要进行哪一种类的表面处理，包括机械的或化学的、电化学的处理，所有的金属制件，在电镀之前，都必须首先进行除油。这是所有从事电镀工艺管理的人员都知道的一个道理。因为除油不干净，就会引起镀层起泡。这是电镀最不能接受的质量问题之一。

为什么油污会引起镀层起泡？因为油污即使是以分子大小的厚度吸附在金属表面，也足以让镀层金属与基体金属之间的键合力大大减弱。从微观角度认识去除油膜的重要性，才能理解为什么要对除油十分重视。

电镀制品大多数是由金属材料构成的，这些金属材料在加工过程中，在不同场合都要接触到各种油脂，并由此产生油脂对制品表面的污染。

各种油污如果按其组成分类，可以分为两大类，即矿物油和动植物油。这两类油根据其与碱反应的能力不同而又分别被叫作皂化油（动植物油）和非皂化油（矿物油）。除了油污，还有加工过程中必不可少的工序或工艺用油、用蜡等。这些都必须去除，才可以进入到后面的工艺流程。

金属制件的油污主要来自机械加工过程中的切削油、冷却液等，还有存放、转运中的工序间防锈油等，再就是操作和搬运过程中接触的油污、手汗、空气污染沉积物等。

（2）表面油污对电镀的影响

金属表面油污对电镀的影响最主要和最直接的就是对镀层结合力的影响。由于油污所具有的黏度和成膜性能，金属表面一旦有油渍污染，就不容易轻易去掉，从而在金属表面形成一层油膜。这层油膜在表面的吸附性极强，对于油污没有去除干净的表面，即使再对表面进行去除氧化物的处理，在氧化皮等锈渍去掉以后，油膜仍然会黏附在金属表面，无论其后经历哪些处理，只要是没有进行专业的除油处理，这层油膜都将存在，从而影响镀层与金属基体间的结合力。

油膜对金属镀层结合力的影响是非常大的，许多表面上进行了除油处理的电镀件仍然出现结合力不良的问题，究其原因基本上都是没有真正将油污去除干净。

油污影响结合力的原因，首先是由油脂类污染物的性质决定的。所有油脂等都有极强的疏水基团，分子量越大这种极性越强。用普通水根本就无法将油污去除。而即使用了除油剂，将油污皂化和乳化，仍然会有极薄的油分子膜吸附在金属表面。如果不去除这层分子级或更微小级别的膜层，则这层膜介于金属基体与析出的金属原子之间，使新生的金属晶格与基体的金属组织间有了一层隔离层，使得镀层的金属组织与基体的金属组织间的金属键合力大大削弱，严重的甚至没有了结合力。这犹如在沙上建房。因此，除油不良的镀层可以整块地从基体上揭下来。要想将油污全部去除干净，需要采用多种除油方法的组合，才能达到完全去掉油污的目的。

2.4.1.2 油污的分类

（1）矿物油

依据习惯，把通过物理蒸馏方法从石油中提炼出的基础油称为矿物油，加工流程是在原油提炼过程中，在分馏出有用的轻物质后，残留的塔底油再经提炼而成。主要是含有碳原子数比较少的烃类物质，多的有几十个碳原子，多数是不饱和烃，即含有碳碳双键或是三键的烃。

有些领域叫白矿油或白油，常用的有工业级白油、化妆品级白油、医用级白油、食品级白油等。不同类别的白油在用途上也有所不同。

工业级白油，是由加氢裂化生产的基础油为原料，经深度脱蜡、化学精制等工艺处理后得到，可用于化学、纺织、化纤、石油化工、电力、农业等，也可用于 PE、PS、PU 等塑料的生产。

（2）动植物油脂

动植物油脂属于真脂类。在常温下，植物油脂多数为液态，称为油（oil）；动物油脂一般为固态，称为脂（fat）。天然油脂往往是由多种物质组成的混合物，但其中主要成分是甘油三酯。在甘油三酯中，脂肪酸的分子量一般为 650~970，而甘油是 41，脂肪酸分子量占甘油三酯全分子量的 94%~96%。天然油脂中，脂肪酸的种类有近百种。不同脂肪酸之间的区别主要在于碳氢链的长度，饱和与否，以及双链的数目与位置。陆生动物脂肪中饱和性脂肪酸比例高，熔点较高，故在常温下为固态；植物脂肪中不饱和性脂肪酸比例高，熔点较低，故在常温下为液态。鱼类等水生动物脂肪中不饱和性脂肪酸比例也较高。一般来说，陆上动、植物脂肪中大多数脂肪酸为 C16、C18 脂肪酸，尤以后者居多；水生动物脂肪中大多数脂肪酸为 C20、C22 脂肪酸；反刍动物乳脂中还含相当多（5%~30%）的低级脂肪酸（C4~C10 脂肪酸）。

油脂中还含有少量的其他成分，包括不皂化物、不溶物等。不皂化物是指固醇类、碳氢化合物类、色素类、蜡质等物质；不溶物是指油脂中混有动物毛、骨以及砂土等杂质。

矿物油与碱不能生成肥皂等可溶性化学物质，但是可以被表面活性剂分散成极小的油粒而成为乳状液，因此可以利用乳化作用来除去。这些油污是机加工过程中可能用到的切削油或工序间的防锈油。

动植物油主要的成分是脂肪类油，通过与碱反应生成可溶于水的肥皂和甘油，因此可以在热的碱水中除去。其来源主要为抛光膏或存放、手触摸中污染的油脂。

但制品表面往往不只有一类油污，因此除油工艺多数采用的是组合工艺，进行综合除油或分步除油，要点是将表面的油污完全去除干净。

（3）蜡类

抛光蜡（polishing paste）别名抛光膏、抛光皂、抛光砖、抛光棒。抛光蜡的重要成分：以高档脂肪酸与高档脂肪醇生成的酯类为重要成分、来源于动植物的自然蜡如鲸蜡、蜂蜡、羊毛蜡、巴西棕榈蜡、小烛树蜡、木蜡芬芳蜡；高岭土厂家以碳氢化合物为重要成分的矿物性自然蜡如液体白蜡，凡士林、微晶蜡、白蜡、褐煤蜡；经化学改性的自然蜡如各类羊毛蜡化学改性衍生物等。

抛光蜡的主要成分：硬脂酸、软脂酸、油酸、松香等黏剂，加上磨剂，如长石粉、氧化铬、刚玉、铁红等，根据不同基体成分和要求制成不同的细度和品种。

2.4.1.3　去油工艺

（1）有机除油

常规有机除油通常是作为整个除油工艺中的首道工序采用的。其目的是粗除油或预除油，这对于油污严重或油污特别多（比如有较多的脂类）等情况是很有效的。这样可以提高其后化学除油的效率和延长化学除油液的使用寿命。

有机除油也可用作精细产品的预除油。这是因为有机溶剂的除油优点是除油速度快，操作方便，不腐蚀金属，特别适合于有色金属。最大的缺点是溶剂多半是易燃而有毒的，并且除油并不彻底，并且成本也较高。同时还需要进一步进行后续的除油处理。因此多数是作为对油污严重的金属制品，特别是有色金属制品的预除油处理。

有机除油应该在有安全措施的场所进行，有良好的排气和防燃设备。常用的有机除油溶剂的性能见表 2-8。

表 2-8　精细有机除油溶剂的性能

有机溶剂	分子式	分子量	沸点/℃	密度/(g/cm³)	闪点/℃	自燃点/℃	蒸汽密度与空气比
汽油	$C_2 \sim C_{12}$ 烃类		40～205	0.70～0.78	58	—	—
煤油	$C_9 \sim C_{16}$ 烃类	200～250	180～310	0.84	40 以上	—	—
苯	C_6H_6	78.11	78～80	0.88	−14	580	2.695
二甲苯	$C_6H_4(CH_3)_2$	106.2	136～144	—	25	553	3.66
三氯乙烯	C_2HCl_3	131.4	85.7～87.7	1.465	—	410	4.54
四氯化碳	CCl_4	153.8	76.7	1.585	—	—	5.3
四氯乙烯	C_2Cl_4	165.9	121.2	1.62～1.63	—	—	—
丙酮	C_3H_6O	58.08	56	0.79	−10	570	1.93
氟利昂113	$C_2Cl_3F_3$	187.4	47.6	1.572	—	—	—

在有机溶剂中，汽油的成本较低，毒性小，因此是常用的有机除油溶剂。但是其最大的缺点是易燃。使用过程中要采取严格的防火措施。作为替代，煤油也被用作常规有机除油溶剂。效果虽然没有汽油好，但是在防火方面优于汽油。

最有效的是三氯乙烯和四氯化碳，它们不会燃烧，可以在较高的温度下除油。但需要有专门的设备和防护措施才能发挥出除油的最好效果和满足环境保护的要求。

易燃性溶剂除油只能采用浸渍、擦拭、刷洗等常温处理方法。工具简单，操作也简便，可以适合于各种形状的制件。

不燃性有机溶剂除油，应用较多的是三氯乙烯和四氯化碳。这类有机氯化烃类有机除油剂除油效果好，但必须使用通风和密封良好的设备。三氯乙烯是一种快速有效的除油方法。对油脂的溶解能力很强，常温下比汽油高 4 倍，50℃时高 7 倍。

采用有机溶剂除油必须注意安全与操作环境的保护，特别是使用三氯乙烯作除油剂时，应该注意以下几点：①有良好的通风设备；②防止受热和紫外光照射；③避免与任何 pH 值大于 12 的碱性物接触；④严禁在工作场所吸烟，防止吸入有害气体。

(2) 化学除油

① 碱性化学除油。不同的基体材料要用到不同的化学除油工艺。对于钢铁材料，主要用以氢氧化钠（工业中俗称烧碱）为主的碱性除油液，但所用的浓度也不宜过高，一般在 50g/L 左右。考虑到综合除油作用，也要加入碳酸钠和表面活性剂，考虑到对环境的影响，现在已经几乎不用磷酸盐。

对于有色金属，采用碱性化学除油也被称为碱蚀。这是因为对于锌、铝等两性元素，碱都有腐蚀作用。因此，对于铜合金的碱性除油，要少用或不用氢氧化钠。对于铝合金、锌合金制品则更要少用或不用氢氧化钠，防止发生过腐蚀现象而损坏产品。

对于含水玻璃（硅酸钠）的除油液，在进行除油后一定要在热水中充分清洗干净，防止未能洗干净的水玻璃与酸反应后生成不溶于水的硅胶而影响镀层结合力。

除油液的温度现在已经趋于中低温化，可以节约能源和改善工作现场环境。但因为使用较多表面活性剂，排放水对环境也会有一定污染，要加以注意。

化学除油的原理是基于碱对油污的皂化和乳化作用。金属表面的油污一般有动植物油、矿物油等。不同类型的油污需要用不同的除油方案，由于表面油污往往是混合性油污，因此，化学除油液也应该具备综合除油的能力。

动植物油与碱有如下反应，也就是所谓的皂化反应：

$$(C_{17}H_{35}COO)_3C_3H_5 + 3NaOH =\!\!=\!\!= 3C_{17}H_{35}COONa + C_3H_5(OH)_3$$

由于生成的肥皂和甘油都是具有亲水基团的物质，这些亲水基与水构成水合物，就能将油污从金属表面拉扯下来，从而将油污清洗掉。

矿物油与碱不发生皂化反应，但是在一定条件下会与碱液进行乳化反应，使不溶于水的油处于可以溶于水的乳化状态，从而从金属表面除去。由于肥皂就是一种较好的乳化剂，因此，采用综合除油工艺，可以同时除去动植物油和矿物油。

有些除油工艺中加入乳化剂是为了进一步加强除油的效果。但是有些乳化剂有极强的表面吸附能力，不容易在水洗中清洗干净，所以用量不宜太大，应控制在 $1\sim3g/L$ 的范围内。

还需要注意的是，对于有色金属材料制作的原型，不能采用含氢氧化钠过多的化学除油配方。对于溶于碱的金属，如铝、锌、铅、锡及其合金，则不能采用含有氢氧化钠的除油配方。氢氧化钠对铜，特别是铜合金也存在使其变色或锌、锡成分溶出的风险，同时碱的水洗性也很差。

表 2-9 列举了不同金属材料的常规除油工艺。

表 2-9　各种金属材料常规除油工艺　　　　　　　　单位：g/L

除油液组成	钢铁、不锈钢、镍等	铜及铜合金	铝及铝合金	镁及镁合金	锌及锌合金	锡及锡合金
氢氧化钠	20～40	—	—	—	—	25～30
碳酸钠	20～30	10～20	15～20	10～20	20～25	25～30
磷酸三钠	5～10	10～20	—	—15～30	—	—
硅酸钠	5～15	10～20	10～20	10～20	20～25	—
焦磷酸钠	—	—	10～15	—	—	—
OP 乳化剂	1～3	—	—	1～3	—	1～3
表面活性剂	—	—	1～3	—	1～2	—
洗涤剂	—	1～2	—	—	—	—
温度/℃	80～90	70	60～80	50～80	40～70	70～80
pH 值	—	—	—	—	10	—
时间/min	10～30	5～15	5～10	—	—	—

除油过后清洗的第一道水必须是热水。因为所有的除油剂几乎都采用了加温的工艺。加温可以促进油污被充分地皂化和乳化。这些被皂化和乳化后的物质中难免还有反应不完全的油脂，一遇冷水，就会重新凝固在金属表面。肥皂和乳化物在冷水中也会固化而附着在金属表面，增加清洗的难度。如果不在热水中将残留在金属表面的碱液洗干净，在后续的流程中就更难洗而影响以后流程的效果，最终会影响镀层的结合力。有些企业对这一点没有加以注意，所有洗水都是采用

冷水清洗，削弱了碱性除油的作用。

② 酸性化学除油。酸性除油适合于油污不是很严重的金属，并且是一种将除油和酸蚀融于一体的一步法。用于酸性除油的无机酸多半是硫酸，有时也用盐酸，再加上乳化剂，不过这时的乳化剂用量都比较大。

a. 黑色金属的酸性除油工艺。

硫酸	30～50mL/L	乌洛托品	3～5g/L
盐酸	900～950mL/L	温度	60～80℃
OP乳化剂	1～2g/L		

b. 铜及铜合金的酸性除油工艺。

硫酸	100mL/L	温度	室温
OP乳化剂	25g/L		

需要注意的是，当采用加温工艺时，第一道水洗流程同样要采用热水，再进行冷水清洗，否则也会导致效果不良。

③ 其他化学除油方法。可用于金属制件除油的方法还有乳化液除油、低温多功能除油、超声波除油等，都是为了提高除油效果或节约资源。应该选用合适的而不一定是最好的工艺，尤其要将成本因素和环境保护因素都加以考虑。

a. 擦拭除油。擦拭除油特别适合于个别制件或小批量异形制件的表面除油。这种除油方法实际上就是用固体或液体除油粉或液以人工手拭的方式对制件表面进行除油处理。特别是个别较大或形状复杂的原型，用浸泡除油的方法可能效果不是很好，这时就可以用擦拭的方法进行除油。用于擦拭的除油粉有洗衣粉、氧化镁、去污粉、碳酸钠、草木灰等。有些在碱液中容易变暗的制件也常用擦拭的方法除油。

b. 乳化除油。由于表面活性剂技术的发展，采用以表面活性剂为主要添加材料的乳化除油工艺也已经成为除油的常用工艺之一。乳化除油是在煤油或普通汽油中加入表面活性剂和水，形成乳化液。这种乳化液除油速度快，效果好，能除去大量油脂，特别是机油、黄油、防锈油、抛光膏等。乳化除油液的性能主要取决于表面活性剂。常用的是OP乳化剂或日用洗涤剂。

2.4.1.4 电化学除油

电化学除油是在前述化学除油基础上进一步将分子膜级别的油类去掉的重要方法。

电化学除油也叫电解除油，这是将制件作为电解槽中的一个电极，在特定的电解除油溶液中，通电进行电解的过程。电化学除油所依据的原理是利用电解过程中，在电极表面会生成大量气体而对金属（电极）表面进行冲刷，从而将油污从金属表面剥离，再在碱性电解液中被皂化和乳化。这个过程的实质是水的电解：

$$2H_2O =\!\!=\!\!= 2H_2\uparrow + O_2\uparrow$$

无论是氢的析出还是氧的析出，因为都是从电极原始裸表面进行电子交换生成的气体，有从原始表面上撕裂分子膜的作用，因此具有微观除油作用。

（1）阴极电解除油

当被除油金属原型制品作为阴极时，其表面发生的是还原反应，析出的是氢，我们称这个除油过程为阴极电解除油：

$$2H_2O + 2e^- =\!\!=\!\!= H_2\uparrow + 2OH^-$$

阴极电解除油的特点是除油速度快，一般不会对零件表面造成腐蚀。但是容易引起金属的渗氢，对于钢铁制件是很不利的，特别是对于电镀，这是很大的一个缺点。另外，当除油电解液中有金属杂质时，会有金属析出而影响结合力或影响表面质量。

（2）阳极电解除油

当被除油的金属原型是阳极时，其表面进行的是氧化反应，析出的是氧，这时的除油过程被称为阳极电解除油：

$$4OH^- - 4e^- =\!\!=\!\!= O_2\uparrow + 2H_2O$$

阳极电解除油的特点是基体不会发生氢脆风险，并且能除去金属表面的浸蚀残渣和金属薄膜。但是除油速度没有阴极除油高，同时对于一些有色金属，如铝、锌、锡、铜及其合金等，在温度低或电流密度高时会发生基体金属的腐蚀过程，特别是在电解液中含有氯离子时，更是如此。因此有色金属不宜采用阳极除油，而弹性和受力钢制件不宜采用阴极除油。

（3）换向电解除油

对于单一电解除油存在的问题，最好的办法是采用换向电解除油法。换向电解也叫联合除油法，既可以先阳极除油再转为阴极除油，也可以先阴极除油再转为阳极电解除油，可以根据产品的情况来确定具体工艺。一般最后一道除油宜采用短时间阳极电解，将阴极过程中可能出现的沉积物电解去除。

2.4.1.5　其他除油方法

除了以上介绍的除油方法，根据产品情况的不同，还可以采用一些特殊的除油方法。

（1）超声波除油

将黏附有油污的制件放在除油液中，并使除油过程处于一定频率的超声波场作用下的除油过程，称为超声波除油。引入超声波可以强化除油过程、缩短除油时间、提高除油质量、降低化学药品的消耗量。尤其对复杂外形零件、小型精密零件、表面有难除污物的零件及有深孔、细孔的零件有显著的除油效果，可以省去费时的手工劳动，防止零件的损伤。

超声波是频率为 16kHz 以上的高频声波，超声波除油基于空化作用原理。

当超声波作用于除油液时，由于压力波（疏密波）的传导，使溶液在某一瞬间受到负应力，而在紧接着的瞬间受到正应力作用，如此反复作用。当溶液受到负压力作用时，溶液中会出现瞬时的真空，出现空洞，溶液中蒸气和溶解的气体会进入其中，变成气泡。气泡产生后的瞬间，由于受到正压力的作用，气泡受压破裂而分散，同时在空洞周围产生数千大气压的冲击波，这种冲击波能冲刷零件表面，促使油污剥离。超声波强化除油，就是利用了冲击波对油膜的破坏作用及空化现象产生的强烈搅拌作用。

超声波除油的效果与零件的形状、尺寸、表面油污性质、溶液成分、零件的放置位置等有关，因此，最佳的超声波除油工艺要通过试验确定。超声波除油所用的频率一般为 30kHz 左右。零件小时，采用高一些的频率；零件大时，采用较低的频率。超声波是直线传播的，难以达到被遮蔽的部分，因此应该使零件在除油槽内旋转或翻动，以使其表面上各个部位都能得到超声波的辐射，受到较好的除油效果。另外超声波除油溶液的浓度和温度要比相应的化学除油和电化学除油低，以免影响超声波的传播，也可减少金属材料表面的腐蚀。

（2）高温除油法

对于需要热处理而又要电镀的制品，就可以采用高温除油法，也有虽然不需要热处理的制件，但对高温加热没有限制，也可以采用这种对油污进行热分解的方法除去油污。最简单的做法是在明火炉内燃烧去除，也可以在热处理炉内去除。

（3）机械除油法

所谓机械除油，就是将待镀件的表面层完全去掉，使油污与氧化物等完全脱离表面。这种方法通常是进行喷砂或喷丸处理。这种强力颗粒的冲击，可以将表面油污连同氧化皮去掉一层，从而获得完全洁净的表面。

2.4.2 除锈

金属制品在加工制造过程中和存放期间，都会不同程度地发生锈蚀，即使用肉眼看不出有锈蚀的金属表面，也会有各种氧化物膜层存在，这些锈蚀和氧化物对电镀是不利的，如果不去除，会影响镀层与基体的结合力，也影响镀层的外观质量。氧化物膜是比油膜更贴近金属原始表面的膜层。

除锈的方法可以分为三大类，即化学法、电化学法和物理方法等，各种方法的优缺点见表 2-10。

表 2-10 各种除锈方法和特点

类别	方案	特点
化学法	酸浸蚀	最广泛采用的方法,存在过蚀和氢脆等问题
	熔融盐处理	用于厚的锈或氧化皮去除,但设备受限定且能耗较高

类别	方案	特点
电化学法	阳极电解酸蚀法	没有氢脆,有一定抛光作用
	阴极电解酸蚀法	易生氢脆,有还原作用
	换向电解酸蚀法	提高去锈效率
	碱性电解法	适用于不能耐受酸处理的金属
物理法	磨轮打磨法	表面装饰效果好,但对复杂形状制件存在打磨不到的地方,无氢脆
	喷砂(丸)法	去锈效果好,无氢脆,但表面呈消光性,有粉尘污染
	湿式喷砂法	同上,但能消除粉尘污染

2.4.2.1　化学除锈

除锈工序的设立是因为早期电镀件主要是钢铁制品,表面锈蚀较重,需要以强酸加以去除,所以除锈也被称为酸洗。以致酸洗在一定程度上成为所有金属表面去除氧化物的代用语。实际上,酸洗的目的就是去除黑色金属表面的锈蚀和其他金属表面的氧化物、氢氧化物。

由于金属材料本身都多少含有一些合金成分,因此,强酸除锈往往采用的是混合酸,这样可以针对金属材料的合金性能而获得较好的除锈效果。

常用的酸蚀除锈工艺见表 2-11。

表 2-11　酸蚀除锈工艺一览表

所用的酸	常规浓度	备注
硫酸	10%～20%(重量)	最常用的去除锈工艺,适合于铁和铜,可在室温和加温条件下工作,成本低
盐酸	10%～30%(重量)	使用较多的去锈工艺,室温下工作,有酸雾,需要排气设备
硝酸	各种浓度	主要用于铜和铜合金处理。腐蚀性极强,操作安全很重要。有强氮氧化物排出,现场排气很重要
磷酸	各种浓度	多用于酸蚀前的预浸处理,也用于配制混合酸用
混合酸	各种配比和浓度	两种或两种以上酸的混合物,用于强蚀去锈或抛光

酸蚀的效果与酸的浓度和酸蚀时间有关,可参见表 2-12。市场销售的酸的浓度参数见表 2-13。

表 2-12　常用酸浓度与除锈时间

常用酸	浓度/%(重量)	工作液温度/℃	除锈所需时间/min
硫酸	2	20	135
盐酸	2	20	90
硫酸	25	20	65
盐酸	25	20	9

续表

常用酸	浓度/%（重量）	工作液温度/℃	除锈所需时间/min
硫酸	10	18	120
盐酸	10	18	18
硫酸	10	60	8
盐酸	10	60	2

表 2-13　市售常用酸的浓度参数

酸	浓度/%	密度/(g/cm³)	波美度	含量/(g/L)
硫酸	95	1.84	66	1748
硝酸	69	1.42	43	990
盐酸	37	1.19	23	450
磷酸	85	1.70	60	—

高碳钢的含碳量在 0.35% 以下，酸洗后由于表面铁的腐蚀而使碳在表面富集，形成黑膜，如果不除掉，会影响镀层结合力。所以高碳钢不宜在强酸中进行腐蚀，可以在除油后用 1:1 的盐酸去锈，然后经阳极电解后再进行电镀。

如果已经形成黑膜，可在以下溶液中退膜：

铬酸　　　　　　　　250～300g/L　　　温度　　　　　　　　50～70℃
硫酸　　　　　　　　5～10g/L

退尽以后，经盐酸活化，即可进行电镀。

2.4.2.2　电化学除锈

电化学浸蚀是零件在电解质溶液中通过电解作用除去金属表面的氧化皮、废旧镀层及锈蚀产物的方法。金属制品既可以在阳极上加工，也可以在阴极上加工。对电化学浸蚀，一般认为当金属制品作为阴极时，主要借助于猛烈析出的氢气对氧化物的还原和机械剥离作用的综合作用。当金属制品作为阳极进行电化学浸蚀时，主要借助于金属的化学和电化学溶解，以及金属材料上析出的氧气泡对氧化物的机械剥离作用的综合作用。

采用电化学浸蚀时，清除锈蚀物的效果与锈蚀物的组织和种类有关。对于具有厚而平整、致密氧化皮的基体金属材料，直接进行电化学浸蚀效果不佳，最好先用硫酸溶液进行化学浸蚀，使氧化皮变疏松之后再进行电化学浸蚀。当基体金属表面的氧化皮疏松多孔时，电化学浸蚀的速度是很快的，此时可以直接进行电化学浸蚀。与化学浸蚀相比，电化学浸蚀的优点是浸蚀效率高、速度快、溶液消耗少、使用寿命长；缺点是要耗费电能，对于形状复杂的零件不易将表面锈蚀物均匀除净，设备投资较大。根据电化学除锈的特点，这种方法多用在自动线和连续电镀装置上进行金属的电解浸蚀，以获得较高的效率和较好的效果。

电化学浸蚀中的阳极浸蚀和阴极浸蚀各有特点。在选择阳极或阴极浸蚀时，必须考虑到它们各自的特点。阳极浸蚀有可能发生基体材料的腐蚀现象，称为过浸蚀，因此对于形状复杂或尺寸要求高的零件不宜采用阳极浸蚀。而阴极浸蚀基体金属几乎不受浸蚀，零件的尺寸不会改变，但是由于阴极上有氢气析出，可能会发生渗氢现象，使基体金属出现氢脆，故高强度钢及对氢脆敏感的合金钢不宜采用阴极浸蚀，同时，浸蚀液中的金属杂质可能在基体金属材料表面上沉积出来，影响电镀镀层与基体材料间的结合。为避免阴极浸蚀和阳极浸蚀的这些缺点，常在硫酸浸蚀液中采用联合电化学浸蚀，即先用阴极进行浸蚀将氧化皮基本除净，而后转入阳极浸蚀以清除沉积物和减少氢脆，并且通常阴极过程进行的时间要比阳极过程长一些。

黑色金属阳极浸蚀时，常用的电解液是 15%～20% 的硫酸，有时也采用含低价铁的酸化过的盐溶液，以加速浸蚀过程：

硫酸	1%～2%	温度	室温
硫酸亚铁	20%～30%	（必要时可加热至 50～60℃）	
氯化钠	3%～5%	电流密度	5～10A/dm^2
邻二甲苯硫脲	3～5g/L		

黑色金属阴极浸蚀时，可以用前述的硫酸溶液，也可用以下电解液：

硫酸	5%	氯化钠	2%
盐酸	5%	温度	室温

因为阴极浸蚀时，基体金属（铁）无明显的溶解过程，所以适当加入含氯离子的化合物，可促使零件表面氧化皮的疏松并加快浸蚀速度。阴极浸蚀时，在电解液中可加入乌洛托品作为缓蚀剂。在浸蚀液中添加一些氢过电位较高的铅、锡等金属离子，通电以后，在去掉了氧化皮部分的铁基体上会沉积一层薄薄的铅或锡。由于氢不易在铅或锡上析出，所以铅或锡层可防止金属的过腐蚀并减少析氢，从而也可防止氢脆的发生。经阴极浸蚀后，表面覆盖的铅或锡层，可在如下碱性溶液中用阳极处理除去：

氢氧化钠	85g/L	阳极电流密度	5～7A/dm^2
磷酸钠	30g/L	阴极	铁板
温度	50～60℃		

阴极电化学浸蚀法，特别适用于去除热处理后的氧化皮。操作温度为 60～70℃，阴极电流密度为 7～10A/dm^2，阳极采用硅铸铁。

2.4.2.3　超声波增强除锈

超声波不仅用于强化除油，也可以用于增强除锈。表 2-14 是超声波增强除锈的效果比较。对使用和不用超声波、使用和不用缓蚀剂和不同浓度的酸蚀效果进行了测试。以去锈时间和析氢量的变化做定量表示。

表 2-14　超声波增强除锈效果比较

酸液	温度	缓蚀剂	超声波	锈斑去除时间/min	析氢量/[mL/(25cm² · h)]
3%盐酸	室温	无	无 有	30 15	0.41 检测不到
		添加	无 有	120 40	检测不到 检测不到
5%盐酸		无	无 有	20 8	0.90 检测不到
		添加	无 有	65 20	检测不到 检测不到
5%硫酸	室温	无	无 有	65 23	2.20 检测不到
		添加	无 有	120 以上 40	检测不到 检测不到
	50℃	无	无 有	5 4	21.3 4.1
		添加	无 有	10 9	0.59 0.15

2.4.3　特殊材料的前处理

2.4.3.1　铸件的前处理

由于钢铁铸件是多孔性结构,其真实表面积比宏观表面积大得多,并且还有型砂或碳硅化物等残留在表面,不仅使电镀时的电流难以达到金属沉积的电位,而且会产生大量气泡,使镀层不易生长。因此对于铸件的电镀,要采取一些特殊的措施。

用于铸件电镀的工艺流程如下:

阳极电解除油—水洗—混合酸洗—水洗—冲击电流预镀—电镀。

其中混合酸的组成为:

氢氟酸	5%～10%	温度			室温
硝酸	90%～95%	时间			3～5s

也可以采用10%～15%的氢氟酸加85%～90%的盐酸。操作的要点是每一道工序都要仔细清洗,防止微孔中残留的溶液影响下道工序。

电镀时要采用比正常电流大得多的冲击电流,使镀件表面迅速有镀层生成。对于有些电流效率低的镀种,则先要用高电流效率的镀层打底,再进行电镀。

为了防止酸碱等工作液残留在铸件的孔隙内影响结合力,也可以采用喷砂处理后直接电镀工艺流程。即用强力喷砂的方法将铸件表面的氧化层完全去除,即进入电镀流程。同样要大电流冲击后,再正常电流进行工作。由于实际表面积较大,其电流密度要比通用工艺高一些。

2.4.3.2　粉末冶金制品的前处理

粉末冶金制品与铸造制品类似，也存在材料密度的问题，随着粉末冶金技术的进步，其材料的密度已经有很大提高。如果其密度已经接近 $7g/cm^3$（$6.8g/cm^3$ 以上），基本上可以按常规电镀工艺进行电镀，只不过要以冲击电流做预处理。但是，粉末冶金制品从微观上仍然不能与经热、冷轧制金属的密度相比，存在一定量的孔隙。因此，粉末冶金制品的电镀，也要在前处理上下功夫。

由于粉末冶金工艺的应用领域比铸造宽一些，且多用于精密复杂结构的无切削成型，其表面镀层的要求比常规铸件要高一些。因此，粉末冶金的前处理采用了比铸件更为精细的封孔处理工艺，其成本可以从产品中消化。这种工艺虽然也可以用于铸件，但对于大多数镀锌的较重的铸件，对成本的控制使之一般不采用精细的封孔处理工艺。

粉末冶金前处理的要点是对制件进行表面封闭后，经适当处理再进行常规电镀。因此，表面的封闭是关键工序。

可以用于粉末冶金制品表面封闭的方法有如下几种。

（1）硬脂酸锌封闭法

在 200℃ 下将零件浸渍在熔融的硬脂酸锌中，使其渗入到孔隙中进行封孔，浸后应除去表面多余的硬脂酸锌，通常是用喷砂的方法去除，然后电镀。这是最早开发粉末冶金电镀的封孔方法。

用抽真空浸渍树脂、高熔点石蜡也是一个可行的方法。在负压条件下表面孔隙吸入封孔物的效果会更好一些。

（2）有机硅封闭法

将零件浸渍在含 4% 有机硅化物的四氯化碳溶液中。零件先预热到 200℃，然后突然浸渍到上述溶液中。浸满后再于 200℃ 下烘干。这样可在零件表面形成一层有机硅化物薄膜，可起到防止电镀液浸入的作用。由于有机硅在表面影响导电，也需要经喷砂等处理方法处理后再进入电镀流程。

（3）蒸汽封闭法

通过蒸汽加压处理可以在零件表面孔隙中形成蒸馏水凝结物，从而堵塞表面孔隙。经蒸汽处理后的零件，可直接进入电镀流程。也有一种理论认为蒸汽处理是在黑色金属粉末冶金的孔隙中形成铁的氧化物而将孔封堵。其原理仍然是一种封闭处理。

（4）去离子水封闭法

基于蒸汽处理同样的理由，可以将零件浸在加热的去离子水中，让孔内填充水分后，以占位方式防止其他镀液进入，从而防止电镀后出现点蚀。也有工艺建议用钝化液封孔，但是一定要在镀后再以加温方式将其蒸发出来，且只适合于镀锌，因此不具普遍应用价值。

2.4.3.3 不锈钢的前处理

不锈钢表面有一层很薄的透明的钝化膜，使得不锈钢不仅在空气中不生锈，而且能经受许多强烈的腐蚀介质而不被浸蚀。这层即使在空气或水中受到损坏，仍可以在损坏后裸露的新的表面形成钝化膜而自行修复。在这样的表面上进行电镀，如果前处理不当，很难得到结合力良好的镀层。

不锈钢材料的前处理工艺比较特殊，需要很好地活化不锈钢表面。在普通除油后，要用阳极电解除油，只是温度要低一些，时间也不宜过长。阳极除油后，在含有 1% 的硫酸和 0.1% 盐酸的溶液中，室温浸 1min，即可进行电镀。

如果表面有较厚的氧化皮，需要先进行酸洗，方法是先在 10%～20% 的热硫酸（50～60℃）中浸洗，再在以下溶液中出光：

硝酸	330mL/L	温度	50～60℃
氢氟酸	100mL/L	时间	1～10min
盐酸	30mL/L		

对于需要镀铜镍铬的不锈钢，经机械抛光和阳极去油后，可以在下述电解液中进行电解活化处理：

氯化镍	240g/L	时间	8min
盐酸	128mL/L	阳极	纯镍板
温度	室温	电流密度	2A/dm²

先以制件为阳极进行电解 2min，再以同一电流密度进行阴极处理，然后再镀铜镍铬。

2.4.3.4 磷青铜、铍青铜前处理

磷青铜可先采用通用的除油工艺进行除油，然后在纯硝酸中快速出光，然后进行阴极电解除油，时间不要太长，电流可以大一些。也可以先电解除油后再硝酸出光。

铍青铜可以不用阴极除油，而是在普通除油后在以下活化液中活化处理：

硫酸	32mL/L	温度	室温
醋酸	32mL/L	时间	3～5min
30%双氧水	40mL/L		

然后硝酸出光，再进行电镀，可以获得良好的效果。

2.4.3.5 锌及锌合金的前处理

锌是一种很活泼的两性金属，既溶于酸又溶于碱。所以锌及锌合金不应在强酸或强碱中进行长时间处理，也不宜采用阳极电解除油。化学除油也要在不含氢氧化钠的弱碱性溶液中进行。而酸洗则要用硫酸:硝酸＝1:1的混合酸经稀释10倍以后，在室温下处理 1min。

锌铁合金是含铁量高含锌量少的铁合金，这种材料在除油后可用 5%～10%

的硫酸或者 15％的盐酸除锈，但锈除掉后应立即取出清洗，防止发生过腐蚀。然后在含铬酸 200g/L、硫化钠 20g/L 的溶液中浸蚀，清洗后电解除油，再电镀。

锌压铸件不仅是两性金属，而且组织密度较低，前处理要非常小心，通常采用以下步骤进行。

（1）电解除油

磷酸三钠	60～70g/L	时间：	阴极 1～1.5min
OP 乳化剂	2～3g/L		阳极 15～30s
温度	40～50℃	电流密度	2～5A/dm²

这种电解液不通电时可用于化学除油。

（2）混酸处理

氢氟酸	0.5～1mL/L	时间	5～6s（旧液时间适当
硫酸	0.5～1mL/L		延长 1～2 倍）
温度	室温		

经过以上处理后的制件表面呈均匀乳白色，如果表面发黑，则电镀后的结合力难以保证。

2.4.3.6　钕铁硼材料制件的前处理

钕铁硼（NdFeB）材料是现代电子电磁器件中广泛应用的强磁材料。由于这种材料的活性较高，对于有些制件，表面一定要进行电镀处理来加以保护。同样由于其材料特性，在进行通用的电镀处理之前，要进行适当的前处理，才能获得良好的镀层。

这种材料的出现及其在电子领域中应用的迅速发展，在电子电镀业界掀起了一股钕铁硼电镀的热潮。这是因为钕铁硼材料是电子信息产品中重要的基础材料之一，与许多电子信息产品息息相关。随着计算机、移动电话、汽车电话等通信设备的普及和节能汽车的高速发展，世界对高性能稀土永磁材料的需求量迅速增长。

钕铁硼材料由于含有较多的铁成分，其抗氧化性能是较差的，因此在很多使用永磁体的场合，都对其进行了表面处理。而用得最多的表面处理方案就是电镀。因此，钕铁硼材料的电镀技术，成为电子电镀中新兴而热门的新技术。

钕铁硼材料的制作工艺决定了这种材料是多孔性的，同时作为特殊材料的合金，各组分之间在结晶结构上会有某些差别，从而导致材料的不均一性和易腐蚀性。因此，对钕铁硼材料进行电镀成为提高钕铁硼材料使用性能的重要加工措施。

典型的钕铁硼电镀的工艺流程如下：

烘烤除油—封闭—滚光—水洗—装桶（与钢珠一起）—超声波除油—水洗—水洗—酸蚀—水洗—水洗—去膜—水洗—水洗—活化—超声波清洗—滚镀—水

洗—出槽—水洗—干燥。

本工艺流程中有几道工序是常规滚镀中所没有的，是针对钕铁硼制品的材质特点而设计的工序，要特别加以留意。

（1）烘烤除油

钕铁硼制品是类似粉末冶金制品的多孔质烧结材料，在加工过程中难免会有油污等脏污物进入孔内而不易清除。简便的方法就是利用空气的强氧化作用，使孔内的油污等蒸发或灰化，以消除以后造成结合力不良的隐患。

（2）封闭

封闭是对多孔质材料的常用表面处理方法之一，常用的方法可以借用粉末冶金制件封闭的方法，即浸硬脂酸锌的方法，将硬脂酸锌在金属容器内加热至熔化（130～140℃），然后将烘烤除油后的制品浸入到熔融的硬脂酸锌中去，浸 25min 左右。取出置于烘箱中在 600℃ 干燥 30min 左右，或在室温放置 2h 以上，使其固化。

（3）滚光

经封闭后的制件还要进行滚光处理，使表面的氧化物、毛刺、封闭剂等经滚光处理后都去掉而呈现出新的金属结晶表面。所用磨料视表面状态而有所不同，通常为木屑类植物性硬材料，也可用人工磨料（人造浮石等）。工件与磨料的比值为 1∶1～2。为了提高滚光效果，可以加入少许 OP 乳化剂，水量以淹没工件为宜，滚光桶以六角形为好，转速为 30～40r/min，时间为 30～60min。

（4）去膜

去膜是除去在钕铁硼制品经酸蚀后残留在表面的一层黑膜，如果不除掉会影响镀层结合力。而这些黑膜不宜用普通强酸去除，可在 150mL/L 浓盐酸中加有机酸 15g/L，在室温下处理 2min 左右即可。

经过这些有针对性的前处理工序后，就可以按常规工艺流程进行电镀加工了。

2.5 电镀标准与镀层标记

2.5.1 关于标准

现代工业生产离不开标准，特别是加工性行业，没有一定的标准，产品的质量就难以界定，产品的成本也难以确定，供需双方的立场难以协调，当发生争议时，也没有共同认可的依据。因此，标准是现代生产制造必不可少的要件，但是在实际生产过程中，许多企业对标准的认识存在一些误区。特别是电镀业，对于电镀标准的认识更加缺乏，因此，有必要对标准加以简要的介绍。

标准是标准化概念中最基本的概念。《标准化基本术语》（GB 3935.1—83）中对标准的定义为：标准是"对重复性事物和概念所做的统一规定。它以科学、技术和实践经验的综合成果为基础，经有关方面协商一致，由主管机构批准，以特定形式发布，作为共同遵守的准则和依据。"

由标准概念可知，标准是一个相关方要共同遵守的准则，其内容要有科学性并符合实际，标准在制定过程中要征求多方面的意见，有些还要进行多次试验和论证，并经主管机构的批准和发布，才能生效，一旦生效，对有关方面就有了约束，其中强制性标准还具有法律效力。

目前电镀业的大部分标准为推荐性标准，但与环保相关的标准已经具有法律效力。比如电镀废水等的排放，必须符合国家排放标准，否则即为违反环境保护法，要受到相应处罚，情节严重的将受到刑法的惩处。因此，电镀业从业者不可以掉以轻心。

综合起来，标准有以下特性。

（1）标准对象的特定性

标准对象的特定性，是指对制定标准的领域和对象所做的特殊规定性。制定标准的领域从广义上说，应当包括人类生产和生活的一切领域。而从狭义上说，则仅指经济和技术活动范围，所以又把标准限定在经济、技术范畴。并且对于每个具体的标准，不论是行业标准还是产品标准，都有一个"适用范围"，明确地指出本标准适用于哪些领域或哪类行业或哪种产品，特别需要的时候，为了防止标准的滥用，还专门提出"不适用于"的限定条目。

（2）标准依据的科学性

标准的概念中明确指出，"科学、技术和实践经验的综合成果"是标准产生的基础。标准就是在综合分析、比较、选择科学研究的新成果，技术进步的新成就以及在长期实践中总结出来的先进经验的基础上产生的，是对科学、技术和实践经验的提炼和概括。这无疑保证了标准的科学性和先进性以及实践的可靠性。

（3）标准特征的统一性

标准的本质特征，或者说标准的作用和社会功能最重要的特点就是标准的统一性。不同级别的标准是在不同范围内的统一；不同类型的标准是从不同侧面进行统一。只有具备统一性的标准，才可以作为共同遵守的依据，如果各种标准不统一，各执一端，莫衷一是，标准也就失去了权威性，也就无法推广和执行。

（4）标准的法规特性

从一定意义上来说，标准就是技术经济领域的技术法规，国家强制性标准尤其如此。虽然标准并非由国家立法机关颁布的严格意义上的法律或法规，但是可以认为它在技术经济领域里具有法规特性，是当事各方必须遵守的有约束力的文件。

2.5.2　电镀标准

电镀加工作为工业制造体系中的一个环节，需要按照一定的标准来组织生产，否则质量和使用性能不能确定，加工方和用户没有进行产品质量沟通的共同语言。按照双方约定的标准生产已经是现代制造的惯例。

我国的电镀标准体系和其他行业一样，由企业标准、行业标准和国家标准构成。其中国家标准现在基本上是等同或等效采用相应的 ISO 标准，少数是参照执行 ISO 标准。

标准既是企业产品质量管理的法规，也是与用户就质量问题进行沟通的依据。不仅是电镀专业人员要了解电镀标准，就是其他专业人员，无论是产品技术开发人员还是工艺管理人员，都应该对电镀标准有所了解。

我国电镀业所依据的标准经由了一个转换和发展的过程，开始是采用苏联的标准，随后在 20 世纪 70 年代由各工业部主持制定了各自的行业标准，比如机械工业部的标准和电子工业部的标准等。改革开放后，我国电镀标准开始与国际接轨，基本上都是等效采用相应的 ISO 国际标准，现在则大多数等同采用了 ISO 标准而形成了系列化的国家标准（GB），其中与电子电镀直接有关的主要是各种功能性镀层。仅以镀金为例，所涉及的国家标准就有一个主要标准和 6 个试验方法：

GB/T 12304—1990　金属覆盖层　工程用金和金合金电镀层

GB/T 12305.1—1990　金属覆盖层　金和金合金电镀层的试验方法　第一部分：镀层厚度测量

GB/T 12305.2—1990　金属覆盖层　金和金合金电镀层的试验方法　第二部分：环境试验

GB/T 12305.3—1990　金属覆盖层　金和金合金电镀层的试验方法　第三部分：孔隙率的电图像试验

GB/T 12305.4—1990　金属覆盖层　金和金合金电镀层的试验方法　第四部分：金含量的测定

GB/T 12305.5—1990　金属覆盖层　金和金合金电镀层的试验方法　第五部分：结合强度试验

GB/T 12305.6—1997　金属覆盖层　金和金合金电镀层的试验方法　第六部分：残留盐的测定

其中的第六部分于 20 世纪 90 年代中期提出对电镀层表面残留盐的测定，反映出电镀表面质量的细化和测试技术的进步。金属镀层表面的残留盐是在显微镜下才能观测到的物质，凭肉眼是无法观测到的，所以也就容易忽略，但是许多镀层的变色就是这种残留盐潮解后成为腐蚀液而产生的质量问题，特别是孔隙内的残留盐，是产生点蚀的原因。因此，将镀层表面残留盐作出规定是镀层质量控制的技术进步在标准上的反映。

2.5.3 金属镀层及化学处理标识方法的标准

我国于 1976 年发布了《金属镀层及化学处理表示方法》（GB 1238—1976），于 1977 年 8 月 1 日起试行。这个方法以汉语拼音大写字母来表示相应的表面处理要求，如 D 是电镀的"电"的第一个字母，H 是化学镀的"化"的第一个字母，以此类推。这在当时尚有其实用性，但在改革开放以后，特别是国外产品和技术大量涌入我国以后，这一标准已经不符合国情，于是在 1992 年由当时的机械电子部提出，由全国金属与非金属覆盖层标准化技术委员会归口，由机械电子部标准化所等单位起草，参照 ISO 相关标准，提交了 GB/T 13911—1992《金属镀覆和化学处理表示方法》以代替 CB 1238—1976，方便我国机械电子产品表面镀层和涂覆标记方法与国际接轨。

2008 年，我国又对 GB/T 13911—1992 进行了修订。这次修订有如下改变[3]：

① 按照国际标准和我国标准惯例，将标准名称《金属镀覆和化学处理表示方法》修改为《金属镀覆和化学处理标识方法》；

② 根据 GB/T 1.1—2000 的要求增加了前言部分；

③ 修改了适用范围，本标准不适用于铝及铝合金化学处理标识；

④ 增加了引用标准部分；

⑤ 修改了原标准中的应用示例，采用了现行标准的示例说明；

⑥ 根据镀覆应用范围，删除了铝及铝合金阳极氧化化学处理的内容。

随着技术的进步和市场要求的变化，标准的修订会是一种常态，但是标准又有相对的稳定性和有效性。因此，现在所有标准在正文的"规范性引用文件"中规定凡是标注了日期的标准，其后所进行的修改（不包括勘误）和新版本，不适用于引用标准。但是在引用标准后没有注明日期的，则都适用于所有新版本。同时，鼓励根据标准达成协议的各方研究使用标准最新版本。

2.5.4 关于标准的先进性和水平

在对标准进行审定时，要对标准的先进程度进行评价，以便认定标准的水平。由于标准也称为技术标准，是与一定的学科和技术有密切相关性的文件，因此，所有的标准都必然反映制定时的科学技术水平，但是标准的特性中有统一性要求，也就是说要有共同认定和遵守的条件，因此，其所反映的水平要有公平公正性，既不能就高，也不能偏低，而是一种从统计学角度看具有平均性的水平。制定标准时如果不考虑这种统一性，就会出现争议或者成为某种壁垒。现在流行的移动通信产品标准、IT 业标准、区域性环保标准已经出现了某些以自己可以达到的水平作为标准而对暂时达不到的企业进行限制的事例。这种事例一方面显现出技术保护主义的苗头，另一方面又具有促进区域竞争和发展的作用。

在对标准进行评价的术语中，有国际领先水平、国际先进水平、国际水平和国内领先水平、国内先进水平、国内（一般）水平2大类6个水平。显然，这些评价的水平中以国际领先水平为最高的评价，其他依次递减。这种评价是对任何一个级别的标准都适用的，不论是企业标准还是国家标准，都可能符合这些水平中的一种水平。这与标准的级别是不同的概念。并不是说国际标准就一定是先进的或严格的。

相反，越是高级别的标准，由于所涵盖的面越宽，所采用的指标反而相对较低，尤其指导性技术指标方面，越是高级别的标准，所掌握的尺度越宽。因此，结果往往是企业的标准或叫内控标准的技术指标反而是最为严格的。这样才能保证出产的产品能通过以后各级标准的考核。国际和国家标准或行业标准经过审核和批准后，都要公开发布，成为质量管理的法规性文件。而企业标准也有向标准管理机构备案和在企业内发布的制度。但企业标准只与相关双方（供方和需方）有关，所以并不公开发布，如果是企业内控标准，则企业有保密的权利，以防不正当商业竞争行为发生。

由此可以知道，高级别的标准往往是较先进的标准，但不等于是较严格的标准，指标的严格并不与技术的先进直接有关，但与产品的成本有关。过于严格的标准将增加生产成本，造成不必要的浪费，并不是最科学的标准。我们希望读者由此可以弄清与电镀有关的标准的各种关系，合理选用所遵循的标准或制定合理的企业标准。当用户提出相关标准符合性要求时，要仔细研究标准的文本，了解标准的水平和自己企业是否可以达到标准的要求。

参 考 文 献

[1] 屠振密. 电镀合金原理与工艺 [M]. 北京：国防工业出版社，1993.

[2] 方景礼. 电镀添加剂总论 [M]. 台北：传胜出版社，1996.

[3] GB/T 13911—2008. 金属镀覆和化学处理标识方法.

第 **3** 章

电子电镀

3.1 电子电镀综述

通过前面两章的介绍，我们对电镀和电子电镀的相关知识有了初步认识，那么到底什么是电子电镀，都有哪些镀种和工艺，我们将在这一章加以详细讨论，并且提供与电子电镀相关的典型的电子电镀所有主要工艺的相关参数和资料。

3.1.1 电子电镀的特点

电子电镀之所以成为一个专门的电镀技术概念，是因为电子电镀必须符合电子产品设计的总体要求。而要满足这些要求，就必须采取相应的技术措施，这些技术措施形成了电子电镀不同于常规电镀的特点。概括起来，主要有以下几点：符合电子产品要求的工艺技术、严格的基体材料控制和化学原材料纯度控制以及工艺过程和参数控制，还要有先进的设备装置和先进的检测手段。

3.1.1.1 适合电子产品要求的工艺

用于电子产品电镀的工艺不同于普通电镀的通用工艺，而是根据电子产品的需要进行了工艺调整。也就是说，使用通用电镀工艺来加工电子产品，也许会给产品的性能带来不良影响，这是许多从事电镀甚至于电子电镀的人容易忽视的问题。说电子电镀有其特点，首先就是电镀工艺对电子产品的适用性。

比如印制板镀锡，特别是用于图形保护的镀锡，电流效率要求很高，这是为了防止析气对保护膜的撕剥，否则会造成很细连接丝的断线。保证高电流效率就是这种镀锡工艺的一个特点，这时就要让锡盐的含量处于上限。再如孔金属化的酸性镀铜要求有非常好的分散能力，孔壁内的镀层与孔外平板上的镀层厚度要能达到 1∶1，这是很高的要求。用普通酸性镀铜工艺是达不到这个要求的，而必须采用高硫酸低硫酸铜的配方，同时采用专用的电镀添加剂，而不能采用装饰性电镀用的酸性光亮剂。

至于对导电性能的要求，对波导性能的要求，对导磁性能的要求以及对其他物理性能的要求等，都要有不同的电镀工艺来加以保证，这就是电子电镀的主要特点之一。

3.1.1.2 原材料纯度的控制

除了工艺的专用性外，电子电镀的另一个很重要的特点是对电镀工艺所采用的原材料有严格的纯度要求。从用于电镀液配制的化学原料到阳极材料，都要用符合纯度要求的材料，以防止因杂质对镀层性能的影响而影响到电子整机的性能。除了功能性要求外，现在环境保护指标也对杂质含量有了定量要求，比如欧洲的 RoSH 指令，对重金属杂质在电子产品中的含量就有明确的限定，这就要求电镀的原材料必须符合这一指令的要求。

比如镀锡已经不能采用锡与铅的合金，这不仅仅是不能采用含铅的工艺，而且对锡盐和其他化学原料中的铅含量都要加以控制，否则就会在镀层中出现重金属离子超标的情况。

阳极也是纯度控制的重要控制点。对于电子电镀，所有阳极材料通常都要求其纯度达到 4 个 9 的级别，即要求达到 99.99%。特别是镀银、镀锡、镀镍等镀种的阳极材料，低于 4 个 9 的阳极是不可以采用的。否则，随着阳极在工作过程中不断地溶解，杂质也会在镀液中聚集，达到一定的含量，就会在镀层中有所夹杂，最终影响产品质量。

电子电镀对水质的要求也比常规电镀严格。有些镀种不仅镀液的配制要求采用纯净水，而且清洗水也必须采用去离子水。这也是电子电镀的一个明显特点。

3.1.1.3 工艺过程控制

电子电镀对工艺过程控制的要求通常都比较严格，这是为了保证整个生产过程都处于受控制的状态，以保证产品最终与要求相符合。如果没有对过程进行严格控制，即使采用了专用的工艺，采用了高纯度的原材料，也会在生产过程中由于失控而出现质量问题。比如从其他途径混入金属杂质或其他杂质。又比如对清洗水和活化液的管理往往是电镀管理中的盲区。因为无论是生产管理人员还是技术管理人员，对镀液的关注度往往高于对其他流程的关注。这种思维模式也影响到操作者，大家对镀液都很小心，而对清洗水等的管理就比较马虎。比如有些纯净水在使用一定时间后，就会由于镀件上各种化学液的浸入而成为含各种离子的水，如果不定时检测和及时更换，纯净水清洗就只是形式，实际上失去了纯净水的意义。同样，活化液在使用过程中也会由于化学反应而产生镀层或基体金属的离子，使活化效果下降。

对工艺过程的控制还体现在对电镀生产中参数的记录上，这是使生产过程处在可追溯状态的重要手段。对每批产品的电流密度、电镀时间、镀液温度、pH 值等都要用台账式记录，补加任何原材料也都必须有记录，加料的指令来源、依据，加入的是什么，加的量多少，加入的时间、责任人签字等，都要清清楚楚。

只有对电镀过程进行严格控制，才能保证电子产品的质量不会因为电镀过程而处于有风险状态。

3.1.2 设备配置与工艺参数控制

参观过专业电子电镀企业的人都会有一个感受，那就是电子电镀工厂的设备通常比普通电镀企业的设备要好得多，也干净整齐一些。

这是对的，当然我们希望所有电镀企业都应该与电子电镀企业一样，加强设备的投入和现场的管理。

为什么电子电镀对设备的要求要好一些？这也可以说是电子电镀的一个重要特点。因为要使电子电镀过程得到严格控制，除了工艺、原材料的匹配，岗位操作要求和严格的管理外，电子电镀要求采用各种设备和工具来加以保证。没有科学合理的设备配置，很多工艺参数是难以保证其稳定性和重现性的。

（1）温度控制系统

所有电子电镀加工过程中的热交换器都要配置恒温控制系统。包括前处理的除油、超声波清洗、电解除油、需要加温的电镀液、碱性镀液的热水洗、后处理的热水洗和干燥箱等供热器件，都要有温度控制系统，以最大限度地将人工控制的不确定因素降低至最小，防止过热导致的质量事故。采用温度控制系统的另一个重要好处是可以节约能源，防止过热造成能源浪费。

（2）水质保证系统

电子电镀需要大量的纯净水，从一些镀种的配槽水到最后表面清洗的用水都要用到纯净水，并且对水质有比较高的要求。由于用量大、要求高，因此通常都要配置纯水机来保证纯净水的供应。现在流行的纯水系统是联合水处理系统，或称多级水处理系统，包括粗滤、阴阳离子树脂处理、超滤膜处理等。

（3）pH值控制系统

电子电镀对镀液或各种处理液的pH值要求比较严格，同时对清洗水的pH值也要求设置监测系统，以保证产品表面质量和抗腐蚀能力。镀液pH值控制系统是让设在镀液或处理液中的pH值测试电极与储存有调节pH值的酸、碱液的储液槽上的磁控开关连接，以便在pH值发生变化时，通过磁控开关将相应的酸液或碱液添加到镀槽中，并充分搅拌均匀。

（4）电量控制系统

镀槽的通电量与金属离子的消耗、光亮添加剂的消耗等是成正比的，因此，物料的添加可以用电量的累计值作为人工或自动补加的依据。目前国内大多数电子电镀企业还是以人工补加为主，少数企业实现了以电量控制的自动添加。

用于电量控制的设备的用电量主要以安培·小时（A·h）计。

（5）时间控制系统

如果没有这些设备，完全靠人工来管理，就会有很大的变数而使工艺过程处于风险状态。不是说人不能控制好这些参数，如果有负责任而又技术全面的操作者，是完全可以使电子电镀过程完全处在受控状态的。但是这是个理想状态，会因为人的不同和时间的不同出现变化，稳定性和持久性难以保证。成规模和持久的连续生产线，不能承受这样的风险。因此，电子电镀通常都采用各种高配置的设备来保证电镀过程处于受控状态。

（6）其他控制系统

其他控制系统包括镀液的循环过滤系统、超声波控制系统、阴极移动和镀液搅拌控制系统、镀液成分补加系统等，这些系统的控制都有相应的设备，但并没有统一的标准，有的尚在研发过程中，比如镀液成分的补加，要完全做到自动控制是有一定困难的，因此，大多数企业对这方面的操作仍然以人工控制为主。

3.1.3　检测与试验控制

电子电镀的检测与试验与常规电镀相比要多得多，这主要是电子整机的许多性能是靠各种功能器件和元件来保证的，而这些元器件从表面防护到功能性能都需要用到电子电镀技术，只有确定相应指标符合规定的要求，才能进行批量生产和投放市场。

与电镀相关的检测包括镀层厚度、表面光洁度、合金组成成分、杂质含量（特别是与 RoHS 有关的测试）、抗腐蚀性能、"三防"性能等，要用到各种专业检测设备和装置，有些还是必备装置。对于与功能性电镀有关的指标，比如表面电阻率、孔金属化沉积率、连接线导通性能等，也都需要有相应的检测仪器或设备。

SJ/T 11364—2006 电子信息产品中有毒有害物质的检测方法典型地反映了电子电镀检测的严格要求和技术难度。

3.2　电子电镀通用工艺

本节所列的电子电镀工艺大多数是当前流行于电子电镀生产企业的通用工艺。所涉及的镀种几乎涵盖了电镀的传统工艺，但是熟悉电镀工艺的读者会发现这些工艺与常规传统电镀业的工艺上的细微却重要差别。正是这些差别构成了独立的电子电镀工艺体系。

3.2.1　镀锌

镀锌是钢铁制件最常用的防护性镀层，镀锌也是典型的阳极镀层，对钢铁基体有良好的电化学保护作用。同时，经钝化处理后的镀锌层又有较好的抗蚀性能，因此，电子产品的机壳、机架、机框和底板支架等钢铁结构件大多数采用了镀锌工艺。

在很长一段时期，电子工业产品镀锌采用的是氰化物镀锌工艺，但无氰镀锌的技术进步使无氰镀锌正在取代氰化物镀锌工艺。

现在流行的镀锌工艺有以下几种。

（1）氰化物镀锌工艺

氰化物镀锌由于分散能力好，镀层结晶细致，镀后钝化性能好而一直是镀锌的主流工艺。

典型的氰化物镀锌工艺如下：

氰化锌	60g/L	M 比	2.7
氰化钠	40g/L	温度	20～40℃
氢氧化钠	80g/L	电流密度	2～5A/dm²

M 比是氰化钠的量与锌的含量的比值，一般控制在 $M=2.0\sim3.0$。氰化物镀锌的最大问题是络合剂氰化物的剧烈毒性问题，无论是对操作者还是环境都存在着潜在的威胁，因此，除了军工和特别需要的产品外，多数镀锌已经采用无氰工艺。

（2）碱性无氰镀锌工艺

碱性无氰镀锌工艺也称锌酸盐镀锌，是指以氧化锌为主盐，以氢氧化钠为络合剂的镀锌工艺，这种镀液在添加剂和光亮剂的作用下，已经能镀出可以与氰化物镀锌一样良好的镀锌层。由于这一工艺主要是靠添加剂来改善锌电沉积的过程，因此，正确使用添加剂是这个工艺的关键。

以往的碱性锌酸盐镀锌一直存在的一个主要缺点是主盐浓度低和不能镀得太厚，比如氧化锌的含量只能控制在 8g/L 左右，超过 10g/L，镀层质量就会明显下降。随着电镀添加剂技术的进步，这个问题已经得到解决。

工艺配方和操作条件：

氧化锌		ZN-500 走位剂	
6.8～23.4(滚镀 9～30)g/L		3～5(滚镀 5～10)mL/L	
氢氧化钠		温度	18～50℃
75～150(滚镀 90～150)g/L		阴极电流密度	0.5～6A/dm²
ZN-500 光亮剂	15～20mL/L	阳极	99.9%以上纯锌板

其中 ZN-500 光亮剂是引进的美国哥伦比亚公司的技术，由武汉风帆电镀技术有限公司生产和销售。这一新工艺的显著特点如下。

① 主盐浓度宽。氧化锌的含量在 7～24g/L 的范围都可以工作，镀液的稳定性提高。

② 既适合于挂镀，也适合于滚镀，这是其他碱性镀锌难以做到的。这时的主盐浓度可以提高至 9～30g/L，管理方便。

③ 镀层脆性小。经过检测，镀层的厚度在 31μm 以上仍具有韧性而不发脆，经 180℃ 去氢也不会起泡，因此可以在电子产品、军工产品中应用。

④ 工作温度范围较宽。在 50℃ 时也能获得光亮镀层。

⑤ 具有良好的低区走位性能和高分散能力。适合于对形状复杂的零件挂镀加工。

⑥ 镀后钝化性能良好。可以兼容多种钝化工艺，且对金属杂质如钙、镁、铅、镉、铁、铬等都有很好的兼容性。

很显然，这种镀锌工艺已经克服了以往无氰镀锌存在的缺点，使其与氰化物镀锌一样可以适合多种镀锌产品的需要。

这种新工艺的优点还在于它与其他类碱性无氰镀锌光亮剂是基本兼容的,只需停止加入原来的光亮剂,然后通过霍尔槽试验来确定应该补加的 ZN-500 的量。初始添加量控制在 0.25mL/L,再慢慢加到正常工艺范围,并补入走位剂。在杂质较多时,还应加入 ZN-500 配套的镀液净化剂。当对水质纯度不确定时,可以在新配槽时加入相应的除杂剂和水质稳定剂,各 1mL/L。

镀前处理仍应该严格按照工艺要求进行。比如碱性除油、盐酸除锈和镀前活化等。如果采用镀前的苛性钠阳极电解,可不经水洗直接入镀槽。钝化可以适用各种工艺,钝化前应在 0.3%～0.5% 的稀硝酸中出光。

对镀液的维护可以从两个方面着手:一方面是通过定期分析镀液成分,使主盐和络合剂保持在工艺规定的范围;另一方面要记录镀槽工作时所通过的电量(安培·小时),作为补加添加剂或光亮剂的依据之一。重要的是要通过霍尔槽试验检测镀液是否处在正常工作的范围。

(3) 酸性氯化物光亮镀锌工艺

氯化物镀锌是无氰镀锌工艺的一种,自 20 世纪 80 年代开发出来以来,由于光亮添加剂技术的进步,现在已经成为重要的光亮镀锌工艺,应用非常广泛。电子产品中的紧固件滚镀锌基本上采用的是氯化物镀锌。

其典型的工艺如下:

氯化锌	60～70g/L	pH 值	4.5～6.5
氯化钾	180～220g/L	温度	10～55℃
硼酸	25～35g/L	电流密度	1～4A/dm²
商业光亮剂	10～20mL/L		

氯化物光亮镀锌由于使用了较大量的有机光亮添加剂,在镀层中有一定量夹杂,表面也黏附有不连续的有机单分子膜,对钝化处理有不利影响,使钝化膜层不牢,色泽不好。通常要在 2% 的碳酸钠溶液中浸渍处理后再在 1% 的硝酸中出光后再钝化,就可以避免出现上述问题。

(4) 镀锌的钝化工艺

金属锌的标准电极电位较负,因此在腐蚀性环境中很容易氧化而生成白色的氧化锌,通常称"白锈"。为了阻止或延缓镀锌层在腐蚀介质中的氧化,通常都要对镀锌层进行钝化处理,人为地在锌层表面生成一层处于钝化态的氧化膜,使钝化后的镀层的表面电位成为正电位,这样就可以大大提高镀锌层的抗腐蚀性能。

① 彩色钝化

铬酸	5g/L	硝酸	3mL/L
硫酸	0.1～0.5mL/L	氯化钠	2～3g/L

pH 值	1.2～1.6	时间	8～12s
温度	室温		

② 蓝白色钝化

铬酸	3～5g/L	浓硫酸	10～15mL/L
氯化铬	1～2g/L	温度	室温
氟化钠	2～4g/L	时间	溶液中 5～8s
浓硝酸	30～50mL/L		空气中停留 5～10s

③ 黑色钝化

铬酸	15～30g/L	温度	室温
硫酸铜	30～50g/L	钝化时间	2～3s
甲酸钠	20～30g/L	空气中停留	15s
冰醋酸	70～120mL/L	水洗时间	10～20s
pH 值	2～3		

④ 军绿色钝化

铬酸	30～35g/L	硫酸	5～8mL/L
磷酸	10～15mL/L	温度	20～35℃
硝酸	5～8mL/L	时间	45～90s
盐酸	5～8mL/L		

（5）三价铬和无铬钝化

三价铬因为其毒性比六价铬低得多而成为无铬电镀中的重要过渡性工艺，已经有较为成熟的钝化工艺，而无铬钝化则是环保型电镀的目标工艺。

① 三价铬钝化

三价铬盐	20g/L	表面活性剂	0.2mL/L
硫酸铝	30g/L	温度	室温
钨酸盐	3g/L	时间	40s
无机酸	8g/L		

② 无铬钝化工艺。已经有应用或研究中的无铬钝化工艺有非铬盐钝化，包括钛盐、钒盐、锰盐、钨盐、钼盐、锗盐、锆盐等。

a. 钼盐钝化

钼酸钠	30g/L	温度	55℃
乙醇胺	5g/L	时间	20s
pH 值（磷酸调整）	3		

b. 钛盐钝化

硫酸氧钛	3g/L	硝酸	5mL/L
双氧水	60g/L	磷酸	15mL/L

单宁酸	3g/L	温度	室温
羟基喹啉	0.5g/L	时间	10～20s
pH 值	1.5		

（6）镀锌的着色工艺

为了配合产品整机色系的要求，有时对外装标准件、连接件等镀锌零件需要进行着色处理，比如袖珍型电器的外装镀锌螺钉需要有大红色、绿色、蓝色等各种美丽的色彩，这时就要先滚镀光亮锌，再将锌层进行化学处理后染色。化学处理实际上也是一种钝化处理，是在锌层表面生成多孔的膜层，使染色剂可以在孔内驻留，但这层膜是极薄的，孔隙也很浅，所以色彩很容易脱落。为了保护色彩的鲜明，染色后还要进行涂清漆处理。

镀锌染色的流程如下：光亮镀锌—水洗—水洗—1％硝酸出光—化学处理—水洗—化学处理（生成无色的钝化膜）—染色—水洗—干燥（50～60℃）—涂清漆—干燥—包装。

① 化学处理

铬酸	5～10g/L	温度	室温
硫酸	8～12mL/L	时间	10～30s

② 染色工艺。镀锌染色工艺见表 3-1。

表 3-1　镀锌染色工艺

镀层颜色	所用染料	染料含量/(g/L)
红色	酸性大红	5
蓝色	直接翠蓝	3～5
绿色	亮绿	3～5
橙色	直接金橙	1～3
金黄	茜素红 S 茜素黄 R	0.3 0.5
紫色	甲基紫 茜素红 S	3 0.5
黄色	酸性大黄	3～5
棕色	直接棕	3～5
操 作 条 件		
pH 值 温度 时间	5～7 50～70℃ 30～180s	

3.2.2　通用镀镍

镀镍在电子电镀中有着重要的作用，这是因为镀镍在电子电镀中既是防护性和装饰性镀层，也是功能性镀层。因此，镀镍技术在电子电镀中根据其作用的不同而有不同的工艺。本节主要介绍通用的镀镍工艺，对用于加工制造的镀镍在本章的其他小节中介绍。

3.2.2.1 瓦特镍（普通镀镍、镀暗镍）

瓦特镍以其成分简单和沉积速度快、操作管理方便而被广泛采用。

硫酸镍	250～350g/L	pH 值	3～5
氯化镍	30～60g/L	温度	45～60℃
硼酸	30～40g/L	阴极电流密度	1～2.5A/dm²
十二烷基硫酸钠	0.05～0.1g/L	阴极移动	需要

3.2.2.2 光亮镀镍

光亮镀镍是装饰电镀中应用最广泛的镀种，其工艺技术也非常成熟，这里列举的是最典型的通用工艺，光亮剂也是公开的最简约的方案，不过现在流行采用商业光亮剂，这时要根据供应商提供的添加方法添加和维护。电子电镀行业流行采用商业化学原料并接受供应商的技术指导。

硫酸镍	250～300g/L	糖精	0.6～1g/L
氯化镍	30～60g/L	pH 值	3.8～4.4
硼酸	35～40g/L	温度	50～65℃
十二烷基硫酸钠	0.05～1g/L	阴极电流密度	1～2.5A/dm²
1,4-丁炔二醇	0.2～0.3g/L	阴极移动	需要

3.2.2.3 多层镀镍

镀多层镍是利用镀层间的电位差提高钢铁制品防护装饰性能的重要组合镀层，在机械、电子和汽车等行业都有广泛应用。实用的多层镀镍层有以下几种组合方式。

（1）双层镀镍

双层镍是在底层上先镀上一层不含硫的半光亮镍，然后再在其上镀一层含硫的光亮镍层，再去镀铬。由于含硫的镀层电位较里层的半光亮镍要负，当发生腐蚀时，光亮镍作为阳极镀层要起到牺牲自己保护底镀层和基体的作用。

① 半光亮镍工艺

硫酸镍	350g/L	十二烷基硫酸钠	0.05g/L
氯化镍	50g/L	pH 值	3.5～4.8
硼酸	40g/L	温度	55℃
1 类添加剂	1.0mL/L	阴极电流密度	2～4A/dm²
2 类添加剂	1.0mL/L		

② 光亮镍电镀工艺

硫酸镍	300g/L	硼酸	40g/L
氯化镍	40g/L	A 类添加剂	1.0mL/L

B类添加剂	1.0mL/L	温度	50℃
十二烷基硫酸钠	0.1g/L	阴极电流密度	2～4A/dm²
pH 值	3.8～5.2		

双层镍两镀层间电位差要大于 120mV。两镀层的厚度比例根据基体材料不同而有所不同。对于钢铁基体，半光亮镍与光亮镍的比例为 4：1，而锌基合金或铜合金则为 3：2。

（2）三层镍

三层镍的组合有好几种，常用的是半光亮镍、高硫镍、光亮镍。其中高硫镍的镀层厚度只有 1μm 左右，由于高硫镍的电位最负，从而在发生电化学腐蚀时，作为牺牲层而起到保护其他镀层和基体的作用。

三层镍的工艺流程如下：经化学除油、除锈后—阴极电解除油—阳极电解除油—水洗两次—活化—镀半光亮镍—镀高硫镍—镀光亮镍—回收—水洗—镀装饰铬或其他功能性镀层。

三层镀镍中的半光亮镍和光亮镍可以沿用前述双层镍的工艺。

高硫镍的工艺如下：

硫酸镍	300g/L	pH 值	3.5
氯化镍	40g/L	温度	50℃
硼酸	40g/L	阴极电流密度	3～4A/dm²
苯亚磺酸钠	0.2g/L	时间	2～3min
十二烷基硫酸钠	0.05g/L		

需要注意的是不能将高硫镍的镀液带入到半光亮镍中去，否则半光亮镍的电位会发生负移而使高硫镍失去保护作用。

3.2.2.4　缎面镍

缎面镍电镀最先是作为消光和低反射镀层而在电子产品的外装饰件上有广泛应用，是取代传统机械喷砂后再电镀工艺的新工艺。随着缎面镍电镀技术的进步，所获得的镀层在装饰上也显示出优越性，使其应用范围有所扩大。在装饰工艺品、日用五金、家电产品、首饰配件、眼镜、打火机等产品上都已经大量采用缎面镍电镀做装饰性表面处理。包括在缎面镍上再进行枪色、金色、银色电镀或进行双色、印花、多色的缎面镍电镀。在装饰性电镀中可以说是独树一帜，其应用领域和工艺技术都还在发展中[1]。

（1）工艺配方

缎面镀镍的配方与工艺参数如下：

硫酸镍	380～460g/L	A 剂	0.5～1.5mL/L
氯化镍	30～50g/L	B 剂	4～8mL/L
硼酸	35～45g/L	C 剂	2～4mL/L

pH 值	4.1～4.8	过滤	间歇性棉芯和定期活性炭
温度	52～58℃	电镀时间	1～5min（或根据所需砂
D_k	2～8A/dm^2		面效果决定电镀时间）
搅拌	阴极移动		

（2）镀液维护

缎面镍效果的获得主要是靠 A 剂，这种添加剂的消耗除了工作中的有效消耗外，还有自然消耗，也就是说，在不工作的状态下，也会有一部分 A 剂要消耗掉，并且随着时间的延长，缎面的粒度会变粗，所以在下班后每天要以棉芯过滤，第二天上班时再按开缸量补入 A 剂。如果是连续生产，则每天要以棉芯过滤两次以上，以使每批产品维持相同的表面状态。这指的是通常情况下的管理方法。对于要求比较高的表面效果，比如更细的缎面，则应每四小时过滤一次，以维持相同的表面状态。

当然，如果没有 B 剂作为载体，光有 A 剂也是得不到缎面效果的，并且当 B 剂不足时，高电流区就会出现发黑现象，这时用霍尔槽试验可以明显地看出 B 剂的影响。因此经常以霍尔槽试验来监测镀液是很重要的。

C 剂除了增强 B 剂的效果外，还有调节镀层白亮度的作用，但是注意不可以加多，否则会使镀层亮度增加太多而影响缎面效果。

每次在以活性炭过滤后，B 剂和 C 剂要根据已经工作的电量（安培·小时）或以开缸量的 1/3～1/2 的量加入，也可以用霍尔槽试验来确定添加量。

镀液的管理很大程度上还依赖现场经验的积累，因此注意总结工作中的有关经验对于提高对缎面镍工艺的管理也是很重要的。因为影响表面效果的因素不仅仅是添加剂，还包括主盐浓度、pH 值、温度、阳极面积、挂具设计、产品形状等。

3.2.2.5 镀黑镍

电镀黑镍实际上是电镀镍合金。黑镍镀层由 40%～60%的镍、20%～30%的锌、10%左右的硫和 10%左右的有机物组成。

（1）工艺配方

硫酸镍	100g/L	硫酸镍铵	50g/L
硫酸锌	50g/L	pH 值	4.5～5.5
硫氰酸钾	30g/L	温度	35℃
硼酸	30g/L	阴极电流密度	0.1～0.4A/dm^2

（2）操作要点

电镀黑镍在操作过程中不能断电，因此要保证电极和挂具导电性能良好，否则镀层出现发花及彩虹色。挂具要经常作退镀处理，以保证良好的使用状态。

对于前处理不良的镀件，会发生脱皮现象，另外，pH 值过高或锌含量低也会出现脆性而产生脱层、起皮现象。对于钢制品，如果需要镀黑镍，先用铜镀层打底，再镀锌，然后镀黑镍，效果会更好。

3.2.3 通用镀铜

镀铜是电子电镀中用量最大的镀种，特别是酸性光亮镀铜，无论是在装饰电镀还是在功能性电镀中都有广泛应用。特别是作为制造印制板的主要镀种，在电子电镀中有着最大的用量，是电子电镀的主要镀种。通用的镀铜工艺有以下几种。

3.2.3.1 氰化物镀铜

氰化物镀铜根据用途的不同可分为低浓度、中浓度和高浓度三种镀液，分别用于闪镀、光亮打底和加厚镀层等不同场合。

（1）预镀铜

氰化亚铜	8～30g/L	温度	20～50℃
氰化钠	12～50g/L	阴极电流密度	0.2～2A/dm²
氢氧化钠	2～10g/L		

（2）常用氰化物镀铜

氰化亚铜	30～50g/L	温度	50～60℃
氰化钠（总量）	40～65g/L	阴极电流密度	1～3A/dm²
氢氧化钠	10～20g/L	阴极移动	20～30 次/min
酒石酸钾钠	30～60g/L		

（3）厚层镀铜

氰化亚铜	120g/L	碳酸钠	15g/L
氰化钠	135g/L	温度	75～80℃
氢氧化钠	30g/L	阴极电流密度	3～6A/dm²

3.2.3.2 通用酸性光亮镀铜

酸性光亮镀铜是电子工业用量最大的镀种，也是随着电镀添加剂技术的发展工艺进步较快的镀种。根据不同的镀铜需要，可以有不同的工艺选择。本章主要介绍通用的工艺，印制板等专用的工艺在相关章节中介绍。

（1）工艺配方

硫酸铜	150～220g/L	聚乙二醇	0.03～0.05g/L
硫酸	50～70g/L	十二烷基硫酸钠	0.05～0.02g/L
四氢噻唑硫酮	0.0005～0.001g/L	氯离子	20～80mg/L
聚二硫二丙烷		温度	10～25℃
磺酸钠	0.01～0.02g/L	阴极电流密度	2～3A/dm²

阳极　含磷 0.1%～0.3%的铜板

（2）操作和维护注意事项

① 光亮剂。由工艺配方可知酸性光亮镀铜的光亮剂比较复杂，成分达 5 种之多，而用量却又非常少，因此在实际生产控制中会预先配制一些较浓的组合液，对消耗量相差不多的，按一定比例混合溶解后配成浓缩液，以方便添加，这也就是商业添加剂的雏形。现在已经普遍采用商业添加剂，通常只一种或两种添加组分，且光亮效果和分散能力也有很大提高。不过仍有一些企业采用自己配制的工艺，优点是可以根据产品情况对其中的某一个成分进行调整，以达到最佳效果。原因是光亮剂中各成分的消耗是不完全一样的，单一成分的添加可以做到哪一种少就补哪一种，而组合的光亮剂就做不到这一点。

改进的酸性光亮添加剂组合中可以加入有机染料，早期的是甲基蓝，现在则扩展到多种有机染料，对于提高光亮度和分散能力都有好处。

② 阳极。酸性光亮镀铜与其他镀铜最大的区别是必须采用含少量磷的专用阳极。这是因为如果采用纯铜阳极（如电解铜板），阳极在溶解过程中会产生大量一价铜而在镀槽中出现铜粉，影响电镀质量，采用加入少量磷（0.1%～0.3%）的铜阳极，可以使阳极处于半钝化状态而以二价的铜离子溶解到镀液中，以保证电镀过程的正常进行。

③ 镀液维护。酸性镀铜只要正确地使用添加剂和阳极材料，通常都能正常工作，但是另有一个重要的参数是氯离子量的控制，一般情况下，只要采用自来水配制镀液，可以对氯离子的量不另外加入，如果采用去离子水配制，则需要按工艺规定的量 20～80mg/L 加入氯离子，务必注意是毫克级的量，有不少马虎的操作者会看错而按克的量加入，结果就是灾难性的。除掉氯离子是相当困难的，并且要用到昂贵的银离子，所以要很小心，不可加多了氯离子。

酸性铜的另一个问题是在其上续镀其他镀层，特别是镀镍层时，有时会出现结合力不好的现象，这是有机添加剂中的表面活性物在表面吸附的影响，要通过碱液或电解除油法作一个闪除处理，就可以消除。

另外，如果镀层出现细小颗粒状粗糙，则可能是有一价铜出现而发生了歧化反应，有微小铜粉产生，可用加入双氧水的办法加以消除，并检查阳极等可能产生一价铜的影响因素。

3.2.3.3 焦磷酸盐镀铜

焦磷酸盐镀铜分散能力较好，镀层结晶细致，而又可以避开有毒的氰化物，是镀铜中常用的镀种之一，只是在酸性光亮镀铜技术开发出来之后，才渐渐较少采用，但在电子电镀中还占有一定比例。其缺点实际上也是一个环境问题，就是强络合剂在水体中使金属离子不易提取而造成二次污染。另外，正磷酸盐的积累也会给镀液的维护带来一些问题。

（1）焦磷酸盐镀铜工艺

焦磷酸铜	70～100g/L	温度	30～50℃
焦磷酸钾	300～400g/L	阴极电流密度	0.8～1.5A/dm²
柠檬酸铵	20～25g/L	阴极移动	25～30 次/min
pH 值	8～9		

（2）镀液维护和注意事项

焦磷酸盐镀铜维护的一个重要参数是焦磷酸根离子与铜离子的比值，简称 P 比。通常要保证焦磷酸根离子与铜离子的比值在 7～8 之间，对分散能力有较高要求时，要保持在 8～9 之间。低了阳极溶解不正常，高了则电流效率下降。

阳极采用电解铜板，最好经过压延加工，有时也会有铜粉产生，可加入双氧水消除。

杂质对焦磷酸盐镀铜有较大影响，所以要严防杂质的带入。

3.2.4　镀铬

3.2.4.1　装饰镀铬

镀铬自开发应用至今，一直是装饰性电镀最有代表性的镀种。多少年来，镀铬几乎成为电镀的代名词，这是因为装饰镀铬层在各种机械五金制品中不但使用率高，使用时间长，也因为其总能保持优异的光亮度而深受民众欢迎。现在由于环保的原因，铬离子成为受到严格限制的污染物，但在没有好的取代工艺之前，镀铬还会生存下去。

要说金属铬的标准电极电位，其实与锌很接近，铬是－0.71V，而锌是－0.763V，但是金属铬有一个很重要的性质就是表面非常容易钝化，只要一暴露在空气中，表面就会形成一层非常致密的钝化膜。这层膜很薄而又是透明的，并且化学稳定性很好，很多有机酸对它不起作用，包括硝酸、醋酸、低于30℃的硫酸、有机酸和硫化氢、碱、氨等，对镀铬层都不起作用。所以金属铬总能保持光亮如镜的表面。因为铬的表面电位已经很正，这样，在钢铁表面镀铬就不是阳极性镀层，而是阴极性镀层。

镀铬层能溶解于盐酸和热的硫酸（高于30℃）。在电流作用下，铬镀层可以在碱性溶液中阳极溶解。

（1）标准镀铬与稀土镀铬

镀铬的工艺很简单，从发明有实用价值的镀铬到现在，80多年过去了，基本没有大的改变。主要成分就一种：铬酸。还有必不可少的少量的硫酸和三价铬，再就是提高其各种性能的一些添加剂。

① 标准镀铬。标准的镀铬和高低浓度镀铬工艺见表 3-2。

表 3-2 各种常用镀铬工艺

工艺配方成分	标准镀铬	低浓度镀铬	高浓度镀铬
铬酸/(g/L)	250	100~150	350~400
硫酸/(g/L)	2.5	1~1.5	3.5~4
三价铬/(g/L)	2~5	2~5	2~6
温度/℃	45~55	45~55	45~55
阴极电流密度/(A/dm²)	15~30	20~40	10~25

低浓度镀铬是为了降低铬酸消耗，减轻排放水中铬离子浓度而采取的一种措施，当然在这种镀液中镀得的铬层硬度也较高，但分散能力是比较差的。

而高浓度镀铬则分散能力稍好一些，适合于形状复杂的制品，但其电流效率更低，排放水中铬离子浓度也相对高一些。

标准镀铬兼有以上两者优点，因而是采用最多的装饰镀铬工艺，但是无论是标准镀铬还是高低浓度镀铬，都有一个共同的缺点，那就是电流效率太低，只在13%左右。为了改进镀铬的电流效率，现在已经采用加入稀土元素作添加剂的镀铬，可以提高电流效率和改善镀层分散能力。

② 稀土镀铬。从20世纪80年代起，人们发现了稀土金属的盐类可以作为镀铬的添加剂，从而开发了稀土镀铬新工艺，并迅速获得了推广，至今都还被许多企业所采用。

用于镀铬添加剂的稀土元素是镧、铈或混合轻稀土金属的盐，也可以是其氧化物。比如硫酸铈、硫酸镧、氟化镧、氧化镧等。可以单一添加，也可以混合添加。稀土的加入使镀铬过程有了某些微妙的改变。镀铬液的分散能力也就是低区性能有了改善，电流效率也有了提高等。综合起来，稀土镀铬有如下特点。

a. 做到了"三低一高"。添加有稀土添加剂的镀铬工艺，一是降低了铬酸的用量，铬酸的含量可以在100~200g/L的范围内正常工作；二是降低了工作温度，可以在10~50℃的宽温度下工作；三是降低了沉积铬的电流密度，可以在5~30A/dm² 电流密度范围正常生产。同时明显地提高了电流效率，使镀铬的阴极电流效率由原来的不到15%升高到18%~25%。

b. 提高了效率，降低了消耗。稀土镀铬明显地提高了效率：其中分散能力提高了30%~60%；覆盖能力提高了60%~85%；电流效率提高了60%~110%；硬度提高了30%~60%；节约铬酸60%~80%。

c. 改善了镀层性能。稀土镀铬的镀层光亮度和硬度都有明显的改善，并且在很低的电流密度下都可以沉积出铬镀层，最低沉积电流密度只有0.5A/dm²，使分散能力和覆盖能力都大为提高。

铬酸	120~180g/L	碳酸铈	0.2~0.3g/L
硫酸	1~1.8g/L	硫酸镧	5~1g/L
铬酸∶硫酸＝(90~100)∶1		铬雾抑制剂	0.5g/L

温度　　　　　　　　　　50～60℃　　　阳极　　　　　　　铅锡合金(铅 90%)

电流密度　　　　　　　5～30A/dm²

（2）镀液的配制与维护

镀铬溶液中要有一定量的三价铬，而这少量的三价铬不是在配制时添加进去的，而是对溶液进行适当处理生成的。通常用两种方法，一是化学生成法，另一种是电化学生成法。

化学生成法是在铬酸溶液中加入适量草酸还原出一部分三价铬：

$$2CrO_3 + 3(COOH)_2 = Cr_2O_3 + 6CO_2 + 3H_2O$$

由反应式可以看出，这一反应的生成物是水和二氧化碳，对镀液是无害的。通常加入 1.35g/L 草酸，可生成 1g/L 三价铬。

如果不用草酸还原，就可以采用电解法还原。在铬酸液配成后，用小的阳极面积、大的阴极面积（通常制成瓦楞板形）进行电解，可以生成三价铬，当在常温下电解时，阴极电流密度为 4～5A/dm²。每升标准镀铬液通电 1A·h，可增加三价铬 0.5～1g/L。

硫酸也是镀铬中不可缺少的化学成分，其用量控制在与铬酸的比值为 100：1，无论铬酸溶液如何变化，硫酸与它的比都是 100：1。由于市售的铬酸中总是含有一定数量的硫酸根离子（一般为 0.1%～0.3%），因此，在配制镀铬液时，添加硫酸的量要减去这些已经在铬酸中的硫酸根的量，以免硫酸过量。

（3）挂具与阳极

镀铬不仅电流效率低，分散能力也很差，因此在挂具上也要下足功夫。所有电镀工艺中，对挂具要求最严格的除了非金属电镀外，就是镀铬。

镀铬的挂具首先要保证有充分的截面，以保证大电流通过的能力，因为镀铬的电流密度很高。再就是要与镀件有充分的紧密连接，否则电阻会很大而出现故障。对于形状复杂的制件，特别是腔体类产品，还要设置辅助阳极，以利于镀层的分布，图 3-1 是一种腔体形制品采用辅助阳极的例子。

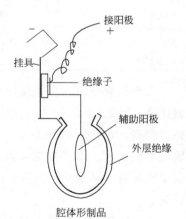

图 3-1　腔体形制品采用辅助阳极示意

镀铬的阳极也是很特别的，镀铬可以说是电镀工艺中唯一只能用不溶性阳极的镀种。由于金属铬在镀液中的电化学溶解的电流效率很高，因此阳极溶解的速度大大超过其阴极还原的速度，使镀液根本无法保持平衡，解决的办法只有采用不溶性阳极，而靠补充主盐来保持镀液的平衡。常用的阳极为铅、铅锑合金或铅锡合金。在铅中加入 6%～8% 的锑，可以提高阳极的强度，且耐腐蚀性能和导电性能都较好，所以是采用最多的镀铬阳极。

3.2.4.2 三价铬镀铬

由于六价铬对人体的影响比较严重，一直都被列为环境污染的重要监测对象，特别是近年各国提高了对铬污染的控制标准，人们开始重视开发用毒性相对较低的三价铬镀铬来替代六价铬镀铬。因此三价铬镀铬是目前替代六价铬镀铬的一种新工艺。

三价铬镀铬的研究始于 1933 年，但是直到 1974 年才在英国开发出有工业价值的三价铬镀铬技术。三价铬镀铬与六价铬镀铬的比较见表 3-3。

表 3-3　三价铬镀铬和六价铬镀铬的比较

项　　目	三价铬镀铬		六价铬镀铬
	单槽法	双槽法	
铬浓度/(g/L)	20～24	5～10	100～350
pH 值	2.3～3.9	3.3～3.9	1 以下
阴极电流/(A/dm²)	5～20	4～15	10～30
温度/℃	21～49	21～54	35～50
阳极	铅锡合金		铅锡合金
搅拌	空气搅拌	空气搅拌	无
镀速/(μm/min)	0.2	0.1	0.1
最大厚度/μm	25 以上	0.25	100 以上
均镀能力	好	好	差
分散能力	好	好	差
镀层构造	微孔隙	微孔隙	非微孔隙
色调	似不锈钢金属色		蓝白金属色
后处理	需要	需要	不需要
废水处理	容易	容易	普通
安全性	与镀镍相同	与镀镍相同	危险
铬雾	几乎没有	几乎没有	大量
污染	几乎没有	几乎没有	强烈
杂质去除	容易	容易	困难

三价铬镀铬与六价铬镀铬比有明显的优点，特别是分散能力、均镀能力好；镀速高，可以达到 $0.2\mu m/min$ 的镀速，从而缩短电镀时间。电流效率也比六价铬镀铬高，可达到 25% 以上。同时，还有烧焦等电镀故障减少、不受电流中断或波型的影响、不需要特殊的阳极隔膜等优点。而最为重要的是不采用有害的六价铬而没有了环境污染问题，降低了污水处理的成本，对操作者的安全性也大大提高。

三价铬镀铬有单槽方式和双槽方式，单槽方式中的阳极材料是石墨棒，其他与普通电镀一样，双槽方式是使用了阳极内槽，将铅锡合金阳极置于内槽内，另外作为阳极基础液使用了稀硫酸。相对六价铬镀铬，有容易操作和安全的优点。

但是三价铬镀铬也存在一次设备投入较大和成本较高的不足，还有在色度上和耐腐蚀性上不如六价铬镀铬的说法。同时，镀液的稳定性也是一个问题，在管理上要多下一些工夫。

典型的三价铬镀铬的工艺如下：

硫酸铬	20～25g/L	溴化铵	8～12g/L
甲酸铵	55～60g/L	浓硫酸	1.5～2mL/L
硫酸钠	40～45g/L	pH 值	2.5～3.5
氯化铵	90～95g/L	温度	20～30℃
氯化钾	70～80g/L	阴极电流密度	1～100A/dm²
硼酸	40～50g/L	阳极	石墨

3.2.4.3　代铬镀层

传统镀铬由于环境污染严重，其应用正在受到越来越严格的限制。因此，开发代铬镀层有着非常现实的市场需求。对于耐磨性硬铬镀层，可以有一些复合镀层作为替代镀层，而对于装饰性代铬镀层，由于镀铬层的光亮色泽多年来已经为广大消费者接受，采用其他镀种代替装饰镀铬的一个基本要求是色泽要与原来的镀铬相当。能满足这种要求的主要是一些合金镀层。目前在市场上广泛采用的装饰性代铬镀层是锡钴锌三元合金镀层。而代硬铬镀层则有镍钨、镍钨硼等合金镀层。

（1）代铬镀层的特点

采用锡钴锌三元合金代铬的电镀工艺有如下特点。

① 光亮度和色度与铬接近。代铬的光亮镀和色度与镀铬非常接近，以在亮镍上镀铬的反射率为100％时，在亮镍上镀代铬可达90％。

② 分散能力好。由于采用的是络合物型镀液，代铬的分散能力大大优于镀铬，且可以滚镀，对于小型易滚镀五金件，代铬是很大的优点。

③ 抗蚀性高。代铬镀层由于采用的也是多层组合电镀，其抗蚀性能较好，在大气中有较好的抗变色和抗腐蚀性能。

（2）装饰代铬电镀工艺

锡钴锌装饰代铬电镀工艺的流程如下：镀前检验—化学除油—热水洗—水洗—酸洗—二次水洗—电化学除油—热水洗—二次水洗—活化—镀亮镍—回收—二次水洗—活化—水洗—镀代铬—二次水洗—钝化—二次水洗—干燥—检验。

① 工艺配方

氯化亚锡	26～30g/L	代铬稳定剂	2～8mL/L
氯化钴	8～12g/L	pH 值	8.5～9.5
氯化锌	2～5g/L	温度	20～45℃
焦磷酸钾	220～300g/L	阴极电流密度	0.1～1A/dm²
代铬添加剂	20～30mL/L	阳极	0 号锡板

阳极：阴极	2∶1	阴极移动、连续过滤	
时间	0.8～3min		

② 滚镀工艺

氯化亚锡	21～30g/L	温度	20～45℃
氯化钴	9～13g/L	阴极电流密度	0.1～1A/dm²
氯化锌	2～6g/L	阳极	0 号锡板
焦磷酸钾	220～300g/L	阳极：阴极	2∶1
代铬添加剂	20～30mL/L	时间	8～20min
代铬稳定剂	2～8mL/L	滚筒转速	6～12 转/min
pH 值	8.5～9.5	连续过滤	

（3）配制与维护

镀代铬三元合金的配制要注意投料次序，否则会使镀液配制失败。

先在镀槽中加入镀液量 1/2 的蒸馏水，加热溶解焦磷酸钾。再将氯化亚锡分批慢慢边搅拌边加入其中，每次都要在其完全溶解后再加。另外取少量水溶解氯化钴和氯化锌后，再在充分搅拌下加入到镀槽中，加水至规定体积，搅拌均匀。取样分析，确定各成分在工艺规定的范围。

加入代铬稳定剂和代铬添加剂，目前国内流行使用的是武汉风帆电镀技术有限公司的代铬 90 添加剂。

加入添加剂后，以小电流密度（0.1A/dm²）电解数小时，即可试镀。

代铬稳定剂是水质不好时才加，如果水质较好，可以不加。

镀液的维护主要依据是化学分析和霍尔槽试验结果，添加剂的补充可根据镀液工作的安培·小时数进行。代铬 90 的补加量为 150～200mL/(kA·h)。

镀液 pH 值的管理很重要，一定要控制在 8.5～9.5 之间，偏低，焦磷酸钾容易水解；过高，镀液也会浑浊。调整 pH 值宜用醋酸和稀释的氢氧化钾。

当镀层外观偏暗时，可能是氯化亚锡偏低或氯化钴偏高或偏低，可适当提高温度试验。阳极要采用 0 号锡板，否则，由阳极带入杂质会影响镀层性能。阳极面积应为阴极的 2 倍，并且可以加入 5％的锌板。

（4）镀后处理

为了提高镀层的抗变色性能，可以镀后进行钝化处理，钝化工艺如下：

重铬酸钾	8～10g/L	温度	室温
pH 值	3～5	时间	1～2min

（5）代硬铬工艺

代硬铬镀层的主要指标是其硬度和耐蚀性能，目前性能比较优良的有镍钨和镍钨硼等合金镀层。

硫酸镍	30～40g/L	钨酸钠	80～120g/L

| 柠檬酸 | 50g/L | 温度 | 45～60℃ |
| pH 值 | 5～6 | 阴极电流密度 | 4～12A/dm² |

镀层经过 500℃、1h 热处理，硬度可以达到最高值。

3.2.5　镀仿金

仿金实际上是铜锌合金镀层，因为其色调与黄金非常接近，且可以根据铜锌成分比来调整出开金的各种色调，所以在电子产品的装饰中常有采用。镀仿金是在光亮镍或光亮铜镀层上进行，如果底层光亮度不够，则仿金的效果就难以达到。

（1）氰化物镀仿金

氰化亚铜	16～18g/L	温度	15～35℃
氰化锌	6～8g/L	阴极电流密度	0.1～2.0A/dm²
氰化钠（总）	36～38g/L	阳极锌铜比	7:3
碳酸钠	15～20g/L	电镀时间	1～2min
pH 值	10.5～11.5		

（2）无氰镀仿金

焦磷酸铜	20～23g/L	氨三乙酸	25～35g/L
焦磷酸锌	8.5～10.5g/L	pH 值	8.5～8.8
焦磷酸钾	300～320g/L	温度	30～35℃
锡酸钠	3.5～6g/L	阴极电流密度	0.8～1.0A/dm²
酒石酸钾钠	30～40g/L	阳极锌铜比	7:3
柠檬酸钾	15～20g/L	阴极移动	20～25 次/min
氢氧化钠	15～20g/L	电镀时间	1～3min

产品电镀仿金后，要注意充分地清洗，在温度为 60℃的热水中浸洗，在铬盐液中钝化，还要在干燥后涂上罩光漆，以便可以在较长时间内保持其仿金效果。现在较为流行的是采用水性罩光涂料或电泳涂料。

3.2.6　镀合金

合金作为功能性镀层在电子产品中有较广泛的应用，并且在今后的电子新产品和电子电镀新工艺的开发中，合金将占有较大的比重。

（1）镍磷合金

电镀镍磷合金是 1950 年诞生的，由于具有良好的性能，很快就在电传打字等电子产品中获得了应用。常用的电镀镍磷合金有氨基磺酸盐、次磷酸盐和亚磷酸盐等，各有优点。

① 氨基磺酸盐型

| 氨基磺酸镍 | 200～300g/L | 氯化镍 | 10～15g/L |

硼酸	15～20g/L	温度	50～60℃
亚磷酸	10～12g/L	电流密度	2～4A/dm²
pH 值	1.5～2g/L		

这个工艺的特点是工艺稳定，镀液成分简单，镀层韧性好，可获得含磷量为10%～15%的镍磷合金镀层，但镀液成本较高。

② 次磷酸盐型

硫酸镍	14g/L	硼酸	15g/L
氯化钠	16g/L	温度	80℃
次磷酸二氢钠	5g/L	电流密度	2.5A/dm²

用这一工艺获得的镀层含磷量为9%，分散能力较好，镀层细致，但镀液不够稳定。

③ 亚磷酸盐型

硫酸镍	150～170g/L	添加剂	1.5～2.5mL/L
氯化镍	10～15g/L	pH 值	1.5～2.5
亚磷酸	10～25g/L	温度	65～75℃
磷酸	15～25g/L	电流密度	5～15A/dm²

这是近年来用得比较多的工艺，可以有较高的电流密度，镀层光亮细致，容易获得含磷量较高的镀层，但分散能力较差，最好加入可以络合镍的络合剂加以改善。

（2）钴镍合金

含有20%镍的钴镍合金有优良的磁性能，在电子工业中有着广泛的应用，在微电子工业和微型铸造中也有应用价值。

镀钴镍合金工艺如下。

① 硫酸盐型

硫酸镍	135g/L	温度	45℃
硫酸钴	108g/L	pH 值	4.5～4.8
硼酸	20g/L	电流密度	3A/dm²
氯化钾	7g/L		

② 氯化物型

氯化镍	300g/L	温度	60℃
氯化钴	300g/L	pH 值	3.0～6.0
硼酸	40g/L	电流密度	10A/dm²

③ 氨基磺酸型

氨基磺酸镍	225g/L	硼酸	30g/L
氨基磺酸钴	225g/L	氯化镁	15g/L

| 润湿剂 | 0.375mL/L | 电流密度 | 3A/dm² |
| 温度 | 室温 | | |

④ 焦磷酸盐型

氯化镍	70g/L	温度	40～80℃
氯化钴	23g/L	pH 值	8.3～9.1
焦磷酸钾	175g/L	电流密度	0.35～8.4A/dm²
柠檬酸铵	20g/L		

（3）银锌合金

① 氰化物镀银锌

氰化锌	100g/L	氢氧化钠	100g/L
氰化银	8g/L	镀层含锌量	18%
氰化钠	160g/L	电流密度	0.3A/dm²

② 硝酸盐镀银锌

硝酸银	17g/L	温度	45℃
硝酸锌	30g/L	电流密度	0.4A/dm²
硝酸铵	24g/L	需要搅拌	
酒石酸	1g/L		

③ 工艺条件的影响。随着电流密度的上升，镀层中锌成分的含量明显上升。搅拌对合金的组成也有很大影响。在氰化物镀液中，搅拌会使锌的成分在镀层中降低。属于正则共沉积。通过金相法对金属结构的研究表明，电镀所获得的银锌合金组织结构与热熔合金的晶格参数是一致的。

（4）银锑合金

银锑合金主要是用作电接点材料。这种镀层比纯银的力学性能好，硬度比较高，因此也叫作镀硬银。只含 2% 锑的银锑合金的硬度比纯银高 1.5 倍，而耐磨性则提高了 10 倍，不过电导率只有纯银的一半。用作接插件的镀层，可以提高其插拔次数和使用寿命。

其工艺如下：

硝酸银	46～54g/L	酒石酸锑钾	1.7～2.4g/L
游离氰化钾	65～71g/L	硫代硫酸钠	1g/L
氢氧化钾	3～5g/L	温度	室温
碳酸钾	25～30g/L	电流密度	0.3～0.5A/dm²

影响银锑合金镀层质量的因素有如下几个。

① 主盐。电镀银锑合金的主盐多半是氰化银或氯化银。为减少氯离子的影响，最好使用氰化银。银离子含量高，有利于提高阴极电流密度的上限，提高银的沉积速度，提高生产效率，同时还能改善镀层质量。过高的银盐要求有更多一

些的络合物，否则电镀层会变得粗糙起来。而偏低的银含量则会使极限电流密度下降，高电流区的镀层容易出现烧焦或镀毛。

② 氰化物。氰化物不仅要完全络合镀液中的主盐金属离子，而且还要保持一定的游离量，这样可以增加阴极极化，使镀层结晶细致，镀液的分散能力好。同时还能改善阳极的溶解性能，提高光亮剂的作用温度范围。如果游离氰化物偏低，镀层会出现粗糙，阳极会出现钝化。但是游离氰化物也不能过高，否则会使电流效率下降，阳极溶解过快。

③ 碳酸钾。镀液中有一定量的碳酸钾对提高镀液的导电性能是有利的。导电性增加可以提高分散能力。由于镀液中的氰化物在氧化过程中会生成一部分碳酸盐，因此，镀液中的碳酸钾不可以加多，甚至可以不加或少加。当碳酸盐的含量达到 80g/L 时，镀液会出现浑浊，当达到 120g/L 时，镀层就会变得粗糙，光亮度也明显下降。这时可以采用降低温度的方法让碳酸盐结晶后从镀液中滤除。

④ 酒石酸锑钾。酒石酸锑钾是合金中的另一主盐，是提高镀层硬度的合金成分，所以也叫硬化剂。随着镀液中酒石酸锑钾含量的增加，镀层中的锑含量也增加，同时镀层的硬度升高。有资料显示，当锑的含量在 6% 以下时，电沉积的银与锑形成的合金是固溶体，大于 6% 时，镀层中会有单独的锑原子存在，而锑原子的半径较大，夹入镀层中会引起结晶的位移而增加脆性。锑在有些镀液中有时可作无机光亮剂用，在镀银中也有类似作用。由于锑盐的消耗没有阳极补充，因此要定期按量补加。在镀液中同时加入酒石酸钾钠可以增加锑盐的稳定性，添加时可以按与酒石酸锑钾 1∶1 的量加入，可以防止酒石酸锑钾水解。锑盐可以按 100g/(1000A·h) 的量进行补充。

⑤ 光亮添加剂。用于各种镀银锑合金的光亮剂虽然各不相同，但其基本原理是一样的，就是在阴极吸附以增加阴极极化和细化镀层结晶。光亮剂的加入同时增加了镀层的硬度，但是这类添加剂不能使用过量，否则也会使高电流区的镀层变得粗糙。可以根据镀层的表面状态如光亮度和硬度等进行管理，从中找到添加规律。商业光亮剂一般都会有详细的使用说明，并注明添加剂的消耗量（千安培·小时），可以根据镀液工作的电量（安培·小时）来补加添加剂。

⑥ 温度。镀液的温度对镀层的光亮度、阴极电流密度和镀层的硬度等都有较大影响。温度低，镀层结晶细致，镀层硬度高。但是温度低时，电流密度上限也低。当镀液温度偏高时，则结晶变粗，低电流密度区镀层易发雾，光亮度差，硬度也下降。

⑦ 电流密度。提高电流密度有利于锑的沉积。随着电流密度的上升，镀层中锑含量的百分比增加。随着电流密度的升高，硬度会达到一个最高值。说明电流密度还对镀层的组织结构有影响。过高的电流密度会使镀层粗糙，所以要控制在合理的范围内。

⑧ 搅拌。搅拌可以提高电流密度的上限，加快电沉积的速度，同时有利于镀层的整平，并获得光亮镀层。

（5）金钴合金

金和钴共沉积能够明显地提高金镀层的硬度。电镀纯金镀层的显微硬度大约为 HV70，而采用镀金钴合金得到的镀层的显微硬度大约为 HV130。

① 柠檬酸型

氰化金钾	10～12g/L	pH 值	3.0～4.2
硫酸钴	1～2g/L	温度	25～35℃
柠檬酸	5～8g/L	电流密度	0.5～1.5A/dm²
EDTA 二钠	50～70g/L		

② 焦磷酸型

氰化金钾	0.1～4.0g/L	pH 值	7～8
焦磷酸钴钾	1.3～4.0g/L	温度	50℃
酒石酸钾钠	50g/L	电流密度	0.5A/dm²
焦磷酸钾	100g/L		

③ 亚硫酸型

亚硫酸金钾	1～30g/L	pH 值	>8.0
硫酸钴	2.4～24g/L	温度	43～50℃
亚硫酸钠	40～150g/L	电流密度	0.1～5.0A/dm²
缓冲剂	5～150g/L		

④ 镀液成分与工艺条件的影响

a. 氰化金钾。氰化金钾是镀金钴合金的主盐。当含量不足时，电流密度下降，镀层颜色呈暗红色。提高金含量可以扩大电流密度范围，提高镀层的光泽。当金含量过高时，金镀层发花。金含量从 1.2g/L 升高到 2.0g/L 时，电流效率增加一倍。当金含量达到 4.1g/L 时，电流效率可以达到 90%。如果固定金的含量不变，增加镀液中的钴含量，电流效率反而下降。由于金钴合金的主盐不能靠阳极补充，所以要定时分析镀液成分并及时补充至工艺规定的范围。

b. 辅盐。柠檬酸盐在镀液中具有络合剂和缓冲剂的作用，同时能使镀层光亮。含量低时，镀液的导电性能和分散能力差；含量过高时，阴极电流效率会降低。在以 EDTA 为络合剂的镀液中，柠檬酸则主要起调节 pH 值的作用，采用磷酸二氢钾也可以保持镀液 pH 值的稳定、扩大阴极电流密度范围和保持镀层金黄色外观。

c. 钴盐。钴盐是金钴合金的组分金属，也是提高金镀层硬度的添加剂。其含量的多少对镀层的硬度、色泽以及电流效率都有很大影响。

金是面心立方体结构，原子的排列形成整齐的平面，取向为 [110] 面。由于这些平面可以移动，在有负荷的作用下，点阵很容易变形，表现为良好的延展性，所以金可以制成几乎透明的金箔，但是当有少量的异种金属原子进入金的晶格后，会给金的结晶带来一些变化，宏观上就表现为硬度和耐磨性的增加。当钴的含量为 0.08%～0.2% 时，镀层的耐磨性最好。

d. 电流密度。提高电流密度有利于钴的析出，也有利于镀层硬度的提高。

e. 温度。温度主要影响电流密度范围。温度高时，允许的电流密度范围宽，但是太高的温度会使氰化物分解和增加能耗。

f. pH 值。pH 值对镀层的硬度和外观等都有明显影响。当 pH 值过高或过低时，硬度有所下降，并且还会影响外观质量。因此在工作中一定要保持镀液的 pH 值在正常的工艺范围内。

g. 阳极。电镀金钴合金多数是采用不溶性阳极。以前广泛采用的铂电极现在几乎不用了。石墨阳极由于存在吸附作用，现在也不多用。较多采用的阳极是不锈钢阳极、镀铂的钛阳极和纯金阳极。

（6）金镍合金

氰化金钾	8g/L	pH 值	3～6
镍氰化钾（以金属计）	0.5g/L	温度	室温
柠檬酸	100g/L	电流密度	0.5～1.5A/dm^2
氢氧化钾	40g/L		

电镀金镍合金的镀液组成与体系基本与金钴合金相似，因此镀液的配制与维护与金钴合金基本是一样的，有时只要将钴盐换成镍盐，就可以获得金镍合金镀层。

3.3 加工制造类电子电镀

用于电子产品加工制造的电镀工艺主要是印制板电镀和电铸。用于产品加工制造的电沉积工艺已经不是原来意义上的电镀，而是将电镀作为产品制造的手段，并且是其他加工工艺难以替代的特殊加工手段。可以说是一种特殊的加工方法，也叫电化学加工工艺。它是用电沉积的方法来获得电子产品所需要的结构和载体，而不只是表面镀层。

3.3.1 用于加工制造的酸性镀铜

用于加工制造的酸性硫酸盐镀铜主要是指可用于电铸或图形电镀的镀铜工艺。它具有成分简单、镀液稳定和可以在高电流密度下工作的优点。由于电镀添加剂技术的进步，在酸性铜电镀中使用光亮剂也多起来。在没有专业电镀添加剂以前，是靠在镀液中加蜜糖来细化镀层结晶的。现在则有专业电镀添加剂，可以获得高速和整平性好的光亮镀层，这种镀层的结晶细致，并且镀层的内应力和硬度都可以得到一定程度的控制。

（1）工艺配方和操作条件

硫酸铜	220～300g/L	温度	20～30℃
硫酸	60～70g/L	电流密度	5～20A/dm²
氯离子	0.02～0.08g/L	阳极	专用磷铜阳极
添加剂	0.5～2mL/L	阴极移动或镀液搅拌、循环过滤	

专用磷铜阳极是指含磷量在 0.02% 左右的阳极。

阴极移动是为了保证镀液可以在较大电流密度下正常工作。当然，能采用循环过滤更好。因为这不仅可以保证在大电流密度下工作，而且可以保证镀液的干净，将铜粉等机械杂质随时滤掉，镀层的物理性能得以保证。

（2）镀液的配制

先将计量的硫酸在不断搅拌下加入到 2/3 体积的水中，因为这是放热反应，所以要小心，边加边充分搅拌。利用加入硫酸所获得的热量再将计量的硫酸铜溶入其中，也需要充分搅拌直到硫酸铜完全溶解。如果是工业级材料，还要加入 2mL/L 双氧水和 1g/L 活性炭，进行净化处理后，过滤备用。

如果是用自来水配制，可以不加氯离子。直接在配好的镀液内加入计量的光亮剂即可以试镀。如果是用纯净水配制（印制板行业流行这种方法），则需要另外加入计量的氯离子，通常是加入盐酸。最好是按下限加入，宁可少了补加而千万不可加入过量。

（3）各组分的作用

① 硫酸铜。硫酸铜是电铸铜液中提供铜金属离子的主盐。在高电流密度下工作时需要高的主盐浓度，但是硫酸铜的溶解度与镀液中硫酸的含量有关。当硫酸含量高或者因为镀液水分蒸发而使硫酸铜的浓度超过其溶解度时，镀液中将会有蓝色硫酸铜的结晶析出，有时会附着在阳极上而影响阳极的导电和正常工作。

正常情况下，镀液中铜离子的补给要依靠阳极的正常工作，但是定期对镀液进行分析，以确认镀液中硫酸铜的含量在正常的工艺范围是非常重要的，并且应当根据分析化验报告，及时补充或调整镀液中铜离子的浓度。

② 硫酸。硫酸在电铸铜镀液中的主要作用是增加镀液的导电性和分散能力。同时可以防止碱式铜盐的产生和降低阴极、阳极的极化。对改善镀层性能也是有作用的。但是过高的硫酸用量会降低硫酸铜的溶解度，同时会使阳极的溶解速度过快和阴极电流效率下降。

③ 氯离子。氯离子是酸性光亮镀铜中不可缺少的一种无机阴离子。没有氯离子的存在，光亮剂不可能发挥出最佳的效果，但是如果过量，镀层也会产生麻点等，镀层的光亮度和整平性都会下降。研究表明，氯离子和某些光亮剂如苯基聚二硫丙烷磺酸钠和 2-四氢噻唑硫酮一起作用于阴极过程时，可以使镀层的内应力减至最小，甚至几乎完全消失。可见氯离子是铜电沉积的一种很好的应力消减剂。

④ 添加剂。对硫酸盐镀铜来说，添加剂是关键成分。没有添加剂的镀液所镀得的镀层是暗红色的，并且只能在非常低的电流密度下工作，否则镀层马上就会变得粗糙，甚至于出现粉状颗粒样镀层。只有加了添加剂的酸性镀铜液，才能获得光亮细致的镀层。

添加剂主要是在阴极区内起作用，并且是以分子级的水平参与电极反应，所以添加量都非常少，通常只有 0.1～2mL/L。因此在使用和管理中要注意不要一次过量，并严格按资料报告的以通过的电量（A·h）来补加光亮剂或添加剂。

（4）工艺条件的影响

① 阴极电流密度。阴极电流密度的大小与镀液组分的含量和所采取的搅拌措施有很大关系。静止的镀液几乎不能正常工作。随着阴极移动速度的提高，可以允许在较大电流密度下工作。

硫酸盐镀铜层的抗拉强度随着电流密度的升高而升高，但是延伸率则会随着电流密度的升高而下降。过高的阴极电流密度将导致镀层粗糙和与基体的结合力不良，并且镀层的外观也急剧变差，出现暗红色或条纹状镀层。电流密度偏低，也得不到光亮细致的镀层，并且使生产效率下降。

② 温度。温度对酸性硫酸盐镀液也是很敏感的因素，特别是对于光亮酸性镀铜。现代光亮剂都要求在 30℃ 以内才能发挥出最好的光亮效果。

③ 搅拌。阴极移动或搅拌被作为酸性光亮镀铜的必备条件。这是因为搅拌可以有效地消除浓差极化，大大地提高阴极电流密度的上限，加快沉积速度。

④ 阳极。酸性硫酸盐镀铜要采用专用的含磷铜阳极，以防止产生大量铜粉，影响镀层质量。含磷量一般可以在 0.1%～0.3%。

阳极的面积应该是阴极面积的 2 倍。在硫酸含量正常和无其他因素影响的条件下，阳极不会钝化。为了防止铜阳极中的不溶性杂质落入镀槽，要为阳极套上阳极套。可用两层以上的涤纶布制作阳极套。最好是采用阳极钛篮，再在钛篮外加套。这样方便向阳极篮内添加铜块或铜球。

⑤ 杂质影响。酸性硫酸盐镀铜对杂质的允许浓度比其他镀种高一些。这是因为铜的电极电位较正，而在强酸性环境中，其他金属离子不容易与其共沉积，因此影响就较小。但是砷和锑杂质会使镀层变脆和粗糙。有机杂质过量也会导致镀层发脆。

3.3.2　用于加工制造的镀镍

用于加工制造的镀镍主要是指用于电子制造中的电铸加工，比如光碟的镍电铸等。在这种加工中常用的镀镍是氨基磺酸盐镀镍。

（1）氨基磺酸盐镀镍

氨基磺酸镍	400(300～600)g/L	抗针孔剂	0.5g/L
硼酸	30g/L	pH 值	3.5～5

温度　　　　　　　　　40～60℃　　电流密度　　　　　　　2.5～30A/dm^2

　　这是典型的氨基磺酸盐镀镍。镀层的内应力低，缺点是阳极的溶解较差，需要用高质量的阳极。作为改进，可以加入氯化物，但是镀层的应力会相应增加。添加氯化镍 10～30g/L，可以改善阳极的溶解，但是氯化物每增加 10%，镀层应力就增加 19.6MPa（2kgf/mm^2）。因此，在需要低应力时，不能添加氯化物。

　　主盐浓度对镀层内应力有明显影响。当将氨基磺酸镍的浓度提高到 600g/L 时，镀层内应为（压应力）最低，为 0.10GPa。主盐浓度高过和低于这一值时，内应力都会增加。在高浓度的镀液中可以采用较高的电流密度。

　　（2）高速镍电镀

氨基磺酸镍　　　　　550～650g/L　　温度　　　　　　　　　20～70℃

氯化镍　　　　　　　5～15g/L　　　电流密度　　　　　　　3～90A/dm^2

硼酸　　　　　　　　30～40g/L　　　强烈搅拌（特别是在高电流密度

pH 值　　　　　　　　3.5～4.5　　　时）

　　这实际上是高浓度的氨基磺酸电铸液。3.5 节将专门对电铸工艺加以详细介绍。由于高的主盐浓度，可以允许在比平常电镀大得多的电流密度下工作，因而可以得到高的沉积速度。需要加大机械搅拌强度以加快传质过程。控制好工艺参数可以得到低应力镀层。温度不能超过 70℃，pH 值也不能小于 3，否则镀液会发生水解，阳极也容易钝化。因此，在镀液中添加氯化镍，以增加阳极的活性。

　　高速镀镍工艺规范与操作条件对其性能的影响见表 3-4。

表 3-4　工艺规范与操作条件对高速镍电镀层性能的影响

镀层性能	镀液成分的影响	操作条件的影响
机械强度	随着镍含量的升高而略有下降	在 50℃ 以下时，温度上升，强度降低；到 50℃ 以上后，温度升高，强度增高； 随着 pH 值的升高，强度增加； 随着电流密度的上升，强度下降
延伸率	随着镍和氯化物含量的增加而稍有升高	温度在 43℃ 时延伸率最高，大于或小于 43℃ 时下降； 随着 pH 值的升高而降低； 随着电流密度的升高而增加
内应力	在工艺规范内没有什么影响，随着氯化物含量的升高而明显增加	随着温度的上升而降低； pH 值在 4.0～4.2 时，达最小值； 随着电流密度的上升而增高
硬度	随着镍和氯化物含量的升高而有所下降	随着温度和 pH 值的上升而增高； 当电流密度 13A/dm^2 时达最小值

3.4　功能性电子电镀

　　用于电子产品的功能性电镀主要是通过电镀某些金属镀层赋予产品各种物理功能。这些功能性电镀层包括电性能镀层、磁性能镀层、钎焊性镀层等，比如镀金、镀银、镀锡及合金、镀铂、镀钯、镀铑、镀铟等。

3.4.1　镀金

金是人们最为熟悉的贵金属，但对其化学性质和相关参数就不是所有的人都了解的了。金的元素符号是 Au，原子序数 79，相对原子质量 196.97，密度 19.3g/cm³，熔点 1063℃，沸点 2947℃，化合价为 1 或 3。

由于金具有极好的化学稳定性，与各种酸、碱几乎都不发生作用，因此在自然界也多以天然金的形式存在。自从被人类发现并加以应用以来，金一直都被当作最重要的货币金属和身份地位的象征，至今都没有什么改变。金本位制更是各国财政和全世界银行都在遵循的货币政策。黄金储备成为一个国家经济实力的重要标志。

金不仅具有重要的经济、政治价值，而且是重要的工业和科技材料。

金的质地很软，有非常好的延展性，可以加工成极细的丝和极薄的片，薄到可以透光。金在空气中极其稳定，不溶于酸，与硫化物也不发生反应，仅溶于王水和氰化碱溶液，因而在电子工业、航天、航空和现代微电子技术中都扮有重要角色。

但是金的资源是有限的，不能像用常规金属那样大量广泛采用。为了节约这一贵重资源，经常用到的是金的合金，即平常所说的 K 金。K 金中金的含量见表 3-5。

表 3-5　K 金中金的含量

K 金	24	22	20	18	14	12	9
含金量/%	99.99	91.7	83.3	75	58.3	50	37.5

对于许多制品来说，即使采用 K 金也显得很奢侈。因此，早在古代，就有了包金、贴金等技术，只在制品的表面一层使用金。这就是所谓的金玉其表的来源。因此，在电镀技术发明以后，镀金就成了一项重要的工艺。

电镀金早在 1800 年就有人进行过开发，但是并没有引起多大重视。直到 1913 年，Frary 在《电化学》杂志上发表了全面解说镀金的论文后，才迈出了近代镀金的第一步。但是早期的镀金是以氯化金为主盐，后来虽然发现加入了氰化物的镀液能镀出更好的金，但对其机理并不是很了解。1966 年，E. Raub 在《电镀》（*Plating*）上发表了关于金的氰化物络合的性质的论文，第一次解释了氰化镀金的原理。在此期间，德国开发了无氰中性镀金技术，可以获得工业用的厚金层。而在 1950 年左右，就已经有人发现在镀液中添加镍、钴等微量元素可以增加镀层的光亮度。这就是无机添加剂的作用。经过科技工作者的一系列努力，现在镀金已经成为成熟和系统化的技术。镀金液也因所使用的配方不同而分为碱性镀金、中性镀金和酸性镀金三大类。由于镀金成本昂贵，除了电铸和特殊工业需要外，大多数镀金层都是很薄的。镀金层的厚度与用途参见表 3-6。

表 3-6　镀金层的厚度与用途

镀金类型	厚度/μm	用　　途
工业镀厚金	100~1000	工业纯金主要用在电铸、半导体工业，以酸性镀液为主，也有用中性镀液的。也有为了提高力学性能而镀金合金，主要是碱性液，分为加温型和室温型，也有用酸性液的
装饰厚金	2~100	可以镀出 18~23K 成色的金。主要用在手表、首饰、钢笔、眼镜、工艺品等方面
装饰薄金	0.1~0.5	用在别针、小五金工艺品、中低档首饰等方面
着色薄金	0.05~0.1	可以镀出黄、绿、红、玫瑰色等彩金色，用于各种装饰品

3.4.1.1　碱性镀金

标准的碱性镀金电解液的配方如下：

氰化金钾	1~5g/L	温度	50~65℃
氰化钾	15g/L	电流密度	0.5A/dm^2
碳酸钾	15g/L	阳极	金或不锈钢
磷酸氢二钾	15g/L		

本镀液的主盐是氰化金钾，以 $KAu(CN)_2$ 的形式存在，参加电极反应时将发生以下离解反应：

$$KAu(CN)_2 \longrightarrow K^+ + Au(CN)_2^-$$

$$Au(CN)_2^- \longrightarrow Au^+ + 2CN^-$$

金盐的含量一般在 1~5g/L 之间，如果降至 0.5g/L 以下，则镀层会变得很差，出现红黑色镀层，这时必须补充金盐。

游离氰化钾对于以金为阳极的镀液可以保证阳极的正常溶解。这对稳定镀液的主盐是有意义的。应该保持游离氰化钾的量在 2~15g/L 之间。这时镀液的 pH 在 9.0 以上。

碳酸钾和磷酸钾组成缓冲剂，并增加镀液的导电性。碳酸盐在镀液工作过程中会自然生成，因此配制时可以不加到 15g/L。

如果要镀厚金，则在镀之前先预镀一层闪镀金，这样不仅仅是为了增加结合力，而且可以防止前道工序的镀液污染到正式镀液。闪镀金的配方和操作条件如下：

金盐	0.4~1.8g/L	电压	6~8V
游离氰化钾	18~40g/L	时间	10s
温度	43~55℃		

氰化物镀金的电流密度范围在 0.1~0.5A/dm^2。温度则可以在 40~80℃ 的范围内变动。镀液温度越高，金的含量也就越高。电流密度也可以高一些。电流

密度低的时候，电流效率接近100％。镀液的pH值一般在9以上，在有缓冲剂存在的情况下，可以不用管理pH值。如果没有缓冲剂，则要加以留意。镀金的颜色会因一些因素的变动而发生变化。

3.4.1.2 中性镀金

镀液的pH值在6.5～7.5之间调节的镀金最早是为瑞士钟表业开发的。用于这种镀液的pH值缓冲剂主要是像亚磷酸钠和磷酸氢二钠类的磷酸盐、酒石酸盐、柠檬酸盐等。由于将氰化物的量降至最低，因此这些盐的添加量都比较大，同时也起到增强电导的作用。其典型的工艺如下：

氰化金钾	4g/L	pH值	7.0
磷酸氢二钠	20g/L	温度	65℃
磷酸二氢钠	15g/L	阴极电流密度	$1A/dm^2$

中性镀金因为要经常调整pH值，在管理上比较麻烦，但对印制线路板镀金或对酸、碱比较敏感的材料（例如高级手表制件等）的镀金，还是采用中性镀金比较好。为了提高中性镀金的稳定性，也可以在镀液中加入螯合剂，比如三亚己基四胺、乙基吡啶胺等。推荐的配方如下：

氰化金钾	8g/L	EDTA二钠	10g/L
氰化银钾	0.2g/L	pH值	7.0
磷酸二氢钾	5g/L	电流密度	$0.3A/dm^2$

3.4.1.3 酸性镀金

酸性镀金是随着功能性镀金层的需要而发展起来的技术，在工业领域已经有广泛的应用，是现代电子和微电子行业必不可少的镀种。这主要是由于酸性镀金有着较多的技术优势。比如光亮度、硬度、耐磨性、高结合力、高密度、高分散能力等。

酸性镀金的pH值一般在3～3.5之间，镀层的纯度在99.99％以上。镀层的硬度和耐磨性等都比碱性氰化物镀层的要高，且可以镀得较厚的镀层。

典型的酸性镀金工艺如下：

氰化金钾	4g/L	温度	60℃
柠檬酸铵	90g/L	pH值	3～6
电流密度	$1A/dm^2$	阳极	碳或白金

改进的酸性镀金工艺：

氰化金钾	8g/L	硫酸钴	0.05g/L
柠檬酸钠	50g/L	温度	32℃
柠檬酸	12g/L	电流密度	$1A/dm^2$

用于酸性镀金的络合剂除了柠檬酸盐外，还有酒石酸盐、EDTA等。调节pH值则可以采用硫酸氢钠等，也有添加导电盐以改善镀层性能的，比如磷酸氢

钾、磷酸氢铵、焦磷酸钠等。选择好适当的络合剂和导电盐，可以获得较好的效果。

金盐的浓度可以在 $1\sim10g/L$ 的范围变化。电流密度的范围则在 $0.1\sim2.0$ A/dm^2。在温度为 $60\sim65℃$ 的条件下，进行强力搅拌，可以获得光亮的镀金层。

3.4.2　镀银

银也是大家熟悉的贵金属，化学元素符号为 Ag，原子序数 47，相对原子质量 107.9，熔点 960.8℃，沸点 2212℃。化合价为 1，密度 $10.5g/cm^3$。银和金一样富于延展性，是导电、导热极好的金属，因此在电子工业特别是接插件、印制板等产品中有广泛应用。银很容易抛光，有美丽的银白色。化学性质稳定，但其表面非常容易与大气中的硫化物、氯化物等反应而变色。金属银粒对光敏感，因此是制作照相胶卷的重要原料。

银也大量用于制作工艺品、餐具、钱币、乐器等，或者作为这些制品的表面装饰镀层。为改善银的性能和节约银材，也开发了许多银合金，如银铜合金、银锌合金、银镍合金、银镉合金等。

最早提出氰化钾络合物镀银的是英国的 G. Flikingtom，他于 1838 年就发明了这种镀银的方法。此后为美国的 S. Smith 所改进，在此后的二三十年间一直是用在餐具、首饰等的电镀上。随着电子工业的进步和发展，镀银成为重要的电子功能性镀层，在印制板、接插件、波导等电子和通信产品中扮演了重要角色，也是电铸功能性制品或工艺制品的重要镀种。

银的标准电极电位（25℃，相对于氢标准电极，Ag/Ag^+）为 +0.799V，因此，银镀层在大多数金属基材上是阴极镀层，并且在这些材料上进行电镀时要采取相应的防止置换镀层产生的措施。

这里所说的镀银前的处理不是通常意义上的镀前处理。由于银有非常正的电极电位，除了电位比它更正的极少数金属如金、白金等外，其他金属如铜、铝、铁、镍、锡等大多数金属在镀银时，都会因为银的电位较正而在电镀时发生置换反应，使镀层的结合力出现问题。

为了防止发生这种影响镀层结合力的置换镀过程，在正式镀银前，一般都要采用预镀措施。这种预镀液的要点是有很高的氰化物含量和很低的银离子浓度。加上带电下槽，这样在极短的时间内（一般是 30s～1min），预镀上一层厚度约 $0.5\mu m$ 的银镀层，从而阻止了置换镀过程的发生。

这种预镀过程由于时间很短，也被叫作闪镀。预镀液一般分为两类，其标准组成如下。

（1）钢铁等基材上的预镀银

| 氰化银 | 2g/L | 氰化钾 | 15g/L |
| 氰化亚铜 | 10g/L | 温度 | 20～30℃ |

电流密度　　　　　　1.5～2.5A/dm²

（2）铜基材上的预镀银

氰化银	4g/L	温度	20～30℃
氰化钾	18g/L	电流密度	1.5～2.5A/dm²

对于铁基材料，在实际操作中是进行两次预镀，第一次在上述铁基预镀液中预镀，第二次再在铜基预镀液中预镀，这样才能保证镀层的结合力。

如果是在镍基上镀银，可以采用铜基用的预镀液，但是在镀前要在50%的盐酸溶液中预浸10～30s，使表面处于活化状态。也可以采用阴极电解的方法让镍表面活化，这样可以进一步提高镀层的结合力。

对于不锈钢，可以采用与镍表面一样的处理方法。对于一些特殊的材料，都可以采用前述的两次预镀的方法，比较保险。

3.4.2.1　通用镀银工艺

目前使用最为广泛的镀银工艺仍然是氰化物镀银工艺。因为这种工艺有广泛的适用性，从普通镀银到高速电铸镀银都可以采用，并且镀层性能也比较好。近年也有一些无氰镀银工艺用于工业生产，研发中的无氰镀银工艺就更多，但这些无氰镀银的稳定性和镀层的性能与氰化物镀银比起来，还存在一定差距。开发出可以取代氰化物镀银的新工艺仍然是电镀技术领域的一个重要课题。

（1）常规镀银

氰化银	35g/L	游离氰化钾	40g/L
氰化钾	60g/L	温度	20～25℃
碳酸钾	15g/L	阴极电流密度	0.5～1.5A/dm²

（2）高速镀银

氰化银	75～110g/L	pH值	>12
氰化钾	90～140g/L	温度	40～50℃
碳酸钾	15g/L	阴极电流密度	5～10A/dm²
氢氧化钾	0.3g/L	阴极移动或搅拌	
游离氰化钾	50～90g/L		

高速镀银与普通镀银的最大区别是主盐的浓度比普通镀银高2～3倍，镀液的温度也高一些。因此，可以在较大电流密度下工作，从而获得较厚的镀层，特别适合于电铸银的加工。镀液的pH值要求保持在12以上，是为了提高镀液的稳定性，同时对改善镀层和阳极状态都是有利的。

3.4.2.2　无氰镀银[2]

氰化物是剧毒的化学品。采用氰化物的镀液进行生产，对操作者、操作环境和自然环境都存在极大的安全隐患。因此，开发无氰电镀新工艺一直是电镀技术工作者努力的目标之一，并且在许多镀种已经取得了较大的成功。比如无氰镀锌、无氰镀铜等，都已经在工业生产中广泛采用，但是无氰镀银则一直都是一个难题。无氰镀银工艺所存在的问题主要有以下三个方面。

① 镀层性能。目前许多无氰镀银的镀层性能不能满足工艺要求，尤其是工程性镀银，比起装饰性镀银有更多的要求。比如镀层结晶不如氰化物细腻平滑；镀层纯度不够，镀层中有机物夹杂，导致硬度过高、电导率下降等；还有焊接性能下降等问题。这些对于电子电镀来说都是很敏感的。有些无氰镀银由于电流密度小，沉积速度慢，不能用于镀厚银，更不要说用于高速电镀。

② 镀液稳定性。无氰镀银的镀液稳定性也是一个重要指标。许多无氰镀银镀液的稳定性都存在问题，无论是碱性镀液还是酸性镀液或是中性镀液，都不同程度地存在镀液稳定性问题，这主要是替代氰化物的络合剂的络合能力不能与氰化物相比，使银离子在一定条件下会产生化学还原反应，积累到一定量就会出现沉淀，给管理和操作带来不便，同时令成本也有所增加。

③ 工艺性能。工艺性能不能满足电镀加工的需要。无氰镀银往往分散能力差，阴极电流密度低，阳极容易钝化，使得在应用中受到一定限制。

综合考查各种无氰镀银工艺，比较好的至少存在上述三个方面问题中的一个，差一些的存在两个甚至三个方面的问题。正是这些问题影响了无氰镀银工艺实用化的进程。

尽管如此，还是有一些无氰镀银工艺在某些场合中有应用。特别是近年在对环境保护的要求越来越高的情况下，一些企业已经开始采用无氰镀银工艺。这些无氰镀银工艺的控制范围比较窄，要求有较严格的流程管理。

以下介绍的是有一定工业生产价值的无氰镀银工艺，包括早期开发的无氰镀银工艺中采用新开发的添加剂或光亮剂。

(1) 黄血盐镀银

黄血盐的化学名是亚铁氰化钾，分子式为 $K_4[Fe(CN)_6]$，它可以与氯化银生成银氰化钾的络合物。由于镀液中仍然存在氰离子，因此，这个工艺不是彻底的无氰镀银工艺，但是其毒性与氰化物相比，已经大大减少。

氯化银	40g/L	碳酸钾	80g/L
亚铁氰化钾	80g/L	pH 值	11～13
氢氧化钾	3g/L	温度	20～35℃
硫氰酸钾	150g/L	阴极电流密度	0.2～0.5A/dm²

这个镀液的配制要点是将铁离子从镀液中去掉。而去掉的方法则是将反应物混合后加温煮沸，促使二价铁氧化成三价铁从溶液中沉淀而去除：

$$2AgCl + K_4[Fe(CN)_6] = K_4[Ag_2(CN)_6] + FeCl_2$$
$$FeCl_2 + H_2O + K_2CO_3 = Fe(OH)_2 + 2KCl + CO_2 \uparrow$$
$$2Fe(OH)_2 + 1/2O_2 + H_2O = 2Fe(OH)_3 \downarrow$$

具体的操作（以 1L 为例）如下。

先称 80g 亚铁氰化钾、60g 无水碳酸钾分别溶于蒸馏水中，煮沸后混合。再在不断搅拌下将氯化银缓缓加入，加完后煮沸 2h，使亚铁完全氧化成褐色的氢氧化铁并沉淀。过滤后弃除沉淀，得滤液为黄色透明液体。再将 150g 的硫氰酸钾溶解后加入上述溶液中，用蒸馏水稀释至 1L，即得到镀液。

这个镀液的缺点是电流密度较小，过大容易使镀件高电流区发黑甚至烧焦。温度可取上限，有利于提高电流密度。其沉积速度在 10～20μm/h。

（2）硫代硫酸盐镀银

硫代硫酸盐镀银所采用的络合剂为硫代硫酸钠或硫代硫酸铵。在镀液中，银与硫代硫酸盐形成阴离子型络合物 $[Ag(S_2O_3)_2]^{3-}$。在亚硫酸盐的保护下，镀液有较高的稳定性。

硝酸银	40g/L	pH 值	5
硫代硫酸钠（铵）	200g/L	温度	室温
焦亚硫酸钾（采用亚硫酸		阴极电流密度	0.2～0.3A/dm²
氢钾也可以）	40g/L	阴、阳极面积比	1:(2～3)

在镀液成分的管理中，保持硝酸银：焦亚硫酸钾：硫代硫酸钠＝1:1:5 最好。

镀液的配制方法如下。

① 先用一部分水溶解硫代硫酸钠（或硫代硫酸铵）。

② 将硝酸银和焦亚硫酸钾（或亚硫酸氢钾）分别溶于蒸馏水中，在不断搅拌下进行混合。此时生成白色沉淀，立即加入硫代硫酸钠（或硫代硫酸铵）溶液并不断搅拌，使白色沉淀完全溶解，再加水至所需要的量。

③ 将配制成的镀液放于日光下照射数小时，加 0.5g/L 的活性炭，过滤，即得清澈镀液。

配制过程中要特别注意，不要将硝酸银直接加入到硫代硫酸钠（或硫代硫酸铵）溶液中，否则溶液容易变黑。因为硝酸银会与硫代硫酸盐作用，首先生成白色的硫代硫酸银沉淀，然后会逐渐水解变成黑色的硫化银：

$$2AgNO_3 + Na_2S_2O_3 \Longrightarrow Ag_2S_2O_3 \downarrow （白色）+ 2NaNO_3$$

$$Ag_2S_2O_3 + H_2O \Longrightarrow Ag_2S \downarrow （黑色）+ H_2SO_4$$

新配的镀液可能会显微黄色，或有极少量的浑浊或沉淀，过滤后即可以变清。正式试镀前可以先电解一定时间。这时阳极可能会出现黑膜，可以用铜丝刷刷去，并适当增加阳极面积，以降低阳极电流密度。

在补充镀液中的银离子时，一定要按配制方法的程序进行，不可以直接往镀液中加硝酸银。同时，保持镀液中焦亚硫酸钾（或亚硫酸氢钾）的量在正常范围也很重要。因为它的存在有利于硫代硫酸盐的稳定。否则，硫代硫酸根会出现析出硫的反应，而硫的析出对镀银是非常不利的。

（3）磺基水杨酸镀银

磺基水杨酸镀银是以磺基水杨酸和铵盐作双络合剂的无氰镀银工艺。当镀液的 pH 值为 9 时，可以生成混合配位的络合物，从而增加了镀液的稳定性，这样镀层的结晶比较细致。其缺点是镀液中含有的氨容易使铜溶解而增加镀液中铜杂质的量。

磺基水杨酸	$100\sim150g/L$	总氨量	$20\sim30g/L$
硝酸银	$20\sim40g/L$	氢氧化钾	$8\sim13g/L$
醋酸铵	$46\sim68g/L$	pH 值	$8.5\sim9.5$
氨水(25%)	$44\sim66mL/L$	阴极电流密度	$0.2\sim0.4A/dm^2$

总氨量是分析时控制的指标，指醋酸铵和氨水中氨的总和。例如总氨量为 20g/L 时，需要醋酸铵 46g/L（含氨 10g/L）；需要氨水 44mL/L（含氨 10g/L）。

镀液的配制（以 1L 为例）方法如下：

① 将 120g 的磺基水杨酸溶于 500mL 水中；

② 将 10g 氢氧化钾溶于 30mL 水中，冷却后加入到上液中；

③ 取硝酸银 30g 溶于 50mL 蒸馏水中，再加入到上液中；

④ 取 50g 醋酸铵，溶于 50mL 水中，加入到上液中；

⑤ 最后取氨水 55mL 加到上液中，补水到 1L，镀液配制完成。

磺基水杨酸是本工艺的主络合剂，同时又是表面活性剂，要保证镀液中的磺基水杨酸有足够的量。低于 90g/L，阳极会发生钝化；高于 170g/L，阴极的电流密度会下降。以保持在 100～150g/L 为宜。

硝酸银的含量不可偏高，否则会使深镀能力下降，镀层的结晶变粗。

由于镀液的 pH 值受氨的挥发的影响，因此要经常调整 pH 值。定期测定总氨量。用 20% 氢氧化钾或浓氨水调整 pH 值到 9，方可正常电镀。并要经常注意阳极的状态。不应有黄色膜生成。如果有黄色膜生成，则应刷洗干净，并且要增大阳极面积，降低阳极电流密度。也可适当提高总氨量。

3.4.3　镀锡及锡合金

在功能性电镀中，锡铅合金作为可焊性镀层在电子电镀中有广泛应用，但是铅元素是一种已经确定的严重的污染源，因此，现在在电子产品中禁用含有铅的各种材料。含铅焊料和含铅镀层"首当其冲"。特别是欧盟的两个法案 WEEE 和 RoHS 已经明确了禁止在电子产品中使用铅和含铅材料，并且已经于 2006 年 7 月 1 日起实行了禁令，这就使现在电子电镀中所采用的镀锡和锡合金工艺不能含有铅元素。因此，目前在电子电镀中使用的镀锡工艺主要是纯锡电镀，也有用到锡铜、锡铋和锡银合金的。

3.4.3.1 镀锡

常用的镀锡工艺如下。

(1) 氟硼酸盐镀锡

氟硼酸锡	15～20g/L	2-甲基醛缩苯胺	30～40mL/L
氟硼酸	200～350g/L	β-萘酚	1mL/L
硼酸	30～35g/L	温度	15～25℃
甲醛	20～30mL/L	阴极电流密度	1～3A/dm^2
平平加	30～40mL/L	阴极移动	

(2) 磺酸盐镀锡

甲基磺酸锡	15～25g/L	稳定剂	10～20mL/L
羟基酸	80～120g/L	温度	15～25℃
乙醛	8～10mL/L	阴极电流密度	1～5A/dm^2
光亮剂	15～25mL/L	阴极移动	1～3m/min
分散剂	5～10mL/L		

(3) 硫酸盐镀锡

硫酸亚锡	25～60g/L	温度	10～25℃
硫酸	120～180g/L	阴极电流密度	1～5A/dm^2
添加剂 A	8～18mL/L	阴极移动	20～30 次/min
添加剂 B	5～10mL/L		

3.4.3.2 焊接性镀锡合金

(1) 锡银合金

锡银合金是为了取代锡铅合金而开发的可焊性镀层，由于锡与银的电位相差达935mV，在简单盐镀液中是很难得到锡银合金镀层的，因此已经开发的锡银合金镀层几乎都是络合物体系。镀层中银的含量可以控制在2.5%～5.0%（质量分数）之间。

氯化亚锡	45g/L	温度	室温
碘化银	1.2g/L	阴极电流密度	0.2～2A/dm^2
焦磷酸钾	200g/L	阳极	不溶性阳极
碘化钾	330g/L	阴极移动	需要
pH 值	8.9		

(2) 锡铋合金

这也是为替代锡铅而开发的可焊合金。

硫酸亚锡	50g/L	氯化钠	1g/L
硫酸铋	2g/L	光亮剂	适量
硫酸	100g/L	温度	室温

pH 值	强酸性	阴极移动	需要
阴极电流密度	2A/dm²	镀层含铋	3%
阳极	纯锡板		

（3）锡锌合金

硫酸亚锡	40g/L	阴极电流密度	2A/dm²
硫酸锌	5g/L	阳极	含10%锌的锡合金
磺基丁二酸	110g/L	阴极移动	需要
pH 值	4	镀层中含锌	10%
温度	室温		

（4）锡铈合金

硫酸亚锡	35～45g/L	稳定剂	15mL/L
硫酸高铈	5～10g/L	温度	室温
硫酸	135～145g/L	阴极电流密度	1.5～3.5A/dm²
光亮剂	15mL/L	阴极移动	需要

（5）锡铅合金

氟硼酸锡	15～20g/L	2-甲基醛缩苯胺	30～40mL/L
氟硼酸铅	44～62g/L	β-萘酚	1mL/L
氟硼酸	260～300g/L	温度	15～25℃
硼酸	30～35g/L	阴极电流密度	1～3A/dm²
甲醛	20～30mL/L	阴极移动	需要
平平加	30～40mL/L		

由于铅已经是明令禁止采用的元素，因此，这一工艺已经面临淘汰。

3.4.3.3　甲基磺酸盐镀锡

由于氟离子影响环境的问题，在电子制造业中对氟离子的使用已经有所限制。而甲基磺酸能与多种金属形成水溶性而又稳定的盐，可以在多个镀种中加以利用。从 20 世纪 80 年代开始，就开发出了甲基磺酸盐镀锡，从而获得行业认可。与氟硼酸盐和卤化物镀液相比，甲基磺酸盐镀锡有明显优势，它比氟硼酸和硫酸镀锡对设备的腐蚀性要小，二价锡的稳定性也大大提高，而排放水的处理也相对简单，使污水处理的成本下降。还有一个重要的优点是能采用较高的电流密度。

甲基磺酸锡	15～25g/L	稳定剂	10～20mL/L
甲基磺酸	80～120g/L	温度	15～25℃
乙醛	8～10mL/L	阴极电流密度	1～5A/dm²
光亮剂	15～25mL/L	阴极移动速度	1～3m/min
分散剂	5～10mL/L		

光亮剂的组成：在 2% 的碳酸钠溶液中加入乙醛 280mL、邻甲苯胺 106mL，在 15℃ 下反应 10 天，将所得沉淀用异丙醇溶解为 20% 的溶液。

分散剂：15mol 环氧乙烷与 1mol 壬基酚加成的产物，也可用其他聚氧类分散剂。

3.4.4 其他贵金属电镀

3.4.4.1 镀铂

（1）硝酸盐工艺

亚硝酸二氨铂		氨水	50mL/L
$[Pt(NH_3)_2(NO_2)_2]$	10g/L	温度	90～95℃
硝酸铵	100g/L	阴极电流密度	1～1.5A/dm^2
硝酸钠	10g/L	阴极电流效率	10%

这一工艺的电流效率很低，因此要维持较高的工作温度。同时在主盐达 5g/L 以上时，就要对镀液进行充分搅拌，才能得到较好的镀层。采用 1.5A/dm^2 的电流密度，电镀 1h，可以获得 5μm 的镀层。

（2）磷酸盐工艺

氯化铂酸（H$_2$PtCl$_6$）	4g/L	温度	50～70℃
磷酸氢二铵	20g/L	电流密度	1A/dm^2
磷酸氢二钠	100g/L		

还有一个高浓度的磷酸盐镀铂工艺如下：

氯化铂酸（H$_2$PtCl$_6$）	34g/L	pH 值	4～7
磷酸氢二铵	30g/L	温度	70℃
磷酸氢二钠	300g/L	电流密度	2.5A/dm^2

3.4.4.2 镀钯

钯是 1803 年由英国化学家和物理学家武拉斯顿博士发现的，他将钯命名为 palladium，为纪念当时刚发现的一颗小行星 Pallas（武女星）。由此可以窥见武拉斯顿博士的兴趣广泛。同时被他发现的还有铑。

钯是银白色金属，化学元素符号为 Pd，相对原子质量 106.4，密度 12.02 g/cm^3。钯的化学性质稳定，不溶于冷硫酸和盐酸，溶于硝酸、王水和熔融的碱中。在大气中有良好的抗蚀能力。二价钯的电化当量为 1.99g/(A·h)，标准电极电位 Pd^{2+}/Pd$^+$＝0.82V。

钯镀层的硬度较高，这与金属钯本身的性质有较大差别。另外，钯的接触电阻很低且不变化，因此广泛用于电子工业。

（1）镀钯工艺

① 铵盐型

二氯化四氨钯	$[Pd(NH_3)_4Cl_2]$	10～20g/L

氨水	20~30g/L	温度	15~35℃
游离铵	2~3g/L	阴极电流密度	0.25~0.5A/dm^2
氯化铵	10~20g/L	阳极	纯石墨
pH 值	9		

② 磷酸盐型

氯钯酸(H_2PdCl_3)	10g/L	pH 值	6.5~7.0
磷酸氢二铵	20g/L	温度	50~60℃
磷酸氢二钠	100g/L	阴极电流密度	0.1~0.2A/dm^2
苯甲酸	2.5g/L	阳极材料	纯石墨

（2）镀液的配制

① 铵盐型。将二氯化钯溶于 60~70℃ 的盐酸中，按每升镀液需要 33g 二氯化钯和 50mL 10% 的盐酸计，反应式如下：

$$PdCl_2 + 2HCl \mathbin{=\!=\!=} H_2PdCl_4$$

在搅拌下加入 26mL 浓氨水，生成红色沉淀，再将沉淀溶于过量的氨水中，形成绿色二氯化四氨钯：

$$H_2PdCl_4 + 6NH_4OH \mathbin{=\!=\!=} Pd(NH_3)_4Cl_2 + 2NH_4Cl + 6H_2O$$

过滤溶液，除去氢氧化铁等杂质，再加入 10% 的盐酸，直到形成红色沉淀：

$$Pd(NH_3)_4Cl_2 + 2HCl \mathbin{=\!=\!=} Pd(NH_3)_2Cl_2 \downarrow (红色) + 2NH_4Cl$$

用滤斗过滤沉淀，并用蒸馏水洗净，直到试纸刚好不显酸性。将洗涤液收集在容器中，并蒸发水分，回收钯盐。然后将沉淀溶于 180mL 氨水中，加氯化铵 150g/L，加水至所需要刻度，调 pH 值至 9，即可以试镀。阳极用钯或铂。

二氯化钯可以自己制备。方法如下：将钯屑溶于王水中，蒸干。用浓盐酸润湿干燥的沉淀。按每 20g 钯加 10mL 浓盐酸计，再蒸干。重复 2~3 次，将干的沉淀溶于 10% 的盐酸中，即形成二氯化钯（$PdCl_2 \cdot 2H_2O$）。

② 磷酸盐型。先制备氯钯酸。精确称取金属钯屑溶解于热的王水中，待完全溶解后蒸发至干。然后缓缓加入热浓盐酸（按 10g 加入 10mL 盐酸计），润湿干燥的沉淀物，再重新蒸发至干，将蒸干的浓缩物溶解到蒸馏水中，制成氯钯酸溶液。

将制好的氯钯酸溶液加入到磷酸氢二铵水溶液中，然后将分别溶解好的苯甲酸和磷酸氢二钠加入到上述溶液中，加水至工作容积，并充分加以搅拌，即制得所需要的镀液。

（3）镀液的维护。铵盐镀钯的主盐浓度控制在 15~18g/L 之间比较合适。含量过低或过高，对镀层质量都会有不利影响。少于 10g/L 时，镀层颜色差、不均匀，甚至发黑。

氯化铵在镀液中主要起导电盐的作用，同时与氢氧化钠形成缓冲剂，起到稳定镀液 pH 值的作用。

3.4.4.3 镀铑

铑也是一种银白色的金属，化学元素符号为 Rh。铑是铂族元素中最贵重的一种金属。熔点达 1970℃，密度为 12.4g/cm³。铑的化学稳定性极高，对硫化物有高度的稳定性，连王水也不能溶解它。同时有很高的硬度，反光性能好，因此在光学工业中有广泛应用，在电子工业中也有较多应用。主要是用作镀银层表面的闪镀，以防变色。

最早的镀铑是 1930 年左右在美国出现的。经过第二次世界大战，自 20 世纪 50 年代以后在现代工业中有了广泛应用。特别是在电子工业中，为了提高电子设备的可靠性，对高频及超高频器件镀银后再镀上一层极薄的铑镀层，不仅可以防止银层变色，而且能提高接插元件的耐磨性。

常用的镀铑液有硫酸型、磷酸型和氨基磺酸型三种[3]。

（1）镀铑工艺

① 硫酸型

硫酸铑	2g/L	阴极电流密度	1.5～2A/dm²
硫酸	30g/L	阳极	铂丝或板
温度	50℃		

如果要获得较厚镀层，则要提高主盐浓度至 4～10g/L，硫酸也相应提高到 40～90g/L。这时镀液的温度可以提高到 60℃，电流密度也可以升高到 5A/dm²。

② 磷酸型

磷酸铑	8～12g/L	阴极电流密度	0.5～1A/dm²
磷酸	60～80g/L	阳极	铂丝或板
温度	30～50℃		

③ 氨基磺酸型

氨基磺酸铑	2～4g/L	硝酸铅	0.5g/L
氨基磺酸	20～30g/L	温度	35～55℃
硫酸铜	0.6g/L	阳极	铂丝或板

（2）镀液的配制。由于铑的盐制品不易购到，因此，配制镀铑的要点是制备铑与酸反应生成的盐。

① 先将硫酸氢钾在研钵中研细，然后按硫酸氢钾∶铑＝30∶1（质量比）的比例称取硫酸氢钾和铑粉。

② 将铑粉与硫酸氢钾均匀混合，放入干净的瓷坩埚里（坩埚内先放一层硫酸氢钾打底），然后再在表面轻轻盖上一层硫酸氢钾。

③ 待马弗炉预热到 250℃时，将盛有混合物的坩埚放入炉中，升温至 450℃

时恒温 1h，再升温至 580℃恒温 3h，然后停止加热，随炉冷却至接近室温取出。

④ 将烧结物从坩埚取出移入烧杯内，加适量蒸馏水，加热到 60～70℃，搅拌，使其溶解，得到粗制硫酸铑。

⑤ 将粗制硫酸铑溶液过滤，将沉渣用蒸馏水洗 2～3 次，连同滤纸放入坩埚里灰化、保存，留待下次烧结铑粉时再用。

⑥ 将滤液加热至 50～60℃，在搅拌下慢慢加入 10％氢氧化钠，使硫酸铑完全生成谷黄色氢氧化铑沉淀（氢氧化钠的加入量以使溶液呈弱碱性为准，当碱过量时，氢氧化铑会溶解在其中）。

⑦ 将沉淀物过滤，并用温水洗涤 4～5 次。

⑧ 将沉淀物和滤纸一起移入烧杯中，加水润湿，根据溶液类型滴加硫酸或磷酸至沉淀全部溶解。氨基磺酸镀液也先用硫酸溶解，然后加入已溶解好的氨基磺酸。

⑨ 其他材料可各自溶解后，再逐步加入，并补充蒸馏水至工作液的液面。

还有一种制备镀铑溶液的方法为电解，这种方法比上述烧制法要简便许多，但是却比较费时间。具体操作方法如下：在烧杯中放入铑粉和 5％的硫酸 200mL，用光谱纯级碳电极作两个电极，用变压器将交流电压降至 4～6V，再用可变电阻调节电解电流（以免两极产生过量的气体），并且开动搅拌器让铑粉浮悬于溶液中，成为瞬时的双电极，以使铑在交流电场下不断地氧化和钝化而溶解成硫酸铑。电解几天后，化验含量是否是所需要的量，如果符合要求，即可以中止电解。电解时要盖上有孔的表面器皿，以防止灰尘落入槽中并减少水分的蒸发。过滤铑镀液时，滤纸上的铑粉和炭粉应用蒸馏水洗干净，留待下次电解时再用。所得滤液经化验和补料后，即可进行试镀。在需要大量配制时，可用多个烧杯串联电解。整个工艺过程要有排气装置。

（3）镀液的维护。铑盐是镀液的主盐，在硫酸盐镀液中，铑的浓度范围在 1～4g/L 之间都可以获得优质的镀层。在一定的温度和电流密度下，随着铑含量的增加，电流效率也随之上升。为了获得光亮度高、孔隙少的镀层，铑的浓度宜控制在 1～2g/L，但是当铑的含量低于 1g/L，镀层的颜色发红变暗，并且镀层的孔隙率增加。在氨基磺酸盐镀液中，主盐的浓度则不应低于 2g/L，否则，镀层会发灰并没有光泽。

3.4.4.4　镀钛

钛也是银白色的金属，化学元素符号为 Ti，相对原子质量 47.9，熔点 1960℃。三价钛的电化当量为 0.446g/(A·h)，标准电位为＋0.37V。钛的延展性好，耐腐蚀性强，不受大气和海水的影响，与各种浓度的硝酸、稀硫酸和各种弱碱的作用非常缓慢，但是溶于盐酸、浓硫酸、王水和氢氟酸。

钛镀层有较高的硬度，良好的耐冲击性、耐热、耐腐蚀和较高的抗疲劳强度。

镀钛的工艺如下。

（1）酸性镀液

氢氧化钛	100g/L	明胶	2g/L
氢氟酸	250mL/L	pH 值	3～3.4
硼酸	100g/L	温度	20～50℃
氟化铵	50g/L	阴极电流密度	2～3A/dm²

（2）碱性镀液

海绵钛	10～12g/L	双氧水	300～350mL/L
氢氧化钠	28～30g/L	平平加	微量
酒石酸钾钠	290～300g/L	pH 值	12
柠檬酸	8～10g/L	温度	70℃
葡萄糖	6～8g/L	阳极	带阳极袋的碳棒

3.4.4.5　镀铟

铟是在发明了分光计之后才得以发现的元素。1860 年德国著名科学家本生和克希荷夫发明了分光计。1863 年德国人赖希（F. Reich）和里希特（H. T. Richter）在研究闪锌矿时，用光谱分析含氧化锌的溶液，发现一条鲜蓝色新谱线，随后分离出一种新的金属。根据谱线颜色，按拉丁文 indium（蓝色）命名为铟。

铟（In）是一种银白色金属。相对原子质量 114.82，标准电极电位为 $+0.33V$，电化当量 1.427g/(A·h)。常温下纯铟不被空气或硫氧化，温度超过熔点时，可迅速与氧和硫化合。铟的可塑性强，有延展性，可压成极薄的铟片，很软，能用指甲刻痕。

铟是制造半导体、焊料、无线电器件、整流器、热电偶的重要材料。纯度为 99.97％的铟是制作高速航空发动机银铅铟轴承的材料，低熔点合金如伍德合金中每加 1％的铟可降低熔点 1.45℃，当加到 19.1％时熔点可降到 47℃。铟与锡的合金（各 50％）可作真空密封之用，能使玻璃与玻璃或玻璃与金属粘接。金、钯、银、铜与铟组成的合金常用来制作假牙和装饰品。铟是锗晶体管中的掺杂剂，在 PNP 锗晶体管生产中使用铟的数量最大。

铟镀层主要用于反光镜及高科技产业制品，也用于内燃机巴比合金轴承等作减摩镀层。常用的镀铟有以下三种。

（1）氰化物镀铟

氯化铟	15～30g/L	葡萄糖	20～30g/L
氰化钾	140～160g/L	pH 值	11
氢氧化钾	30～40g/L	温度	15～35℃

阴极电流密度	$10\sim15A/dm^2$	阳极	石墨
阴极电流效率	$50\%\sim60\%$		

（2）硼氟酸盐镀铟

硼氟酸铟	$20\sim25g/L$	温度	$15\sim25℃$
硼氟酸（游离）	$10\sim20mL/L$	阴极电流密度	$2\sim3A/dm^2$
硼酸	$5\sim10g/L$	阴极电流效率	$30\%\sim40\%$
木工胶	$1\sim2g/L$	阳极	石墨
pH 值	1.0		

（3）硫酸盐镀铟

硫酸铟	$50\sim70g/L$	阴极电流密度	$1\sim2A/dm^2$
硫酸钠	$10\sim15g/L$	阴极电流效率	$30\%\sim80\%$
pH 值	$2\sim2.7$	阳极	石墨
温度	$18\sim25℃$		

3.4.4.6　镀钌

钌在地壳中的含量为 $10^{-7}\%$，与铂相同。元素符号是 Ru，原子量 101.07，氧化还原电位＋0.68V，硬度（HV，退火后）240。钌被广泛用于化学催化剂，在合金、装饰品、文具、医药品、太阳能电池等领域都有应用。钌的硬度高，耐热性好，具有高导电性、耐电弧性、耐腐蚀性，而价格比金、铂、铑等都要低得多，因而在电子电镀领域有较大应用空间。

钌电镀层的维氏硬度可达 640，且可以获得黑色镀层，因此可以用来替代镀黑铬。从而减少铬对环境的污染。

（1）四氯水合钌酸钾镀液

四氯水合钌酸钾	$32.5g/L$	pH	1.7
钌浓度	$10\sim20g/L$	温度	$70℃$
磷酸	$50mL/L$	电流密度	$1A/dm^2$
磷酸二氢钾	$110g/L$		

（2）硫酸钌镀液（白色镀层）

硫酸钌	$5\sim12g/L$	pH	1.2
钌浓度	$3\sim5g/L$	温度	$65\sim75℃$
氨基磺酸	$100g/L$	电流密度	$4\sim6A/dm^2$
卤素或卤化物	$100mL/L$ 或 $10g/L$		

（3）硫酸盐镀黑色钌

硫酸钌	$4.8\sim12g/L$	硫化物	$1g/L$
钌浓度	$2\sim5g/L$	温度	$60\sim75℃$
氨基磺酸	$100g/L$	电流密度	$3\sim7A/dm^2$

3.5 电铸

3.5.1 电铸技术概要

电铸是利用电沉积方法在作为阴极的原型上进行加厚电镀，从而复制出与原型一样的制品的方法。电铸是电沉积技术的重要应用之一。利用电铸法所获得的制品可以是模具的模腔，也可以是成型的产品，还可以是一种专业型材。广义地说，为获得较厚镀层的电沉积过程，都可以叫作电铸。

电铸最早是由俄国的雅柯比院士于 1837 年发明的。此后，将电铸技术用于实际生产最早也是在俄国开展的[1]。早期的电铸主要用在浮雕工艺品、塑像的制作方面。到 20 世纪 40 年代开始在工业生产中有了应用。到 20 世纪的五六十年代，电铸技术有了较快的发展。许多工业领域都开始采用电铸工艺。直到现在，电铸技术还在不断发展当中。特别是在电子工业领域，电铸是重要的电子制造手段。

采用电铸制作注塑或压塑模具已经是当代精密模具加工的重要方法之一。一些异型的构件和难以用机械方法精确制作的原型采用电铸成型法都能精确地复制出原型的模样。比如复杂的电子构件、手机外壳、波导腔体等。电铸不仅能制造用于生产高精度产品的型腔，而且还能生产表面为皮革纹理的大型模腔，例如长度超过 1m 的汽车内饰组件。

早期的电铸还在留声机唱片的制作、印刷用版的制造等方面起过积极作用。现在，在微波波导的制作、热交换器的制作、高反射镜的制作等方面都可以大显身手。一些用在飞机、雷达、航天器等高端产品上的复杂结构的零件都要依靠电铸法来加工。至于日用工业、玩具制造、钟表电器、塑料成型等许多方面，都要用到电铸技术。由于电铸的母型中有相当一部分采用的是非金属材料，所以电铸技术与非金属电镀技术有着紧密的联系。可以说非金属电镀技术是电铸的重要辅助技术和预备技术。

电铸与电镀的原理基本相同，工艺也相近。电铸的原理如图 3-2 所示，如同电镀一样是利用电化学反应的电沉积技术。通过在含有同所要获得的金属离子的电解液中的阳极的溶解，在作为阴极的母型上沉积出金属从而形成可以复制原型的金属模型，这就是电铸的原理。电沉积技术的构成见图 3-3。

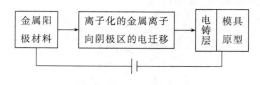

图 3-2　电铸原理示意

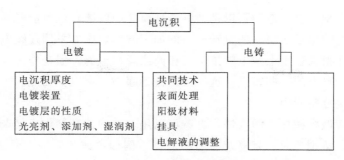

图 3-3　电沉积技术的构成

　　电铸与电镀的最大不同是，电镀的产品是被镀件和产品的复合体，而电铸则只是以电沉积层为所需要的制品，最终要将铸层与母型脱离。电铸与电镀的区别见表 3-7。

表 3-7　电铸与电镀的区别

比 较 项 目	电 铸	电 镀
电沉积金属的结合力	要求可以从基体剥离	要求与基体有强的结合力
电沉积层的厚度	0.0005～0.2mm 以上	0.001～0.05mm
目的	母型、样品的复制以利精密成型	制品的防蚀、制品的装饰、制品的功能
沉积层的种类	镍、铜、金、铂、银、铁、铅、镍钴合金等	所有可以电镀的金属和合金、复合层

　　电铸的质量与脱模方法和电铸金属的金相特点有关。应用方面有利用延展性好的镍制光碟的母型，用导电性好的铜制作印刷线路，用硬度和耐热性好的铁制作冲压模，用耐腐蚀性好和贵金属制作金属导线或装饰品，利用银的杀菌作用制作 DNA 的增幅器等。

　　电镀对镀层的外观质量要求很严格，特别是装饰性电镀，外观质量是首要的质量指标，但是电铸就不一样。就模具制造的应用而言，电铸对铸层的外表面基本是不做要求的，所要求的是铸层与基体接触的内表面必须能完全复制原型的表面状态。因为电铸的目的就是要用所复制的模具来批量制作出和原型一样的产品，但是也不是说电铸就完全不要求铸层的外观。对于产品制作型电铸，实际上是一种功能性电镀，比如剃须刀网罩的电铸制作等，是外观和材料性能都有严格要求的过程。

　　电铸也不同于电解冶金。电解冶金只要求获得还原态的金属结晶，并要求镀层有高的纯度。而电铸则对沉积的纯度没有一定的要求，有时为了提高其硬度，还要在铸层中加入提高其力学性能的合金成分。

3.5.2　电铸技术的特点与流程

3.5.2.1　电铸的技术特点

　　在前一节已经说到，所谓电铸，就是以电沉积的方法在作为阴极的原型上铸造出一定的造型。这个造型可以是某种产品模具的腔体，也可能是一个结构的零件和制件。电铸也是获得一些特殊材料的加工方法，比如采用连续电铸法制作镍箔等。电铸在很大程度上与电镀技术是相同或者相似的，但是作为一项专门的技术，还是有着自身的一些特点。这些特点概括起来，有以下几点。

（1）快速复制能力

相对于其他机械加工的方法，电铸可以用较快的速度制作出复杂造型制件的型腔和制品。特别是对于有复杂曲面的造型，例如考虑到人体工学的特殊造型、异形结构等，还有雕塑类模具、工艺品类的模具，以及市场流行制品的复制和制作等，如果是用机械的方法根本就不可能做到，用手工艺人或高级模具技术工则需要较长的加工时间，还不能完全达到原型要求的精确度，但是采用电铸的方法，不仅可以惟妙惟肖地复制出原设计的造型，而且加工速度和效率都比较高，有着其他加工方法不能取代的优势。

（2）节约资源

电铸的加工过程除了镀液的工艺损耗外，几乎没有加工边料的浪费问题。它的铸层是在原型表面生长的，达到一个合适的厚度就可以停止加工，是一种基本上没有边角余料的加工方法。并且当所用材料成本比较高时，还可以在工作面达到一定厚度后，在外表面另外采用廉价的材料电铸加厚或加固，因而是一种节约型的加工工艺。这在资源紧张的当代是很重要的优点。

（3）精确度高

电铸加工的精度可以非常高，能复制包括皮肤纹理等细微的表面或高抛光的表面，因此可以用于复制录音盘、光碟等高要求的制品。可以忠实地再现原型或芯模的原有特征，不改变模腔内表面的粗糙度。特别是在新近发展中的微加工制造中，由于尺寸精度已经超出正常的范围，不能采用机械加工的方法进行制造，电铸的优势就更为明显。

（4）应用面广

电铸加工有灵活的应用能力，可以用于制作模具，也可以用于制造产品，还可以用于生产金属材料。电铸也是复制三维造型样品、工艺品、雕塑类文物的重要工艺。从高科技产品的制造到工艺品的生产，从电子工业到汽车工业，从医疗用品到塑料制品，都在采用电铸技术，并且随着 CAD/CAM 技术引进到电铸加工领域，电铸的应用还会进一步扩大。

电铸技术的最新应用是微电铸加工，其将半导体技术和集成电路微制造技术与电铸技术结合起来，是在微蚀原型上进行微电铸加工的技术，必将在微型机器人制造等领域获得进一步发展。

（5）可以制作用其他加工方法无法完成的制品

有些异形造型即使用现代的机械加工设备也是难以制作成功的，有些特殊造型或高精度要求的制品采用机械加工方法需要很长的加工周期，从而没有工业生产的价值，而采用电铸加工工艺，则可以高效率地完成这类加工过程，并获得符合设计要求的精度和质量。比如光碟片模具的生产，微型结构件的制造等，只有电铸技术可以胜任。

3.5.2.2　电铸工艺的流程

电铸的流程可以分为四大部分，即原型的选定或制作、电铸前处理、电铸和电铸后处理。每一个部分又都包括完成这个部分的多个子流程或工序。

（1）电铸原型的选定或制作

对于电铸过程来说，首先要确定的是原型，因为电铸是在原型上进行的。因此，如何选定原型和如何根据设计要求制作原型是电铸的关键。

原型根据其所用材料的不同而分为金属原型和非金属原型两大类。根据功能的不同又分为一次性原型和反复使用原型两大类。采用什么样的原型要根据所加工产品的结构、造型、产品材料和适合的加工工艺来确定。当然，在需方有明确要求的情况下，完全可以按照需要来进行原型的设计和制作。对于选定了的原型形式，要采用相应的方法按设计意图加工成原型，以便用于电铸。

原型的制作有很多方法，包括手工制作原型、机械加工制作原型、利用快速成型技术制作原型和从成品上翻制原型等。

（2）电铸前处理

电铸的前处理也被称为电铸原型的表面改性处理。我们知道，电铸的原型分为金属原型和非金属原型两大类。无论是金属原型还是非金属原型，在电铸前都要进行适当的前处理加工，使电铸层能可靠地在原型表面生长出来。

对于金属原型，其前处理包括表面整理和除油、除锈等类似于电镀前处理的流程，但是这种前处理不是为了获得良好的结合力，而是要获得均匀平整的表面铸层，以利在其上生长电铸层，还要方便以后的脱模处理。因此电铸的前处理中有时还要加入一个最重要的工序，那就是脱模剂或隔离层的设置。

对于非金属原型，首先要使其表面金属化，以便后续的电铸加工可以顺利进行。而表面金属化则要经过表面整理、敏化、活化、化学镀等一系列流程。有关非金属表面金属化的原理和工艺，可以参见本书第 8 章塑料电镀中的相关内容。

（3）电铸

电铸过程是金属的电沉积过程，在电铸工作液中，以经过前处理的原型作为阴极，以所电铸的金属为阳极，在直流电的作用下，控制一定的电流密度，经过一定时间的电沉积，就可以在原型上获得金属电铸制品。

根据所设计的电铸制品的要求，电铸所用的金属可以是铜、镍、铁、合金、稀贵金属等。电铸制品的厚度可以从几十微米到十几毫米。

由于电铸过程所经历的时间比较长，对电铸过程中的工艺参数可以采用自动控制的方法加以监控。如工作液的温度、电流密度、pH值、浓度等，可以采用不同的控制系统加以控制。

电铸过程中所用的阳极通常都要求采用可溶性阳极。这是因为电铸过程中金属离子的消耗比电镀要大得多，并且电铸过程所采用的阴极电流密度也比较高，如果金属离子得不到比较及时的补充，电铸的效率和质量都会受到影响。

（4）电铸后处理

电铸加工完成后，还要经过一些技术处理，才能得到合格的电铸制品。这些对电铸出来的制品进行的技术处理可以称为后处理。电铸的后处理与电镀的后处理有很大的不同。电镀的后处理是对表面质量的进一步保护，包括清洗、脱水、钝化、涂防护膜等。而电铸的后处理第一是脱模，就是将电铸完成的电铸制品从原型或芯模上取下来，然后是对电铸制品的清理。这种清理包括去除一次性原型，特别是破坏性原型的残留物，尤其是内表面（如果是腔体类模具）的清理。

① 脱模。由于电铸所用的原型有金属材料和非金属材料两大类，同时又分为反复使用原型和一次性原型，因此，从原型上脱除的工艺是不同的。如果对电铸的外表面还有结构等方面的加工，最好在脱模前进行，这样可以防止电铸模的变形或损坏。对于不同的电铸原型，可以选择以下不同的脱模方法。

a. 机械外力脱模法。对于反复使用原型，多半要采用机械外力脱模法。简单的电铸模可以用锤子敲击脱模。如果是有较大接触面的电铸模，则需要采用水压机或千斤顶对原型施加静压力脱模。

b. 热胀冷缩脱模法。当原型与电铸金属的热胀系数相差较大时，可以采用加热或冷却的方法进行脱模。通常可以采用烘箱、喷灯、热油等加热的方法，在铸型和原型因热胀程度不同的情况下松动后，可以比较方便地进行脱模。如果电铸原型是不适合加温的材料，则可以采用冷却法进行冷缩处理，这时可以采用干冰或酒精溶液进行冷却，同样可以利用冷缩率的差别而使铸模与原型脱离。

c. 熔化脱模法。对于一次性原型，无论是低熔点合金还是蜡制品，都可以采用加热使其熔化的方法进行脱模。对于涂有低熔点材料做隔离层或脱模剂的原型，也采用加热的方法脱模。对于热塑性原型的脱模，在加热后可以将大部分软化后的原型材料从模腔内脱出，剩余的部分可以再用溶剂加以清洗，直至模腔内没有残留物。

d. 溶解脱模法。对于适合采用溶解法脱模的原型，也要根据不同的材料选用不同的溶解液。比如对于铝制原型，可以采用加温到80℃的氢氧化钠溶液溶解。这时氢氧化钠的含量为200～250g/L。如果所用的是含铜的铝合金，则可以在以下的溶液里进行溶解：

氢氧化钠　　　　　　　　　　50g/L　　　酒石酸钾钠　　　　　　　　　　1g/L

EDTA　　　　　　　　　　0.4g/L　　　葡萄糖　　　　　　　　　　1.5g/L

② 脱模剂。电铸完成后，要使原型与铸模容易分离，必须借助原型与电铸层之间存在的脱模剂。当然，对于一般非金属原型来说，脱模并不困难。尤其是一次性原型，可以用破坏原型的方法将原型与电铸模分离，但是对于反复使用的原型，既要保证电铸模的完好，又要保证原型可以再次使用，脱模剂就十分重要了。以下介绍几种常用的脱模剂。

a. 有机物脱模剂。有机物脱模剂是用得最多的一种脱模剂，例如涂料、橡胶等，可以用于各种金属原型。这类脱模剂成本低、操作方便。

但是对于不导电的有机质，要进行导电性处理，最常用的是石墨粉。

b. 无机物脱模剂。这主要是指在金属原型表面生成氧化物薄膜的方法，比如生成铬酸盐、硫化物等，因此，也可以叫作化学转化膜脱模剂，是金属原型用得比较多的方法。

由于不同金属的氧化或钝化性能不同，需要根据不同的金属选用不同的氧化方法或钝化方法。像铜、镍、铬等表面可以用电解法氧化，也可以用化学法氧化。

有些金属有自钝化性能，比如铝，会生成天然氧化膜，在其上电铸，容易脱模，但是天然氧化膜往往是不致密或不完全致密的，这对于反复使用原型存在脱模失败的风险。因此，正确的做法仍然是要进行人工生成隔离层。对于金属铝及其合金，要采用电化学氧化生成的脱模层。

c. 低熔点合金脱模剂。在金属原型表面镀覆一层铅锡合金，即低熔点合金，然后再在其上电铸，电铸完成后，再高温熔掉隔离层而便于电铸模腔脱出。这种方法的缺点是脱模层比较厚，对尺寸要求较严的制品不宜采用。

③ 加固与最后修饰。对于有些电铸制件，特别是用来做模具用的制件，为了能适用于各种使用模具的机械，需要配制模架等配制加工和加固加工。对于有些电铸制品，还存在装饰、抛光、喷油漆等后处理。

3.5.2.3 电铸加工需要的资源

(1) 整流电源

电铸电源是电铸工艺中最主要的设备之一，是为电铸过程提供工作能量的能源设备。

选择电铸电源时，要注意以下几点。

① 电压选择。在电铸过程中，电源的直流输出额定电压一般应不小于电铸槽最高工作电压的 1.1 倍。如果电沉积过程中需要冲击电流时，整流电源的电压值应该能满足要求。可供选择的直流电源的电压值有以下系列：6V、9V、12V、15V、18V、24V、36V 等。用户还可以根据自己的需要来设定电源的最大电压值。

② 电流选择。电铸的直流额定电流应该不小于根据所加工产品尺寸计算出

来的电流值，并且要加上当需要冲击电流时的过载能力。

③ 电源波型。直流整流电源根据供电和整流方式的不同而有几种电源波型：单相半波、单相全波、单相桥式、三相半波、三相全波、双反星形带平衡电抗器。还有周期换向电流、脉冲间歇电流等。

现在常用的电源为可控硅整流电源，其输出电流根据不同的规格可以有 5A、10A、50A、100A 直至 20000A 等好多种选择。对于对电流的波形有特别要求的电铸过程，可以选用脉冲电源或周期换向电源，以获得更为细致的金属结晶和表面质量。对于要求纯正直流的电铸过程，可以选用开关电源等更为高级的供电方式。

在需要自动控制的场合，则可以加入电脑自动控制系统，使电铸过程获得稳定的电流供应而不出现较大的波动。

电铸过程中对电流的监控实际上是对电流密度的监控，因此选择电源功率的依据是根据所需要加工的电铸制品的表面积。通常以所能加工的最大表面积和最大的电流密度的积为选取电源功率的依据，并且还要加上 10%～15% 的裕度。

（2）电铸槽

电铸用的槽体因所加工的制品不同而有所不同。和电镀槽一样属于非标准设备。槽体所用的材料要能防止电铸液的腐蚀和温度等变化的影响。由于电铸所用的铸液有不少是高温型，因此，电铸用铸槽宜用钢材衬软 PVC，也可以采用增强的硬 PVC 制作。

电铸槽的大小视所加工的电铸制件的大小而定。如果是体积较小的电铸制品，还要考虑单个电铸槽的承载量。或者说根据所需要加工电铸制品的产量，来确定所需要的设备。需要注意的是这种根据实际生产需要计算出的铸槽的容量并不包括日后发展时对电铸设备的需要，因此，一般都要对铸槽的容量适当放大，以留有产能的裕量。因此，电铸槽的容量可以从几十升至几千升不等。同时，尽管传统的电铸槽的形状与电镀槽大同小异，现在电铸槽的形状有很多，已经与电镀用镀槽的形状有所不同。

因为对于不同的电铸加工，要根据所加工的制品的形状、大小和具体的要求专门设计铸槽和辅助装置。比如连续铸所用的带滚轮的铸槽，光盘电铸所需要的旋盘电极等。有些槽体也会因为铸制品的形状特殊而要采用特制的铸槽。

对于电铸液量不大而又可以另外设置循环过滤槽的电铸槽，可以采用陶瓷槽体。对于不需要加温的常温型电铸或加温不超过 60℃ 的铸液，可以采用普通 PVC 铸槽或玻璃钢铸槽。

有些用于产品制造的电铸，例如镍质剃须刀网罩、波导管等大批量生产的制品，可以采用电铸自动线生产。由自动或半自动控制系统按设定的流程进行操作，可以提高生产效率和适应大规模的生产。

对于近年出现的微电铸加工，则可以在更为小型的铸槽内进行，并且这种电铸槽对所有工艺参数都尽可能采用自动控制系统加以控制，以保证过程的高度重现性。

（3）电铸用阳极

电铸的阳极通常都要求是可溶性阳极，并且对纯度也有一定的要求。根据电铸制品的精度和硬度等不同的要求，对阳极的要求也不一样。普通电铸可以采用99.9%的阳极，但是对于铸层纯度有较高要求的电铸，则要采用99.99%的阳极，以保证铸层的柔软性和铸液的纯净。对于电铸而言，由于阴极的工作电流密度高，工作时间长，因此，要求阳极与阴极的面积比要比电镀的大一些。阳极的面积至少要是阴极面积的2倍以上。同时，一定要配置阳极篮，这样可以保证在可溶性阳极不足时，阳极仍然可以起导电作用，缓冲由于阳极消耗过大时，可溶性阳极面积减小引起的电流密度和槽电压的变化过大问题。

无论是采用阳极篮或阳极都要加上阳极套，以防止阳极泥落入铸液内而使沉积层表面出现刺瘤等质量问题。

对于阳极有较高要求的电铸，可以在铸槽中设置专门的阳极室，以隔膜与阴极区隔开，以免阳极泥等影响电铸过程。

（4）化学原材料

这里所说的电铸所需的原材料主要指的是化工原料，这些化工原料可以根据电铸工艺的需要分为几类。

① 主盐。主盐是配制电铸液的主要材料，需要进行什么样的金属电铸，就要用这种金属的主盐。比如铜电铸要用到铜盐，镍电铸要用到镍盐等。并且同一种金属的电铸，由于所采用工艺的不同要用到不同的主盐。如硫酸盐铸铜所用的是硫酸铜主盐，而焦磷酸铜铸铜用的是焦磷酸铜主盐。对于合金电铸，则要有与合金成分一样的主盐。特别是没有合金材料作阳极时，铸层中的金属成分完全是靠主盐提供的。

电铸所用主盐的浓度一般比电镀的要高一些。当然有些电镀液也可以直接用作电铸液。另外，电铸同样对主盐的质量有要求。为了防止杂质从主盐中带入铸液，要求主盐的纯度要高一点，最好采用化学纯级的主盐。如果是使用工业级的材料，则在铸液配好以后要加入活性炭进行过滤，有些铸种还要小电流电解。

② 辅助盐。除了极个别的铸液是由单纯的简单盐配制成的外，电铸液还要用到各种辅助盐，比如导电盐、络合剂、辅助络合剂、pH调节剂等。对这些盐类同样有质量要求，以防止不纯的材料将金属杂质或有机杂质带入到铸槽中。如果用到工业级材料，一定要进行过滤处理。

③ 添加剂。添加剂是现代电镀技术中的重要化工原料，在电铸中同样有着重要的作用。有很多镀种没有添加剂就根本不能工作。比如酸性镀铜，没有光亮

剂是不可能获得合格镀层的。

电镀或电铸中用的添加剂主要是有机物，并且现在有不少是人工合成的有预设功能的有机物中间体，最常用的是光亮剂（在电铸中则主要是用作铸层结晶的细化剂）、镀层柔软剂、走位剂（分散能力的通俗说法）等。

有些镀种仍然可以采用天然有机物或其他有机物作添加剂，如明胶、糖精、尿素、醇类、醛类等化合物。

还有一些镀种则要用到无机添加剂，比如增加硬度或调整镀层结晶的非主盐类的金属盐。作为添加剂用的金属盐的用量通常都非常低，在 1g/L 以下。

④ 前、后处理剂。对于电铸来说，前、后处理剂主要是常规酸、碱或盐。其中前处理主要用到的是去油所要的碱类，如氢氧化钠、碳酸钠、磷酸钠，还有表面活性剂。再就是去掉金属表面氧化皮的酸，如硫酸、盐酸、硝酸等。

对于电铸的后处理，要用到酸、碱的场合主要是一次性金属原型从电铸完成后的型腔中脱出的场合。这时要用酸或碱将金属原型溶解，以获得电铸成品。

其他前、后处理剂包括脱模剂、隔离剂等。

3.5.3 电铸工艺

电铸过程与原型的制作、导电层的获得方法（化学的、物理的）、利用酸和碱的剥离方法、电沉积金属的性质、设备和装置都有关系，主要的系统包括电沉积的金属、电解液、模型、设备等。系统原型的制作与原型所用的材料有关，非导体的电铸、导体的电铸有不同的电铸液和工艺。

3.5.3.1 原型的制作

（1）电铸原型及材料选择

电铸是从原型表面生长成型的。因此，电铸用的原型是实现电铸过程的重要工具。

所谓原型，就是原始的造型，也叫作模板、芯模或样件。电铸的目的就是从原型上进行复制。对于以复制为目的的加工来说，电铸技术也就是各种成型物外形最好的克隆技术。因此，电铸原型的设计和制作是电铸加工最重要的前期技术。

如果是以电铸的方法制造模具的型腔，这时的原型相当于一个阳模，而电铸成型制品就是用来复制这个原型的阴模。由于电铸过程是以电沉积金属对原型进行包覆式铸覆，所以通常将原型称为芯模。

电铸原型对电铸的成败起着关键的作用。因此，在电铸之前，要在电铸的原型上多用工夫，才能收到事半功倍的效果。如果对电铸原型缺乏全面的认识，要想做好电铸加工是有困难的。

但是电铸不仅仅只是用来制造模具，也用来直接或间接生产产品。这时，电铸过程的产物就是一件产品，而不是用作再加工的模具。

电铸的另一个应用是用来生产特殊产品，比如金属箔或网，或者制造异形管、曲面等。对于这些不同用途的电铸，要选用不同的原型。

有时原型就是一件成品，是一件准备拿来仿制的样件。这种样件有时还是不能被破坏的，但是却又要一模一样地复制出来，这就要用到各种原型的复制技术。再在复制出的原型上进行电铸。

总之，电铸用的原型非常重要而又五花八门。人们经过一百多年的实践，对电铸原型的认识也在进一步深化。随着材料技术和电沉积技术的进步，以前不可能作为原型的材料和制品现在也可以用作电铸的原型。可以说在不同的生产力水平下，使用着不同的原型材料和制作方法。

以碟片的制造为例，在采用钢盘作平面载音器记录声音之后，制造录音的原型曾经用过的材料有涂石蜡的锌盘、纯蜡盘、涂有硝化纤维的铝盘和镀有光亮铜层的耐蚀钢盘。经历了近百年发展，唱片工业生产制造原型的材料经历过四次改变。而现在，在用激光技术来记录和复制声音的情况下，原型材料已经是特殊的光学玻璃。

原型材料的选择要考虑到材料科学的当代水平，以及材料技术和经济上的合理性。同时，还要考虑材料的物理、化学和力学性能。

① 材料的表面导电性。制作原型的材料表面应该是导电的，因此很多原型采用金属材料制作。如果是非金属材料制作的原型，则要进行表面金属化处理，使其表面具有导电性，才能进行电铸加工。

② 材料的热性能。由于涉及原型的制作、脱出和电铸精度等问题，制作电铸原型材料的热物理性能对电铸制品的质量有着直接的影响。包括材料的体积和线膨胀系数、熔点、热导率、热容量、热稳定性、耐冷性等。在对原型进行化学和物理加工而涉及温度变化时，所用材料应不受影响和不被损坏。在尺寸方面要考虑易于与母型分离。

③ 材料的物理性能。用于制作电铸原型的材料的密度、抗拉强度、屈服强度、延伸率、弹性模量、冲击韧性、硬度等要根据不同电铸制品的不同要求而有所考虑。所采用的材料应能允许进行机械加工和承受一定的载荷。

④ 材料的化学性能。材料的抗蚀性、耐浸蚀能力、形成氧化膜的速度、导电层与非金属基体的附着力、氢脆性、溶胀性、金属钝化性、腐蚀疲劳极限等都是要加以考虑的因素，要使原型能经受溶液的浸蚀作用，还要与电铸材料不产生相互作用。

⑤ 材料的特殊性能。所谓特殊性能，是指光学、磁性、表面粗糙度、抗表面渗氢能力、熔点、导电性、绝缘性等，有时某些性能可能是决定性的，例如易熔性原型的熔点。

根据以上电铸原型选用材料的原则，我们可以将电铸原型分成两大类：一种是金属原型类；另一种是非金属原型类。

如果从模具原型的使用情况来看，电铸原型又可以分为一次使用原型和反复使用性原型。

（2）金属原型

金属原型是电铸加工中常用的原型。由于金属具有良好的导电性能，在其表面获得电沉积金属层很方便。此外，金属又具有良好的加工性能，可以获得很高的光洁度，可以抛光至镜面，也可以加工成各种特殊的形状。因此，在选用电铸原型材料时，金属原型是首选。

以前对可以用作电铸原型的金属有一些限定，也就是说并不是所有金属都可以用作电铸原型。而现代的材料和表面处理技术可以使任何金属都可以用作电铸原型，至少在理论上是这样的。

虽然金属有着许多共性，但是毕竟金属本身也有自己的分类和不同的特性，有时这种性质的差别还非常大。因此，即使用金属来做电铸原型，也会因材而异，不可一概而论。细分起来，有如下几种。

① 低熔点金属或合金。低熔点金属或合金适合做一次性电铸原型，但是材料本身则是可以通过回收而反复使用的。比如铅、锡和它们的合金。这是与非金属一次性原型最大的不同，也是低熔点金属或合金原型材料的优点之一。

锌和镉以及它们的合金也可以用作制造一次性或反复使用的原型。

低熔点金属制作原型的优点是成型方便，也可以利用模具包括胶模进行成型，其缺点是不易获得有光亮度的表面，并且表面硬度不高，容易划伤。

② 易溶金属或合金。易溶金属是指能在化学溶液里被溶解的金属。这种金属最为典型的是铝及其合金。由于铝的加工成型性能比低熔点金属或合金要好得多，力学性能也要好许多，且表面可以获得有方便脱模作用的氧化膜，因此既可以作为反复使用的原型，也可以用作一次性原型。当用作一次性原型时，不是靠高温熔化来脱出芯模，而是以化学溶解的方法让铝在碱性腐蚀剂中溶解掉。镁及其合金也和铝一样可以用作这类电铸原型。

③ 易加工高强度金属。铜及其合金等属于这类原型材料。铜合金有良好的加工性能和力学性能，可以制作出精密的原型制品，并且可以通过表面铸镍和铬而使之具有良好的脱出性能。

耐蚀钢和普通钢也可以制作原型，比如 45 号钢。耐蚀钢在工业中被用来制作电铸波导管。有些原型是在钢上电镀光亮铜后用于电铸，比如唱片制造中的镍模就是以这种材料为原型在氨基磺酸盐镀镍中制取的。而用于纺织品染色的带孔滚筒是在铜质圆柱状原型上电铸获得的。

采用不锈钢或钛制成的空心圆柱体原型是用来连续电铸金属箔或网的工具。

这时将圆柱的两端用塑料等进行屏蔽，随着原型的缓慢旋转，就可以从其表面揭下电铸出来的箔或网。因为不锈钢和钛表面的天然钝化膜对电铸层与原型的分离有较好的效果。

有些金属原型仅仅对表面做简单的处理就可以进行电铸，比如以铝合金所制成的原型，但是有些金属原型要经过比较复杂一些的前处理才能够进入电铸程序。

（3）非金属原型

非金属原型由于加工成型性能好，容易较快和较方便地表达形状复杂的造型，因此是制造电铸原型的主流材料。

常用的非金属原型材料有各种树脂、塑料、石膏、石蜡、木材等，但是非金属原型在电铸前必须要对其表面进行金属化处理，否则是不能进行电铸的。比如塑料、石蜡等。因此，从方便电铸的角度看，尽量采用金属原型为好，但是金属原型只适合于形状简单和加工周期短的制品，对于复杂的制品，如果采用金属制作原型，所费的工夫不亚于人工开金属模，不如就直接制造金属模，不必再用电铸。因此，无论是从成本、加工周期、精细程度等哪个方面来看，采用非金属制作原型都比金属原型方便。

在快速成型技术产生以后，快速成型机所用的材料也多数为非金属材料，比如光固化树脂、激光烧结陶瓷、硅溶胶粘接陶瓷、热压胶纸等。

3.5.3.2　电铸工艺分述

电铸工艺因所使用的金属材料的不同和所用电铸液工艺的不同而有所不同。电铸的分类如下。

镍电铸：氨基磺酸镍液，硫酸镍液；

铜电铸：硫酸盐镀铜，焦磷酸盐镀铜；

铁电铸：氨基磺酸铁，硫酸盐镀铁，氯化物镀铁；

钴电铸：硫酸钴、氯化物镀钴，氨基磺酸钴；

金电铸：氰化液；

银电铸：氰化液，无氰镀银。

（1）镍电铸工艺

镍电铸通用的工艺流程如下：母型前处理—清洗—电铸镍—出槽清洗—母型脱出—型腔质量检查—型腔镀铬（选择采用）。

母型的前处理包括对母型的外观与设计的符合性的检查。对于金属母型，和铜电铸一样，要常规除油和用弱酸活化。对于非金属母型，则要按照前面介绍的非金属表面金属化的方法使表面导电化。

由于镍的自钝化性能较强，中间断电很容易出现铸层分层，所以电铸过程中出槽观察要特别小心。尽量少将电铸中的制品取出槽外观察，并且取出时也不要清洗，出槽时间不要过长。然后带电下槽继续电铸。

① 氨基磺酸镍工艺。最常用的镍电铸工艺是低应力和有较高沉积速度的氨基磺酸镍电铸工艺，其组成和工艺见表 3-8。

表 3-8　氨基磺酸镍铸液的组成和工艺

项　　目	工艺参数	镀液中的作用
氨基磺酸镍	450～500g/L	提供镍离子
硼酸	35～40g/L	pH 值的缓冲
表面活性剂	1.5mL/L	表面张力调整
pH 值	3.5±2	电流效率、电流密度的稳定性
温度	30～50℃	离子的扩散
表面张力	(33±3)dyn/cm	防止气体的聚集

注：$1dyn=10^{-5}N$。

② 硫酸盐电铸镍工艺。硫酸盐电沉积镍是当代铸镍的主流工艺。这种铸液以硫酸镍为主盐，氯化物、硼酸等为辅助添加物，加上各种铸镍添加剂技术，可以获得各种性能的铸镍层，在镍电铸中也有着广泛的应用。

硫酸镍	250～350g/L	温度	45～65℃
氯化镍	35～50g/L	电流密度	3～10A/dm²
硼酸	30～45g/L	阴极移动或空气搅拌	
pH 值	3.0～4.2		

这种铸镍液比氯化铵型的沉积速度要高。在较低温度下也能在较高电流密度下工作。铸液分散能力也较好，且 pH 值的缓冲能力也较强，是通用的电铸液。

（2）铜电铸工艺

铜电铸的典型工艺流程如下：原型表面处理（对于非金属材料，则需要在表面修整后进行表面金属化）—清洗（常规除油—弱蚀活化）—小电流预镀—正常电流电铸—出槽清洗—原型脱出—检验。

原型如果是导电性材料，检验造型和表面质量符合设计或用户的要求后，即可以进行清洗。这里说的清洗，不同于电镀过程中的除油和酸蚀。因为电铸不要求镀层与基材有良好的结合力，但是也不能有油污。否则在电铸过程中起泡的话，模具表面质量就破坏了。所以要有常规除油和弱酸活化。

在完成清洗后，即可以在镀槽内进行小电流电镀，确定整个表面有镀层沉积以后，就可以调整到正常电铸的工作电流进行电铸加工。预镀和电铸可以在一个槽子内完成，也可以分槽完成，但通常采用同一个镀液。只是对电镀电流密度进行调整就行了。电铸过程中最好不要经常取出观察，以免不小心发生铸层分层现象。如果需要检查沉积状况，取出后不用清洗表面即可进行观察。然后带电下槽，这样可以避免铸层分层现象。当然，在必要的时候还是需要取出清洗并进行铸面的整理。比如发现铸层上起瘤，如果不清除，会越铸越大和变多，这样会额外消耗金属铸层，对电铸质量有影响。这时就需要将起瘤部分清除掉，用水砂纸打磨粗糙面，重新经除油和酸蚀后再带电下槽继续电铸。

① 酸性硫酸盐铸铜。酸性硫酸盐铸铜工艺可参见本书 3.3.1 节内容。

② 焦磷酸盐铸铜。焦磷酸盐铸铜在电铸中的应用不是很普遍，对于分散能力有要求的则会用到。其工艺配方和操作条件如下：

焦磷酸铜	105g/L	添加剂	适量
焦磷酸钾	335g/L	pH 值	8.1～8.6
硝酸钾	15g/L	温度	55～60℃
氨水	2.5mL/L	电流密度	1.1～6.8A/dm²

焦磷酸盐铸铜的分散能力好，铸层结晶细致，适合于铸形状复杂的模具，但是铸层的沉积效率比较低。可以加适当的导电盐和降低铸液 pH 值以提高效率，但是在低 pH 时铸层比较粗糙，所以有时要用到商业添加剂，以提高铸层质量。

（3）铁电铸工艺

① 硫酸盐铸液。硫酸亚铁铸液的腐蚀性低，较稳定，但分散能力比较差，低温型的沉积速度慢，不适合用作电铸液。高温型可用较大电流密度，沉积速度可以适当提高。

其工艺配方如下：

硫酸亚铁	500g/L	pH 值	2.6～3.5
硫酸钾	200g/L	温度	80～90℃
硫酸锰	3g/L	电流密度	2～15A/dm²
草酸	3g/L		

配制硫酸盐铸铁时，先在水中加少量硫酸，可防止硫酸亚铁水解。然后再将其他成分分别溶入铸液中即可以试铸。

工作液要经常过滤，以保持铸液的整洁。同时，要保持硫酸亚铁的高浓度和高含量的硫酸钾，这样铸液比较稳定，铸层也较细致。

铸液的 pH 值大于 3.5 时，可加入硫酸进行调整。如果 pH 值小于 2.5，则可以用通电处理的方法进行调整。这时可将报废的铁件作阴极进行电解析氢处理。氢气的大量析出会使铸液的 pH 值有所上升。

电铸时，制品要带电入槽，先以小电流进行电镀，镀一定时间后再调整到正常的电流密度。硫酸盐镀铁的沉积速度较快，当电流密度为 10A/dm² 时，电铸 1h 可以得到大约 0.1mm 厚的铸层。

② 氯化物铸液。氯化物铸铁有低温型和高温型两种。高温氯化亚铁铸铁采用高浓度和大电流密度，沉积速度快，铸层纯度高，硬度低，韧性好，内应力小，但铸液稳定性较差，主要是二价铁容易氧化成三价铁而使铸液失调，铸层质量变差。工艺配方如下：

氯化亚铁	300g/L	氯化铵	80g/L

二氯化锰	150g/L	温度	65~70℃
pH 值	1.5~2.5	电流密度	8~12A/dm²

铸液中加入氯化铵可提高硬度和减慢亚铁的氧化速度；二氯化锰有细化结晶的功能，同时也可抑制亚铁的氧化。注意要经常测调 pH 值，一定要控制在 2.5 以内，pH 值升高将会使三价铁生成胶状物而导致铸层脆性增加、电流效率下降等。

低温型铸铁的工艺如下：

氯化亚铁	350~400g/L	pH 值	1~2
氯化钠	10~20g/L	温度	30~55℃
二氯化锰	1~5g/L	阴极电流密度	15~30A/dm²
硼酸	5~8g/L		

（4）钴电铸工艺

钴电铸主要用于特殊的场合。其铸液主要有硫酸盐、氯化物和氨基磺酸盐。其中以氨基磺酸盐用得较为广泛。氨基磺酸铵有明显的增加铸层光亮度的作用。

① 硫酸盐铸钴

硫酸钴	300~500g/L	温度	20~40℃
硼酸	40~45g/L	电流密度	4~10A/dm²
氯化钠	15~20g/L		

② 氯化物铸钴

氯化钴	300~400g/L	温度	55~70℃
硼酸	30~45g/L	电流密度	5.0~6.5A/dm²
盐酸（调 pH 值）	2.3~4.0		

③ 氨基磺酸盐铸钴

氨基磺酸钴	260g/L	温度	20~50℃
氨基磺酸铵	50g/L	电流密度	0.5~2A/dm²
氨基磺酸（调整 pH 值）	1		

（5）金电铸工艺

金电铸也可以说就是铸厚金，只有在极特殊的情况下使用，比如航天器产品等。

氰化金钾	8g/L	EDTA 二钠	10g/L
氰化银钾	0.2g/L	pH 值	7.0
磷酸二氢钾	5g/L	电流密度	0.3A/dm²

（6）银电铸工艺

① 普通铸银

氰化银	35g/L	氰化钾	60g/L

碳酸钾	15g/L	温度	20~25℃
游离氰化钾	40g/L	阴极电流密度	0.5~1.5A/dm²
光亮剂	适量		

② 高速铸银

氰化银	75~110g/L	光亮剂	适量
氰化钾	90~140g/L	pH 值	>12
碳酸钾	15g/L	温度	40~50℃
氢氧化钾	0.3g/L	阴极电流密度	5~10A/dm²
游离氰化钾	50~90g/L	阴极移动或搅拌	

高速铸银与普通铸银的最大区别是主盐的浓度比普通铸银高 2~3 倍。铸液的温度也高一些。因此，可以在较大电流密度下工作，从而获得较厚的铸层，特别适合于电铸银的加工。铸液的 pH 值要求保持在 12 以上，是为了提高铸液的稳定性，同时对改善铸层和阳极状态都是有利的。

③ 硫代硫酸盐铸银。硫代硫酸盐铸银所采用的络合剂为硫代硫酸钠或硫代硫酸铵。在铸液中，银与硫代硫酸盐形成阴离子型络合物 $[Ag(S_2O_3)_2]^{3-}$。在亚硫酸盐的保护下，铸液有较高的稳定性。

硝酸银	40g/L	pH 值	5
硫代硫酸钠(铵)	200g/L	温度	室温
焦亚硫酸钾(采用亚硫酸		阴极电流密度	0.2~0.3A/dm²
氢钾也可以)	40g/L	阴、阳极面积比	1:(2~3)

在铸液成分的管理中,保持硝酸银:焦亚硫酸钾:硫代硫酸钠＝1:1:5最好。

3.5.3.3　微机电系统（MEMS）中的微电铸技术

显微制造或者说显微机械加工（micromachining）是从半导体器件生产到集成电路制造一直在采用的高新技术。在微电子技术时代，微系统（MEMS）中的显微制造已经是不可或缺的现代加工技术，但是我们以往所知道的显微制造最多的还是显微光刻和显微蚀刻，很少听说微型电铸。但是在微型机器人等微型器件的研制进入实用化以后，微加工技术中的微型电铸很快成为一个重要的加工方法。这种方法实际还是在微蚀方法的基础上发展起来的微加工方法[4-5]。

微型电铸技术的应用最早可追溯到 20 世纪 70 年代末，德国卡尔斯鲁厄研究中心（FZK）当时开发出了称为 LIGA（德语 lithographie galvanoformung abformung，制版电铸成型）的微电铸技术[6]。这是在涂覆有聚甲基丙烯酸甲酯膜（PMMA）的基片上以高能 X 射线进行光刻制成掩模图形后，进行电铸加工成型的方法。所用的电铸液为镍电铸液。完成电铸后，将 PMMA 除去，使电铸成型体裸露出来，从基板上取下，即为电铸成品。

这种微加工技术当初是为了研制光导纤维连接器和光导开关而进行的工艺技术开发。现在已经发展成为微加工制造中的重要加工方法。

(1) 微型电铸技术

微蚀技术是在极小的硅片等微面积上蚀刻出各种线路图形或区间，形成微器件和线路，以制成集成电路。微蚀加工因为是在平面上进行凹型的蚀刻，所涉及的深度只有 $1\sim10\mu m$，相对比较容易。但是如果要想获得更深的蚀刻凹型，一直是显微加工中的难题。追求高深度比的蚀刻技术被称为 HARMS（high aspect ratio micro structure），即高深度比微型构造。近年来，这种高深度比的蚀刻技术已经获得很大发展，从而使微电铸加工成为可能。

根据微蚀可以在平面上制作各种凹型的技术特性，可以将所需要的电铸原型先在平面上制作出凹型，然后在凹型中进行微型电铸，让镀层填充凹型，在去掉凹型后，裸露出来的就是与凹型的阳模同形电铸制品。

(2) 微型电铸的母型

电铸是在电铸原型上进行电沉积而获得电铸制品的。电铸原型多数是阳型，电铸在其上成型后获得的是阴模。那么微型电铸的原型是怎样的呢？我们在前面提到过微型电铸实际上是在阴模中成型的电铸阳型的加工方法。这种方法平常只有在制作某些金属浮雕类制品时才会用到，但是在微型电铸中，则是主要的加工方法。

由于这些微电铸制品的最小直径只有数十微米，因此，适合用来制作微电铸母型的只有利用已经有成熟蚀刻工艺的硅片材料。

利用硅片材料制作微电铸母型的流程如下。

① 铝掩模和图形的制作。这是利用传统硅片加工中的流程进行的母型图形制作。首先在硅片上蒸发铝，并按图形制成所需要的掩模。制作完成后的硅片上的图形根据需要可能会是两种完全相反的模式。如果所要电铸的制成品是阴模方式，则掩模保护的就是阳模部分，相反，如果成型的成品是阳模方式，则掩模保护的就是阴模部分。这一工序的关键是让下道工序可以方便地对基片进行后续的加工。

② 深孔加工出阴模。采用等离子催化的离子扫描蚀刻技术进行图形的深孔位加工形成阴模式母型。这一步骤与集成电路中的光刻过程是大同小异的。只不过这里要进行的加工难度比集成电路的加工要大一些。这是因为这时微型加工技术所要求的深度大大超过了原来硅片的光刻深度。

③ 制作阻挡层。在阴模加工完成后，再在阴模母型内以物理方法形成阻挡层，通常是沉积铬或铜。以便再在其上电沉积出作为牺牲层的隔离层，并防止镀层金属向模腔内扩散。

④ 沉积隔离层。在已经有阻挡层的模腔内，进行作为牺牲层的铜隔离层的

电沉积，以保证其后的电铸镍或者电铸镍合金能从这个层面上生长成铸型。同时，能在微电铸加工完成后，使电铸制品能从母型上顺利地脱下来，这样，模型还可以再重复使用。

⑤ 电铸镍。对完成隔离层的模型进行镍的电铸。为了改善电铸沉积物的物理性能，现在多数是进行镍钴合金的电铸。

⑥ 隔离层除去。在电铸过程完成后，要将隔离层除去，也就是牺牲掉隔离层而使电铸制品能从作为原型的腔内脱出。

⑦ 取出电铸制品。在除掉隔离层后，原型模腔与电铸成型品之间已经有了很小的间隙，这样可以使镍电铸层从母型上取下，而母型可以再重复流程③及其后续的流程，使原型可以重复使用。

(3) 微型电铸的工艺

微型电铸由于制件非常微小，对电铸沉积层的脆性和应力非常敏感。因此，如果采用普通镍电铸工艺，会存在应力变形或硬度不够等问题，虽然可以在 200℃进行热处理以调整电铸沉积物的力学性能，但是加热会生成硫化物膜，这显然是有害的。

为了避免上述问题，比较可靠的方法是采用电铸镍钴合金工艺。镍与钴在一般简单盐溶液中的析出电位很接近，比如在 0.5mol/L 的硫酸盐镀液中，在 15℃时镍的析出电位是 -0.57V，而钴的析出电位是 -0.56V。仅仅从析出电位上看，铸液中镍和钴含量的比例基本上应该是铸层中的比例，但是实际电极过程中并非如此，在镍钴合金铸液中，当电流通过铸液时，钴将优先析出。测试表明，铸液中只要钴的含量达到镍与钴总量的 5%，铸层中的含钴量就可以接近 50%（质量）。铸层的硬度也随着含钴量的增加而增加。

采用氨基磺酸镍工艺的配方如下：

氨基磺酸镍	225g/L	润湿剂	0.2mL/L
氨基磺酸钴	0~110g/L	温度	室温
硼酸	30g/L	电流密度	2~5A/dm²
氯化镁	15g/L		

对铸层中钴的含量和电流密度的影响试验表明，采用 $2A/dm^2$ 的阴极电流密度，铸层中含钴量为 7.5% 时，所获得的电铸镍钴合金的性能最好。

也可以采用硫酸盐工艺，可以有较高的沉积速度：

硫酸镍	240g/L	pH 值	4.0~4.2
氯化镍	45g/L	温度	55~60℃
硫酸钴	15g/L	电流密度	3~8A/dm²
硼酸	30g/L		

铸液的 pH 值对铸层中的含钴量有一定影响。在 pH 值低于 3.5 时，铸层中

的含钴量随着 pH 值的升高而降低，当 pH 值高于 3.5 时，pH 值对铸层中含钴量的影响变得小一些。

镍钴合金电铸的阳极可以采用纯镍做阳极。只有当铸层中钴含量比例较大时，才要求铸液中钴含量保持相对稳定状态。这时可以采用联合阳极，即同时挂入镍和钴阳极，但是要分别给不同阳极供电以控制其正常溶解。也可以采用合金阳极。

（4）微型电铸的应用

微型电铸使电铸加工进入了纳米级时代。这是与微型制造和分子工艺学等一系列现代高科技的发展和进步分不开的。特别是现代医学中要用到的微测量仪器，需要有各种微型构件和异形齿轮等。对于这些微型构件，都可能采用也只能采用微型电铸技术进行加工制作。

分子工艺学涉及分子级结构的制作或加工。分子器件需要用到的构件要求有一定的刚性，在这么小的量级下采用传统的机械加工方法是根本做不到的，而这类结构采用微电铸加工却是可以做到的。因此，微型电铸的主要应用领域将是微型制造，并且将随着微制造产业的发展而获得进一步的完善和发展。可以预期微电铸的这种引人注目的应用将对电铸在宏观制造业中的应用的扩展起到推波助澜的作用。

3.6　铝表面处理

电子产品一向就有轻量化和小型化的要求，随着微电子技术的发展，现在的电子产品已经越来越轻巧灵便，而达到这种效果的原因之一就是电子产品大量采用了铝制结构，因此，铝制品的表面处理在电子电镀中占有重要的一席之地。与铝表面处理有关的通用电子电镀工艺包括铝的阳极氧化、导电性氧化（转化膜技术）和铝上电镀技术。

3.6.1　铝的阳极氧化

铝是银白色的轻质金属，密度只有 $2.7g/cm^3$，熔点是 $660℃$，沸点则达 $2457℃$。铝实际上是地球表面金属中含量比率最高的金属，达 7%，但是铝由于标准电位很负，达 $-1.67V$，因此铝在自然界完全是以氧化态形式存在，并且用普通的还原剂例如碳、氢等都难以将其还原，因此，铝制品在开发的初期，比金、银还要显得珍贵，以至于法国国王拿破仑当年在宴请贵宾时，用的不是金杯，不是银杯，而是铝制酒杯。只是在发明了电解制铝法后，铝材才大量进入百姓生活，成为应用最广泛的金属之一。

铝的主要特性是轻，相对密度只有钢铁的 1/3，但是却具有很大的强度-重量比。铝是一种优良的导电材料，又具有良好的导热性能。因此铝的产量和用量仅次于钢铁。由于铝的密度小，导电、导热和反光性能良好，并且具有良好的抗腐蚀性能和加工性能，可以进行各种塑性加工，铝有熔点低、铸造性能好等特征。近 20 年铝合金产品在建筑、汽车、包装等行业都有广泛应用。

在电子行业，采用铝合金制作整机的机架、基板、安装板是很早就流行的趋势。这是因为铝与钢铁比起来，在日用五金和电子电器制品中的应用有更多优势。首先是重量轻，这为使用者提供了方便；同时抗腐蚀性和装饰性强；导热、导电性好等，都是电子产品更新换代的首选材料。因此从 20 世纪 60 年代以来，铝及合金在电子工业中的应用持续增长，成为电子产品的基本金属原料。

3.6.1.1 铝阳极氧化膜的特点

铝在电解液中形成阳极膜的过程与电镀相反，不是在金属表面向外延生长出金属结晶，而是由金属表面向金属内形成金属氧化物的膜层，形成多孔层和致密层结构（图 3-4）。致密层紧邻铝基体，是电阻较大的氧化物层，阻止氧化的进一步进行，只有较高的电压才能使反应进一步深入，因此，致密层也称为阻挡层。阻挡层还具有其他一些独特的性能，比如半导体性能（对交流电的整流作用）等。

铝阳极氧化膜有非常规则的结构，形成正六边形柱状而与蜂窝非常相似。由于氧化过程中不断有气体排出，因此每一个六棱柱的中间都有一个圆孔，其膜层的正面俯视图如图 3-5 所示，由电子显微镜拍摄的图像证实这种结构是存在的。

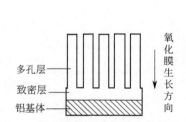

图 3-4 铝电解氧化膜的纵向结构示意

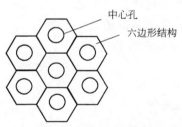

图 3-5 铝电解氧化膜的俯视示意

铝在空气中也会迅速生成天然氧化膜，但这种膜极薄且不是完全连续的，没有阳极氧化膜致密的结构和一定的厚度，研究表明，铝氧化膜生成的速度与时间呈对数关系[4]：

$$d = d_0 + A \lg(t + B)$$

式中 d——氧化厚度，Å（1Å=0.1nm）；

d_0——最初形成膜的厚度；

A，B——常数；

t——时间，s。

由这个公式可以推算，最初形成的膜在 1s 内达到 1nm 的话，那么要进一步氧化为 2nm 的厚度需要 10s，到 3nm 的厚度则需要 100s。如果自然氧化膜能够持续生长下去，达到 10nm 需要 30 年的时间。因此，天然氧化膜的厚度通常只有几十埃（10^{-8}m），而阳极氧化膜则比天然氧化膜要厚得多，一般都在 $10\mu m$（10^{-6}m）以上，是天然膜的上百倍。

除了厚度外，阳极氧化膜与天然膜的最大区别是膜层的结构，由图 3-5 可知，在阳极氧化过程中形成的类似蜂窝状的阳极氧化膜结构使阳极氧化膜具有一些特别的性质，不仅是有较高的抗蚀性能，而且有较好的着色性能和其他深加工性能，比如电解着色、作为纳米材料电沉积模板等。

铝氧化膜的这些特性主要表现在多孔层上，多孔层的厚度受电解氧化的时间、电流密度、电解液温度的影响。

当电解时间长、电流密度大时，多孔层增厚。电解液的温度高时，成膜虽然也快，但膜层质软且孔径变大，而当温度降低时，膜层硬度提高并可增厚。在 0℃ 左右的硫酸阳极氧化槽中所得的氧化膜经常作为硬质氧化而有广泛应用。

3.6.1.2 铝的阳极氧化工艺

铝阳极氧化根据所用的电解液的不同或所需要的膜层性质的不同而有多种氧化工艺，但是用得最多的还是硫酸系的阳极氧化工艺。这种工艺成分简单，就是硫酸的水溶液，阴极采用纯铝或铅板，废水采用中和法就可以简便地处理，因此一直是铝氧化的主流工艺。

（1）硫酸系阳极氧化工艺

① 通用阳极氧化法

硫酸	180～220g/L	温度	13～26℃
电压	13～22V	时间	40min
电流密度	0.8～1.5A/dm^2		

② 快速阳极氧化法

硫酸	200～220g/L	电流密度	0.8～1.5 A/dm^2
硫酸镍	6～8g/L	温度	13～26℃
电压	13～22V	时间	15min

③ 交流阳极氧化法

硫酸	130～150g/L	温度	13～26℃
电压	18～28V	时间	40～50min
电流密度	1.5～2.0A/dm^2		

④ 低温阳极氧化法

硫酸	12g/L	温度	0℃
电压	10～90V	时间	60min

此法所获膜厚达 $150 \sim 200 \mu m$。

硫酸	$200 \sim 300 g/L$	电流密度	$0.5 \sim 5 A/dm^2$
电压	$40 \sim 120V$	时间	$2 \sim 2.5h$
温度	$-8 \sim +10℃$		

膜厚可达 $250 \mu m$，绝缘性能极佳，可耐 $2000 \sim 2500V$ 电压。

获得低温的方法是采用循环水间接冷却法，但是需要较大的地方配置循环冷水槽和冷机，现在已经流行直接冷却法，让热交换管直接与电解液进行热交换，冷媒效率提高的同时，占地也较小。

（2）草酸系阳极氧化工艺

草酸中获得的铝氧化膜的耐蚀性和耐磨性都比硫酸中获得的要好，因此对于一些精密的铝制件，要采用草酸阳极氧化工艺。

① 表面精饰用氧化膜

草酸	$50 \sim 70 g/L$	电压	$10 \sim 60V$
温度	$28 \sim 32℃$	时间	$30 \sim 40min$
电流密度	$1 \sim 2/dm^2$		

② 绝缘氧化膜

草酸	$40 \sim 60 g/L$	电压	$0 \sim 120V$
温度	$15 \sim 18℃$	时间	$90 \sim 150min$
电流密度	$2 \sim 2.5/dm^2$		

③ 常规用膜

草酸	$40 \sim 50 g/L$	电压（交流）	$40 \sim 60V$
温度	$20 \sim 30℃$	时间	$30 \sim 40min$
电流密度	$1.6 \sim 4.5 A/dm^2$		

（3）瓷质氧化工艺

瓷质氧化膜由于表面具有瓷釉般的光泽而在装饰性铝氧化中别具风格。这种氧化膜硬度高，耐磨性好，有高的绝缘性能而又有良好的着色性能，同时对表面的划痕等有良好的屏蔽作用。

① 高抗蚀性膜

铬酐	$35 \sim 45 g/L$	阳极电流密度	$0.5 \sim 1 A/dm^2$
草酸	$5 \sim 12 g/L$	电压	$25 \sim 40V$
硼酸	$5 \sim 7 g/L$	氧化时间	$40 \sim 50min$
温度	$45 \sim 55℃$	阴极材料	铅板或纯铝板

② 防护装饰性氧化膜

铬酐	$30 \sim 40 g/L$	温度	$45 \sim 55℃$
硼酸	$1 \sim 3 g/L$	阳极电流密度	$0.5 \sim 1 A/dm^2$

电压	25～40V	阴极材料	铅板或纯铝板
氧化时间	40～50min		

3.6.1.3 铝的着色

经阳极氧化后的铝氧化膜的一个显著特点就是可以进行各种颜色的着色。根据着色的原理和方法的不同而分为化学着色和电解着色两大类。本小节主要介绍化学着色，电解着色在下一小节介绍。

(1) 化学着色

化学着色是将刚氧化成膜的制件浸入到由各色颜料或染料配制成的着色液中进行着色。这种化学着色原理是利用阳极氧化膜的多孔性质（孔隙率达30％左右），让染料分子通过吸附作用进入到孔隙内而显色。吸附作用也视静电作用或化学键作用的不同而分为物理吸附和化学吸附两种。显然化学吸附的作用力较大。

化学着色所用的无机颜料一般是金属盐类，如三氧化二铁（金黄色）、重铬酸银（橙色）等。由于这类颜料着色的工艺不稳定，色度不好等，实用的不多。实际生产中用得最多的还是有机染色工艺。常用的有机染色工艺如下。

① 红色

a. 大红色

酸性红（代号 B）	4～6g/L	pH 值	4～5
温度	室温	时间	15～30min

b. 桃红色

直接耐晒桃红（代号 G）	2～5g/L	pH 值	5～6
温度	60～75℃	时间	1～5min

c. 铝枣红

铝枣红	3～5g/L	pH 值	5～6
温度	室温	时间	5～10min

② 金色

a. 金黄

茜素黄（代号 S）	0.3g/L	pH 值	6～7
茜素红（代号 R）	0.5g/L	时间	1～3min
温度	50～60℃		

b. 橙黄

活性艳橙	0.5g/L	pH 值	5～6
温度	50～60℃	时间	5～15min

c. 金黄

印地素金黄（代号 IGK）	5～10g/L	温度	室温

pH 值　　　　　　　　　　5～6　　　时间　　　　　　　　　　　5～10min

③ 黑色

a. 黑色

酸性黑（代号 ATT）　　　10g/L　　　pH 值　　　　　　　　　　4～5

温度　　　　　　　　　　室温　　　时间　　　　　　　　　　15～30min

b. 青黑色

酸性元青　　　　　　　4～6g/L　　　pH 值　　　　　　　　　　4～5

温度　　　　　　　　60～70℃　　　时间　　　　　　　　　10～15min

c. 蓝黑色

酸性蓝黑（代号 10B）　　10g/L　　　pH 值　　　　　　　　　　4～5

温度　　　　　　　　　　室温　　　时间　　　　　　　　　　2～10min

④ 蓝色

a. 翠蓝色

铝翠蓝（代号 PLW）　　3～5g/L　　　pH 值　　　　　　　　　　5～6

温度　　　　　　　　　　室温　　　时间　　　　　　　　　　5～10min

b. 蓝色

直接耐晒蓝　　　　　3～5g/L　　　pH 值　　　　　　　　　　5～6

温度　　　　　　　　　　室温　　　时间　　　　　　　　　　5～10min

c. 湖蓝色

酸性湖蓝　　　　　10～15g/L　　　pH 值　　　　　　　　　　4～5

温度　　　　　　　　　　室温　　　时间　　　　　　　　　　3～8min

⑤ 绿色

a. 翠绿

直接耐晒翠绿　　　3～5g/L　　　pH 值　　　　　　　　　　5～6

温度　　　　　　　　　　室温　　　时间　　　　　　　　　15～20min

b. 深绿色

铝绿（代号 MAL）　　3～5g/L　　　pH 值　　　　　　　　　　5～6

温度　　　　　　　　　　室温　　　时间　　　　　　　　　　5～10min

c. 墨绿色

酸性绿　　　　　　　　5g/L　　　pH 值　　　　　　　　　　4～5

温度　　　　　　　　50～60℃　　　时间　　　　　　　　　15～20min

（2）化学着色染料的配制

配制铝氧化着色液要采用去离子水。具体步骤是先将染料用少许蒸馏水调成糊状，然后加入着色工作液总体积 1/4 的去离子水，加热至沸并煮 30min 左右。再过滤到工作槽中，加去离子水搅拌均匀，最后调节 pH 值。

（3）工艺参数的控制

① pH 值。铝氧化膜着色工艺参数中 pH 值非常重要，对于酸性染料，一定要用醋酸调节 pH 值至 4～5 之间，只有茜素染料才可维持中性（pH＝6～7）。由于 pH 值影响氧化膜的表面电位和染料的化学结构，因此 pH 值的变化对着色的色调变化有明显影响，需要严格加以控制。

② 温度。温度影响着色的速度和色彩的牢度。随着温度的升高，上色速度加快，色牢度也提高，但也要考虑到能耗因素，以控制在 50℃ 左右为宜。太高的温度还会使孔隙发生封闭现象，反而不利于着色。

③ 时间。着色时间要看制件对色度深浅的要求如何，一般深色时间要长一些，浅色时间要短一些。可控制在 10min 左右，长的则可达 30min 甚至更长。

（4）注意事项

对于需要着色的铝氧化制件，氧化工序完成后最好马上进入着色工序。氧化膜在存放过程中会发生孔隙率的变化或收缩，将影响着色效果；着色槽中严禁带入氯离子和其他金属盐；每道工序后要认真清洗，对于硫酸氧化膜，着色前在稀氨水中中和以后再着色，有利于着色槽 pH 值的稳定，色度也会更好一些。

3.6.1.4 铝的电解着色

电解着色是让金属离子在有氧化膜结构的铝基体的孔内电沉积还原为金属而显色的过程，但是由于铝氧化膜孔内阻挡层的化学活性差，如果不加以活化，金属电沉积难以实现，因此，铝的电解着色是在采用交流电来活化阻挡层的同时，完成金属的电沉积的，利用了阻挡层的半导体特性，使电沉积过程得以进行。这一技术在建筑铝型材上已经获得了广泛的应用，在电子产品结构中也有采用这类型材或加工工艺的。

（1）锡盐着色工艺

硫酸亚锡	10～15g/L	温度	20～30℃
硫酸	20～22g/L	着色电压（AC）	12～16V
稳定剂	15～20g/L	时间	1～10min

锡盐着色可以获得从香槟色至黑色的多种颜色，分散能力好，镀液管理简便，且色差小，色调稳定，耐候性好，室外使用期可达 30 年不变色。

（2）镍盐着色工艺

硫酸镍	25～35g/L	稳定剂	10～15g/L
硫酸亚锡	4～6g/L	温度	20～30℃
硼酸	20～25g/L	着色电压（AC）	14～16V
硫酸	15～20g/L	时间	2～10min

镍盐实际上是镍锡混合盐工艺，综合了单一盐着色的优点，可以获得更广泛的色系膜层，包括青铜、咖啡、纯黑色，因此有更好的装饰效果。着色液的稳定

性比单一锡盐的更好，不易产生锡盐白色沉淀，而且着色速度也有所提高，耐候性和装饰性更强，因此是电解着色的主流工艺。

（3）注意事项

① 由于电解着色是在铝氧化后进行的，因此同样要在氧化后立即进行着色为好，并且氧化膜要达到一定厚度才有着色效果。

② 氧化和着色的挂具都宜用硬铝，相对的对电极可用不锈钢，面积与产品面积相近。

③ 氧化产品进入着色槽后不要马上开电着色，停留 1min 左右有利于电解液扩散到孔内，再进行电解着色效果更好。

3.6.1.5　铝阳极氧化膜的封闭

铝氧化膜是多孔性膜，无论有没有着色处理，在投入使用前都要进行封闭处理，这样才能提高其耐蚀性和耐候性。处理的方法有三类，即高温水化反应封闭、无机盐封闭和有机物封闭等。

（1）高温水化反应封闭

这种方法是利用铝氧化膜与水的水化反应，将非晶质膜变为水合结晶膜：

$$Al_2O_3 \xrightarrow[\triangle]{nH_2O} Al_2O_3 \cdot nH_2O$$

水化反应在常温和高温下都可以进行，但是在高温下特别是在沸点时，所生成的水合结晶膜是非常稳定的不可逆的结晶膜，因此，最常用的铝氧化膜的封闭处理就是沸水法或蒸汽法处理。

（2）无机盐封闭

无机盐法可以提高有机着色染料的牢度，因此在化学着色法中常用。

① 醋酸盐法

醋酸镍	5～6g/L	pH 值	5～6
醋酸钴	1g/L	温度	70～90℃
硼酸	8g/L	时间	15～20min

② 硅酸盐法

硅酸钠	5%	温度	90～100℃
pH 值	8～9	时间	20～30min

（3）有机封闭法

这是对铝氧化膜进行浸油、浸漆或进行涂装等，由于成本较高并且增加了工艺流程，因此不大采用，较多的还是用前述的两类方法，并且以第一种高温水化反应法为主流。

3.6.2　铝的导电氧化

电子产品的结构件不仅流行采用铝材，而且流行采用导电氧化工艺。这是因为电子产品有许多结构件都涉及接地的问题，只有既保持导电性能而又有一定的防护性能的处理，才符合电子产品中特殊构件的要求。

3.6.2.1 铝的转化膜

事实上，铝材可以进行各种化学处理而获得表面膜层，这些膜层通称为化学转化膜，导电氧化膜只是其中的一种。有些铝制件也采用转化膜工艺来达到耐蚀性要求，这时要求膜的厚度较厚一些，且要求有一定硬度。

（1）厚膜法

所谓的厚膜只是在化学转化膜中相对其他化学法而言，用这种方法可达到 $3\mu m$ 左右的厚度，因此这种方法的膜要进行封闭处理。

磷酸	50～60g/L	硼酸	1～1.2g/L
铬酐	20～25g/L	温度	30～35℃
氟化氢铵	3～3.5g/L	时间	3～6min

（2）薄膜法

磷酸	45g/L	温度	15～35℃
铬酐	5g/L	时间	10～15min
氟化钠	3g/L		

这种方法的膜层较薄，韧性好，抗蚀性能也较高，适用于氧化处理后需要变形的制件和结构件。

（3）彩色膜

重铬酸钾	4g/L	温度	60℃
铬酐	2g/L	时间	15min
氟化钠	1g/L		

这种化学氧化膜呈棕黄至彩虹色，耐蚀性较好，特别适用于铝合金焊接件的局部氧化。

3.6.2.2 导电氧化膜工艺

导电氧化是电子产品铝构件的常用处理工艺。根据产品不同情况的需要，有无色膜和彩色膜等方法。

（1）无色透明导电氧化

磷酸	22g/L	硼酸	2g/L
铬酐	4g/L	温度	室温
氟化钠	5g/L	时间	15～60s

膜层的厚度一般在 $0.3～0.5\mu m$，导电性能良好。

（2）彩色导电氧化

铬酐	4g/L	铁氰化钾	0.5g/L
氟化钠	1g/L	温度	30～35℃

时间		25～30s	

3.6.3　铝上电镀

3.6.3.1　铝上电镀的前处理

由于铝的化学活泼性很强，使铝在空气环境中和含氧或氧化剂的水或溶液中极易生成氧化膜，也就是所谓的天然氧化膜。如果想要在铝表面进行电镀，天然氧化膜的存在对电镀结合力是极为不利的，可以说基本上不可能在有天然氧化膜的铝表面获得有使用价值的镀层。因此，铝上电镀的一个重要工序就是对铝进行前处理，以使铝表面活性化而能与电沉积的结晶有良好的结合力。

铝上电镀的前处理分为常规处理和专业处理两类。常规处理是按金属电镀前的表面处理常规，对金属制件表面进行除油、去氧化膜或出光处理。铝材由于是两性金属材料，与酸和碱都会发生化学反应，并且反应速度都很快。特别是在碱性处理液中，如果处理不当，铝材会迅速发生剧烈的化学反应而导致表面过腐蚀，因此要特别小心，通常都采用不含氢氧化钠的碱性处理液，以防过腐蚀。

（1）铝上电镀的通用流程

铝上电镀需要经过特殊的前处理后才有可能成功，而铝制件电镀前处理的工艺会因铝材的性能差别而有所差别，但是基本上都可以根据通用的铝上电镀工艺流程来进行，只在需要调整的工序做出安排即可。通用的流程如下：有机除油—热水洗—碱性除油—热水洗—水洗—酸浸蚀—水洗—水洗—阳极氧化或化学浸锌（2 次）或化学镍锌—水洗—水洗—预镀铜—热水洗—水洗—活化—水洗—水洗—电镀。

（2）除油与酸蚀工艺

① 有机除油。汽油或三氯乙烯或四氯化碳。

汽油成本低，毒性小，但是有易燃的缺点。三氯乙烯和四氯化碳不会燃烧，可在较高温度下除油，但成本较高且有毒，需要在比较密封的设备内小心操作。

② 碱性除油

磷酸三钠	40g/L	表面活性剂	3mL/L
硅酸钠	10g/L	温度	50～60℃

③ 酸浸蚀

硝酸	500g/L	温度	室温

（3）预处理工艺

① 氧化膜法。铝及铝合金经电解氧化后，所获得的膜层是多孔性的，特别是在磷酸中阳极氧化后，膜层的孔径较大，可以作为电镀层增加结合力的基体表层。

磷酸	300～420g/L	硫酸	1g/L
草酸	1g/L	十二烷基硫酸钠	1g/L

阳极电流密度	$1\sim2A/dm^2$	温度	25℃
电压	$30\sim60V$	时间	$10\sim15min$

为了获得更好的结合强度，可以在铝氧化完成后再在含有6%～8%的氰化钠溶液中进一步做扩孔处理，时间是纯铝15min，合金铝5min，然后带电入槽进行电镀，刚入镀槽时的电流不宜大，可以在$1A/dm^2$的电流下先电镀约30s后，再开到正常电流密度。

② 化学沉锌

a. 一次沉锌工艺

氧化锌	100g/L	三氯化铁	1g/L
氢氧化钠	500g/L	温度	15～30℃
酒石酸钾钠	10～20g/L	时间	30～60s

b. 二次沉锌工艺

氧化锌	20g/L	三氯化铁	2g/L
氢氧化钠	120g/L	温度	15～30℃
酒石酸钾钠	50g/L	时间	20～40s

c. 化学沉锌镍

氧化锌	5g/L	三氯化铁	2g/L
氯化镍	15g/L	氰化钠	3g/L
氢氧化钠	100g/L	温度	15～30℃
酒石酸钾钠	20g/L	时间	30～40s
硝酸钠	1g/L		

配制化学沉锌镍镀液要先将锌与氢氧化钠制成锌酸盐溶液，将氯化镍与酒石酸盐络合，再在搅拌下溶于锌酸盐溶液中，最后加入氰化钠。氰化钠在这里所起的作用机理尚不明确，如果不加，则镍不能共沉积，合金中镍的含量约在6%。

3.6.3.2 铝上电镀工艺

只要按3.6.3.1中介绍的任何一种方法进行了铝上电镀的前处理准备工作，就可以进入铝上电镀的流程。

无论采用的是哪一种前处理方式，完成前处理后进入电镀的第一个工序是闪镀铜。

(1) 闪镀铜

现在适合用作闪镀铜的镀液主要是氰化物镀铜工艺。

氰化亚铜	40g/L	酒石酸钾钠	60g/L
氰化钠	50g/L	pH值	10.2～10.5
碳酸钠	30g/L	温度	室温

| 冲击电流密度 | 2.6A/dm² | 正常工作电流密度 | 1.3A/dm² |
| 时间 | 2min | 时间 | 3min |

在完成闪镀铜后，要充分清洗，并进行活化处理，活化用 1%～3% 的硫酸溶液，如果其后的电镀是酸性镀铜或镀镍，经活化后不用水洗就可以直接入槽电镀。如果是镀其他碱性镀液特别是氰化物镀液，则活化后一定要经两次水洗后才能入槽电镀。

（2）中间镀层

进行了闪镀铜以后，要根据产品设计或工艺的要求进行中间镀层的电镀，实际上中间镀层也可以说是底镀层，闪镀铜只是为了保证分散能力和结合力而采取的一项技术性镀层，要达到产品对镀层的要求，要根据表面的最终镀层来选用中间镀层。比如镀酸铜、镀暗镍或其他可作为中间或底镀层用的镀种或工艺。如果表面镀层是镀银，则更要在闪镀铜后再适当加厚镀层，比如采用酸性光亮镀铜等，并一定要再经闪镀银（或化学镀银）后才能进入表面最终镀层的施镀。本章中介绍的通用工艺中，镀铜、镍等工艺都可以用作铝上电镀的中间镀层。

（3）表面镀层

表面镀层也是铝上电镀所需要的目标镀层，可以是装饰性镀层，也可以是功能性镀层。对于电子电镀来说，铝上电镀多数是功能性镀层，少数外装件兼有功能和装饰作用。纯装饰用镀层仅限于外框上的拉手、旋钮、标牌等。

相关功能性表面镀层的电镀工艺可从电子电镀分述的有关章节中查到，比如微波器件电镀中 5.2.2.1 节有关波导产品铝上镀银的工艺配方和操作条件等。

3.6.3.3　铝上电镀注意事项

铝上电镀质量的关键指标是结合力，而影响铝上电镀结合力质量的因素比较多，所以必须对整个流程加以严格的控制，才能达到预期的效果。

（1）前处理

前处理要保持表面氧化物充分被去除，但同时又要防止过腐蚀。前处理过程中要经过碱蚀、酸蚀、去膜、活化等各个步骤，如果有一个步骤处理不充分，就会影响到结合力，但同时也要完全避免发生过腐蚀的现象。因为铝材料无论是在碱性还是酸性溶液中都会发生腐蚀，这将导致金属晶间腐蚀加重，表面出现晶斑或晶纹，即使电镀也不能盖掉这些粗糙的纹理而导致外观或性能不合格。

同时，经过化学前处理后的铝制件要迅速进入下一道工序，这是防止表面再次氧化而导致结合力出现问题的关键，不要预先处理许多制件来等待下一道流程，应该镀多少就处理多少，以保持前处理的工件可以全部进入下一流程。

（2）化学沉锌的维护

化学沉锌槽严禁带入其他杂质和酸、碱溶液，特别是油污或其他金属杂质。悬挂铝制品的挂具要用铝材料或不锈钢制作。沉锌液每次使用后要加盖保存。对于二次沉锌工艺，退锌液要保持干净和经常换掉，第二次沉锌的时间也不宜过长，防止发生置换过度造成基体腐蚀。

（3）保证结合力良好的细节

每道工序间的清洗要非常充分，并且工序间的停留时间不宜过长。同时，如果制件进入加热的镀液或由加热的镀液出槽，都要在热水中预热或出槽热水洗，以缓冲金属铝与镀层间的热胀冷缩引起的结合力不良。特别是碱性加温液的出槽清洗，一定要是热水洗，才能将表面残留的碱液清洗干净。

铝上电镀都要带电入槽，以防止产生置换而影响结合力。电镀过程不能断电，要观察镀件时不可提出槽外，尽量在槽内带电观察。

3.6.4 镁及镁合金电镀

前面已经提到，随着移动通信和微电子产品的流行，采用更轻量化的结构材料已经是一种发展趋势，这种形势使得镁及其合金在电子产品中的应用越来越多，对这种比铝更轻的材料的电镀也就成为人们关心的课题。

但是镁的标准电位很负，在酸性介质中达$-2.363V$，因此是极为活泼的金属，耐蚀性很差，如果不对其表面进行防护装饰性处理，难以用作产品的结构件。实际产品中使用的镁合金制品，采用合金化处理的镁在力学性能和防护性能上都有所改善，但是仍然需要进行表面处理特别是电镀以后，才能发挥其独特的轻灵功能。

3.6.4.1 镁及其合金电镀流程

（1）镁及其合金电镀的典型工艺流程[4]

典型的镁及合金电镀的工艺流程包括表面的机械前处理，这包括小型零件的滚光或擦光，大型制件的表面精抛以得到高光泽表面等，但对于一般产品，机械前处理往往是省掉了的：有机除油—化学除油—冷水漂洗—酸蚀—冷水漂洗—活化—冷水漂洗—化学浸锌—冷水漂洗—冲击镀铜—冷水漂洗—电镀目标镀层。

（2）可直接镀镁合金电镀工艺流程

典型工艺流程中的化学浸锌工艺比较费时、费力，而且质量控制要求较严，因而成本较高，为了改善这种情况，近年出现了一种通过改进镁合金成分直接电镀也可以获得良好镀层结合力的材料和技术[5]。其流程如下：碱洗—水洗—浸酸—水洗—活化—水洗—电镀镍。

这一工艺的应用将降低镁制品电镀的成本而扩大其商业应用的价值。

3.6.4.2 镁及其合金电镀工艺

以下是典型工艺流程所采用的工艺配方与操作条件。

（1）高效碱性除油

氢氧化钠　　　　　　　　15～60g/L　　　磷酸三钠　　　　　　　　10g/L

温度　　　　　　　　　90℃　　时间　　　　　　　　　　3～10min

这种处理液的 pH 值要保持在 11 以上，如有必要，可添加 0.7g/L 的肥皂。考虑到磷酸盐的污染问题，可以将其去掉而增加氢氧化钠的含量至 100g/L。

（2）浸酸

浸酸是为了除去镁在有机除油或碱性除油后留下的污染，特别是有过刷光、喷砂等处理的表面。

① 硝酸铁亮浸

铬酐	180g/L	温度	室温
九水硝酸铁	40g/L	时间	15s～2min
氟化钾	6g/L		

② 铬酸浸蚀

铬酐	180g/L	时间	2～10min
温度	20～90℃		

这种浸蚀适合尺寸要求较高的产品。

③ 磷酸浸蚀

磷酸（85%）	不稀释	时间	15s～5min
温度	室温		

注意这种浸蚀的金属损失率较高，为 $13\mu m/min$。

④ 醋酸浸蚀

冰醋酸	280mL/L	温度	室温
硝酸钠	80g/L	时间	30s～2min

（3）活化

活化实际上是一种特殊的浸蚀工艺，可以使表面显露出微晶界面而有利于镀层的生长。

① 磷酸活化

磷酸（85%）	200mL/L	温度	室温
氟化氢铵	100g/L	时间	15s～5min

氟化氢铵是最常用的活化剂。氟化氢钠或氟化氢钾也可以用，注意镀槽不能用玻璃或陶瓷类制品。

② 碱性活化液

焦磷酸钠	40g/L	温度	70℃
四硼酸钠（硼砂）	70g/L	时间	2～5min
氟化钠	20g/L		

这种碱性活化液兼有除油的效果，对于表面有一般氧化膜的镁制件，可以除油和活化一步完成。

（4）化学浸锌

镁上电镀能否成功的关键在于化学浸锌的成功与否。标准的浸锌液是焦磷酸盐、锌酸盐和氟化物的水溶液。

一水硫酸锌	30g/L	温度		80℃
焦磷酸钠	120g/L	时间	含铝镁合金	3～7 min
氟化钠	5g/L		不含铝镁合金	3～5min
碳酸钠	5g/L		非合金镁	2～4min

配制这种镀液的次序很重要，首先在室温下将硫酸锌溶于水中，然后加热至60～80℃，在搅拌下加入焦磷酸钠。这时有白色焦磷酸锌沉淀出现，但继续搅拌10min 左右即会完全溶解。再加入氟化物，然后加入碳酸钠调整 pH 值到 10.0～11.0 的范围。

氟化物也可以采用氟化锂，虽然比较贵，但由于溶解度有限会自行调节在镀液中的浓度，过量的氟化锂会附在阳极袋上，在溶液中氟离子浓度下降时自动溶解补充氟离子。

浸锌溶液应该尽量采用去离子水配制。铁及其他金属离子对沉锌是有害的。挂具上的铬残留物或陶瓷类槽体因氟腐蚀下来的硅离子，对化学沉锌都是有害的。

（5）冲击镀铜

冲击镀铜也叫闪镀铜，是在化学沉锌表面镀上一层电镀层以利于后续的电镀加工的过程。

① 氟化物-氰化物镀铜

氰化亚铜	41g/L	温度	55～60℃
氰化钾	68g/L	pH 值	9.6～10.4
氟化钾	30gt/L	阴极移动	2.4～3.7m/min
游离氰化钾	8g/L		

② 酒石酸钾钠-氰化物镀铜

氰化亚铜	41g/L	游离氰化钾	6g/L
氰化钾	51g/L	温度	55～60℃
碳酸钠	30gt/L	pH 值	9.6～10.4
四水酒石酸钾钠	45g/L	阴极移动	2.4～3.7m/min

两种槽液都必须带电下槽，否则置换铜层将影响镀层的结合力。

（6）直接镀工艺

① 碱洗

氢氧化钠	100g/L	时间	3～10min
温度	100℃		

② 浸酸

| 铬酐 | 120g/L | 温度 | 21～32℃ |
| 硝酸(70%) | 150g/L | 时间 | 0.5～1min |

③ 活化

| 氢氟酸(50%) | 360g/L | 时间 | 10min |
| 温度 | 21～32℃ | | |

④ 电镀镍

碱式碳酸镍	120g/L	pH 值	3.0
柠檬酸	40g/L	阴极电流密度	3～10A/dm^2
氢氟酸(100%)	43g/L	搅拌	需要
润湿剂	0.7g/L		

3.6.4.3　镁及其合金电镀故障的排除

镁及其合金电镀的常见故障与排除方法见表 3-9。

表 3-9　镁上电镀的故障与排除

故　　障	表现或原因	排　除　方　法
浸锌层沉积不全	表面活化不当 挂具上的铬或镍离子带入 浸锌时间不足 氟化物含量过低 锌含量低 表面有油污	检查浸酸液和活化液,更换 将挂具清洗干净后再用 适当延长浸锌时间 适当添加氟化物 补加锌离子 除油要充分
浸锌时镁基体上有麻点	氟化物含量过低 溶液 pH 值太低	补充氟化物 调整沉锌液 pH 值
冲击镀铜镀层不全	当镀层不全、面积较大时 浸锌时间不足 表面有油污 游离氰化物含量低	延长浸锌时间 除油要干净 补充氰化物
	当镀不全、部位较小时(3mm 以下) 浸锌液中氟化物含量低 冲击镀铜时间不足 游离氰化物含量不足 阴极电流密度太高 溶液搅拌不够	补加氟化物 延长冲击镀铜时间 分析、补加氰化物 降低阴极电流密度 加强搅拌
冲击镀铜起泡	零件没有带电入槽 浸锌、水洗和冲击镀铜之间传送时间过长 起始阴极电流密度太高 游离氰化物含量太低 浸锌层太厚 表面有油污	冲击电镀时带电入槽 各工序之间停留时间尽量减少 降低起始电流密度 分析、补充氰化物 控制浸锌时间 不要污染流程中零件
冲击镀铜时镁基体有麻点	浸锌时间太短 阴极电流密度太低 游离氰化物含量过低 氟化物含量低	延长浸锌时间 提高阴极电流密度 分析、补加氰化物 添加氟化物

故　障	表现或原因	排 除 方 法
冲击镀铜后镁基体有麻点	冲击镀铜时间不足 通电前在镀液中停放时间太长	延长冲击镀铜时间 镀件带电入槽

3.6.4.4　镁及镁合金的化学氧化

镁及其合金的表面处理除了电镀工艺外，同样也可以进行氧化处理。对于要求较低的产品，则可以采用化学氧化工艺。

化学氧化工艺的配方和操作条件如下：

重铬酸钾	30～50g/L	温度	室温
硫酸铝钾	8～12g/L	时间	3～5min
醋酸(60%)	5～8mL/L		

这个工艺得到的膜层呈金黄色到褐色，溶液稳定，操作简单，膜层质量较高，但用到了重铬酸盐，其在电子产品中已经不可取，另一个工艺是氟化钠工艺：

氟化钠	35～40g/L	时间	10～12min
温度	室温		

但是膜层的颜色不太好，是深灰色至黑褐色。

3.7　化学镀

3.7.1　化学镀的历史、原理与应用

化学镀由于不需要电源而又有极好的分散能力，正在成为电镀技术的重要补充，受到越来越多的重视和应用。特别是在电子电镀中，化学镀占有很重要的地位，是从事电子电镀的工程技术人员和操作工都必须掌握的一门重要表面处理技术。

3.7.1.1　化学镀简史

化学镀（chemical plating）是指从化学溶液中获得金属镀层的加工方法，由于这种方法不需要用到电源，所以也被叫作无电解镀（electroless plating）。由于不受电力线分布和二次电流分布的影响，镀层的厚度在镀件所有表面基本是一样的，因而具有极好的分散能力。虽然没有外电源的介入，但是化学镀所依据的原理仍然是有电子得失的氧化还原反应。由参加反应的离子提供和交换电子，从而完成化学镀过程，因此化学镀液需要有能提供电子的还原剂，而被镀金属离子就当然是氧化剂了。为了使镀覆的速度得到控制，还需要有让金属离子稳定的络合剂以及提供最佳还原效果酸碱度调节剂（pH值缓冲剂）等。

在化学镀中应用得最多的是化学镀铜和化学镀镍。对于化学镀铜，如果从广义的角度来看，我们祖先很早就知道在铁表面置换镀铜。不过，这里要介绍的是

现代人关于化学镀铜的历史。

最早关于化学镀铜的记述可能是 1887 年由法拉第做出的。他将氧化亚铜和橄榄油一起加热，使氧化亚铜还原，在玻璃上获得了铜镀层。

为了寻求比银镜法更为廉价的化学处理液，很早就有人研究在碱性条件下以福尔马林为还原剂的化学镀铜法，这就是所谓的"沉铜法"，但是由于溶液本身的稳定性太差，在很长一段时间内没有获得突破，从而使其应用受到了阻碍，结果比化学镀镍的工业化要迟一些。

20 世纪 50 年代是电子工业大发展的时期，这时对印制线路板的孔金属化提出了实践的要求，从而刺激了化学镀铜的研究。到了 60 年代，塑料电镀的出现以及孔金属化技术的成熟，化学镀铜终于以工业化生产规模的姿态出现了。

用于工业化的化学镀铜工艺分为两大类。一类是用于塑料电镀和孔金属化场合，镀层厚度在 $1\mu m$ 以下的薄的导电性镀层。这种类型的化学镀铜液主要是稳定性高，便于在生产线上维持稳定的生产流程。另一类是用于印制线路板加厚或电铸的化学沉铜液。沉积层的厚度在 $20\sim30\mu m$ 以上。这时对镀层的厚度和延展性有一定要求，对镀液的要求是以反应快速为主。镀液的温度通常在 $60\sim70℃$ 之间，而不是像前一种类型是在常温下操作。

化学镀镍的实用化试验是从 1946 年开始的。当年，美国的布朗勒（A. Brenner）在研究合成石油的时候，偶然发现了次亚磷酸钠能还原金属镍的现象。他抓住这个现象，深入研究，于 1947 开发出了化学镀镍工艺。

1953 年，布朗勒在美国《金属精饰》（Metal Finishing）上发表论文，介绍了化学沉积镍层的物理性质，指出那实际上是镍磷合金的共同沉积，因此所获得的镍层比普通镍要硬。

1954 年，化学镀镍从只能在铁合金基体上沉积发展到可以在非铁系金属上沉积。

1955 年，皮比斯丁在《金属精饰》上发表了在非金属上沉积化学镍的论文。预示在合成树脂、陶瓷、玻璃、木材等材料上也可以获得良好的镀层，只是由于结合力太差，没有能引起工业界的重视，延缓了这一技术的应用。

直到 1958 年才有工业化的化学镀镍用于实际生产。

1959 年，威斯特发表了关于在碳上沉积化学镍的论文，但是直到 1968 年之前，化学镀镍工艺都是以高温型为主。

20 世纪 60 年代末，日本姬路工业大学的石桥知等对化学镀镍做了系统的研究，在日本《金属表面技术》上发表了一系列论文，直到开发出常温型化学镀镍工艺。常温型化学镀镍工艺在 1968 年开发成功，于 1970 年在日本《金属表面技术》期刊 21 卷发表[6]。

此后，化学镀镍在非金属电镀等工业领域获得了广泛的应用。由于它具有比化学镀铜更多的优点，尤其在非金属电镀方面，其优良的稳定性和镀层性能使之在很多场合取代了化学镀铜，特别是在镀层的导电性和装饰性方面，都比化学镀铜要好。

3.7.1.2 化学镀原理

3.7.1.2.1 化学镀铜原理

我们先看一个典型的化学镀铜液的配方：

硫酸铜	5g/L	甲醛	10mL/L
酒石酸钾钠	25g/L	稳定剂	0.1mg/L
氢氧化钠	7g/L		

这个配方中硫酸铜是主盐，是提供我们需要镀出来的金属的主要原料。酒石酸钾钠称为络合剂，是保持铜离子稳定和使反应速度受到控制的重要成分。氢氧化钠能维持镀液的 pH 值并使甲醛充分发挥还原作用。而甲醛则是使二价铜离子还原为金属铜的还原剂，是化学镀铜的重要成分。当镀液被催化而发生铜的还原后，稳定剂能对还原的速度进行适当控制，防止镀液自己剧烈分解而导致镀液失效。

化学镀铜当以甲醛为还原剂时，是在碱性条件下进行的，铜离子则需要有络合剂与之形成络离子，以增加其稳定性。常用的络合剂有酒石酸盐、EDTA、多元醇、胺类化合物、乳酸、柠檬酸盐等。我们可以用如下通式表示铜络离子：Cu^{2+}·络合物，则化学镀铜还原反应的表达式如下：

$$Cu^{2+} \cdot 络合物 + 2HCHO + 4OH^- \longrightarrow Cu + 2HCOO^- + H_2 + 2H_2O + 络合物$$

这个反应需要催化剂催化才能发生，因此适合于经活化处理的非金属表面，但是在反应开始后，当有金属铜在表面开始沉积出来，铜层就作为进一步反应的催化剂而起催化作用，使化学镀铜得以继续进行。这与化学镀镍的自催化原理是一样的。当化学镀铜反应开始以后，还有一些副反应也会发生：

$$2HCHO + OH^- \longrightarrow CH_3OH + HCOO^-$$

这个反应也叫"坎尼扎罗反应"，它也是在碱性条件下进行的，将消耗掉一些甲醛。

$$2Cu^{2+} + HCHO + 5OH^- \longrightarrow Cu_2O + HCOO^- + 3H_2O$$

这是不完全还原反应，所产生的氧化亚铜会进一步反应：

$$Cu_2O + 2HCHO + 2OH^- \longrightarrow 2Cu + H_2 + H_2O + 2HCOO^-$$

$$Cu_2O + H_2O \longrightarrow 2Cu^+ + 2OH^-$$

也就是说，除一部分还原成金属铜外，还有一部分还原成为一价铜离子。一价铜离子的产生对化学镀铜是不利的，因为它会进一步发生歧化反应，还原为金属铜和二价铜离子：

$$2Cu^+ \longrightarrow Cu + Cu^{2+}$$

这种由一价铜还原的金属铜是以铜粉的形式出现在镀液中的，铜粉成为进一步催化化学镀的非有效中心，当分布在非金属表面时，会使镀层变得粗糙，而当分散在镀液中时，会使镀液很快分解而失效。

(1) 镀液各组分的影响

二价铜离子（主盐）的浓度变化对化学镀铜沉积速度有较大影响，而甲醛浓度在达到一定的量后，影响不是很大，并且与镀液的 pH 值有密切关系。当甲醛浓度高时（2mol/L），pH 值为 11～11.5，而当甲醛浓度低时（0.1～0.5mol/L），镀液的 pH 值要求在 12～12.5。

如果溶液中的 pH 值和溶液的其他组分的浓度恒定，无论是提高甲醛还是二价铜离子的含量（在工艺允许的范围内），都可以提高镀铜的速度。

化学镀铜的反应速度（v）与二价铜离子、甲醛和氢氧根离子的关系可以用以下关系式表示：

$$v = K[Cu^{2+}]^{0.69}[HCHO]^{0.20}[OH^-]^{0.25}$$

在大部分以甲醛为还原剂的化学镀铜液中，甲醛的含量是铜离子含量的数倍。酒石酸盐的含量也要比铜离子高，当其比率大于 3 时，对铜还原的速度影响并不是很大，但是如果低于这个值，镀铜的速度会稍有增加，但是镀液的稳定性则下降。

除了酒石酸钾钠外，其他络合剂也可以用于化学镀铜，比如柠檬酸盐、三乙醇胺、EDTA、甘油等，但其作用效果有所不同。最为适合的还是酒石酸盐。

(2) 工艺条件和其他成分的影响

温度提高，镀铜的速度会加快。有些工艺建议的温度范围为 30～60℃，但是过高的温度也会引起镀液的自分解，因此，最好是控制在室温条件下工作。

pH 值偏低时，容易发生沉积出来的铜表面钝化的现象，有时会使化学镀铜的反应停止下来。温度过高和采用空气搅拌时，都有引起铜表面钝化的风险。在镀液中加入少许 EDTA 可以防止铜的钝化。

其他金属离子对化学镀铜过程也有着一定影响，其中镍离子的影响基本上是正面的。试验表明，在化学镀铜液中加入少量镍离子，在玻璃和塑料等光滑的表面上可以得到高质量的镀铜层，而不含镍离子的镀液里，得到的镀层与光滑的表面结合不牢。添加镍盐会降低铜离子还原的速度。在含镍盐时，镀液的沉积速度为 0.4μm/h，不含镍盐时，化学镀铜的沉积速度为 0.6μm/h。当含有镍盐时，镍离子会在镀覆过程中与铜离子共沉积而形成铜镍合金。当化学镀铜液中镍离子的含量为 4～17mmol/L 时，镀铜层中镍的含量为 1%～4%。

需要注意的是，在含有镍的化学镀铜液的 pH 值低于 11 时，有时镀液会出现凝胶现象。这是甲醛与其他成分包括镍的化合物发生了聚合反应。

在化学镀铜中，钴离子也有类似的作用，但是从成本上考虑还是采用添加镍较好。当镀液中有锌、锑、铋等离子混入时，都将降低铜的还原速度。当超过一定含量时，镀液将不能镀铜。因此，配制化学镀铜应尽量采用化学纯级别的化工原料。

（3）化学镀铜液的稳定性

以甲醛作还原剂的化学镀铜不仅仅可以在被活化的表面进行，在溶液本体内也可以进行，而当这种反应一旦发生，就会在镀液中生成一些铜的微粒，铜微粒成为进一步催化铜离子还原反应的催化剂，最终导致镀液在很短时间内完全分解，变成透明溶液和沉淀在槽底的铜粉。这种自催化反应的发生反映了化学镀铜稳定性的问题。

在实际生产中，希望没有本体反应发生，铜离子仅仅只在被镀件表面还原。由于被镀表面是被催化了的，而镀液本体中尚没有催化物质，因此，化学镀铜在初始使用时不会发生本体的还原反应，同时由于非催化的还原反应的活化能较高，要想自发发生需要克服一定的阻力，但是很多因素会促进非催化反应向催化反应过渡，最终导致镀液的分解。以下因素可能会降低化学镀铜液的稳定性。

① 镀液成分浓度高。铜离子和甲醛以及碱的浓度偏高时，虽然镀速可以提高，但镀液的稳定性也会下降。因此，化学镀铜有一个极限速度，超过这一速度，在溶液的本体中就会发生还原反应。尤其在温度较高时，溶液的稳定性明显下降，因此，不能一味地让镀铜在高速度下沉积。

② 过量的装载。化学镀铜液有一定的装载量，如果超过了每升镀液的装载量，会加快镀液本体的还原反应。比如空载的镀液，当碱的浓度达到 0.9mol/L 时，才会发生本体还原反应。而在装载量为 $60cm^2/L$、碱的浓度在 0.6mol/L 时，就会发生本体的还原反应。

③ 配位体的稳定性下降。如果配位体不足或所用配位体不足以保证金属离子的稳定性，镀液的稳定性也跟着下降。比如当酒石酸盐与铜的比值从 3：1 降到 1.5：1 时，镀液的稳定性就会明显下降。

④ 镀液中存在固体催化微粒。当镀液中有铜的微粒存在时，会引发本体发生还原反应。这可能是从经活化表面上脱落的活化金属，也可能是从镀层上脱落的铜颗粒。还有就是配制化学镀铜液的化学原料的纯度，有杂质的原料配制的化学镀铜稳定性肯定是不好的。

（4）提高化学镀铜稳定性的措施

为了防止不利于化学镀铜的副反应发生，通常要采取以下措施。

① 在镀液中加入稳定剂。常用的稳定剂有多硫化物，如硫脲、硫代硫酸盐、2-巯基苯并噻唑、亚铁氰化钾、氰化钠等，但其用量必须很小，因为这些稳定剂同时也是催化中毒剂，稍一过量，会使化学镀铜停止反应，完全镀不出铜来。

② 采用空气搅拌。空气搅拌可以有效地防止铜粉的产生，制约氧化亚铜的

生成和分解，但对加入槽中的空气要进行去油污等过滤处理。

③ 保持镀液符合正常工艺规范。不要随便提高镀液成分的浓度，特别是在补加原料时，不要过量。最好是根据受镀面积或分析来较为准确地估算原料的消耗。同时，不要轻易升高镀液温度，在调整各种成分的浓度和调高 pH 值时都要很小心。在不工作时，将 pH 值调整到弱碱性，并加盖保存。

④ 保持工作槽的清洁。采用专用的化学镀槽，槽壁要光洁，不要让化学铜在壁上有沉积，如果发现有了沉积，要及时清除并洗净后，再用于化学镀铜。去除槽壁上的铜可以采用稀硝酸浸渍。有条件时要采用循环过滤镀液。

（5）化学镀铜层的性能

研究表明，通过化学镀铜获得的铜层是无定向的分散体，其晶格常数与金属铜一致。铜的晶粒为 $0.13\mu m$ 左右。镀层有相当高的显微内应力 [$176.5MPa$ （$18kgf/mm^2$）] 和显微硬度 [$1.96\sim2.11GMPa$（$200\sim215kgf/mm^2$）]，并且即使进行热处理，其显微内应力和硬度也不随时间而降低。

降低铜的沉积速度和提高镀液的温度，铜镀层的可塑性增加。有些添加物也可以降低化学镀铜层的内应力或硬度，比如氰化物、钒、砷、锑盐离子和有机硅烷等。当温度超过 $50℃$，含有聚乙二醇或氰化物稳定剂的镀液，镀层的塑性会较高。

化学镀铜层的体积电阻率明显超过实体铜（$1.7\times10^{-6}\Omega\cdot cm$），在含有镍离子的镀层，电阻会有所增加。因此，对铜层导电性要求比较敏感的产品，以不添加镍盐为好。这种情况对于一般化学镀铜可以忽略。

3.7.1.2.2 化学镀镍原理

化学镀镍镀液主要由金属盐、还原剂、pH 缓冲剂、稳定剂或络合剂等组成。

镍盐用得最多的是硫酸盐，还有氯化物或者醋酸盐。还原剂主要是亚磷酸盐、硼氢化物等。pH 缓冲剂和络合剂通常采用的是氨或氯化铵等。

以次亚磷酸钠作还原剂的化学镀镍是目前使用最多的一种。其反应机理如下。

在酸性环境：

$$Ni^{2+}+H_2PO_2^-+H_2O \longrightarrow Ni+H_2PO_3^-+2H^+$$

在碱性环境：

$$[NiX_n]^{2+}+H_2PO_2^-+3OH^- \longrightarrow Ni+HPO_3^{2-}+nX+2H_2O$$

磷的析出反应如下：

$$H_2PO_2^-+2H^+ \longrightarrow P+2H_2O$$

$$2H_2PO_2^- \longrightarrow P+HPO_3^{2-}+H^++H_2O$$

$$H_2PO_2^-+4H+H^+ \longrightarrow PH_3+2H_2O$$

化学镀镍的沉积速度受温度、pH 值、镀液组成和添加剂的影响。通常温度上升，沉积速度也上升。每上升 10℃，速度约提高 2 倍。

pH 值是最重要的因素，对反应速度、还原剂的利用率、镀层的性质都有很大的影响。

镍盐浓度的影响不是很主要的，次亚磷酸钠的浓度提高，速率也会相应提高，但是到了一定限度以后反而会使速率下降。每还原 1mol 的镍，需消耗 3mol 的次亚磷酸盐（即 1g 镀层消耗 5.4g 的次亚磷酸钠）。同时，一部分次亚磷酸盐在镍表面催化分解。常常以利用系数来评定次亚磷酸盐的消耗效率，它等于消耗在还原金属上的次亚磷酸盐与整个反应中消耗的次亚磷酸盐总量的比：

$$次亚磷酸盐利用系数 = \frac{用于还原镍的次亚磷酸盐}{化学镀中次亚磷酸盐消耗总量}$$

次亚磷酸盐的利用系数与溶液成分如缓冲剂和配位体的性质和浓度有关。当其他条件相同时，在镍还原速度高的溶液里，利用系数也高。利用系数随着装载密度的加大而提高。

在酸性环境里，可以用只含镍离子和次亚磷酸盐的溶液化学镀镍，但是为了使工艺稳定，必须加入缓冲剂和络合剂。因为化学镀镍过程中生成的氢离子使反应速度下降乃至停止。常用的有醋酸盐缓冲体系，也有用柠檬酸盐、羟基乙酸盐、乳酸盐等。络合物可以在镀液 pH 值增高时也保持其还原能力。当调整多次使用的镀液时，这一点很重要，因为在陈化的镀液里，亚磷酸的积累会增加，如果没有足够的络合剂，镀液的稳定性会急剧下降。

酸性体系里的络合剂多数采用的是乳酸、柠檬酸、羟基乙酸及其盐。有机添加剂对镍的还原速度有很大影响，其中许多都是反应的加速剂。如丙二酸、丁二酸、氨基乙酸、丙酸以及氟离子，但是添加剂也会使沉积速度下降，特别是稳定剂，会明显下降沉积速度。

在碱性化学镀镍溶液里，镍离子配位体是必需的成分，以防止氢氧化物和亚磷酸盐沉淀。一般用柠檬酸盐或铵盐的混合物作为络合剂。也有用磺酸盐、焦磷酸盐、乙二胺盐的镀液。

提高温度可以加速镍的还原。在 $60\sim90℃$，还原速度可以达到 $20\sim30\mu m/h$，相当于在中等电流密度（$2\sim3A/dm^2$）下电镀镍的速度。

采用硼氢化物为还原剂的反应机理如下：

$$2NiCl_2 + NaBH_4 + 4NaOH \longrightarrow 2Ni + NaBO_2 + 4NaCl + 2H_2O + 4H^+$$

$$4NiCl_2 + 2NaBH_4 + 6NaOH \longrightarrow 2Ni_2B + 8NaCl + 6H_2O + H_2 \uparrow$$

由上可见，析出物就是镍硼合金。与用次亚磷酸盐作还原剂相比，还原剂的消耗量较少，并且可以在较低温度下操作，但是由于硼氢化物价格高，在加温时易分解，使镀液管理存在困难，一般只用在有特别要求的电子产品上。镍磷和镍硼化学镀的特点见表 3-10。

表 3-10　化学镀镍磷和化学镀镍硼的性能比较

	各项指标	化学镀镍磷	化学镀镍硼
镀层的性质	合金成分(质量分数)/%	Ni 87～98 P 2～13	Ni 99～99.7 B 0.3～1
	结构	非晶体	微结晶体
	电阻率/$\mu\Omega \cdot cm$	30～200	5～7
	密度/(g/cm^3)	7.6～8.6	8.6
	硬度(HV)	500～700	700～800
	磁性	非磁性	强磁性
	内应力	弱压应力至拉应力	强拉应力
	熔点/℃	880～1300	1093～1450
	焊接性	较差	较好
	耐腐蚀性	较好	比镍磷差
镀液特性	沉积速度/(μm/h)	3～25	3～8
	温度/℃	30～90	30～70
	稳定性	比较稳定	较不稳定
	寿命	3～10MTO[①]	3～5MTO
	成本比	1	6～8

① MTO 是化学镀循环周期的缩写。

3.7.1.3　化学镀的应用

由于化学镀所具有的优良性能和特点，其应用越来越广泛。特别是化学镀镍，已经在诸多工业领域采用，并且有日益发展之势。

化学镀镍的种类与用途可参见表 3-11。

表 3-11　化学镀镍的种类与用途

化学镍类别	主要性能	主要用途
镍-磷	耐蚀性	工程用、代铬、电子行业
镍-硼	高耐蚀性,高硬度,高耐磨性,良好的导电性、焊接性	电子工业、航天航空工业
镍磷 M 三元化学镀层(M＝铜、铁、铬、锌等)	耐蚀、耐热、磁性电阻特性等	薄膜电阻、医用设备、厨房设备等
镍磷、镍硼复合镀层(复合材料为碳化硅、人造金刚石、聚四氟乙烯、氧化钛等)	耐磨性 自润滑性	电子、汽摩(汽车和摩托车)和化工、机械、纺织、造纸等工业的模具、轴、泵、阀门等

化学镀铜主要在电子电镀领域大量采用，特别是印制板电镀中，化学镀铜担任着重要角色。在非金属电镀方面，以 ABS 塑料电镀为代表的塑料电镀也大行

其道,在其他非金属材料电镀中,表面金属化过程主要采用化学镀铜技术,包括玻璃钢电镀、陶瓷电镀等[7]。此外,其他工业领域也要用到化学镀铜技术,特别是在电磁屏蔽领域,近年来开始采用导电布料作为屏蔽材料。而布料表面金属化技术中,采用化学镀方法的效果和加工性能都是较好的,现在采用化学镀铜的聚酯纤维布已经在电磁屏蔽服装、窗帘、电子设备罩以及电子产品结构内的局部屏蔽等方面有着广泛应用。特别是布料的易剪裁和任意变形的性能,使其在电磁屏蔽材料中成为有广泛应用前景的材料[8]。

3.7.2 化学镀工艺

3.7.2.1 化学镀铜工艺

化学镀铜主要是用于非金属表面形成导电层,因此在印制板电镀和塑料电镀中都有广泛应用。铜与镍相比,标准电极电位比较正(0.34V),因此比较容易从镀液中还原析出,但是也正因为此,镀液的稳定性也差一些,容易自分解而失效。

(1) 工艺配方

硫酸铜	7g/L	碳酸钠	10g/L
酒石酸钾钠	75g/L	硫脲	0.01g/L
氢氧化钠	20g/L	pH 值	12
三乙醇胺	10mL/L	温度	40~50℃

(2) 配制与维护

化学镀铜的稳定性较差,容易发生分解反应,所以在配制时一定要小心地按顺序进行。

① 先用蒸馏水溶解硫酸铜;

② 再用一部分水溶解络合剂;

③ 将硫酸铜溶液在搅拌中加入到络合剂中;

④ 再加入稳定剂和氢氧化钠,调 pH 到工艺范围;

⑤ 使用前再加入还原剂甲醛。

在使用中采用空气搅拌,可提高镀液的稳定性,并可将副反应生成的一价铜氧化为二价铜,以防止因歧化反应生出铜粉而导致自分解。

在镀液用过后,存放时要将 pH 调低至 7~8,并且过滤掉固体杂质,更换一个新的容器保存,才可防止自分解失效。

用于非金属电镀的化学镀铜工艺如下:

硫酸铜	3.5~10g/L	37%甲醛	10~15mL/L
酒石酸钾钠	30~50g/L	硫脲	0.1~0.2 mg/L
氢氧化钠	7~10g/L	温度	室温(20~25℃)
碳酸钠	0~3g/L	搅拌	空气搅拌

这是现场经常用到的常规配方，在实际操作中为了方便，可以配制成不加甲醛的浓缩液备用。比如按上述配方将所有原料的含量提高到 5 倍，使用时再用蒸馏水按 5：1 的比例进行稀释。然后在开始工作前再加入甲醛。

要想获得延展性好又有较快沉积速度的化学镀铜，建议使用如下工艺：

硫酸铜	7～15g/L	氰化镍钾	15mg/L
EDTA	45g/L	温度	60℃
甲醛	15ml/L	析出速度	8～10μm/h

用氢氧化钠调整 pH 值到 12.5。

如果不用 EDTA，也可以用酒石酸钾钠 75 g/L。另外，现在已经有商业的专用络合剂出售，这种商业操作在印制线路板行业很普遍。所用的是 EDTA 的衍生物，其稳定性和沉积速度都比自己配制要好一些。一般随着温度的上升，其延展性也要好一些。在同一温度下，沉积速度慢时所获得的镀层延展性要好一些，同时抗拉强度也增强。为了防止铜粉的产生，可以采用连续过滤的方式来当作空气搅拌。表 3-12 是根据资料整理的稳定性较好的一些化学镀铜液的配方。

表 3-12 化学镀铜液配方

组　　分	不同配方各组分含量(g/L)									
	1	2	3	4	5	6	7	8	9	10
硫酸铜	7.5	7.5	10	18	25	50	35	10	5	10
酒石酸钾钠	—	—	—	85	150	170	170	16	150	—
EDTA 二钠	15	15	20	—	—	—	—	—	—	20
柠檬酸钠	—	—	—	—	—	50	—	—	20	—
碳酸钠	—	—	—	40	25	30	—	—	30	—
氢氧化钠	20	5	3	25	40	50	50	16	100	15
甲醛(37%)/(mL/L)	40	6	6	100	20	100	20	8(聚甲醛)	9(聚甲醛)	
氰化钠	0.5	0.02								
丁二腈			0.02							
硫脲			0.01							
硫代硫酸钠			2	0.01	0.01	0.01				
乙醇/(mL/L)				9	2	5				
2-乙基二硫代氨基甲酸钠				0.003	0.005		0.01			
硫氰酸钾										0.1
联喹啉								0.005	0.01	
沉积速率/(mg/h)		0.5				5～10	3		6	

3.7.2.2　化学镀镍工艺

化学镀镍是近年发展非常快的表面处理技术，在电子电镀中的应用更是占有很大比重，由于化学镀镍的分散能力非常好，又不需要电源，镀层实际上是镍磷或镍硼合金，其物理和化学性能都较优良，因此，在工业领域的用途非常广泛。其与电镀镍的性能比较见表 3-13。

表 3-13　化学镀镍与电镀镍性能比较

性　　能	电　镀　镍	化　学　镀　镍
镀层组成	含镍 99％以上	含镍 92％左右、磷 8％左右
外观	暗至全光亮	半光亮至光亮
结构	晶态	非晶态
密度/(g/cm³)	8.9	平均 7.9
分散能力	差	好
硬度(HV)	200～400	500～700
加热调质	无变化	900～1300(HV)
耐磨性	相当好	极好
耐蚀性	好	优良
相对磁化率/％	36	4
电阻率/μΩ·cm	7	60～100
热导率/[J/(cm·s·℃)]	0.16	0.01～0.02

（1）以次亚磷酸钠为还原剂的化学镀镍

① 酸性化学镀镍

硫酸镍	30g/L	温度	90℃
醋酸钠	10g/L	时间	60min
次亚磷酸钠	10g/L	厚度	25μm
pH 值	4～6		

本工艺适合于陶瓷类产品，如果用于钢铁制品，则可以采用以下工艺：

氯化镍	30g/L	温度	90℃
柠檬酸钠	10g/L	时间	60min
次亚磷酸钠	10g/L	厚度	10μm
pH 值	4～6		

② 碱性化学镀镍

硫酸镍	25g/L	或氯化镍	30g/L
焦磷酸钾	50g/L	氯化铵	50g/L
次亚磷酸钠	25g/L	次亚磷酸钠	10g/L
pH 值	8～10	pH 值	8～10
温度	70℃	温度	90℃
时间	10min	时间	60min
厚度	2.5μm	厚度	8μm

③ 低温化学镀镍

硫酸镍	30g/L	温度	30～40℃
柠檬酸铵	50g/L	时间	5～10min
次亚磷酸钠	20g/L	厚度	0.2～0.5μm
pH 值	8～9.5		

本工艺主要用于塑料电镀，以防止塑料高温变形。

（2）以硼氢化钠为还原剂的化学镀镍

① 高温型

氯化镍	30g/L	亚硫基二乙酸	1g/L
乙二胺	60g/L	pH 值	12
硼氢化钠	0.5g/L	温度	90℃

② 低温型

硫酸镍	20g/L	亚硫基二乙酸	1g/L
酒石酸钾钠	40g/L	pH 值	12
硼氢化钠	2.2g/L	温度	45℃

（3）化学镀镍的配制方法和注意事项

化学镀镍由于是自催化型镀液，如果配制不当，会使镀液稳定性下降，甚至于自然分解而失效。因此，在配制时要遵循以下几个要点：

① 镀槽采用不锈钢、搪瓷、塑料材料；

② 先用总量 1/3 的热水溶解镍盐，最好是去离子水；

③ 用另外 1/3 的水溶解络合剂、缓冲剂或稳定剂；

④ 将镍盐溶液边搅拌边倒入络合剂溶液中；

⑤ 用余下 1/3 的水溶解还原剂，在使用前加入到上液中；

⑥ 最后调 pH 值，加温后使用。

化学镀镍液的维护和原料的补充不能在工作状态下进行，首先要使镀液脱离工作温度区，即要降低镀液温度，同时又不能直接将固体状的材料加入到镀槽，一定要先用去离子水溶解后再按计算的量加入。否则会使镀液不稳定而失效。同时镀液的装载量也是很重要的参数，既不可以多装（$\leqslant 1.25\text{dm}^2/\text{L}$），也不要少于 $0.5\text{dm}^2/\text{L}$，否则也会使镀液不稳定。总之，化学镀液的稳定性是操作者务必随时关注的要点。

3.7.3　化学镀金和化学镀银

3.7.3.1　化学镀金

化学镀金在电子电镀中占有重要地位，特别是在半导体制造和印制线路板的制造中，很早就采用了化学镀金工艺，但是早期的化学镀金由于不是真正意义上的催化还原镀层，只是置换性化学镀层，因此镀层的厚度是不能满足工艺要求的，以至于许多时候不得不采用电镀的方法来获得厚镀层。随着电子产品向小型化和微型化发展，许多产品已经不可能再用电镀的方法来进行加工制造，这时，开发可以自催化的化学镀金工艺就成为一个重要的技术课题。

（1）氰化物化学镀金

为了获得稳定的化学镀金液，目前常用的化学镀金采用的是氰化物络盐。一种可以有较高沉积速度的化学镀金工艺如下。

甲液：

氰化金钾	5g/L	EDTA	5g/L
氰化钾	8g/L	二氯化铅	0.5g/L
柠檬酸钠	50g/L	硫酸肼	2g/L

乙液：

| 硼氢化钠 | 200g/L | 氢氧化钠 | 120g/L |

使用前将甲液和乙液以 10:1 的比例混合，充分搅拌后加温到 75℃，即可以工作。注意镀覆过程中也要不断搅拌。这一种化学镀金的速度可观，30min 可以达到 4μm。

但是这一工艺中采用了铅作为去极化剂来提高镀速，这在现代电子制造中是不允许的，研究表明，钛离子也同样具有提高镀速的去极化作用，因此，对于有 HoRS 要求的电子产品，化学镀金要用无铅工艺：

氰化金钾	4g/L	硼氢化钠	5.4～10.8mg/L
氰化钾	6.5g/L	温度	70～80℃
氢氧化钾	11.2 g/L	沉积速率	2～10μm/h
硫酸钛	5～100mg/L		

如果进一步提高镀液温度，还可以获得更高的沉积速率，但是这时镀液的稳定性也会急剧下降。为了能够在提高镀速的同时增加镀液的稳定性，需要在化学镀金液中加入一些稳定剂，在硼氢化物为还原剂的镀液中常用的稳定剂有 EDTA、乙醇胺；还有一些含硫化物或羧基有机物的添加剂，也可以在提高温度的同时阻滞镀速的增长。

（2）无氰化学镀金

在化学镀金工艺中，除了铅是电子产品中严格禁止使用的金属外，氰化物也是对环境有污染的剧毒化学物，因此，采用无氰化学镀金是流行的趋势。

① 亚硫酸盐。亚硫酸盐镀金是三价金镀金工艺，还原剂有次亚磷酸钠、甲醛、肼、硼烷等。采用亚硫酸盐工艺时，次亚磷酸钠和甲醛都是自还原催化过程，这是这种工艺的一个优点。

亚硫酸金钠	3g/L	次亚磷酸钠	4g/L
亚硫酸钠	15g/L	pH 值	9
1,2-氨基乙烷	1g/L	温度	96～98℃
溴化钾	1g/L	沉积速度	0.5μm/h

② 三氯化金镀液

A 液：氯化金钾（KAuCl₄） 3g/L　　硼烷　　7g/L

B 液：甲醚代 N-二甲基吗啉　　　　pH 值（用氢氧化钾调） 14

pH 值（用氢氧化钾调）　　　　　14

将 A 液和 B 液以等体积混合后使用。

| 温度 | 55℃ | 沉积速率 | 4.5μm/h |

③ 氯化金钾　　　　　　　2g/L　　　MBT　　　　　　　1.2mg/L

　　次亚磷酸钠　　　　　20g/L　　　pH 值　　　　　　11.9

　　二甲基氨硼烷　　　　2g/L　　　温度　　　　　　　50℃

3.7.3.2　化学镀银

(1) 置换型化学镀银

由于银的电极电位很正，与铜、铝等电极电位相对较负的金属很容易发生置换反应而在其表面沉积出金属银镀层。当然，如果没有适当的置换速度的控制，所得到的镀层将是很疏松的，所以常用的置换化学镀银采用了高络合性能的氰化钠。

氰化银　　　　　　　　8g/L　　　温度　　　　　　　室温

氰化钠　　　　　　　　15g/L

这是在铜上获得极薄银层的置换法。

(2) 环保型

硝酸银　　　　　　　　8g/L　　　硫代硫酸钠　　　　105g/L

氨水　　　　　　　　　75g/L　　　温度　　　　　　　室温

这是相对氰化物法的无氰化学镀银，是环保型工艺。

(3) 化学镀

氰化银　　　　　　　　1.83g/L　　氢氧化钠　　　　　0.75g/L

氰化钠　　　　　　　　1.0g/L　　　二甲氨基硼烷　　　2g/L

(4) 二液法

A 液:硝酸银　　　　　　3.5g/L　　氢氧化钠　　　　　2.5g/100mL

　　氨水　　　　　　　　适量　　　蒸馏水　　　　　　60mL

B 液:葡萄糖　　　　　　45g　　　乙醇　　　　　　　100mL

　　酒石酸　　　　　　　4g　　　蒸馏水　　　　　　1L

在配制 A 液时要注意：在蒸馏水中溶解硝酸银后，要用滴加法加入氨水，先会产生棕色沉淀，继续滴加氨水直至溶液变透明。

在配制 B 液时，要先将葡萄糖和酒石酸溶于适量水中，煮沸 10min，冷却后再加入乙醇。使用前将 A 液和 B 液按 1：1 的比例混合，即成为化学镀银液。

3.7.3.3　化学镀锡

(1) 工艺配方

以下提供可试用的化学镀锡的若干工艺配方，严格说来不能叫作化学镀，而只是置换镀。但从广义的角度看，凡是从化学溶液中获得镀层的表面处理工艺都称为化学镀。以下是化学镀锡的几个工艺配方。

① 硫脲　　　　　　　　　55g/L　　温度　　　　　　　　　　　室温

　　酒石酸　　　　　　　　39g/L　　需要搅拌

　　氯化亚锡　　　　　　　6g/L

② 氯化亚锡　　　　　　　18.5g/L　氰化钠　　　　　　　　18.5g/L

　　氢氧化钠　　　　　　　22.5g/L　温度　　　　　　　　　10℃以下

温度如果过高，镀层会没有光泽。

③ 锡酸钾　　　　　　　　60g/L　　氰化钾　　　　　　　　　120g/L

　　氢氧化钾　　　　　　　7.5g/L　　温度　　　　　　　　　　70℃

本工艺析出速度很慢，但可以获得光泽性较好的镀层。

（2）注意事项

　　锡在电镀过程中容易呈现海绵状镀层，需要加入添加剂来加以抑制。化学镀锡也有同样的问题。同时沉积过程受温度影响也比较大。采用硫脲的化学镀锡温度不宜过高，在添加了阴离子表面活性剂的场合，温度可以适当提高。

　　铜杂质在镀液中是有害的，由于铜离子的还原电位比锡高得多，将妨碍锡的还原。可以通以小电流加以电解，使铜在阴极析出除掉，然后再补加锡盐。

3.8　阴极电泳技术

3.8.1　电泳技术的历史和特点

　　电泳涂装技术的研究和开发已经有一百多年的历史。开发的背景是基于人们对金属表面处理技术的装饰和防腐防锈要求的不断提高，而相关表面处理工艺技术又不能较好地满足既要求有高的耐蚀性又要有良好的装饰效果的需要，促使人们寻求新的表面处理手段，从而使电泳技术逐渐被研制开发出来。最先是 20 世纪 60 年代，由 George Brewer 博士及福特汽车公司研制开发成功阳极电泳漆。其最早应用于福特汽车公司的涂装线，随着阳极电泳漆的生产使用，日渐暴露其漆膜中包含有金属离子造成抗蚀性差的缺陷，因此，技术人员开始研发在阴极获得电泳漆膜层的方法，经过努力，高抗蚀性的阴极电泳漆于 20 世纪 70 年代被成功地开发出来，很快就受到业界欢迎，并开始大力推广应用。之后，电泳技术发展日新月异，产品品种由环氧型、树脂型发展到丙烯酸型及聚氨酯型。产品的保护品种也由汽车行业引申到自行车、摩托车、家电、轻工饰品行业，如空调、彩电、洗衣机、摩托车、眼镜、锁具、灯具、饰品、发夹、领带夹、各个金属行业以及铝材表面防锈行业，更进一步在电子产品和新技术产品中越来越多地采用电泳技术，比如手机外壳、U 盘外壳、MP3 外壳等，都有采用电泳涂装的。由于采用了以全光亮镀层为底层的组合方式，加上现在已经研发出各种彩色透明水性涂料，使电泳技术成为电镀技术的一项重要的互补性技术。

电泳技术受到欢迎的原因还在于它与电镀和传统的油漆涂装比有许多优点，可以说是综合了电镀和油漆的优点而克服了它们的缺点。这些特点主要表现在以下几方面。

（1）高的分散能力

电泳有较高的分散能力，即使在制品的凹部，也可形成完全均匀的保护膜，并可利用调整不同操作电压来控制镀层的厚度达到极高的防腐性，消除了电镀过程中电流分布不均影响镀层厚度的效应，同时也消除了喷漆过程中的结皮、泪痕等故障。对于形状复杂和有深孔结构等的制件，电泳沉积比喷漆和喷粉有着明显优势。

（2）高的材料利用率

电泳加工过程中，电泳涂料的利用率高达95%，与喷漆法相比，极大地减少了涂料原材料的浪费。这是传统油漆技术所不能比拟的。采用电泳涂装，提高了产品的防腐性和装饰性，同时简化了表面处理的工艺流程。

（3）高环保性能

电泳涂装在产品表面获得的是高质量的有机涂装膜，但它的加工过程却是以水作溶剂，这不仅仅只免除了火灾危险，也大大降低了水及空气污染处理，使安全性大大提高，减少了环保设备费用。传统的涂装方式在环保方面都有不可避免的环境污染问题。如喷漆要使用大量有机溶剂作稀释剂，存在火灾隐患和空气污染，对人体危害严重，操作环境恶劣；静电喷涂、粉体涂装有大量涂料粉尘污染环境和人体；传统涂装都会产生大量涂料废弃物，也是很大的公害等。全世界每年消耗于涂料上的溶剂有上百万吨，溶剂中碳水化合物和一氧化氮反应会产生对人体有害的光化学气雾，苯类溶剂及含卤素的有机溶剂都是致癌物，所以许多国家在溶剂排放和有机物的使用方面制定了严格的法规。

电泳涂装在环境污染和所使用的有机化学物方面均有着很高的环保性。电泳涂装使用水溶性涂料，涂料中80%以上是水分，溶剂挥发很少，对环境的污染也相应减少。电泳涂装主要使用丙烯酸树脂或环氧树脂（无铅），对人体无特别的毒性。电泳涂装过程中带出的涂料可100%地回收利用。所以电泳涂装是今后涂装发展中最有前途的工艺之一。

（4）高生产效率

电泳涂装作为直接应用于金属表面的涂装，可以使生产时间缩短。金属表面处理、电镀、皮膜等完成后携带大量水，传统喷涂方法要先行烘干再生产，费时而且浪费能源，而电泳可连续作业，易于大量及自动化生产。

3.8.2 阴极电泳的工作原理与应用

阴极电泳作为一种新的防护和装饰手段，以电镀层为底层的技术现在已经很流行。阴极电泳涂装技术的原理与电镀有相似之处，即以被加工产品为阴极，在电场作用下让水溶性涂料镀覆到金属制品表面。因此，也很容易与电镀加工对接而形成系统化加工流程。电泳与电镀最大的区别是所用的镀液不同，相应的原理也不同。电镀所镀上的是金属镀层，是金属离子被电化学还原的过程，而电泳则镀上的是有机物涂层，有机涂料微粒因为带有电荷而在电场作用下电泳到极性与微粒相反的产品上。因此，电镀是物理化学过程，而电泳则可以说是物理过程。根据电泳的原理，电泳可以是阴极电泳，也可以是阳极电泳，但对于装饰性表面层的涂装，多数是采用阴极电泳技术。电泳技术的最大应用领域是汽车表面处理，现在在电子产品装饰中的应用已经越来越多。尤其是在电子产品小型化、功能化的时代，有着很好的发展前景，如微型马达、精密仪器上的绝缘性涂装；特殊电极、磁性材料的防氧化涂装等已经在工业生产中得到应用。电泳涂装有很好的覆盖性能，适用于形状复杂的精密产品上的涂装加工，既有很好的外观，又有良好的性能。由于有些电子产品趋向轻量化、小型化而对表面处理提出了新要求。随着人们对产品的高档化、个性化追求的迅速发展，对一些表面装饰性要求高的金属采用电泳涂装不仅可保持金属感的外观，而且在色泽上可改变不锈钢、铝等金属的单色调，可进行各种效果的涂装；同时在结合力、平滑性和耐蚀性方面都优于其他涂装。另外，电泳涂装可进行亚光、珠光、双色等涂装，是一种很好的底面合一的涂装方法[9]。

3.8.3 阴极电泳工艺

3.8.3.1 工艺流程

通用的金属表面电泳涂装的全操作工艺流程如下：预清理—上线—除油—水洗—除锈—水洗—中和—水洗—活化—水洗—底层电镀—水洗—光亮电镀—水洗—电泳涂装—槽上清洗—超滤水洗—烘干—检验—包装。

被涂物的底材及前处理对电泳涂膜有极大影响。因此，不同的金属材料和不同制作成型工艺制作的制品有不同的工艺流程和前处理要求。铸件一般采用喷砂或喷丸进行除锈，用棉纱清除工件表面的浮尘，用 $80^{\#} \sim 120^{\#}$ 砂纸清除表面残留的钢丸等杂物。钢表面采用除油和除锈处理，对表面要求过高时，进行磷化和钝化表面处理。黑色金属工件在阳极电泳前必须进行磷化处理，否则漆膜的耐腐蚀性能较差。磷化处理时，一般选用锌盐磷化膜，厚度一般为 $1 \sim 2\mu m$，要求磷化膜结晶细而均匀。

不同材质金属进行不同色彩的阴极电泳加工的工艺流程如下。

（1）钢铁件

金色：前处理—镀镍—镀薄银—透明金色电泳；

咖啡色：前处理—磷化—透明金色电泳；

青铜色：前处理—镀锌—青铜色电泳；

黑色：前处理—磷化—黑色电泳；

其他色：前处理—镀镍—无色透明电泳—着色。

（2）铝及合金

金色：前处理—化学或电化学抛光—透明金色电泳；

咖啡色：前处理—透明咖啡色电泳；

青铜色：前处理—青铜色电泳；

黑色：前处理—黑色电泳；

其他色：前处理—化学抛光—无色透明电泳—着色。

（3）锌合金

金色：前处理—碱铜—酸铜—光亮镍—透明金色电泳；

咖啡色：前处理—透明咖啡色电泳；

青铜色：前处理—青铜色电泳；

黑色：前处理—黑色电泳；

其他色：前处理—碱铜—酸铜—光亮镍—无色透明电泳—着色。

（4）铜及铜合金

金色：黄铜件　前处理—化学抛光—透明金色电泳；

　　　　铜件　前处理—光亮镍—镀薄银—透明金色电泳；

咖啡色：前处理—着咖啡色—无色透明电泳；

青铜色（青铜）：前处理—抛光—无色透明电泳；

黑色：前处理—黑色电泳；

其他色：前处理—光亮镍—无色透明电泳—着色。

3.8.3.2　工艺配方

（1）各色阴极电泳的工艺配方与操作条件

各色阴极电泳的工艺配方与操作条件见表 3-14。

表 3-14　各色阴极电泳的工艺配方与操作条件

项　　目		改性环氧电泳漆		丙烯酸电泳漆	聚氨酯电泳漆		
		黑全光、黑半光、亚光	黑色	透明无色、金色、咖啡色、其他色	透明无色、金色、咖啡色、其他色		
漆成分（质量分数）/%	树脂		40～50	33	20～25	33	23～30
	色浆		10	3	2～2.5	3	2.3～3.0
	浓缩液	22～28	36				
质量控制指标	固体含量/%	16～18		7.5～10	8～12	9～11	7～9
	pH 值	5.7～6.4	6.2～6.6	5.2～5.6	3.4～4.5	4.8～5.2	4.3～4.7

项　　目		改性环氧电泳漆		丙烯酸电泳漆	聚氨酯电泳漆		
		黑全光、黑半光、亚光	黑色	透明无色、金色、咖啡色、其他色	透明无色、金色、咖啡色、其他色		
质量控制指标	电导率/(μS/cm)	80~1600	120~1800	1100~1300	400~600	800	400~600
	溶剂含量/%	3~6	3.0~3.4	3		4.5	1.8~2.2
操作条件	温度/℃	23~27	27~29	25~30	10~23	23~27	24~26
	电压/V	150~250	150~230	30~30	20~50	40~100	40~100
	时间/s	120~180	60~180	30~60	20~60	60~120	60~120
	厚度/μm	18~24	15~25	8~10	5~25	10~25	10~25
	烘烤温度	170℃/30min	160℃/40min	155℃/20min	130℃/30min	150℃/20min	150℃/20min
	搅拌	24h连续	24h连续	24h连续	24h连续	24h连续	24h连续
	超滤设备		需要	需要	需要	需要	需要

（2）电泳漆的配制方法

① 透明电泳漆的配制

a. 将计量的树脂倒入配料槽，在强烈搅拌下缓慢加入计算量的色浆，并继续搅拌 20~30min。

b. 将计算量一半的高纯去离子水（电导率<5μS/cm）在不断搅拌下加入上述溶液中。

c. 然后将另一半去离子水在不断搅拌下再加入到上述溶液中，配成工作液。

d. 将配制好的电泳漆工作液置于工作槽中，启动连续过滤装置循环搅拌 24~48h 后，就可以试镀了。

② 有色电泳漆的配制

a. 将总计算量 1/10 的去离子水（电导率<5μS/cm）置于配制槽中。

b. 将计算量的电泳漆浓缩液在不断搅拌下加入上述去离子水中。

c. 然后将总量 2/5 的去离子水在不断搅拌下分批加入到上述溶液中，连续搅拌 0.5~1h。

d. 将配制好的电泳漆工作液置于工作槽中，启动连续过滤装置循环搅拌，并分批加入剩余的去离子水。

e. 在连续搅拌 48h 后，就可以试镀了。

3.8.3.3　阴极电泳管理

阴极电泳工艺中的电泳漆和操作条件的管理对于电泳加工的质量至关重要，从工装设备到工艺参数，都必须根据工艺规范进行管理。

（1）过滤

对电泳液进行过滤是保证电泳质量的重要措施。在过滤系统中，一般采用一级过滤，过滤器为网袋式结构，孔径为 $25\sim75\mu m$。电泳涂料通过立式泵输送到过滤器进行过滤。从综合更换周期和漆膜质量等因素考虑，孔径 $50\mu m$ 的过滤袋最佳，它不但能满足漆膜的质量要求，而且解决了过滤袋的堵塞问题。

（2）循环量控制

电泳涂装循环系统循环量的大小直接影响着槽液的稳定性和漆膜的质量。加大循环量，槽液的沉淀和气泡减少；但槽液老化加快，能源消耗增加，槽液的稳定性变差。将槽液的循环次数控制在 $6\sim8$ 次/h 较为理想，不但可保证漆膜质量，而且能确保槽液的稳定运行。

（3）工作电压

随着生产时间的延长，阳极隔膜的阻抗会增加，有效的工作电压下降。因此，生产中应根据电压的损失情况，逐步调高电源的工作电压，以补偿阳极隔膜的电压降。

（4）超滤系统

超滤系统能控制工件带入的杂质离子的浓度，保证涂装质量。在超滤系统的运行中应注意，系统一经运行后应连续运行，严禁间断，以防超滤膜干枯。干枯后的树脂和颜料附着在超滤膜上，无法彻底清洗，将严重影响超滤膜的透水率和使用寿命。超滤膜的出水率随着运行时间的延长而呈下降趋势，连续工作 $30\sim40$ 天应清洗一次，以保证超滤浸洗和冲洗所需的超滤水。

（5）槽液管理

电泳涂装法适用于大量流水线的生产工艺。电泳槽液的更新周期一般在 3 个月以内，但平时要加强对电泳液的 pH 值、固体分含量和电导率等的管理。

① pH 值。由于采用了阳极隔膜，电泳漆的 pH 值较为稳定。当超滤液排出太多或隔膜液漏出进入电泳液时，会使电泳液的 pH 值发生变化，这时可用有机酸调整。pH 值过高时，漆液稳定性差，槽底会产生不溶物沉积。pH 值过低时，漆膜再溶解增加，膜层变薄，对设备的腐蚀也会增强。

② 固体分含量。电泳漆中固体分的含量过低时，电解析气增加，气泡多，漆膜薄，易产生针孔；过高时，则膜层粗糙，易起橘皮。因此，稳定固体分含量是保证电泳质量的一个关键。通常每加工 $15\sim20 m^2$ 的制件需要补充 1L 浓缩液。

③ 电导率。电导率是控制电泳漆膜层质量的关键指标之一。新配溶液时，电导率可以较高，因此需要通过超滤机排出渗透液以降低电导率。电导率过高，则膜层厚且容易产生橘皮等粗糙现象；电导率过低，则容易产生针孔、麻点。因此当电导率的高低不同时，需要采用不同的槽电压和槽液温度。

④ 温度。电泳漆的温度一般控制在 20℃左右。温度过低，必须使用高电压

才能达到效果；温度过高，则加速溶剂的挥发，不利于镀液的稳定和控制。

⑤ 时间。电泳时间的长短直接影响漆膜的厚度和外观。电泳时间过长时，漆膜的颜色深、透明度差。电泳的时间短，则膜层不完整。因此，需要根据漆液的电导率、固体分含量等因素的变化来确定电泳的时间。在实际生产过程中，主要还是靠控制电压来控制膜层厚度，因为当时间超过某一定数值后，膜厚不会再增加，这是因为电泳漆本身是不导电的，当制件完全被漆膜覆盖后，就成为绝缘体，时间再长也不会增加厚度了。因此，当需要较厚的膜层时，要用较高的电压和较短的时间。

3.8.4 阴极电泳所需资源

（1）电泳槽

阴极电泳用槽根据工艺不同而有所不同，一般由主槽、副槽、隔离的阳极区、热交换器、连续过滤装置等部分组成。槽体材料可用聚氯乙烯塑料。主槽应根据所加工的制件的大小和每天的产量、工作时间来确定。零件在槽中的位置要保证距液面和槽底距离有 100～150mm，距阳极装置 200～300mm。主、副槽的容积比为 (5～6)：1，主、副槽之间以一个溢流口相连接。

阳极采用耐酸不锈钢，阳极与阴极的面积比为 1：(4～5)，采用离子交换膜的阳极隔离装置。连续循环过滤装置的循环泵要求能 24h 连续工作，电机的温升不超过 60℃。所用的滤芯的孔径为 5μm，并且要经常检查和更换。

热交换方式最好是间接式的，不要将加热器直接加热电泳漆，以防过热而使漆成分发生变化。要有温度数字显示和自动温控装置。

（2）电源

阴极电泳工艺的特点是高电压、低电流，因此，阴极电泳的整流电源的电压通常都要求较高，可调范围应在 0～100V 至 200V 之间，连续可调，并且要求电压稳定（波型波动不大于 5%），并有时间控制器 (0～5min)。现在全国各地已经有很多厂商供应阴极电泳用的专用整流电源。

（3）超滤装置

超滤装置是阴极电泳加工的重要辅助设备。它的作用是除掉镀液中的低分子物质和水溶性盐类，这些成分对漆离子的电泳是有害物质，而在加工过程中又有可能随时会由工件带到槽中，如果不随时清除，电泳加工就无法持续地进行，因此，超滤机是电泳槽的重要辅助设备。其工作的原理见图 3-6。

超滤的工作原理是当电泳漆经过超滤机中的超滤管时，由于超滤管是由数百条中空的纤维管组成，当管内、外存在压力差时，每条纤维管就具有渗透能力，将金属离子、过多的酸及其无机污染物渗透排出，而电泳漆的固体分因颗粒较大，不会渗透排出，重新流回工作槽。渗透液经过回收器吸收污染物后，再回到工作槽，循环使用，可保证电泳漆的使用率高达 98%。

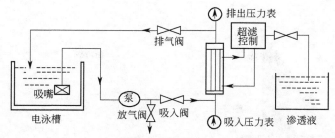

图 3-6 电泳超滤装置工作原理示意

（4）挂具

阴极电泳的挂具要求有良好的导电性能，与产品的接触要牢靠。挂钩部分可用弹簧钢丝制作，并且要求容易拆卸和更换。同时还要考虑容易清洗，特别是有深孔的制件，要能将所有孔内的电泳漆都清洗干净，方便回收，也延长了漆液的使用周期。

参 考 文 献

[1] 刘仁志. WD缎面镍电镀新工艺 [J]. 表面工程资讯，2002（4）：34.

[2] 刘仁志. 无氰镀银的工艺与技术现状 [J]. 电镀与精饰，2006，28（1）21-24.

[3] 张允诚等. 电镀手册 [M]. 北京：国防工业出版社，1997.

[4] 天津市电镀工程学会资料情报组翻译组. 金属涂饰手册（第五、六部分）：特殊电镀工艺. 天津：天津市电镀工程学会，1984.

[5] 卫中领等. 镁合金表面处理技术新进展 [C]. 上海：电子电镀学术报告会资料汇编，2006.

[6] 金属表面技术协会. 金属表面技术，1976，21.

[7] 刘仁志. 非金属电镀与精饰 [M]. 北京：化学工业出版社，2006.

[8] 姚淳，郭祥玉. 电磁屏蔽技术探讨 [EB/OL]. 电源技术应用，2005-11-15.

[9] 王伟平. 电泳涂装应用和展望 [J]. 电镀与环保，2002，22（3）25-27.

第4章

印制线路板电镀

4.1　关于印制线路板

在 20 世纪 60 年代，以无线电技术为核心的电子技术开始从军用产品转向民用产品，各种短波、超短波收音机和电视机等相继问世，使电子工业获得了迅速的发展。在此后几十年的发展中，不仅产量急剧增长，电子产品的多样化和小型化也成为趋势，这使得生产制造的效率成为一个重要的工艺和技术课题。在电子生产工艺的一系列创新中，印制线路板的诞生对推动电子产品的产量和小型化、轻量化有着重要意义。在其后以电视机等家用电器为中心的家用电器系列产品和现在以电脑和手机为代表的现代电子产品的不断推陈出新的过程中，印制线路板都起了举足轻重的作用。

4.1.1　印制线路板开发的历史

印制线路板最初是为方便安装分立电子元件、减少过多连接线而设计的一种代替电子线路连接线的安装基板。随着各种电子设备元件小型化和高密度化发展，手工连接线的方式基本被淘汰。所有电子器件内都开始采用印制线路板。由于线路板是用预先设计好的线路通过照相制版的方法在覆有铜箔的基板上制成，所以简称为印制线路板。

关于线路板的构思早在 1936 年就有人提出过，但采用的是加成法，即将铜线布置在基板上，方便电子元器件的连接，用来制作无线电接收机。

20 世纪 50 年代，出现了单面印制线路板，制造方法是使用覆铜箔纸基酚醛树脂层压板（PP 基材），用化学药品溶解除去不需要的铜箔，留下的铜箔成为电路，称为减成法工艺。在一些标牌制造工厂内用此工艺试做印制板，以手工操作为主，腐蚀液是三氯化铁，溅到衣服上就会变黄。当时应用印制板的代表性产品是手提式晶体管收音机，是采用 PP 基材的单面印制板。

到了 20 世纪 60 年代，出现了应用覆铜箔玻璃布环氧树脂层压板（GE 基材）的印制板专用材料。印制线路板的应用和生产进入了产业化阶段。

1965 年开始商品化批量生产 GE 基板，工业用电子设备用 GE 基板、民用电子设备用 PP 基板已成为常识。进入 20 世纪 70 年代，印制线路板技术有了很大进步。这个时期的印制板从 4 层向 6、8、10、20、40、50 层等更多层发展，同时实行高密度化（细线、小孔、薄板化）线路，宽度与间距从 0.5mm 向 0.35mm、0.2mm、0.1mm 发展，印制板单位面积上布线密度大幅提高。

多年来，印制线路板的变化反映了电子技术的高速发展。自 1947 年发明半导体晶体管以来，电子设备的形态经历了由大型、大体积向小型、小体积再向袖珍型和微型化发展的历程。半导体器件也由低功率、分立晶体管向高集成度发展，开发出了各种高性能和更高集成化的 IC。进入 21 世纪，电子技术设备在向高密度化、小型化和轻量化发展的同时，将向高智能化产品发展，主导 21 世纪的创新技术将是"纳米技术"和各种智能机器人技术，这些新技术将会带动电子元件的研究开发，从而进一步促进电子电镀技术的进步。

4.1.2 印制线路板制造技术

印制线路板（printed circuit board，PCB）通常是在绝缘材料（基板）上，按预定设计的电子线路，制成印制线路、印制元件或两者组合而成的导电图形。而在绝缘基材上提供元器件之间电气连接的导电图形称为印制线路。这样就把印制电路或印制线路的成品板称为印制线路板，也称为印制板或印制电路板。

我们能见到的电子设备和日常使用的家用电器都离不开 PCB，小到电子手表、计算器、通用电脑，大到计算机、通信电子设备、军用武器系统，只要有集成电路等电子元器件，它们之间电气互连都要用到 PCB。PCB 提供集成电路等各种电子元器件固定装配的机械支撑、实现集成电路等各种电子元器件之间的布线和电气连接或电绝缘、提供所要求的电气特性，如特性阻抗等，同时为自动锡焊提供阻焊图形；为元器件插装、检查、维修提供识别字符和图形。

PCB 是如何制造出来的呢？我们打开通用电脑的键盘就能看到一张软性薄膜（挠性的绝缘基材），印刷有银白色（银浆）的导电图形与键位图形，这种通过丝网漏印方法得到的图形称为印制线路板。由于键盘在使用中有变形，所以基板采用了软片式的挠性板，这种线路板是采用导电银浆直接印制的，是典型的印制线路板，但更多的线路板印制只是其中的一道工序，需要经过许多工序特别是要用到多种电镀技术，才能制成。

我们在电脑城看到的各种电脑主机板、显卡、网卡、调制解调器、声卡及家用电器上的印制电路板就是经过一系列加工工序才制造完成的。它所用的基材是由纸基（常用于单面）或玻璃布基（常用于双面及多层）基板经过预浸酚醛或环氧树脂，表层一面或两面粘上覆铜薄板再层压固化而成的。这种线路板覆铜薄板材称为刚性板。再制成印制线路板，称为刚性印制线路板。单面有印制线路图形称单面印制线路板，双面有印制线路图形，再通过孔的金属化进行双面互连形成的印制线路板称为双面板，如果用一块双面作内层、两块单面作外层或两块双面作内层、两块单面作外层的印制线路板，通过定位系统及绝缘黏结材料交替在一起，且导电图形按设计要求进行互连的印制线路板就成为四层、六层印制电路板了，也称为多层印制线路板。现在已有超过 100 层的实用印制线路板。

4.1.3 印制线路板制造工艺流程

为了进一步认识 PCB，我们有必要了解一下单面、双面印制线路板及普通多层板的制作工艺流程，这对了解和掌握印制板电镀工艺是有帮助的。

4.1.3.1 单面刚性印制板工艺流程

单面覆铜板—下料—刷洗、干燥网—印线路抗蚀刻图形—固化检查、修板—

蚀刻铜—去抗蚀印料、干燥—钻网印及冲压定位孔—刷洗、干燥—网印阻焊图形（常用绿油）、UV 固化—网印字符标记图形、UV 固化—预热—冲孔及外形—电气开、短路测试—刷洗、干燥—预涂助焊防氧化剂（干燥）—检验包装—成品出厂。

单面板在印制板制造业发展的初期是主流产品，现在所占的比例已经在下降，主要在家用电器、低端电子产品、电动玩具和常规工业电器中仍有所应用，工艺技术最为成熟，也相对最为简单。

4.1.3.2　双面刚性印制板工艺流程

双面覆铜板下料—钻基准孔—数控钻导通孔—检验、去毛刺—刷洗—化学镀（导通孔金属化）—全板电镀薄铜—检验刷洗—网印负性电路图形、固化（干膜或湿膜、曝光、显影）—检验、修板—线路图形电镀—电镀锡（抗蚀镍/金）—去印料（感光膜）—蚀刻铜—退锡—清洁刷洗—网印阻焊图形（贴感光干膜或湿膜、曝光、显影、热固化，常用感光热固化绿油）—清洗、干燥—网印标记字符图形、固化—外形加工、清洗、干燥—电气通断检测—喷锡或有机保焊膜—检验包装—成品出厂。

双面板现在是印制板中的主流产品之一，因为其布线密度比单面板提高了许多，且两面都可以安装电子元器件，使电子产品的结构更为合理，因而一经出现就迅速取代了单面板，并且成为向多层板发展的基本单元产品，工艺成熟，技术较为复杂。

4.1.3.3　孔金属化法制造多层板工艺流程

内层覆铜板双面开料—刷洗—钻定位孔—贴光致抗蚀干膜或涂覆光致抗蚀剂—曝光—显影—蚀刻与去膜—内层粗化、去氧化—内层检查（外层单面覆铜板线路制作、B-阶黏结片、板材黏结片检查、钻定位孔）—层压—数控钻孔—孔检查—孔前处理与化学镀铜—全板镀薄铜—镀层检查—贴光致耐电镀干膜或涂覆光致耐电镀剂—面层底板曝光—显影、修板—线路图形电镀—电镀锡铅合金或镍/金镀—去膜与蚀刻—检查—网印阻焊图形或光致阻焊图形—印制字符图形—热风整平或有机保焊膜—数控铣外形—成品检查—包装出厂。

由工艺流程可以看出多层板工艺是在双面孔金属化工艺基础上发展起来的。它除了继承双面工艺外，还有几个独特内容：金属化孔内层互连、钻孔与去钻污、定位系统、层压、专用材料等。多层板进一步提高了电子连线密度，适应电子产品小型化和高密度化，是印制板中的高技术产品。

从印制线路板的制造工艺流程可以看出，所有流程中的各道工序都是围绕线路图形的制作而展开的，而制造线路图形的关键工序就是电镀。当然线路图形的来源是设计者的设计，通过照相制版制成网版，再用特殊油墨印刷到覆铜板上，也可直接用感光胶将图形制作到覆铜板上，再通过一系列处理，使电镀过程中只在需要的图形区域获得镀层。因此，印制板制造过程中的电镀是一种制造加工手段，而不只是表面处理工艺。

印制线路板生产制造的流程比较长，任何一个工序出了问题都会影响到后面的工序，因此，过程检查非常重要，不能等到制作完成以后再来发现问题，而是要在流程中发现问题并即时加以纠正。为了保证印制板生产质量和效率，在流程中设置了固定的检查工序，除此之外，还应有各工序间的巡回检验，以便及时发现问题。

4.2 印制线路板电镀工艺

印制线路板之所以需要电镀，是因为电镀是制造印制板不可缺少的加工过程，同时印制板使用功能中又需要用到电镀层作为最终的表面处理工艺。

双层以上的印制线路板存在将两面的线路连接起来的问题，以前是用金属铆钉来进行，但是这显然不适用于大批量和高效率的生产，更不能用于高密度和多层板，因此必须要有孔金属化技术来将这些线路连接起来。在非金属材料基板上的孔内制造金属连接层完全是靠化学镀铜和电镀铜实现的。同时，线路板图形的加厚和提高导电性、抗变色性能等都要用到电镀技术。

4.2.1 常用的印制线路板电镀工艺

用于印制板制造的电镀工艺有化学镀铜、酸性光亮镀铜、镀锡等。功能性镀层有镀金、镀镍、镀银和化学镀锡等。这些基本上可以采用常规电镀中的工艺，但是要获得良好的印制线路板产品，还是要采用针对印制线路板行业需要而开发的电镀技术，也就是电子电镀工艺技术。比如酸性镀铜，要求有更好的分散能力，镀层要求有更小的内应力，这样才能满足印制板的技术要求。镀锡则要求有很高的电流效率和高分散能力，以防止电镀过程中的析氢对抗蚀膜边缘的撕剥作用，影响图形的质量。镀镍则要求是低应力和低孔隙率的镀层等。

4.2.1.1 全板电镀和图形电镀

从字面上可以看出，对整个印制板进行电镀，就叫全板电镀，只对需要的图形部分进行电镀，就是图形电镀。电镀是印制线路板制造中经常用到的制造方法。

全板电镀时，完成钻孔后的线路板经过去钻污、微蚀、活化后，进行化学镀铜，再进行全板电镀。电镀完成后再进行图形的印制（正像图形，即所需要的线路形成图形），然后将非图形部分脱膜、蚀刻，就形成了印制线路，脱去线路上的抗蚀膜后即成为印制线路板。

图形电镀法在进行图形电镀前仍需要进行全板电镀，区别在于图形印制的是负像图形，即将线路的空白区进行保护，这样线路就是裸露的铜镀层，再在其上进行图形电镀锡，然后去掉保护膜，再进行蚀刻，这时锡对图形进行保护，而将没有锡层的空白区全部蚀掉，留下的就是印制线路。锡层有两种不同作用，一种是保留，用作锡层印制板，另一种是将锡层退除后镀其他镀层（热风整平、化学银或化学镍、化学金等）。实际制作过程中，由于所采用的工艺不同，所用的电镀流程也有所不同。

4.2.1.2　加成法和半加成法

在印制板制造工艺中，加成法是指在没有覆铜箔的胶板上印制电路后，以化学镀铜的方法在胶板上镀出铜线路图形，形成以化学镀铜层为线路的印制板。由于线路是后来加到印制板上去的，所以叫作加成法。加成法对化学镀铜的要求很高，对镀铜与基体的结合力要求也很严格，这种工艺的优点是工艺简单，不用覆铜板（材料成本较低），不担心电镀分散能力的问题（完全是采用化学镀铜），因此这种工艺大量用于制造廉价的双面板。

加成法的制造工艺流程如下：无铜基板—钻孔—催化—图形形成（负像图形、网版印制抗镀剂）—图形电镀（化学镀铜）—脱模—进入后处理流程。

全加成法的特点是工艺流程短，由于不用铜箔，加工孔位简单，成本低，采用化学镀铜，镀层分散能力好，因而也适合多层板和小孔径高密度板的生产。

全加成法的技术要点是化学镀铜技术。因为所有图形线路都是由化学镀铜层形成的，因此要求化学镀铜层的物理性能好，有高的韧性和细致的结晶。同时，还要求化学镀铜有较高的选择性，即在有抗镀剂的区域不发生还原反应，否则会引起短路事故。

半加成法采用覆铜板制作印制线路板，其中线路的形成是用减成法，即用正像图形保护线路，而非线路部分的铜层被减除。再用加成法让通孔中形成铜连接层，将双层或多层板之间的线路连接起来，这是大部分线路板的主要制作方法。由于只是孔金属化采用加成法，所以叫半加成法。

半加成法的工艺流程如下：覆铜板—钻孔—催化（孔壁）—图形形成（在表面制负像图形、抗蚀层）—蚀刻（除去非图形部分的铜箔）—脱模（完成外层线路）—阻焊剂（网版印刷、抗镀层）—通孔电镀—往后工序。

4.2.1.3　减成法

减成法是指在覆铜板上印制图形后，将图形部分保护起来，再将没有抗蚀膜的多余铜层腐蚀掉，以减掉铜层的方法形成印制线路。最早的单面印制线路板就是采用这种方法制造的，现在的双面板、多层板在采用半加成法时，也要用到减成法。

覆铜板（用于普通多层板内层制程）—图像形成—蚀刻—脱模—表面粗化—层压—外形整形—内层线路层压板—钻孔—除钻污—全板电镀—线路图像形成—蚀刻—脱模—前工序完成。

如果是有埋孔的内层板，要增加钻孔—全板电镀（先化学镀铜，再电镀铜）后再进入图像形成流程。

前工序完成后，即可进入后工序。镀铜线路板：金手指电镀—阻焊剂（照相法、干膜片、丝网印刷）—字符印刷—热风整平—外形加工。

镀锡线路板：金手指电镀—热熔—阻焊剂—字符印刷—外形加工。

4.2.2 孔金属化

4.2.2.1 双面板与多层板技术

要了解和掌握孔金属化技术，必须先对印制线路板的基板有所了解。

制造印制线路板的基板材料主要是酚醛树脂纸板、环氧树脂纸板、聚乙烯对苯二酚纤维增强环氧树脂板、玻璃纤维增强环氧树脂板以及玻璃纤维树脂增强硅树脂板等。还有采用聚酰胺塑料软片制作的挠性板、以陶瓷为基板的陶瓷板和为了解决大功率散热问题而重又恢复采用的铝基板。当然铝基板早已不是早期的纯粹铝板，而是利用现代氧化技术和掩模技术在铝表面制作出图形，并将非图形部分加以氧化的新型铝基板。

线路板的主要作用是对电子元器件的连接提供线路。对于简单的电子产品，单面线路板就足够保证其连接了，但是随着电子产品的复杂化，元器件增多，一面的线路已经不够连接，需要两面甚至更多面的线路才够完成所有电子元件的连接。为了适应这种需要，首先开发出了双面印制板。

双面印制线路板各层面之间的导通最开始是依靠导线手工焊接相连，后来发展为以铜铆钉铆接，但是手工焊接和铆接存在虚焊、漏铆等质量问题，同时还严重影响效率，因为双面板之间的连接孔越来越多，每块板要一个一个孔地铆接后才能进入安装程序，安装完分立的元件后，再来一个焊点一个焊点地焊接，这种效率在电子产品生产中是难以容忍的。由于竞争产生的需求，很快就在技术上取得了突破，从而诞生了通过一次性加工就可以大批量导通所有双面板通孔的孔金属化技术。

孔金属化是指采用加成法在双面板的通孔中形成金属导通层，让两面的线路连接起来的工艺方法。由于孔原来都是在非金属材料基板上钻成的，只有将其通过化学镀和电镀形成金属层，才能起到导电的作用。在没有孔金属化工艺方法之前，将双面板线路连接起来的方法是在孔内一个一个地安装铆钉。有了小孔金属化工艺后，也就是用化学（加成）法在小孔内一次制造出金属铆钉，显然，小孔金属化对提高印制板的制造效率起到了关键的作用。

孔金属化也是多层板生产过程中最关键的环节，关系到多层板内在质量的好坏。孔金属化过程又分为去钻污和化学镀铜两个过程。化学镀铜是对内、外层电路互连的过程；去钻污的作用是去除高速钻孔过程中因高温而产生的环氧树脂钻

污（特别是在铜环上的钻污），保证化学镀铜后电路连接的高度可靠性。多层板
工艺分凹蚀工艺和非凹蚀工艺。凹蚀工艺同时要去除环氧树脂和玻璃纤维，形成
可靠的三维结合，非凹蚀工艺仅仅去除钻孔过程中脱落和汽化的环氧钻污，得到
干净的孔壁，形成二维结合。单从理论上讲，三维结合要比二维结合可靠性高，
但通过提高化学镀铜层的致密性和延展性，完全可以达到相应的技术要求。非凹
蚀工艺简单、可靠，并已十分成熟，因此在大多数厂家得到广泛应用。高锰酸钾
去钻污是典型的非凹蚀工艺。

4.2.2.2　孔金属化的工艺流程

双面板的孔金属化工艺流程如下：印制线路板—钻孔—去钻污—清洗—活
化—清洗—解胶—清洗—化学镀铜—清洗—电镀铜—清洗—干燥—图形印刷（光
致抗蚀膜）—第二次镀铜（图形电镀）—清洗—图形保护—电镀锡—清洗—去掉抗
蚀膜—蚀刻—退锡—清洗—干燥—检查—进入后工序。

以上是所谓减成法（也叫减法）图形电镀印制线路板的制作工艺流程。实际
上在第一次镀铜后，孔金属化的工作就已经完成了，但就双面印制线路板的制作
而言，则还要在完成后工序（比如镀镍、金，镀银，热镀锡和热风整平等）以后
才是全工序的完成。

还有一种加成法（加法）是廉价生产双面印制线路板的工艺。这种工艺不用
有铜箔的基板，在材料成本上比减成法低。其后的工艺流程也简单许多：无铜树
脂板—钻孔—图形印刷（抗镀膜）—活化—清洗—解胶—清洗—化学镀铜—清
洗—干燥—检查—进入后工序。

这一方法是完全依靠化学镀铜技术在树脂基板上镀出线路图形，并且只能让
化学镀铜在没有抗镀膜的线路上沉积。同时要求化学镀铜工艺有良好的物理性
能，比如低脆性、厚镀层性和低电阻率等。因为全加成法没有利用电镀技术，是
完全的化学镀制成的双面印制线路板。

4.2.2.3　孔金属化工艺

（1）去钻污

钻孔是孔金属化的第一道工序，钻孔的质量直接影响孔金属化的质量。现在
的钻孔工序已经完全由电脑控制的全自动加工机械来完成。采用的是多钻头的高
速群钻。孔的位置完全按照线路图形进行数字化处理后输入到电脑控制系统，由
电脑指引钻孔。由于是高速钻孔，可以保证孔壁的高光洁度，以利于进行孔金属
化加工。

由于现在印制线路板的孔径越来越小，加上孔壁的光洁度也不可能完全一致，
并且有可能会有钻头带来的污染。因此，在进行孔金属化加工前对孔壁进行清理是十
分必要的，只有将孔壁清理干净，才能使其后的孔金属化获得良好的效果。

孔壁的清洗相当于塑料电镀的除油和预粗化工序。清洗可以采用碱性洗液、

有机溶剂和过硫酸铵溶液。对于深孔，还要采用超声波增强清洗效果，并同时采用几种方法以保证孔壁的清洁。

双面和多层板的清洗可采用以下工艺。

有机溶剂清洗：

三氯甲烷	CP 溶剂	时间	2～5min
温度	75～85℃		

预粗化：

过硫酸铵	10％溶液	时间	1～3min
温度	25～35℃		

粗化有几种方案可供选择，用得较多的是浓硫酸粗化：

硫酸	98％	时间	1～2min
温度	室温		

混合液粗化：

硫酸	60％	温度	室温
氢氟酸	40％	时间	1～2min

在采用浓硫酸特别是混合酸处理时，要十分小心，穿戴好防护用品，包括眼镜、橡胶手套、工作服等，防止发生意外。

(2) 活化和解胶

在粗化完成后，经过充分清洗，即可以进行活化处理。流程中介绍的是胶体钯活化法。也可以采用分步活化法，也就是增加敏化处理。

敏化：

氯化亚锡	4g/L	OP 乳化剂	2mL/L
盐酸	40mL/L		

活化：

氯化钯	0.5g/L	OP 乳化剂	2mL/L
盐酸	10mL/L		

在活化过程中，由于发生了氧化还原反应，除了生成了具有催化作用的金属钯外，还会有胶体状四价锡离子生成。这些胶体状的锡盐残留在孔内会影响化学镀铜的效果。因此，在活化之后，要进行去锡盐处理，也就是所谓的解胶工序。可以采用表 4-1 所列举的任何一种溶液作为去锡的溶液。

如果采用胶体钯活化法，则可以采用前面介绍过的胶体钯工艺。为了效果更好，也可以在其中加入少许表面活性剂。不过现在流行的方法是选用商业化销售的活化等全套的孔金属化学镀化学品，这样可以由供应商保证产品质量，对加工过程中出现的技术问题提供技术服务，但是由供应商提供产品和服务也有其负面的影响。

表 4-1　可供选用的解胶液

工　　序	可以选用的化学品	推荐的浓度/%	工　　序	可以选用的化学品	推荐的浓度/%
解胶 (加速或去锡)	盐酸	10	解胶 (加速或去锡)	氢氧化钠	5
	过氯酸	10		碳酸钠	5
	硫酸	5		重铬酸钠	5
	磷酸	10			

事实上，了解和掌握所有工艺流程中的化学配方对无论是现场操作人员还是现场技术人员都是至关重要的。产品质量的保证最终还是由一线操作者的技能和态度所决定的。没有高技术素养的操作人员，高效率和高质量是难以保证的。那种认为只要有供应商提供服务就万事大吉，工人只是不用动脑的操作者的管理理念是错误的。

供应商出于商业秘密的考虑，对所提供的化学品的成分和性质一般都是保密的，但这里边也不排除是保护其经济利益的考虑。有很多处理剂如果公开了配方，其成本就一清二楚，但是一旦冠以"某某剂"的商业名，其价格就可以高出成本几十倍。随着我国自己开发的电子电镀化学品进入市场以及世界上更多国家印制线路板厂迁往我国，使竞争更为激烈，相信这对降低不合理的进口化学品的价格是有利的。

（3）化学镀铜

在解胶完成之后，经过仔细清洗，即可以进行孔金属化的重要工序——化学镀铜，必须保证在孔内获得 0.25～0.5μm 的金属铜。

可以使用以下化学镀铜工艺：

硫酸铜	7g/L	pH 值	12.5
酒石酸钾钠	35g/L	温度	25℃
氢氧化钠	10g/L	时间	30 min
甲醛	50mL/L		

（4）化学镀镍

在双面板孔金属化工艺中，也有采用化学镀镍工艺的。这是因为化学镀镍的稳定性比化学镀铜好，且沉积速度快，获得与化学镀铜一样的厚度只需要 5 min。缺点是延展性差，导电性也没有化学镀铜好。

用于印制线路板的化学镀镍也分为酸性液和碱性液两种，并且温度都不能太高。

① 酸性化学镀镍

硫酸镍	10～40g/L	次亚磷酸钠	10～40g/L
柠檬酸钠	10～40g/L	pH 值	5.0～6.2
氯化铵	30～50g/L	温度	55～63℃

② 碱性化学镀镍

硫酸镍	10～40g/L	pH 值	8.3～10.0
焦磷酸钾	20～60g/L	温度	20～32℃
次亚磷酸钠	10～40g/L		

4.2.3　印制线路板电镀工艺

对于双面板和多层板，在化学镀完成以后，还必须进行电镀加厚，使铜层的厚度达到 $25\mu m$ 左右，并且要求镀液分散能力好，镀层脆性小，镀液对基板的浸蚀小等。

成熟的镀铜工艺有很多，如氰化物镀铜、硫酸盐镀铜、焦磷酸盐镀铜、氟硼酸盐镀铜、氨基磺酸盐镀铜等。氰化物镀铜由于操作环境的安全问题和环境污染的问题很少选用，还有一个原因是在这种镀液中获得厚镀层的效率很低，镀层质量也无法保证。

对于孔金属化电镀来说，镀液的分散能力是很重要的指标。一般要求镀铜层在孔内的厚度与基板表面的厚度要接近 1：1。如果分散能力差，就会出现当孔内达到厚度要求后，表面厚度已经大大超过公差配合要求，使其后的蚀刻时间延长而影响线路精度。

相比而言，焦磷酸盐镀铜的分散能力较好，因此，有些印制板的加厚电镀采用焦磷酸盐镀铜。

4.2.3.1　焦磷酸盐镀铜

焦磷酸盐镀铜的组成和操作条件如下：

焦磷酸铜	80～100g/L	光泽剂	0.5mL/L
焦磷酸钾	300～400g/L	阴极电流密度	2～3A/dm²
P 比{$[P_2O_7^{4-}]/[Cu^{2+}]$}		阳极	无氧铜
	7.0～8.0	阳极电流密度	1～2A/dm²
正磷酸	90g/L 以下	温度	55℃
pH 值	8.4～9.0	搅拌	阴极移动或空气搅拌
氨水（28%）	2～5mL/L		

P 比是管理焦磷酸盐镀铜的一个重要参数：

$$P \text{ 比} = \frac{\text{全焦磷酸根浓度}[P_2O_7^{4-}]}{\text{铜离子浓度}[Cu^{2+}]}$$

另外，正磷酸是焦磷酸水解生成的：

$$P_2O_7^{4-} + H_2O \longrightarrow 2HPO_4^{2-}$$

正磷酸盐超过一定浓度，就会对电镀的质量带来不利影响，而这个反应是不可逆的，因此，当正磷酸盐累积到一定量时，只有用新的镀液置换一部分旧的镀液，甚至完全弃掉旧液而换用新的镀液，这显然是很不经济的做法。另外，聚酰亚胺多层板不能耐受焦磷酸镀液，因此不能适用所有的印制线路板，特别是细微线路板的加工。同时，焦磷酸根对铜离子的络合也造成废水处理的困难。因此，当硫酸盐镀铜技术有了新的进步以后，焦磷酸盐镀铜已经逐渐被硫酸盐镀铜取代。

4.2.3.2　硫酸盐镀铜

铜作为印制电路制造中的基本导线金属，已经得到了广泛的承认，成为标准的导电层和线路图形的基本材料。它具有极为优越的导电性（仅次于银），容易电镀，成本低，并具有高可靠性。铜很容易活化，因此在铜和其他电镀的金属之间可以获得良好的金属结合力。对于镀铜工艺的选择，现在已经基本上有完全采用硫酸盐镀铜的趋势。这是因为现在的添加剂技术使酸性镀铜工艺无论是分散能力还是镀层性能都能够满足印制板生产的要求，并且形成了专门用于印制线路板的镀铜工艺。

硫酸盐镀铜的组成和操作条件如下：

硫酸铜	$60\sim80$g/L	阳极电流密度	$1\sim2$A/dm^2
硫酸	$90\sim115$mL/L	阴极电流密度	$2\sim3$A/dm^2
氯离子	$50\sim70$mg/kg	温度	25℃
光亮剂	适量	搅拌	阴极移动或空气搅拌

阳极　磷铜（P：$0.003\%\sim0.005\%$）

如果用自来水配制，可以不另外添加氯离子，但印制线路板行业所有工作液基本上采用去离子水配制，所以要另外加入氯离子，这时一定要注意添加量的控制，千万不可过量，宁少勿多，否则要想去掉多余的氯离子就很麻烦了。

光亮剂因为基本上是商业化的，要根据说明书的用量来补充，一般在 $1\sim2$mL/L，也是宁可少加而不要过量。

硫酸盐酸性镀铜的阳极管理也很重要，这是对镀层质量有重要影响的因素。为了防止阳极呈一价铜溶解而产生歧化反应生成铜粉，要让阳极处于半钝化状态，以二价铜离子的形式溶解。这主要是靠阳极中含有的一定量的磷来实现的。阳极的电流密度也很重要，要保证阳极电流密度在正常半钝化状态，就要保证阳极有一定的面积，这时使用钛篮是很必要的。它可以基本保证阳极的面积，同时方便添加磷铜阳极球或块。钛篮外面要加阳极袋。

另外，酸性硫酸盐光亮镀铜的工作温度是室温，并且不宜超过 30℃，最好在镀液内装有降温的交换器，以便在镀液温度升高超过工艺规定的范围时，进行降温。

4.2.3.3 电镀锡

电镀锡在印制电路板制造中也有着举足轻重的作用，这是因为镀锡在减成法中既有保护线路图的作用，又可以是最终的焊接性镀层。作为图形保护用的镀锡在图形制作成型后，有时还会将其退除，有些简单的单面板或双面板会保留锡层作为最终镀层。

目前印制板电镀采用较多的有氟硼酸镀锡和氨基磺酸盐镀锡，这些镀锡的成本较高且存在环保问题，因此现在开始流行硫酸盐镀锡。

由于用于印制板的镀锡有特别的要求，因此，不能采用常规的硫酸盐镀锡，这两种镀锡工艺的异同可参见表 4-2。

表 4-2 图形保护镀锡和焊接性镀锡的性能要求比较

性　能	图形保护镀锡	焊接性镀锡	性　能	图形保护镀锡	焊接性镀锡
焊接性能	不要求	主要要求	均镀能力	有要求	有一定要求
装饰性能	不要求	有要求	阴极电流效率	有要求	不作要求
分散能力	有要求	有一定要求			

由表 4-2 可见，对于图形保护镀锡来说，装饰性和焊接性都可以不作要求，但是对镀液的分散能力和镀层的均匀性则有很高的要求，这是因为对于图形来说，尤其是双面以上的印制线路板有很多的小孔，同时在线路板的有些部位有很细和很密的线路，如果分散能力不好和镀层分布不均匀，就会导致孔位镀层不够厚而在蚀刻中出现孔位的破坏或线路的缺损，造成印制线路板报废。

用于印制板的镀锡工艺如下。

（1）氟硼酸盐镀锡

氟硼酸锡	$25\sim50g/L$	2-甲基醛缩苯胺	$30\sim40mL/L$
氟硼酸	$260\sim300g/L$	β-萘酚	$1mL/L$
硼酸	$30\sim35g/L$	温度	$15\sim25℃$
甲醛	$20\sim30mL/L$	阴极电流密度	$1\sim3A/dm^2$
平平加	$30\sim40mL/L$	阴极移动	$20\sim30$ 次$/min$

（2）磺酸盐镀锡

甲基磺酸锡	$30g/L$	稳定剂	$20mL/L$
羟基酸	$125g/L$	温度	$15\sim25℃$
乙醛	$15mL/L$	阴极电流密度	$1\sim5A/dm^2$
光亮剂	$25mL/L$	阴极移动	$1\sim3m/min$
分散剂	$10mL/L$		

（3）硫酸盐镀锡

相比之下，硫酸盐镀锡的成本要低一些，典型的硫酸盐镀锡的工艺如下[1]：

硫酸亚锡	60g/L	温度	10～25℃
硫酸	150g/L	阴极电流密度	1～5A/dm²
添加剂 A	8mL/L	阴极移动	20～30 次/min
添加剂 B	5mL/L		

硫酸盐镀锡最常见的问题是二价锡的稳定性问题，在镀液中二价锡氧化为四价锡时，不仅使有效的主盐浓度减小，而且会使镀液浑浊，镀层质量下降。除了选用强力还原抗氧化添加剂外，只要严格控制工艺条件，硫酸盐镀锡的工作周期是可以延长的。

4.2.3.4　电镀镍金

有些印制线路板在完成线路上的电子元件安装后，成了一个功能块。这种功能块在电子整机中使用时，为了维修或更换方便，采用了插拔的方式，即在线路板上的一个边上制作有一排像手指一样张开的线路插脚，以便在插入电子整机的插槽中时，与整机的线路完成连接。为了提高连接性能，并经受住多次插拔，连接线接口部位要特别镀上耐磨金镀层，以便可以长期使用而不出现腐蚀。为了节省宝贵的金资源，就只能对像手指一样的连接部位进行镀金，而不是对全板进行镀金，所以叫金手指电镀。它是一种局部镀的技术，即只对需要的部位进行电镀。

印制板上的金镀层有几种作用。金作为金属抗蚀层，能耐受所有一般的蚀刻液。它的电导率很高，电阻率为 $2.44\mu\Omega \cdot cm$。由于它有很正的电位，使得它是一种抗锈蚀的理想金属和接触电阻低的理想的表面金属。同时，金作为可焊性的基底，是多年来争论的问题之一。显然，不能只是为了焊接才选择镀金，但是镀金层易于焊接也是事实。

近年来已经发展了一些新的镀金工艺，它们大多数是专利性的，这表明为避开有毒的碱性氰化物镀金及其对电镀抗蚀剂的破坏作用所作的努力。

（1）电镀镍

① 硫酸型

硫酸镍	300g/L	pH 值	4.0～4.6
氯化镍	45g/L	温度	55℃
硼酸	40g/L	阴极电流密度	1.0～4.0A/dm²
添加剂	适量		

② 氨基磺酸型

氨基磺酸镍	350g/L	添加剂	适量
氯化镍	5g/L	pH 值	3.5～4.5
硼酸	40g/L	温度	55℃

阴极电流密度　　1.0～5.0A/dm²

（2）电镀金

① 酸性硬金（金手指用）

金盐	2～8g/L	pH 值	4.0～4.5
柠檬酸钾	60～80g/L	温度	30～50℃
柠檬酸	10～20g/L	阳极	铂金镀钛膜
钴、镍、铁离子	100～500mg/L	阴极电流密度	0.5～2.0A/dm²

② 镀金（导线连接用）

金盐	6～12g/L	温度	60～80℃
磷酸钾	40～60g/L	阳极	铂金镀钛膜
氯苯酸钾	微量	阴极电流密度	0.1～0.5A/dm²
pH 值	6.0～8.0		

4.2.4　热风整平及其替代工艺

印制线路板在图形制作完成后，由于在其上安装分立元件并进行焊接的需要，对线路要进行可焊性镀层的镀覆，但是由于线路之间并不是全部完全导通的，用电镀法不可能在线路板上全部镀出镀层，这时只能采用浸镀（化学镀）的方法，而已经制成的线路板，尤其是安装有分立元件的线路板不可能再在化学液中浸泡，这时就得采用热浸锡的方法。

热风整平焊料涂覆工艺简称热风整平，就是把印制板浸入熔融的锡焊料中，然后通过两个风刀（高压热空气）之间，用热的压缩空气将板面上和金属化孔内多余的焊料吹掉，得到平滑、光亮、厚度均匀的焊料涂覆层。实际上是把浸焊和热风整平二者结合起来，在印制板金属化孔内和印制板导线上涂覆低共熔金属焊料的工艺。

由于热风整平对于薄型板或微型板有容易造成变形等缺点，且资源和能耗也较大，现在有采用其他化学镀的方法来取代热风整平的趋势。

自 20 世纪 60 年代以来，热风整平作为 PCB 的表面处理技术已经获得了广泛的应用，至今仍是 PCB 后处理的主流，但是它的缺点也是显而易见的。要想保持持久的可焊性，就要在熔融的锡中加入有毒的铅。这不仅使生产环境恶化，能源和原料的浪费也很大，而且不适合于对微细孔板进行加工。随着电子产品越来越小型化，作为微细线路和微电子器件载体的印制线路板也日趋小型化，其线径和线间距也越来越小，采用热风整平在这类小型化的线路板上热镀锡铅是不行的。

有统计显示，现在的印制线路板中，60%还在采用热风整平工艺，但是它不仅已经不能适应新一代印制线路板制造的需要，也不能达到环境保护的要求，面临着工艺更新换代的挑战。考虑到大量的印制线路板仍将对焊接性能有严格的要求，同时还有降低成本方面的需要，化学镀锡或者锡合金将是一个很有工业价值的替代热风整平的工艺。虽然已经有商业的用于印制线路板的化学镀锡产品问世，但要在广泛的范围内推广和使用化学镀锡工艺，还需要进一步提高这一工艺技术对各种加工需要的适应性和本身的技术性能。

目前可以用来取代热风整平的有化学防氧化技术、化学镀镍金技术、化学镀锡技术、电镀锡技术等。分述如下。

（1）化学防氧化技术

化学防氧化技术是在铜层表面形成均匀的隔绝氧化介质而又有助于焊接性的有机膜。这一技术的优点是简便易行，但可靠性不够理想。对要求高的精密 PCB 产品不合适。

对于一些消费性电子产品的印制线路板，成本低是其最主要的要求，并且在装配后就不再有多次焊接的需要，这时，对制成的线路板镀覆锡镀层等显然是不合算的。作为一种替代工艺，可以采用对印刷线路进行化学防氧化处理，以防止铜线路在存放过程中氧化而不易焊接。

商品化的这类产品是防铜变色剂，也有叫抗氧化剂的。一般含有金属钝化剂、成膜物质和表面活性剂。经过它的处理后，铜线路表面有了一层均匀的抗氧化膜，在以后的装配焊接中容易与焊锡保持良好的结合力。在进行化学防氧化处理以前，要对印制线路板进行认真的除油、活化等处理，以使待处理的线路表面处于活性状态，获得合格的抗氧化膜层。

另一种工艺是采用有机保护膜层。考虑到所要求的焊接性能，这种膜同时具有助焊性，简称 OSP 技术（organic solderability preservative）。这种膜的成分中通常含有 BTA 和咪唑等缓蚀剂、成膜剂和稳定剂。

进行化学处理的线路板在图形制作完成后，经表面去油、微蚀、充分清洗方可进入涂膜工序。

典型的工艺流程如下：酸性除油—水洗—微蚀—水洗—活化（5% H_2SO_4）—水洗—纯水洗—助焊保护膜—纯水洗—干燥（60～80℃）。

目前这种工艺由于稳定性差（pH 值的变化、镀液的污染等），且不能保证多次反复焊接的可靠性，还不能在要求高的印制线路板上采用，但如果开发出新的高效、高性能化学处理工艺，还是很有潜力的。

（2）化学镀镍金技术

由于高密度线路板和多层、盲孔等结构的出现，使热风整平在新型线路板上根本就无用武之地，同时芯片引线材料的轻金属和贵金属化对线路板的最后镀覆要求进一步提高。适应这种变化的是化学镀镍金技术的出现。化学镀镍金是取代热风整平而用于精细印制板的最可靠技术。它是在完成的 PCB 上先化学镀镍，再化学镀金，从而获得外观和物理性能都好的表面处理层。与电镀镍金相比，化学镀镍金有良好的分散能力，可以在任何部位获得均匀一致的镀层，同时不受图形是否互连的影响，是现代微电子技术中重要的镀覆工艺。

化学镀的明显优点是分散能力好，无论是孔内、孔外还是通孔、盲孔，所有部位都可以获得均匀的镀层，同时镀层平整、光洁。对化学镀镍和化学镀金而言，与铝基导线或金丝导线都可以有良好的焊接，并且抗变色性能好，可以适应多次焊接的要求。

在化学镀镍金工艺中，化学镀镍是作为金与铜基体之间的阻挡层而起作用的，以防止生成金与铜的金属间化合物而导致表面性能变化。化学镀镍的厚度在 $3\sim5\mu m$，含磷 $6\%\sim10\%$，无磁性。化学镀金分为两种，一种是浸金，也叫置换金、薄金，其厚度只有 $0.1\mu m$ 左右。另一种是化学镀金，采用了还原剂，可以沉积出较厚的镀金层，厚度在 $1\mu m$ 左右，但它需要在浸金的基底上施镀。

典型的化学镀镍/金的工艺流程如下：酸性除油—水洗—微蚀—水洗—预浸—活化—水洗—后浸—水洗—化学镀镍—水洗—纯水洗—浸金—水洗—纯水洗—化学镀厚金—水洗—热纯水洗—干燥。

适合印制线路板的化学镀镍应该是延展性好，且以酸性镀液为好，镀液的温度在 $70\,^{\circ}\mathrm{C}$ 左右为宜。活化是本工艺中的重要工序，否则不能引发自催化过程。现在商业化的活化液中的 Pd^{2+} 含量只有 $10mg/kg$。由于自配的化学镀镍液诸多参数不能很好地控制，所以大部分印制线路板制造商都采用商业化学镀镍液，以保证其产品的质量。

化学浸金是利用金和镍的电位差将金从镀液中置换到镍层表面的过程。金的标准电位为 $1.68V$，而镍的标准电位只有 $-0.25V$，二者电位相差很大，初始反应速度很快，当表面镍层全部被覆盖后，反应就会停止。

化学镀厚金虽然称为厚金，其实金层的厚度最多不过 $2\mu m$，一般只有 $0.5\sim1.0\mu m$。所用的还原剂也是以次亚磷酸钠为主。金盐以氰化金钾的方式加入，其浓度在 $0.5\sim1.5g/L$，所需的镀覆时间比化学浸金的时间要长。

影响化学镀镍金完全取代热风整平的原因是成本高和工艺过于复杂，从化学镀镍到化学浸金、化学镀金都要在比较高的工艺温度下进行，并且化学镀镍在铜基体上只有经过钯活化后才能沉积，增加了操作难度和成本。只有那些附加值高的产品才会采用这种工艺。当然这一工艺技术的改进工作仍在进行中，降低其成本是最主要的课题。

（3）化学镀银和化学镀钯

化学镀银是介于化学膜和化学镀镍金之间的一种替代工艺，其导电性和焊接性能都比化学膜要好，但是抗变色性能差和不能获得厚的镀层是其根本的弱点。新一代印制线路板对连接方面的要求使其可以作为化学镀镍金的替代镀层而有一定的应用。

化学镀钯在微电子封装中已经得到广泛应用，这主要是因为金属钯具有良好的抗变色性能和化学稳定性，可以较长时间存放而不影响其焊接性能，但是它和化学镀镍金相似的是工艺过程控制比较麻烦，至于成本，可能也是一个值得考虑的因素，但有人认为其成本比镀金、银还要低。

化学镀银工艺如下。

① 置换镀

氰化银	8g/L	温度	室温
氰化钠	15g/L		

这是在铜上获得极薄银层的置换法。

② 环保型

硝酸银	8g/L	硫代硫酸钠	105g/L
氨水	75g/L	温度	室温

这是相对氰化物法的无氰化学镀银，是环保型工艺。

③ 化学镀

氰化银	1.83g/L	氢氧化钠	0.75g/L
氰化钠	1.0g/L	二甲氨基硼烷	2g/L

④ 二液法

A 液：硝酸银	3.5g/L	氢氧化钠	2.5g/100mL
氨水	适量	蒸馏水	60mL
B 液：葡萄糖 45g		乙醇	100mL
酒石酸	4g	蒸馏水	1L

在配制 A 液时要注意：在蒸馏水中溶解硝酸银后，要用滴加法加入氨水，先会产生棕色沉淀，继续滴加氨水直至溶液变透明。

在配制 B 液时，要先将葡萄糖和酒石酸溶于适量水中，煮沸 10min，冷却后再加入乙醇。使用前将 A 液和 B 液按 1∶1 的比例混合，即成为化学镀银液。

（4）化学镀锡

由于锡具有优良的焊接性能，使其成为电子产品装配过程中不可缺少的钎焊金属材料，尤其在印制线路板行业，锡的用量是很大的，仅次于铜的用量。电镀锡铅合金一直是这个行业不可或缺的镀种，热风整平所用的热镀锡也是锡铅合金，现在随着禁止使用铅的法规的实施，纯锡电镀已开始大行其道，热风整平是否要改用锡或锡银铜合金，也很快就会有结论。这些使得锡的用量进一步增长，也使得开发替代工艺成为一个引人注目的课题。在所有替代热风整平的工艺中，化学镀锡是最有竞争力的技术。事实上一些先进技术国家的印制线路板制作过程中，已经用上了化学镀锡。据说 CIMATEC 公司早在 1995 年就把其化学浸锡技术引入了市场，除了在客户处拥有十几条水平、垂直生产线外，还自己设加工线为对引入这一技术存有疑惑的客户加工[2]。新一代化学镀锡的商品也已经问世。

不过目前应用的化学镀锡严格地说只能称为化学浸锡或置换镀锡，其厚度难以达到期望的要求，但是不少推出这一技术的供应商都以详细的报告说明只要镀锡层的厚度在 $0.5\sim1.2\mu m$ 范围，就足以应付使用。

解决化学镀锡层厚度问题的根本出路是研制出有还原作用的自催化性化学镀锡，但是用于铜和镍的自催化还原剂，如次亚磷酸钠、硼氢化钠、肼、甲醛、二甲基胺硼烷等至今都被证实不能还原锡。已经有的关于还原型化学镀锡的各种方案，如以钛的变价化合物作为还原剂、利用歧化反应还原锡等大都只是小规模研制，不具备大生产的市场价值[3]。也有关于开发出可获得厚化学镀锡技术的报道，采用了次亚磷酸钠作还原剂，但开发者自己也认为不能确定次亚磷酸钠是实现锡连续自催化沉积过程的还原剂[4]。这里关键是可获得较厚的化学镀锡层，以保证其抗氧化和反复焊接能力。当有办法提高化学镀锡层的抗氧化性能时，镀层的厚度就不是重要的参数。实际上影响其焊接性能的主要是锡表面的氧化层，如果可以延缓锡层的氧化，比如通过后处理来做到这一点的话，化学镀锡的可行性就大大提高。在实际应用中，为提高镀锡层的致密性和增加其厚度，采用了二次化学浸锡工艺，其典型的工艺流程如下：印制线路板表面清洗—水洗—化学粗化—水洗—活化— 一次化学镀锡—水洗— 二次化学镀锡—水洗—热水洗—干燥。

其中一次化学镀锡的时间为 $1\sim3min$，第二次的时间根据镀液状况由 2min 至 10min 均可，但随着时间的延长，其镀层的光亮度明显下降。如何在增厚的同时保持镀层的光亮性仍是一个重要的课题。

以下提供可试用的化学镀锡的若干工艺配方，严格说来不能叫作化学镀，只是置换镀。但从广义的角度，凡是从化学溶液中获得镀层的表面处理工艺，都可称为化学镀。以下是化学镀锡的几个工艺配方。

① 硫脲　　　　　　　 55g/L　　　温度　　　　　　　　　　　 室温
　 酒石酸　　　　　　 39g/L　　　需要搅拌
　 氯化亚锡　　　　　 6g/L
② 氯化亚锡　　　　　 18.5g/L　　 氰化钠　　　　　　　　　 18.5g/L
　 氢氧化钠　　　　　 22.5g/L　　 温度　　　　　　　　　　 10℃以下
温度如果过高，镀层会没有光泽。
③ 锡酸钾　　　　　　 60g/L　　　 氰化钾　　　　　　　　　 120g/L
　 氢氧化钾　　　　　 7.5g/L　　　温度　　　　　　　　　　 70℃

本工艺析出速度很慢，但可以获得光泽性较好的镀层。需要注意的是锡在电镀过程中容易呈现海绵状镀层，需要加入添加剂来加以抑制。化学镀锡也有同样的问题。同时沉积过程受温度影响也比较大。采用硫脲的化学镀锡温度不宜过高，在添加了阴离子表面活性剂的场合，温度可以适当提高。

　　铜杂质在镀液中是有害的，由于铜离子的还原电位比锡高得多，将阻碍锡的还原。可以通以小电流加以电解，使铜在阴极析出除掉，然后再补加锡盐。

　　(5) 化学镀锡合金

　　提高化学镀锡抗氧化性能的一个思路是开发化学镀锡合金工艺。这个课题的意义不仅仅在于提高其抗氧化能力，而且还在于对纯锡存在容易长锡须的担心。对于微细线路来说，极短的锡须会引起短路。这种担心也反映在电镀纯锡工艺的应用上，所以有很多关于电镀锡合金的新工艺出现，当然不是锡铅合金，而是锡银、锡铜、锡锌、锡铋等。

　　尽管有纯锡并不是长锡须的必要条件的说法，但锡合金不长锡须则是已经被认定了的，所以开发锡合金仍然很有吸引力。化学浸锡铜合金已经在其他行业有所应用，比如线材加工业和小五金装饰业。也有适合印制线路板用的化学镀锡铅的报道[5]，是在氟硼酸锡和氟硼酸铅溶液里采用化学置换获得钎焊性镀层的方法，据说调整其组成最高可获得 $15\mu m$ 的镀层。还有关于化学镀镍锡合金的报道，但由于是碱性镀液，并且工作温度高达 $90℃$，因而不适合用于印制线路板。

　　① 化学镀铜锡合金

硫酸亚锡	1.8～5.5g/L	硫酸	9.7～30g/L
硫酸铜	0.7～2.2g/L	温度	室温

这实际上是置换法获得的镀层，因此只能在比锡电位负的如钢铁、镍等材料上沉积。

　　② 化学镀铜锌合金

氧化锌	113g/L	氰化钠	22.5g/L
氢氧化钠	315g/L	碱式碳酸铅	0.14g/L
氰化亚铜	13g/L	温度	43～46℃

这也是置换型镀液，工作中要充分搅拌。

　　随着新的表面化学原材料和中间体材料的开发，一些以前不可能实现的过程在一定条件下可以实现，某些不可控的反应将变得可以控制，这将为开发新的化学镀锡合金技术提供支持。

　　(6) 其他化学镀

　　随着印制板的小型化和多功能化发展，作为取代热风整平的技术储备，还有一些化学镀工艺是可供选择的，以下也作简要介绍。

　　① 化学镀钴。化学镀钴是随着电脑对磁记录材料的需求而发展起来的。其反应的机理与化学镀镍相似，只是由于其电位比镍负而沉积更慢。在化学镀钴溶液中，钴离子被还原为金属钴，其化学反应如下：

$$Co^{2+} + H_2PO_2^- + 3OH^- \longrightarrow Co + HPO_3^{2-} + 2H_2O$$

$$H_2PO_2^- + H_2O \longrightarrow H_2PO_3^- + 2H^+ + 2e$$

由于反应中有氢析出，会使 pH 值有所变化，同时还要消耗一部分还原剂，所以要保持镀液 pH 值的缓冲性能以提高稳定性。

虽然提高温度对反应加速有利，但是还是保持在 90℃ 为宜，过高会加速镀液的蒸发。杂质对镀液的影响也很大，要防止氰化物混入。其他金属的离子例如铜、锌、镁、铁、铝等的离子也是有害的。

如果要在非金属表面沉积，只能用钯作活化剂。

化学镀钴：

氯化钴	6.6g/L	pH 值	8～10
次亚磷酸钠	26g/L	温度	90～100℃
酒石酸钾钠	260g/L	析出速度	1.5μm/30min

化学镀镍钴合金：

氯化钴	30g/L	次亚磷酸钠	20g/L(每 10min 补加 5g/L)
氯化镍	30g/L	pH 值	4.5～5
酒石酸钠	100g/L	温度	98℃

② 化学镀铬。化学镀铬之所以有一定价值是因为它比起电镀铬有好得多的分散能力。尽管镀铬将受到越来越严格的限制，但要完全取消镀铬还是要有一个较长的过程，并要有可靠的替代技术出现。

采用化学法获得的铬层是无光和灰色的，需要借助抛光才能获得光亮性。化学镀铬可以在金属上沉积，也可以在化学镀镍上沉积，其配方与工艺如下：

氟化铬	17g/L	20%氢氧化钠	10mL/L
氯化铬	1g/L	pH 值	8～10
柠檬酸钠	8.5g/L	温度	71～90℃
次亚磷酸钠	8.5g/L	析出速度	2.5μm/h
冰醋酸	10mL/L		

化学镀铬的反应启动要借助原电池原理的接触启动电流。也就是在进行化学镀时，装入了被镀产品后，要用另一种与基体不同电位的金属与之接触，以触发化学反应。另一种金属的电位要低于被镀金属。这一过程也叫接触镀（contact process）。

配制化学镀铬液必须用 60℃ 以上的热水来溶解氟化铬，再加到规定的液量并溶入氯化铬和柠檬酸钠等，最后加入次亚磷酸钠。用冰醋酸或氢氧化钠调 pH 值至 8～10 之间。反应中消耗最快的是次亚磷酸钠，要经常少量加入。

如果用接触法启动不了镀覆过程，则有可能是氯化铬过量，调整后先试镀。

(7) 化学镀合金

用化学还原法获得合金镀层虽然存在一些限定条件，但是却是完全可以实现的。能够构成合金的成分与其标准的电极电位有关，也和它们对还原反应的催化性能有关，同时也与所采用的还原剂的性质有关。具有自催化性质的金属能构成的合金的含量可以在 0～100% 范围变化。镍和钴是这方面最典型的例子。

① 镍钴合金

用酒石酸盐作络合剂，用肼作还原剂，可以得到镍钴合金镀层：

氯化钴＋氯化镍	0.05mol/L	硫脲	3mg/L
肼	1mol/L	pH 值	12.0
酒石酸钠	0.4mol/L	温度	90℃

主盐中两种金属盐的比例决定合金镀层比例，当其比值为 1：1 时，钴的含量约为 65%，其沉积速率为 $3\mu m/h$。

② 镍铁合金

醋酸镍	50g/L	氨水(25%)	35mL/L
氯化亚铁	8g/L	pH 值	11
次亚磷酸钠	25g/L	温度	75℃
酒石酸钾钠	75g/L		

这个工艺的沉积速率为 $9\ \mu m/h$，其中铁的含量为 20%，磷的含量一般为 0.25%～0.5%。

③ 镍铜合金

醋酸镍	20g/L	氨水(25%)	35mL/L
次亚磷酸钠	20g/L	氯化铜	1g/L
柠檬酸钠	50g/L	pH 值	8.9～9.1
氯化铵	40g/L	温度	90℃

这个配方不看最后列入的氯化铜，很像是用于 ABS 塑料电镀的低温型镀镍液，但是加入铜盐以后，就成了镍铜合金镀液。别看铜盐的添加量很小，只有镍盐的 1/20，但其在镀层中的含量可达 22%，磷的含量也达到了 5%～7%，温度却提高了许多，沉积速率则为 $12\mu m/h$。

④ 镍锌合金

硫酸镍	35g/L	氨水(25%)	60mL/L
次亚磷酸钠	10g/L	硫酸锌	15g/L
柠檬酸钠	85g/L	pH 值	8.8～9.2
氯化铵	50g/L	温度	98℃

从这个镀液里可以得到含锌15%的镍锌合金。

⑤ 镍锡合金

硫酸镍	35g/L	氨水(25%)	60mL/L
次亚磷酸钠	10g/L	锡酸钠	3.5g/L
柠檬酸钠	85g/L	pH 值	8.8～9.2
氯化铵	50g/L	温度	98℃

这个配方基本上是将镍锌中的锌盐换成四价锡盐，但是镀层中锡的含量却少得多，只有2%左右。

⑥ 钴铁磷合金

硫酸钴	25g/L	硫酸铵	40g/L
硫酸亚铁	0～20g/L	pH 值	8.1
柠檬酸钠	30g/L	温度	80℃
次亚磷酸钠	40g/L		

镀层中的含铁量随着铁盐含量的增加而增加，最高可达45%。含磷量在5%左右。沉积速率为$10\mu m/h$。

⑦ 钴锌磷合金

氯化钴	7.5g/L	氯化铵	12.5g/L
氯化锌	1g/L	硫氰酸钾	0.002g/L
柠檬酸钠	19.8g/L	pH 值	8.2
次亚磷酸钠	3.5g/L	温度	80℃

镀层中的锌含量和磷含量都在4%左右。

⑧ 钴铜磷合金

硫酸钴	20 g/L	氯化铵	40g/L
硫酸铜	0～1.2g/L	氨水(25%)	35mL/L
柠檬酸钠	50g/L	pH 值	8.9～9.1
次亚磷酸钠	20g/L	温度	90℃

镀层中合金成分的变化主要由铜盐的添加量看出，当铜盐在0～1.2g/L变化时，镀层中铜的含量也在0～23%变化。含磷量则基本上稳定在2%～3%。镀液的沉积速率为$5\mu m/h$。

4.3 用于印制线路板的环保型原料和工艺

进入21世纪，人们对人类生存环境和经济的可持续发展更为关注。随着对环境污染物危害性认识的深入，一些新的环境法规和条例已经出台。特别是对仍在发展中的产业，如信息电子产业，人们希望发展不要以牺牲环境为代价。因此，针对这些行业所使用的材料和工艺，提出了一些限制或禁用的法规和规定。

例如从 1999 年 11 月起，日本印制电路工业协会（JPCA）发布了一系列有关无卤素化覆铜板的标准[5]，欧洲消费类电子产品制造商协会（EACEM）则对整机产品的原材料使用做了严格的限制，坚决排除对环境带来影响的材料、产品。被列入有害材料名单的有含锑化合物、卤素化合物等。这些规定的出台促使各国的工业技术部门和科研单位为适应环境保护的需要而开发取代有害材料和工艺。

由于印制线路板从材质到制作工艺都涉及多种有害的化学物质，因此，电子工业的无害化生产的许多课题与印制线路板行业有关。

本节主要介绍近年来出现的用于印制线路板环保型材料和工艺，可供印制线路板加工企业和从业者参考。

4.3.1　环保型原料

4.3.1.1　基板材料

电子元件的载体是印制线路板的基板。为了防止因短路而发生的电热故障，引起燃烧事故，要求基板有阻燃性。因此在制作基板时，树脂中往往要加入阻燃剂，但阻燃性能较好的阻燃剂大多数是卤素化合物。现在已经可以确定，废弃的印制线路板由于含有阻燃剂，在作为垃圾焚烧时，会产生严重污染环境的二噁英，而成为严格禁止的污染物。二噁英属于氯化三环芳烃类化合物，是由 200 多种异构体、同系物等组成的混合体，主要来自垃圾的焚烧、农药、含氯等有机化合物的高温分解或不完全燃烧。有极高的毒性，又非常稳定。属于致癌物质。由于极难分解，人体摄入后就无法排出，从而严重威胁人类健康。因此，禁止使用含有卤素类阻燃剂的印制板已经成为世界性趋势，开发和使用无卤素印制板引起越来越多人的关注。现在（2001 年），可以向市场供应无卤素印制线路板的厂家已经从两年多以前的几家发展成为包括日本、美国、欧洲、韩国、中国和中国台湾省等国家和地区在内的近二十家[6]。

所谓无卤素 PCB 板，就是不采用卤素类阻燃剂的 PCB 板。由于阻燃性同样是 PCB 的重要指标，因此，不是简单地将阻燃剂从基板组分中去掉就能完事，而是要由非卤素类阻燃剂取代卤素类阻燃剂。

可以用来做阻燃剂的化学物质分为有机类和无机类。有机类中除卤素外，可以选用的有含磷的有机物、有机醇类等。无机物可以用硼酸、硼砂、硅树脂、水玻璃、钨酸钠等。也可以是两种以上的组合物。选用的原则除了无卤素以外，还要能满足印制线路板的其他性能，如介电性、防潮性能等。更好的解决方案是采用新型基板材料，如陶瓷类基板、铝氧化基板、纳米材料基板等。

4.3.1.2　印制板用化学原料

印制线路板制作过程中要用到多种化学材料，绝大多数化学品都具有不同程度的侵害性或毒性。使用中要有安全保障措施。有些已被列入限制使用或禁用的名单，如氟化物、铅的化合物、甲醛等。这些限制使用的化学品已经证实是对环境和人类健康有害的污染物，必须要寻找替代物来减少其使用。人们在这方面已经有多年的努力，并且已经取得了一定进展。

比如用次亚磷酸钠或硼氢化物作还原剂来进行化学镀铜，而不用有害的甲醛；采用羟基磺酸来取代氟硼酸；用纯锡镀层取代锡铅合金镀层等。由于这些化学品是在各种新开发的工艺中选用的，因此在使用这些原料的同时，还要用到与之相匹配的其他化学原料，一个重要的原则是不可以在消除了已知污染物的同时又由于采用新的材料而带来新的污染。

4.3.2　用于印制板电镀的环保型新工艺

4.3.2.1　无氟无铅镀锡

镀锡在 PCB 电镀中有两个用途，一是作为中间工序的保护性抗蚀镀层，另一是用作 PCB 制作完成后的最终镀层。目前大多数 PCB 加工厂仍在使用氟硼酸体系镀锡或锡铅工艺。这种工艺不仅有氟和铅的污染，而且在当作中间抗蚀层使用时，成本会偏高。针对这种情况，市场上出现了无氟无铅镀锡工艺。

（1）无氟无铅镀锡工艺

所谓无氟无铅酸性镀锡就是通常所说的酸性硫酸盐光亮镀锡。这种光亮酸性镀锡在焊片、引线等焊接件的电镀中已经有广泛的应用。由于采用了光亮剂，其外观也很光亮。尤其是镀液成分简单，成本比氟硼酸盐要低，所以受到用户好评。

对印制板制造中图形保护用的硫酸盐酸性镀锡来说，最重要的性能要求是镀层分散性能好，在孔内、孔外、边缘和中央的镀层厚度都接近，绝不可以出现漏镀或低电流区镀层过薄，否则对图形就不能完整地加以保护。同时，要求镀层致密、无孔隙，以防在蚀刻过程中出现对图形的侵蚀。至于镀层外观的装饰性不必作为要求，其镀层的焊接性能也不作为要求。因为镀锡层在完成图形保护任务后，就会从图形上退除。值得指出的是，纯锡的退除比锡铅的退除要容易一些，使退锡剂的寿命得以延长。

氟硼酸镀锡与硫酸盐镀锡的性价比参见表 4-3。

表 4-3　两类酸性光亮镀锡性价比

镀液种类	氟硼酸镀锡	硫酸盐镀锡
镀液组成	氟硼酸锡　15～20g/L 氟硼酸铅　44～62g/L 氟硼酸　260～300g/L 硼酸　30～35g/L 甲醛　20～30mL/L 平平加　30～40mL/L 2-甲基醛缩苯胺　30～40mL/L β-萘酚　1mL/L	硫酸亚锡　40～60g/L 硫酸　60～80mL/L 光亮剂　3～5mL/L 走位剂　5～10mL/L

续表

镀液种类	氟硼酸镀锡	硫酸盐镀锡
阳极	铅锡合金阳极	纯锡阳极
设备要求	耐含氟酸槽、降温设备、阴极移动	耐酸槽、降温设备、阴极移动
污染因素	氟离子、铅离子	基本无
退镀	退镀废液含铅，易生大量沉淀	退镀快于退锡铅
镀液成本比	1	0.6
镀液管理	稳定，但分析控制铅含量较困难	较稳定，但有定期处理四价锡问题

（2）镀液的配制和管理

由于硫酸亚锡溶解比较困难，同时在水溶液内会因水解而生成沉淀而导致溶液浑浊：

$$SnSO_4 + 2H_2O \Longrightarrow H_2SO_4 + Sn(OH)_2 \downarrow$$
$$Sn(SO_4)_2 + 4H_2O \Longrightarrow 2H_2SO_4 + Sn(OH)_4 \downarrow$$

由式中可见，只有在足够的硫酸存在的溶液内，才能保持硫酸亚锡的稳定性。因此，在配制镀液时先将计量的硫酸小心溶入水中是必需的，注意用水量要在所打算配制镀液量的 $1/2 \sim 2/3$，等各种成分投入并充分溶解后，再补齐到所需体积。

可以利用在加入硫酸时产生的热量来加快硫酸亚锡的溶解，要小心操作，以防酸性镀液溅起腐蚀皮肤、衣物，特别是眼睛。

在镀液配制完成后，要以小电流电解处理，电解处理的时间视所有原材料的纯度而定，如果所用的是纯水和化学纯以上的原料，电解时间可以很短，比如 $0.1A/dm^2$，$1 \sim 2h$，如果所用的原料是工业级（仅仅指硫酸亚锡，硫酸不能用工业级！），则需要 24h 的电解处理，以除去其他金属杂质的影响。在印制线路板业，建议所用原料都应是化学纯以上的级别。

管理中要注意的是硫酸、硫酸亚锡、添加剂等成分的含量和补加方式。

① 硫酸。尽管有资料认为过多的硫酸不会影响电流效率，还有利于提高导电性和分散能力，但是在有光亮剂等极化添加剂存在的前提下，过高的酸度会增加析氢的量。因此，建议对硫酸的管理控制在配方的下限，约 110g/L 左右。

② 硫酸亚锡。硫酸亚锡是本镀锡工艺中的主盐。提高亚锡离子的浓度可以提高阴极电流密度，加快沉积速度。不过过高的浓度会影响分散能力。对图形保护而言，建议采用配方中的中、上限来维持其浓度，即 $50 \sim 60g/L$ 为宜。

③ 光亮添加剂。在硫酸镀锡工艺中，如果没有光亮添加剂，无法得到合格的镀层，但是在图形保护的酸性镀锡中，过多的光亮剂不但没有好处，而且是有害的。因此，添加剂的维护应该是勤加少加，并防止在镀液内有过多的积累光亮剂。测试表明，添加有光亮添加剂的酸性镀锡的电流效率会有所下降，只有

90%，而通常硫酸镀锡的电流效率在99%以上。

为了去除镀液中的有机杂质，需要定期对镀液进行活性炭过滤，有些进口光亮剂的资料建议的过滤周期为每月一次，但实际上如果不是加入光亮剂过量或积累太多，三个月至六个月一次也是可以的，也可以与去除四价锡的过程同步进行。活性炭的添加量为1～4g/L，活性炭的粒径不可太细，否则过滤较为困难。

（3）其他取代氟硼酸镀锡的工艺

可以取代氟硼酸镀锡的电镀工艺除了硫酸盐镀锡外，还有羟基磺酸镀锡（如甲基磺酸、氨基磺酸等）。典型的羟基磺酸镀锡工艺如下：

羟基磺酸锡	15～25g/L	稳定剂	10～20mL/L
羟基酸	80～120g/L	温度	15～25℃
乙醛	8～10mL/L	阴极电流密度	1～5A/dm²
光亮剂	15～25mL/L	阴极移动	1～3m/min
分散剂	5～10mL/L		

磺酸盐镀锡被认为是现代镀锡工艺中较为成功的工艺，但其成本较高，对杂质的容忍度也偏低，特别是氯离子，不仅仅影响深镀能力，而且会使镀层出现晶须，在管理上要加以留意。

4.3.2.2 化学镀铜和直接镀技术

（1）化学镀铜

PCB底板的绝缘性使化学镀铜在孔金属化中起着重要作用，化学镀铜至今仍是印制板孔金属化的主流，但是目前化学镀铜所使用的还原剂是被认为对人体有危害的甲醛，因此，其使用正在受到限制。有工业价值的取代技术一经出现，用甲醛作还原剂的化学镀铜就会被淘汰。

可以取代甲醛作为化学镀铜还原剂的有次亚磷酸钠、硼氢化钠、二甲氨基硼烷（DMAB）、肼等。这些还原剂的标准电位都比铜离子的标准电位负，从热力学角度来看用作还原剂是可行的，但是一个有工业价值的工艺还必须满足动力学条件，才能得到广泛应用。因此，寻求使用非甲醛类还原剂而又能稳定持续生产的工艺是今后重要的课题。

一种典型的使用次亚磷酸钠作还原剂的化学镀铜工艺如下：

$CuSO_4 \cdot 5H_2O$	50～100g/L	稳定剂	1～20mg/L
Na_2EDTA	80～160g/L	pH 值	9～12
次亚磷酸钠	20～80g/L	温度	60～70℃
促进剂	1～10g/L	时间	5～10min

淘汰甲醛的另一个更直接的办法是采用直接电镀技术。所谓直接电镀实际上是将印制板在电镀前预浸贵金属或导电性化合物，比如钯、碳、导电聚合物等[7]。这一技术的优点是跳过了化学镀铜工艺，活化后直接进入电镀工艺，但

是由于受到直接电镀工艺的限定，不能垂直装载，于是开发出水平电镀法[8]，使得这一工艺对设备的依赖性很强，并且要获得与垂直电镀法同样的效率，需要更快的镀速和更多的场地。这也是目前化学镀铜法还有很多用户的原因之一，说明改进化学镀铜工艺还有很大市场。

（2）直接镀技术

直接镀新工艺是近年兴起的商业化塑料电镀和孔金属化产品。由于以微电子技术和移动通信为主导的电子工业的迅猛发展，各种印制线路板的需求量急剧增长，使对复杂的印制板孔金属化技术进行改进的要求也与日俱增，从而催生出塑料直接镀技术。

直接镀新工艺的要点是去掉化学镀工序，将原来的活化晶核改良成电镀成膜的晶核，这在理论上是成立的，并且在技术上也做到了。

以印制板孔金属化为例，商业化的直接镀技术提供的产品就是以活化代替化学镀的产品，并且仍然采用的是金属钯为晶核，但是其名称不再叫活化剂，而是叫作导体吸附剂。

导体吸附剂的工艺参数是[9]：

金属钯　　　　　　180～270mg/L　　　氧化还原电位　－250～－290mV
pH 值　　　　　　1.6～1.9

而作为商品，供应商提供的是基本液和还原剂两种产品。所谓基本液，是钯盐的盐酸和添加剂的水溶液，而还原剂则是让氯化钯还原成金属钯并提供胶体环境。

参 考 文 献

[1] 欧阳智章，刘仁志. 高分散全光亮酸性镀锡添加剂的研究 [J]. 材料保护，2001（3）：27-28.
[2] 李海. UNICRON 化学浸锡的优势所在 [J]. 印制电路信息，2001（3）：45-47.
[3] Zhang Yun，王小文. 电镀纯锡是否可以作为 PCB 的最终表面涂覆 [J]. 印制电路信息，2001（3）50-54.
[4] 姜晓霞，沈伟. 化学镀理论及实践 [M]. 北京：国防工业出版社，2000：49.
[5] JPCA-ES-01—1999. 无卤型覆铜板试验方法.
[6] 祝大同. 无卤化 PCB 基板材料的新发展 [J]. 印制电路信息，2001（3）：13-17.
[7] 王丽丽. 印制板直接电镀工艺 [J]. 电镀与精饰，1998，20（6）：10.
[8] 洪爱娜. 水平电镀简介 [J]. 印制电路世界，2001，3：23.
[9] 余涛. 天津：天津市电镀工程学会第九届学术年会论文集，2002：34.

第5章

微波器件电镀

5.1　关于微波与通信

5.1.1　微波的定义

　　微波实际上是无线电波的一种，只是它的频率更高，波长更短。无线电波的波段是按长波、中波到短波、超短波分布的。超短波的波长有 $1\sim10m$，但是微波的波长最长不超过 $1m$，有的达到毫米甚至亚毫米的级别，所以被称为微波[1]。无线电波与微波波段的分布见表 5-1。

表 5-1　无线电波与微波波段的分布

波　段	名　　称	频率范围	波长范围	波　段	名　　称	频率范围	波长范围
长波	低频(LF)	$30\sim300kHz$	$10^4\sim10^3m$	分米波(微波)	特高频(UHF)	$300MHz\sim3GHz$	$100\sim10cm$
中波	中频(MF)	$300\sim3000kHz$	$10^3\sim10^2m$	厘米波	超高频(SHF)	$3\sim30GHz$	$10\sim1cm$
短波	高频(HF)	$3\sim30MHz$	$10^2\sim10m$	毫米波	极高频(EHF)	$30\sim300GHz$	$10\sim1mm$
超短波	甚高频(VHF)	$30\sim300MHz$	$10\sim1m$	亚毫米波	超极高频	$300\sim3000GHz$	$1\sim0.1mm$

　　正是微波的这种极短的波长决定了它在导体中通过时有不同于普通无线电波的特点。其中很重要的一个特点就是微波电路系统内传输线路的长度大于或可比拟于微波波长的长度，从而出现了一系列不同于普通无线电波传输时的特点。比如有良好的定向性和远程传递特性等。为适应这些新的特点，微波传输采用了不同于普通无线电的传输方式。

　　一般说来，由于地球曲面的影响以及空间传输的损耗，每隔 50km 左右，就需要设置中继站，将电波放大转发而延伸。这种通信方式也称为微波中继通信或微波接力通信。长距离微波通信干线可以经过几十次中继而传至数千公里仍可保持很高的通信质量，并且这种通信不仅可以进行点对点的通信，而且可以实现一点对多点或广播等通信方式。这正是现代移动通信得以实现并迅速发展的原因。移动通信也就是手机技术的快速发展使微波通信制造业得到了高速发展。

　　微波通信由于其频带宽、容量大，可以用于各种电信业务的传送，如电话、电报、数据、传真以及彩色电视等均可通过微波电路传输。微波通信具有良好的抗灾性能，水灾、风灾以及地震等自然灾害对微波通信一般都不影响，但微波经空中传送，易受干扰，在同一微波电路上不能使用相同频率于同一方向，因此微波电路必须在无线电管理部门的严格管理之下进行建设。此外，由于微波直线传播的特性，在电波波束方向上，不能有高楼阻挡，因此城市规划部门要考虑城市空间微波通道的规划，使之不受高楼的阻隔而影响通信。当然，微波通信还有"对流层散射通信""流星余迹通信"等，是利用高层大气的不均匀性或流星的余迹对电波的散射作用而达到超视距的通信，这些系统在我国应用较少。

　　随着移动通信系统进入 5G 时代，以华为为代表的我国移动通信技术在世界上已经处在领先地位。但有些关键零部件的制造技术与工艺仍受制于个别发达国家。这其中就包括高端芯片制造技术，以及精细光刻后的晶圆电镀设备与技术。因此，构建我国包括电子电镀技术、设备和化学品的独立全产业制造链，就是当务之急。

5.1.2　微波通信与设备

要实现微波通信，就要有微波通信设备。由于微波通信已经全球化，要实现"全球通"就必须建立大量的微波中继站（简称微波站），需要大量的微波设备，从而形成了一个庞大的移动通信制造业。

微波站的设备包括天线、天馈系统、收发信机、调制器、功放器、多路复用设备以及电源设备、自动控制设备等。为了把电波聚集起来成为波束送至远方，一般都采用抛物面天线，其聚焦作用可大大增加传送距离。多个收发信机可以共同使用一个天线而互不干扰，我国现用微波系统在同一频段同一方向可以有六收六发同时工作，也可以八收八发同时工作，以增加微波电路的总体容量。多路复用设备有模拟和数字之分。模拟微波系统的每个收发信机可以工作于 60 路、960路、1800 路或 2700 路通信，可用于不同容量等级的微波电路。数字微波系统应用数字复用设备以 30 路电话按时分复用原理组成一次群，进而可组成二次群120 路、三次群 480 路、四次群 1920 路，并经过数字调制器调制于发射机上，在接收端经数字解调器还原成多路电话。最新的微波通信设备其数字系列标准与光纤通信的同步数字系列（SDH）完全一致，称为 SDH 微波，这种新的微波设备在一条电路上八个束波可以同时传送三万多路数字电话电路（2.4Gbit/s）。

近年来，我国开发成功点对多点微波通信系统，其中心站采用全向天线向四周发射，在周围 50km 以内，可以有多个点放置用户站，从用户站再分出多路电话分别接至各用户。其总体容量有 100 线、500 线和 1000 线等不同容量的设备，每个用户站可以分配十几或数十个电话用户，在必要时还可通过中继站延伸至数百公里外的用户使用。这种点对多点微波通信系统对于城市郊区、县城至村镇或沿海岛屿的用户以及分散的居民点都十分适用，较为经济。这么多的微波通信系统涉及的产品成千上万，其中最重要的就是各种接收和传送微波的电子器件。其中有相当一部分采用的是各种形状的空心金属管或腔制成的连接器，我们统称为波导。波导的表面都要进行表面处理，其中采用最多的正是电镀处理。

5.1.3　微波设备与电镀

微波设备中与微波传导有关的元器件都离不开电镀，从接收到信号处理、传送和终端器件，没有哪种设备或产品中的零配件或部件是不需要电镀加工的，并且这种电镀加工不是指的防护和装饰方面的需要，而主要指的是功能性方面的需要。因为电镀可以赋予所镀产品某些工艺性能，即功能性能。有些功能性只能由电镀层来实现，比如非金属材料或高阻值材料的表面金属化等，至少在当前是其他表面处理技术所不能替代的。

需要电镀的微波器件包括各种波导、腔体、盖板、安装板、同轴连接线、谐振器元件等，并且这些镀层主要是功能性镀层，即对产品的使用特性有重要影响，是微波器件制造中重要的控制工艺过程。

目前微波电镀所用到的镀种多数是镀银，还有镀铜和合金电镀等，其配件也有用到镀镍、镀锌等常规镀种的，所用的连接器件则多数是镀金、镀银或镀三元合金等产品。无论是哪些镀种，在用到电子产品上时，都要符合电子电镀相关的要求，即相同的镀种在用于电子电镀时采用了不同的工艺，包括配方和操作条件、设备等，都做了符合电子电镀需要的调整。

5.2　微波器件电镀工艺

5.2.1　波导的电镀

随着民用通信特别是移动通信的迅速发展，微波通信产品的需求呈现持续增长的态势。波导类产品是微波通信中的重要器件，其导通性能直接影响到通信的效果，因此，波导产品要求有良好的导波性能。

前面所说的微波传输的特点中，最明显的一个特点是微波是沿波导的表面及附近空间传送的，和波导本体的材料基本无关。这样，就可以采用低廉或易加工的材料制成波导而只在表面镀上有利于电波传输的镀层就行了。事实上，现在大部分波导就是采用铜、铝制作，然后表面镀银处理。一部分波导类元器件采用了钢铁甚至于工程塑料，然后再在表面镀银。大多数波导产品都要求表面镀银。作为功能性镀层的镀银，一直都为电子产品所广泛采用，这主要是因为银有良好的导电性能。

目前，波导的电镀主要是指镀银。当然，随着基体材料的不同，要采用不同的电镀工艺过程。对于铜或铜合金基体，只要以分散性能好的铜镀层打底，然后镀银就行了，为了提高表面的光洁度，可以在铜上加镀光亮镀铜，再光亮镀银。

对于铝基电镀，则首先要解决结合力问题，通常是采用置换镀锌的方法或化学镀镍的方法，再在其上镀铜，其后的工艺可与铜上镀银相同。有关铝上电镀的原理与工艺可参阅本书第 3 章 3.6.3 节的内容。

由于银与钢铁的电极电位相差太大，是典型的阴极性镀层，钢铁上镀银的主要问题是降低镀层孔隙率，以防镀层出现黄斑状锈蚀。

塑料上电镀首先进行塑料表面的金属化处理，然后再进行镀铜和镀银。有关塑料电镀的原理与工艺则可以参阅本书第 8 章的相关内容。

5.2.2 波导电镀工艺

5.2.2.1 波导电镀工艺流程

（1）铜制件流程

自检—制品装挂—化学除油—水洗2次—超声波除油—热水洗—水洗—酸蚀—水洗—水洗—电化学除油—热水洗—水洗—活化—水洗—预镀铜—热水洗—水洗—活化—酸性光亮镀铜—水洗2次—预镀银—镀光亮银—回收—水洗2次—纯水洗—钝化—水洗2次—去离子热水洗—干燥—自检—送检。

（2）铝制件流程

自检—装挂具—有机除油—热水洗—化学除油—热水洗—水洗—酸蚀—水洗—水洗—化学沉锌①—水洗—水洗—退锌—水洗—水洗—化学沉锌②或化学沉锌镍—水洗—水洗—电镀锌—水洗—水洗—镀碱铜—水洗—水洗—活化—镀亮铜—水洗—水洗—预镀银—镀亮银—回收—纯水洗—水洗—钝化—水洗—水洗—热水洗—烘干—自检—送检。

以上所列举的是以镀银为例子的流程，上挂具前的自检非常重要，不要让有制作缺陷的产品进入电镀流程，以免不必要的浪费。如果产品的最终镀层不是镀银而是其他镀种，则可以在完成酸性光亮镀铜后进入其他镀种的工序流程。

5.2.2.2 波导电镀工艺与操作条件

以下是各工艺流程中涉及的工艺配方和操作条件。

（1）化学除油

NaOH	5~10g/L	OP乳化剂	2~3mL/L
Na_2CO_3	35~40g/L	温度	50~70℃
Na_3PO_4	40~60g/L	时间	5~10min

（2）超声波除油

Na_2CO_3	10~20g/L	温度	40~60℃
Na_3PO_4	10~20g/L	时间	3min
OP乳化剂	1~2mL/L		

（3）电化学除油

Na_2CO_3	25~40g/L	温度	60~80℃
Na_3PO_4	25~40g/L	阴极电流密度	5~8A/dm²
OP乳化剂	1~2mL/L	时间	20~30s

（4）预镀铜

CuCN	8~35g/L	温度	20~50℃
NaCN	12~54g/L	阴极电流密度	0.5~2A/dm²
NaOH	2~10g/L	时间	30s~1min

（5）镀酸性光亮铜

$CuSO_4 \cdot 5H_2O$	60～80g/L	温度	室温
H_2SO_4	180～200g/L	pH	2.3～3
Cl^-	50mL/L	阴极电流密度	1～3A/dm²
添加剂	适量	时间	5～10min

（6）预镀银

AgCN	3～5g/L	温度	18～30℃
KCN	60～70g/L	阴极电流密度	0.3～0.5A/dm²
K_2CO_3	5～10g/L	时间	60～120s

（7）镀亮银

AgCN	30～45g/L	光亮剂 B	10mL/L
KCN	160～200g/L	温度	20～35℃
K_2CO_3	5～10g/L	阴极电流密度	0.5～4A/dm²
光亮剂 A	30mL/L	时间	10min

（8）化学沉锌

化学沉锌有商业的沉锌剂（液）出售，可根据供应商提供的说明书操作，也可以采用自己配制的沉锌工艺。

① 一次沉锌工艺

氧化锌	100g/L	三氯化铁	1g/L
氢氧化钠	500g/L	温度	15～30℃
酒石酸钾钠	10～20g/L	时间	30～60s

② 二次沉锌工艺

氧化锌	20g/L	三氯化铁	2g/L
氢氧化钠	120g/L	温度	15～30℃
酒石酸钾钠	50g/L	时间	20～40s

（9）化学沉锌镍

氧化锌	5g/L	三氯化铁	2g/L
氯化镍	15g/L	氰化钠	3g/L
氢氧化钠	100g/L	温度	15～30℃
酒石酸钾钠	20g/L	时间	30～40s
硝酸钠	1g/L		

配制化学沉锌镍要先将锌与氢氧化钠制成锌酸盐溶液，将氯化镍与酒石酸盐络合，再在搅拌下溶于锌酸盐溶液中，最后加入氰化钠。氰化钠在这里所起的作用机理尚不明，如果不加，则镍不能共沉积，合金中镍的含量约在 6%。

化学沉锌镍可以一次完成，也可以作为第二次沉积用，即在退除第一次沉锌后再沉化学锌镍，这样结合力和镀层质量更好，当然成本也有所增加。

5.2.3 其他微波器件的电镀

其他微波器件包括谐振器、隔离器、滤波器、合路器、功放器等微波信号接收、传送和滤波、放大系统器件的结构件、内外导体、配件等，基本上都需要电镀。根据不同的功能要求，需要镀不同的镀种。

同时，由于器件的结构要用到不同的材料，因此，也需要根据不同的材质选择不同的工艺流程。比如谐振杆，有铜质的，也有铝质的，还有钢铁材质的，在镀银时要用到不同的工艺流程。

铜质和铝质基体的微波器件产品的镀银可以采用与波导电镀一样的工艺。本节主要介绍钢铁基体谐振杆的镀银工艺。

钢铁件的最好防护镀层是镀锌，但是对于功能性镀层，其功能指标是第一位的，因此有时也需要在钢制件上镀银。显然，钢上镀银是电位差很大的阴极镀层，如果电镀工艺选择不恰当，很容易发生基体生锈而出现严重的孔蚀现象。

5.2.3.1 钢铁制件镀银工艺流程

自检—制品装挂—化学除油—水洗 2 次—超声波除油—热水洗—水洗—酸蚀—水洗—水洗—电化学除油—热水洗—水洗—活化—水洗—化学镀镍—水洗—水洗—预镀铜—热水洗—水洗—活化—酸性光亮镀铜—水洗 2 次—预镀银—镀光亮银—回收—水洗 2 次—纯水洗—钝化—水洗 2 次—去离子热水洗—干燥—自检—送检。

本流程的特点是在完成前处理后增加了一个化学镀镍的工艺。这是因为谐振杆类产品有深孔结构，即使开有对流的工艺孔，也无法在孔内全部镀上完整的镀层，这时采用化学镀镍，可以保证孔内有完整的镀层，并且为后面的电镀提供了过渡性镀层，提高了镀层结合力的同时，还增加了镀层的抗蚀性能。当然，如果不是深孔等复杂结构的钢铁制件，也可以不用增加化学镀镍工艺，以降低产品成本。

5.2.3.2 电镀工艺与操作条件

钢铁件电镀银的工艺大部分与铜件电镀工艺是一样的，可以参照执行，但是要注意的是镀层的厚度要求有所不同，主要是镀铜的厚度和镀银的厚度都要增加，减少镀层的孔隙率，以防止产生点蚀现象。钢铁件电镀银的关键是化学镀镍工艺。

（1）钢铁件化学镀镍

钢铁件进行化学镀之前要对制件进行检查，以确定基材状态是否可以进行化学镀。这主要指表面是否存在缺陷，包括油污或锈蚀，同时还要确定材料已经进行过去应力处理。

碳钢和低合金钢的处理流程如下：化学除油—热水洗—两次清水漂洗—电解除油—热水洗—两次清水漂洗—酸蚀—两次清水漂洗—去离子水或热水浸洗—化学镀镍—两次浸洗或喷淋清洗—干燥—检验。

当基体含碳量过高或合金成分复杂时，可以采用电化学闪镀镍来活化表面，以增强化学镀镍与基体的结合力。

氯化镍	240g/L	阴极电流密度	$3.5\sim7.5A/dm^2$
盐酸	320mL/L	时间	$2\sim4min$
阳极	镍板		

如果是在不锈钢表面或镍基底表面化学镀镍，则应在以下处理液中进行阳极活化：

活化液	60%的硫酸溶液	温度	室温
阴极	铅板	时间	60s
阳极电流密度	$10\sim16A/dm^2$		

① 多络合剂的化学镀镍工艺

硫酸镍	27g/L	柠檬酸	0.5g/L
次亚磷酸钠	30g/L	硫脲	0.005g/L
苹果酸	15g/L	pH 值	$4.6\sim5.2$
乳酸	10g/L	温度	$75\sim95℃$

② 高速化学镀工艺

硫酸镍	$20\sim30g/L$	稳定剂	0.001g/L
次亚磷酸钠	$20\sim24g/L$	pH 值	$4.4\sim4.8$
乳酸	$25\sim34g/L$	温度	$90\sim95℃$
丙酸	$2\sim2.5g/L$	镀速	$25\mu m/h$

（2）维护与注意事项

化学镀容易出现的故障可以分为三类，第一类是前处理不良，表面状态不适合做化学镀处理，这时需要对镀件进行适当的前处理，保证表面处在良好的活化状态，绝不能有油污或氧化物污染，否则难以获得良好的镀镍层。

第二类是设备类故障，比如温度控制系统失灵、循环过滤设备出故障等，要及时加以排除。

第三类则是镀液化学成分失调或镀液受到污染。这是最为常见和要每天用心对待的。经常需要留意加以管理的镀液参数有以下几种。

① 温度。一定要随时检查镀液的工作温度是否在工艺规定的范围，温度过高，会导致镀液的分解，过低，则会使镀速下降。在使用自动恒温控制器的同时，要用常规标准温度计随时人工观测温度并记录。不要过于相信自动控制仪表的显示，有时会出现失灵而误报数据。

② pH 值。化学镀液的 pH 值是一个非常重要的参数，一定要保证其在工艺规定的范围。要采用 pH 计和试纸双重监测，这与温度的控制有相同的理由，无论是 pH 试纸还是 pH 计，都存在误差问题，其误差值有时在 0.5 以上，因此一定要经常加以校正，以免出现误判而导致质量事故。

③ 镀液成分。镀液成分中的镍离子和还原剂的浓度失调是最常见的镀液故障，因为化学镀没有阳极过程提供主盐的补充。而络合剂、稳定剂、pH 调节剂的波动以及杂质的带入都对镀液的正常工作造成干扰。因此，化学镀液的原材料的管理要从采购流程开始就加以控制，同时要根据装载量和工作时间来估算化学成分的消耗，适时加以补充。同时，对于添加任何原料都要有记录供追究溯源，这是现场镀液管理的最为基本而又重要的要求。

管理好的镀液的使用周期（寿命）会长一些，否则会过早失效而导致生产成本的增加。因此，管理镀液成分和工艺参数是保证化学镀镍效率和效益的重要手段。

5.3 微波产品镀银层的厚度

微波器件中微波的传导与常规电流或普通无线电波的传导有一定区别，但是在以往的电镀资料和文件中对这种区别与镀层厚度的关系没有加以考察，以至于存在一些认识误区，从而导致资源的浪费。这一节专门就这个问题进行了讨论，对从事微波电镀的工作者是很有参考价值的。

5.3.1 镀银标准中对银层厚度的规定

电子产品中对电和波的传导最常用的镀层是镀银。由于镀银是贵金属电镀，金属银和银盐的消耗是需要加以控制的指标，其中对镀层厚度的控制是一个重要的指标。

我国电子行业军用标准《电子设备的金属镀覆与化学处理》（SJ 20818—2002）对铜上镀银的厚度要求分为室内、室外两种，室内规定为 $8\mu m$，室外规定为 $15\mu m$。对铝和铝合金上、塑料上的银镀层的厚度要求和铜基的一样[2]，只是对底镀层的要求，根据不同的基体材料和所处的使用环境而有所不同。

这种要求与国际上对镀银厚度的规定是基本一致的。在日本工业标准（JIS）H0411《镀银层检验方法》中，将镀层厚度分为七个等级，我们的规定相当于其中的第四类和第五类[3]。镀银层厚度的分级参数见表 5-2。

表 5-2 镀银层厚度的分级参数

类别	镀层厚度 /μm	银层单位质量 /(g/dm²)	耐磨性试验①	用 途	适用环境
1	0.3	0.033	30s 以上	光学、装饰	良好环境、封装环境

类别	镀层厚度 /μm	银层单位质量 /(g/dm²)	耐磨性试验①	用 途	适用环境
2	0.5	0.067	90s	光学、装饰	良好环境
3	4	0.4	4min	餐具、工程	良好环境
4	8	0.8	8min	餐具、工程	一般室内环境
5	15	1.6	16min	餐具、工程	室外环境
6	22	2.4	24min	工程	恶劣环境
7	30	3.2	32min	工程	特别要求

① 耐磨性试验采用落砂法，让 40 目左右的砂粒从管径为 5mm 的漏斗落到以 45°角放置的镀层试片上，露出底层为终点，落砂量为 450g，落下距离为 1000mm，测量所用的时间。测量第 1、2 类镀层时，所用管径为 4mm，落砂量为 110g，落下距离为 200mm。

美国对镀银层厚度的规定大致相当于以上分类中从第三类起到第七类，以 8μm 为基准厚度，其他类与基准成倍数关系。比它低一级的厚度为基准的 1/2，为 4μm，比基准高一级的是它的 2 倍，为 16μm，再高一级是其 3 倍，为 24μm，最高为 4 倍，32μm。

我国对镀银层厚度的规定根据原电子工业部早期的标准给出了一定的范围，即室内或良好环境，银层厚为 7～10μm，室外或不良环境为 15～20μm。同时，所有国家或地区的标准都允许在特别需要时还可以指定更厚的镀层。

从这些标准和我们了解到的实际情况来看，镀银的厚度每增加一个级别，其银的用量都是成倍增加的。从理论上说，$1μm/dm^2$ 的银用量约为 0.1g。考虑到电镀过程中的工艺损耗，实际耗银量还要增加。当受镀面积比较大、镀层厚度增加时，成本的增加是很明显的。而微波器件中相当一部分的表面积是比较大的，因此，镀银层厚度的选择直接关系到产品的成本控制。

5.3.2 微波产品镀银层厚度的确定

对于微波产品镀层厚度的确定，除了防护性考虑以外，电工学中关于电流通过能力与导体截面积正比相关的理论一直是一个重要的依据。根据这个理论，理所当然地要求镀层的厚度要厚一些好。

但是由于微波传送的特殊性，特别是微波在传输中存在的"趋肤效应"，要求我们对波导产品的电镀和镀层厚度的确定有不同于电工学的认识。

目前，微波器件电镀银厚度的选取基本上是沿用电子电镀标准规定，但是如果考虑到微波传输的特点，简单地按普通电子产品的镀银厚度要求来作为波导镀银厚度选取的依据是不太恰当的。因此，有必要对波导镀银的厚度重新进行确定。而重新确定的依据则与微波的传输方式有很大的关系，其中一个重要的理论依据就是微波传送过程中的"趋肤效应"。

5.3.2.1 趋肤效应

微波在波导中的传输不同于一般电流或波的传递，而是遵循所谓的"趋肤效应"。

由于导体中由微波诱导产生的电流都集中在导体的表面，微波场对导体的穿透程度可用趋肤深度 δ（单位为 m）表示：

$$\delta = \sqrt{\frac{2}{\omega\mu_0\sigma}} = \frac{1}{K}$$

式中，ω 是微波场振动的角频率，弧度/s；σ 是金属的电导率，S/m；μ_0 是真空中的磁导率，其值为 $4\pi\times10^{-7}$ H/m；K 是衰减系数。

由此可知，影响微波传输时趋肤深度的主要因素是微波的频率和金属的电导率，并且频率越高、金属的电导率越大，其趋肤的深度就越小。在理想导体中，电导率 $\sigma \to \infty$ 时，衰减系数 K 是无限增长的，这时电磁波不通过导体的深处，电磁波由材料表面衰减至表面值 $1/K$ 处的深度就是趋肤深度[4]。显然，对于理想导体，由于其电导率趋于无穷大，也就是 $1/K$ 的值趋向于零，这时微波已经完全在导体表面的空间传输。实际上任何导体都存在一定电阻，也就是说电导率不可能是无穷大的，而银在所有导体中电导率是最高的，所以银也就成了导电材料的首选，当然也是波导材料的首选。各种常用导体材料的微波传输特性见表 5-3。

表 5-3　常用导体材料的微波传输特性（2GHz）

材料 \ 特性	相对于铜的直流电阻/Ω	趋肤深度 $\delta/\mu m$	电导率 $\sigma/(S/m)$	材料 \ 特性	相对于铜的直流电阻/Ω	趋肤深度 $\delta/\mu m$	电导率 $\sigma/(S/m)$
银	0.95	1.4	6.17×10^{-7}	铝	1.60	1.9	3.72×10^{-7}
铜	1.00	1.5	5.80×10^{-7}	铁	2.60	3.6	0.99×10^{-7}
金	1.36	1.7	4.10×10^{-7}				

5.3.2.2 波导镀层厚度的确定

由表 5-3 可知，当以银为导体时，2GHz 的微波只在 1.4μm 的深度传输。这时，波导的整体材料是不是银已经与微波的传输没有直接的关系，这也是我们可以用其他材料做成波导而只在表面镀银的根据。同样的道理，在其他材料表面电镀超过趋肤深度很多的银层也就是多余的了。因此，我们确定波导镀银厚度的根据应该是所传输的微波的频率，然后根据微波的频率计算出趋肤深度。再根据趋肤深度来确定镀银层的厚度。

　　为了简化计算，可以将求趋肤深度 δ 的公式进行处理，即将相关金属各项的常数代入公式，只将频率 f 保留为变量，就可以求出不同频率下的微波在相关金属表面的趋肤深度。

$$趋肤深度 \delta = 微波传输参数常数项 \div \sqrt{频率}$$

　　经计算后所得不同材质的常数项和频率为 f 的各种金属的趋肤深度见表 5-4。

表 5-4　频率为 f 的微波在不同金属中的趋肤深度

金属材料	趋肤深度 δ/m	表面电阻率 $R/(\Omega \cdot m)$	金属材料	趋肤深度 δ/m	表面电阻率 $R/(\Omega \cdot m)$
银	$0.0642/\sqrt{f}$	$2.5246 \times 10^{-7}\sqrt{f}$	锌	$0.1221/\sqrt{f}$	$4.8170 \times 10^{-7}\sqrt{f}$
铜	$0.0660/\sqrt{f}$	$2.6100 \times 10^{-7}\sqrt{f}$	70%铜	$0.1322/\sqrt{f}$	$5.2576 \times 10^{-7}\sqrt{f}$
金	$0.0786/\sqrt{f}$	$3.1801 \times 10^{-7}\sqrt{f}$	镍	$0.1407/\sqrt{f}$	$5.5556 \times 10^{-7}\sqrt{f}$
铝	$0.0882/\sqrt{f}$	$3.2701 \times 10^{-7}\sqrt{f}$	铁	$0.1592/\sqrt{f}$	$6.2814 \times 10^{-7}\sqrt{f}$
90%铜	$0.1025/\sqrt{f}$	$4.0486 \times 10^{-7}\sqrt{f}$			

　　根据表 5-4 所提供的计算方式，可以求出不同频率微波的趋肤深度。以银为例，根据表 5-1 中所列微波频段，取常用的微波频率，计算出不同频率微波在银层中传导时的趋肤深度见表 5-5。表 5-5 中还列出了不同频率波导镀银时建议采用的镀层厚度。由其可以看出，根据微波传输特点确定的波导镀银层的厚度比其他电子产品镀银标准推荐的厚度要小得多，这将使这类产品镀银的成本明显下降。

表 5-5　不同频率微波在银层中传导时的趋肤深度

常数项	频率 f/Hz	趋肤深度 δ/μm	建议镀银厚度/μm	常数项	频率 f/Hz	趋肤深度 δ/μm	建议镀银厚度/μm
64200	300M	3.60	5	64200	3G	1.16	2
	450M	3.00	4		30G	0.36	1
	900M	2.13	3		300G	0.12	1
	2G	1.43	2				

　　需要指出的是，这里讨论的主要是镀银层厚度的确定。对于具体的波导产品而言，由于材料的不同以及对防护性要求的不同，还有一个底镀层和中间镀层选取的问题。

　　根据微波传输的原理，趋肤效应是微波传输中的一个重要现象。由此可以得出结论，根据微波的趋肤深度来确定镀银层的厚度在理论上是完全成立的。通过计算得知，频率越高，趋肤深度越浅，镀层也可以越薄。当然，从工程学的角度，影响微波传输的因素不只是金属的电导率，还有其他方面的因素，包括几何因素、杂质影响、表面光洁度等，需要综合加以考虑，但就镀银层厚度的确定来说，通过分析，可以避免盲目地用加厚镀银来减少传输损耗的做法。对于镀层减薄以后的防变色问题，可以通过加强镀后防变色处理和选择合理的镀层组合来加以解决。

5.4 微波器件电镀技术动向

5.4.1 局部电镀和贵金属替代工艺

5.4.1.1 局部镀工艺

降低成本始终是企业追求的目标，尤其是对于贵金属电镀，减少产品中贵金属的用量具有重要的经济和社会效益。因为贵金属无论是对于我国还是对于世界各国，都是一种紧缺的资源，同时，由于其价值较高，减少贵金属的用量有明显的经济效益。因此，采用减少贵金属消耗的工艺具有重要意义。

节约贵金属材料的一项重要措施是在进行贵金属电镀时采用局部电镀的技术。典型的贵金属局部电镀的应用例子是印制线路板的金手指电镀，还有接插件冲制连接线的局部选择性电镀等。由于这些产品的局部电镀有设备保证等因素，已经成为成熟应用的工艺，在电子电镀中已经开始普遍采用，但是对于大面积的波导腔体的局部电镀工艺，则仍在开发之中。

在强电连接器行业，对于开关连接部和高压电缆接头的局部电镀银也已经是成熟的工艺，并且可以作为弱电产品局部镀的参考。

目前可行的局部电镀工艺仍然是参照装饰性电镀的局部镀或双色电镀中的绝缘胶屏蔽法。即用绝缘胶将不镀的部位进行绝缘处理，只让受镀部位裸露，以达到局部电镀的目的。

所用的绝缘胶有两类：一类是贴膜胶，另一类是液态胶。

贴膜胶是装饰性电镀中进行双色或多色电镀时采用的工艺，这是将已经镀了第一种金属的镀层经清洗和干燥处理后，对不需要再镀的区域贴上阻镀胶膜，阻镀胶膜类似于印制板电镀中采用的阻镀抗蚀膜，但不需要具备感光成膜性能，因此成本会低一些。也可以采用印制板的可通过光学处理获得图形的感光抗蚀膜，对于价值较高和需要图形标识的产品是可行的。人工贴膜的速度较低，所以局部电镀采用贴膜法时，存在生产效率方面的问题。

作为一种改进，可以采用液态防镀胶来成膜，液态胶的好处是可以用喷涂或浸涂的方法对不需要电镀的部位进行屏蔽。也可以采用刷涂的方法，当然刷涂的效率会低一些。采用液态胶的工艺也存在抗镀性没有贴胶效果好的问题。只有经过两次以上涂覆，膜层较厚而无孔的制件才会有好的局部镀效果。液态胶的另一个问题是胶层与基体的结合力问题。不能结合得太强，也不能太弱。太强，则在电镀完成后，脱膜困难，使生产效率下降。如果太弱，则在电镀过程中会出现脱胶现象，使局部镀失败。

上述无论是贴胶法还是液态胶法都已经在生产实际中有了应用，所存在的问题也通过工艺管理、处理流程和工艺材料方面的改进而有所缓解。尤其是当采用局部镀工艺而在贵金属材料等的节约上有较大收获时，在局部镀中增加的人工成本或材料成本会低于节约下来的费用，综合起来看，采用局部镀是合理和合算的。

5.4.1.2　贵金属替代工艺

降低贵金属消耗的另一个动向是采用替代贵金属的电镀工艺。比较成熟的有以三元合金电镀替代镀银。

(1) 三元合金代银镀层

铜锡锌三元合金镀层由于有光亮的银白色，且抗变色性能优于镀银，因而在电子连接器行业中用于外装配的连接器普遍采用三元合金镀来代替镀银，这时主要取其外观的颜色白亮而不易变色，内导体仍然采用镀银以保证导电性能不受大的影响。

三元合金电镀的工艺流程如下：自检—上挂—化学除油—水洗—水洗—超声波除油—热水洗—水洗—酸蚀—水洗—水洗—电化学除油—水洗—水洗—活化—水洗—水洗—预镀铜—水洗—水洗—活化—镀酸铜—水洗—水洗—镀三元合金—纯水洗—水洗—热水洗—烘干—自检—送检。

三元合金电镀工艺：

氰化亚铜	8～10g/L	添加剂	适量
锡酸钠	40g/L	温度	55～60℃
氰化钠（总）	20～24g/L	阴极电流密度	0.5～2A/dm²
氧化锌	1～2g/L	阴极移动	需要
氢氧化钠	8～10g/L	时间	30～90s

(2) 电镀铜取代镀银工艺

另一个动向以导电性仅次于银的纯铜镀层代替镀银。三元合金代银镀层只是在颜色上与银层相似，导电性与银层是不能相比的，同时，三元合金由于仍然采用的是氰化物电镀体系，且需要加温，镀层成分控制困难，因此在对导电需要高的场合，特别是对于波导器件三阶互调要求高的部件并不适用，而试验证明采用镀纯铜是可以替代镀银层的。如果采用镀铜代替镀银用于大面积微波器件产品，其节约贵金属的价值是非常吸引人的。由表5-6可知，银的直流电阻值为1Ω时，铜与之最为接近，仅为1.05Ω；电导率也非常接近，分别是银 6.17×10^{-7} S/m 和铜 5.80×10^{-7} S/m。因此，采用铜替代银为导电性镀层从导电性指标看是完全可行的。

表 5-6　常用导体材料的导电特性

材料＼特性	相对于铜的直流电阻/Ω	电导率 $\sigma/(S/m)$	材料＼特性	相对于铜的直流电阻/Ω	电导率 $\sigma/(S/m)$
银	1.00	6.17×10^{-7}	铝	1.60	3.72×10^{-7}
铜	1.05	5.80×10^{-7}	铁	2.60	0.99×10^{-7}
金	1.36	4.10×10^{-7}			

　　采用镀铜替代镀银的主要问题是镀铜的防变色问题。铜镀层易变色比银还要严重。这主要是由于镀铜工艺中采用了各种光亮添加剂而导致表面有各种有机物分子膜层，这些物质是具有化学活性的物质，如果不清洗干净，很快就会在铜表面与铜反应而形成铜的化合物膜，使铜镀层发黑。变色后的镀铜层不仅外观难看，而且其导电性能也会变差，这与银在变色后仍有较好的导电性是不同的，因此，以镀铜代替镀银的最为重要的问题是防止铜镀层变色。

　　要解决电子器件镀铜的防变色问题，难度比装饰性镀铜要大得多。这是因为对于电子产品来说，许多产品要求表面保持导电波性能，通常用于防铜变色的绝缘性涂料和膜技术都不能采用，如果采用表面镀贵金属保护层的方法，又失去了代银降成本的意义。因此，只能选择既防变色，又不影响导电，成本还不能很高的导电保护层。

　　目前已经有商品化的这类产品供应，并且是水性的防变色导电涂料。

5.4.2　电镀基体材料的改进

　　如果将电阻率作为一个重要参数来选取微波产品的制作材料，那最好是采用银来制作波导类产品，这当然是很不现实的，所以实际上采用得最多的是铜材电镀银层，但是铜材有重量比较大的缺点，于是又发展出以铝材做腔体等的技术。铝的导电性能与铜比起来要差许多，如果根据理想状态来分析，用铝应该是不很恰当的，但是实际上现在微波器件的结构材料大量采用了铝合金。这里就有一个综合性能指标的问题。同时，微波技术的进步也使微波器件的体积在趋向小型化和轻量化，这要求在材料上还需要做进一步的开发。

5.4.2.1　采用树脂复合材料

　　一个重要的动向是采用复合材料技术。这就是在树脂材料制成的微波器件表面镀上一定厚度的金属层来作为微波传送的通道。

　　美国很早就有关于采用复合材料制作高频器件腔体的报道[5]，这是为了进一步减轻导弹电子系统的重量而采取的重要工艺改进措施。20 世纪 60 年代，国外的高频电子产品已经采用了铸铝件腔体，而我国当时同类产品仍在采用铜制品，至今铸铝腔体还没有进入全面应用阶段，更不要说采用塑料制品，明显地滞后于国际先进水平。

采用塑料制件替代铝制件的另一个重要优点是成本的降低和金属资源的节省。根据美国当时提供的成本对比情况，以高频电子产品腔体为例，其成本降低率可达 30％左右，其对比结果见表 5-7。表 5-7 中所列数据为当时工艺水平下的价值，如果以今天有色金属的价格和塑料加工水平提高的情况来看，这一比率还可以提高。

表 5-7　铝基制件和塑料制件成本对比[①]

项　　目	铝制件成本/＄	塑料制件成本/＄	项　　目	铝制件成本/＄	塑料制件成本/＄
材料费	2.50	2.56	镀铜/银/金	16.00	16.00
干磨石	0.76	—	修复镀层	4.00	—
磨损(5%)	0.17	—	镀覆损失	1.51	—
机械加工和检查	8.51	5	总计	33.51	23.56
机械加工损失	0.06	—			

　① 表中所列的成本价为当时（1960 年）的价值。

　　这项试验的结果表明，采用树脂复合材料制作波导腔体经电镀后，性能可以满足设计要求，其试验情况见表 5-8。

表 5-8　树脂波导产品试验情况（参考 MIL-STD-202A）

试验项目	试　验　方　法	试　验　结　果
冷热试验	在 −18℃ 的温度下，将样品浸入冷冻液中 20min，再取出放入 +85℃ 的水中。检查起泡或结合力变化情况	所有样件全部通过，但在极限高温下 (90℃)12 件中有 4 件出现起泡
钎焊性	将样品洗净并加焊剂，用电烙铁和焊锅进行焊接试验，所有锡料为 60Sn40Pb	所有的样品都因为基体是良好的绝缘体而不发生热发散现象，表现了极好的焊接性
结合力	将样品进行断裂、剥离和张力试验	所有试验都表明塑料与镀层有较好的结合力，最高可达 3.43MPa(35kgf/cm^2)
耐冲击力	将 550g 的球从 20cm 高处落到样片表面	抗张结合力为 1.47～2.26MPa(15～23kgf/cm^2)之间，均为合格
均镀能力	用不同区域的样片制成金相试片观测其镀层厚度，以评定其均镀能力	在 2cm 厚的板材上钻一系列孔后进行试镀表明，小于 1mm 的孔内难以获得镀层
微观组织	用测过均镀能力的样片观察其铜镀层金属组织情况	没有发现异常的组织结构

5.4.2.2　树脂玻璃纤维复合材料的电镀

　　树脂玻璃纤维复合材料在我国通称为玻璃钢，这种材料上的电镀工艺基本上是成熟的，其通用的电镀工艺流程如下：表面整理—清洗—化学粗化—清洗—清洗—敏化—清洗—蒸馏水洗—银盐活化—清洗—清洗—化学镀铜—清洗—电镀加厚—清洗—进行其他精饰或电镀。

玻璃钢复合材料电镀工艺的详细流程可参见本书第 8 章中的第 8.2.3 节"玻璃钢复合材料（FRP）电镀"。

5.4.2.3 微波陶瓷的电镀

陶瓷是陶器和瓷器的总称。人类使用陶器的历史可以追溯到一万多年以前，虽然有资料认为在八千多年前的新石器时代是陶器产生的时代，但不断有考古新发现在更新人们关于人类发展进程的认识。

现在，陶瓷早已经不仅是生活器皿和艺术品的重要材料，而且是重要的工业材料，对其进行的研究和所取得的进展，都非常令人振奋。从无线电工业到航天工业，无一不用到陶瓷制品。微波陶瓷器件在 5G 时代是手机基站中微波器件的重要结构材料。典型的如固体介质滤波器就是采用微波陶瓷制造的。

陶瓷在各工业领域的持久应用，使得与之相关的工艺和技术的研究都有很大进步。其中就包括对其表面进行金属化的电镀技术。

陶瓷电镀的流程与塑料等非金属材料类似，都在除油的前提下，进行表面粗化，再经过敏化、活化和化学镀以后，进行电镀。

（1）陶瓷的组成

陶瓷的化学组成主要是金属、碱金属、碱土金属的氧化物，是在地球上大量存在的物质，依它们之间的含量、比例的不同而在性质上有着很大差别。

一般，当酸性氧化物含量增高、碱性氧化物含量相对减少时，它的烧成温度提高，质地也最硬。所谓酸性氧化物主要是二氧化硅（SiO_2），它在陶瓷中所占的比例在 $60\%\sim75\%$ 之间。再就是三氧化二铝（Al_2O_3），约占 $15\%\sim20\%$。其他成分为 Fe_2O_3、FeO、MgO、CaO、Na_2O、K_2O、TiO、MnO 等。吸水率也因烧制技术不同而有较大差别。现代陶瓷的吸水率均在 1% 以下。

陶瓷外表面的釉质，也是金属氧化物。尤其是各种色彩的瓷质，都是金属氧化物在熔融后分布在表面的结果。各种金属离子在不同价态时的特殊颜色，都可以在彩釉中得到充分体现。常用的有铜盐、钴盐、铁盐等。

通常将没有上过釉的陶瓷称为素烧瓷。素烧瓷的表面是无光且多孔的，经过处理容易亲水化。因此，需要电镀的陶瓷以素烧瓷为好。

（2）陶瓷的粗化

针对陶瓷的主要成分是二氧化硅的情况，粗化液可是氢氟酸（HF）。但是处理前仍然必须进行必要的除油等处理。流程如下：

化学除油—清洗—酸洗—清洗—粗化—清洗—表面金属化流程。

化学除油采用碱性除油。可以采用氢氧化钠、碳酸钠、磷酸钠等任何一种或混合物，以 $50\sim100g/L$ 的浓度煮沸处理。

酸洗是为了中和碱洗中残余的碱液，也是为粗化做准备。常用重铬酸盐与硫酸的混合液进行，组成如下：

10％重铬酸钾（钠）水溶液　1 份　　　浓硫酸　　　　　　　　3 份

配制时要将硫酸非常慢地滴加到重铬酸钾（钠）的水溶液中，并充分搅拌。使温度不要上升太快。最好外加水浴降温，以策安全。

也可以在 1L 的硫酸中加入重铬酸钾（钠）30g，比较安全。从环保的角度，现在可以不用铬酸盐，完全采用 1:1 的硫酸也是可以的。

酸洗操作均在常温下进行，浸入时间以表面可以完全亲水为标准。对于表面比较干净的制品，可以只用 10％的硫酸中和。

酸洗完成后，将制品清洗干净就可以进行粗化处理。粗化是为了使表面出现有利于增强金属镀层与基体结合力的微观粗糙。由于陶瓷的主要成分是二氧化硅，对其进行粗化的有效方法是使用氢氟酸。因为有以下反应发生：

$$SiO_2 + 4HF \xrightarrow{\quad\quad} SiF_4 + 2H_2O$$

SiF_4 是水溶性盐，这样仅用氢氟酸就可以获得陶瓷表面粗化的效果。

粗化液的组成如下：

氢氟酸（55％）　　　200mL/L

实际上氢氟酸的浓度还可以调整，时间不宜过长，以防出现过腐蚀现象。

由于氢氟酸也是对环境有污染的酸，所以现在有改良的粗化法，就是在硫酸溶液中加入氟化物盐，取其同离子效应来进行粗化。相对氢氟酸对环境的危害要小一些。

如果想避免化学法对环境的污染，也可以采用湿式喷砂法，对于有釉的陶瓷，有时也采用湿式喷砂法去釉。

（3）敏化与活化

陶瓷表面进行金属化处理的方法和塑料表面的金属化方法是大同小异的。完成粗化以后的陶瓷，即可以进入以下流程：

敏化—清洗—蒸馏水洗—活化—清洗—化学镀镍或铜—清洗—电镀加厚。

实践证明，对陶瓷进行金属化处理，采用胶体钯活化比较好：

胶体钯活化—回收—清洗—加速—清洗—化学镀镍—电镀加厚。

由于陶瓷的粗化效果不同于塑料，其黏附敏化和活化剂的能力要低于塑料。而胶体钯具有较好的黏附性能，因此，采用胶体钯活化，效果会好一些。同时，对于陶瓷来说，有比塑料高得多的耐高温性能，采用钯活化，可以采用高温型化学镀镍，这对提高效率和质量都是有利的。

推荐的胶体钯活化工艺的配方和工艺要求如下：

氯化钯　　　　　　　0.5～1g/L　　　盐酸　　　　　　　　100～200mL/L

氯化亚锡　　　　　　10～20g/L　　　温度　　　　　　　　20～40℃

时间　　　　　　　　　　　　3～5min

配制方法：

胶体钯由于配制方法不当而导致催化活性不足，以至于完全没有活性的情况比较常见。这里介绍的是在实践中所用的方法。因为在实际生产过程中，精确地称量是不可能完全保证的。并且溶液的变化是绝对的，不变只是暂时的，即使采用精确计量的方法配制，存放和使用，特别是使用会改变其原始状态。

以1L液量计，将200mL盐酸分成两份；一份约150mL，溶入800mL去离子水中，然后将20g氯化亚锡溶入其中；待用。将另约50mL盐酸加热，将1g氯化钯溶入其中，直至完全溶解后，冷却至室温。然后在充分搅拌下将氯化钯盐酸溶液倒入溶有氯化亚锡的溶液中，这时溶液的颜色将由深绿色转为深棕色，最后成为暗褐色。这是因为二价锡离子与二价钯离子发生反应：

$$Sn^{2+} + Pd^{2+} =\!=\!= Pd^0 + Sn^{4+}$$

还原出来的活性金属钯很快被四价锡胶团包围，并且经由生成二合、四合、六合金属钯胶团而分别显示出绿色、棕色和褐色。配好后，不要当时使用，放置一天后再用，效果最好。

有些人配好后就用，发现活性不好，甚至完全没有活性，以为是配制过程出了错。因为当胶体钯液显示深绿色时，那肯定是没有活性的。放置一天以后，就转化为褐色了。如果放了一天还没有变成褐色，可以适当加温，加速其转化。

当然，也有等着要用的情况。这时就要加温来加速成熟。可以在配制液混合前加温，然后再在60℃下保温几小时，可以保证活性。如果配制时温度过高，或加温温度偏高，会发现有金属钯薄膜浮在溶液表面，这就是过度了，虽然活性很高，但活化液的寿命会很短。

因此，在配制胶体钯时要注意这些细节。最好是保证配好的活化液有一个诱导期，让金属钯胶体处于最佳状态。

（4）化学镀镍

陶瓷上化学镀宜于采用高温型化学镀镍。这是因为陶瓷有很好的耐高温性能。高温化学镀的反应能力强一些，有利于获得完全的镀层沉积。

可供选择的化学镍工艺如下：

① 氯化物型

氯化镍	30g/L	pH值	8～10（用氨水调）
氯化铵	50g/L	温度	90℃
次亚磷酸钠	10g/L	时间	5～15min

② 硫酸盐型

硫酸镍	20～30g/L	醋酸钠	5～15g/L
柠檬酸钠	5～10g/L	次亚磷酸钠	10～20g/L

pH 值		7～9	时间		10～30min
温度		50～70℃			

（5）化学镀铜

有些陶瓷制品要求化学镀铜后加镀铜，不能用镍。这时可以采用银作活化剂，配方前面已经有几种可供选用。化学镀铜也举出两种供选用：

① 普通型

硫酸铜	7g/L	甲醛	50mL/L
酒石酸钾钠	34g/L	pH 值	11～12
氢氧化钠	10g/L	温度	室温
碳酸钠	6g/L	时间	30～60min

可根据受镀面积来计算镀液中原料的消耗。从理论上讲，每镀覆 30～50dm² 的铜膜，将消耗 1g 金属铜。这样，可以根据镀液所镀制品的表面积来补充铜盐和相应的辅盐和还原剂。并且在计算时应取面积的下限，还要考虑到无功消耗的补充。

② 加速型

A 液 硫酸铜	60g/L	B 液 氢氧化钠	45g/L
氯化镍	15g/L	酒石酸钾钠	180g/L
甲醛	45mL/L	碳酸钠	15g/L

使用前将 A 液和 B 液按 1∶1 混合。然后调 pH 值至 11 以上，这时甲醛的还原作用才能得到最大限度发挥。反应要在室温下进行，并充分加气搅拌。

（6）电镀加厚

完成了化学镀以后的陶瓷制品即可以装挂具进行电镀加厚。注意接点要多且接触面要大一些。也可以用去漆的漆包线缠绕后与阴极连接。尽管陶瓷的密度较大，但仍然不能采用重力导电连接，因为陶瓷易碎，所以要特别小心。

对于要制作古铜效果的制品，电镀铜的厚度要更厚一些，这样可以在化学处理时多一些余量。

5.4.3　无氰镀银技术动向

微波器件大量采用镀银工艺，而目前的镀银工艺基本上都是采用氰化物电镀工艺，因此，采用无氰镀银一直是电子电镀界的强烈愿望。本书在第 3 章的 3.4.2.2 节已经详细地介绍了无氰镀银工艺。下面将着重介绍这一技术开发的历史背景、发展趋势和动向。

镀银是电子电镀中用量最大的贵金属电镀工艺，但是至今仍然在采用剧毒的氰化钾镀银工艺。为了取代氰化物，我国早在 20 世纪 70 年代就在全国开展了无氰电镀技术的开发工作，并形成了一个高潮。有些现在已经成为成熟无氰电镀工艺的技术就是从当时的技术发展起来的，比如碱性锌酸盐镀锌。但是由于氰化物电镀工艺有一些特有的优良工艺性能，使得它的技术生命力很强，至今还在电镀加工工业中扮演着重要的角色。包括有取代工艺的镀锌仍然有大量的镀液是氰化物的。至于氰化物镀铜和镀银等工艺，在尚没有成熟的工业化无氰电镀产品问世以前，则完全是氰化物电镀的天下。

但是氰化物作为剧毒化学品，无论是生产、储存还是运输、使用，都对环境和使用人构成极大的威胁。尽管氰化物废水并不难处理，由于清洗工艺流程的设计和实际操作上的原因，我国含氰废水的初始浓度都很高，加上很多电镀厂没有实现废水分流，使实际处理效果不良。我国的污水处理管理并不真正到位，含氰电镀废水仍然是一个严重的污染源。因此，我国有关部门早就发文要求停止使用氰化物电镀工艺。由于技术的原因，这一禁令未能完全实现，但是随着国际环保意识的日益增强，各国绿色壁垒正在形成中，完全禁止使用氰化物电镀工艺只是时间问题。

5.4.3.1 无氰镀银的历史及其存在的问题

氰化镀银自 1838 年由英国的 G. Flikington 发明以来，已经有近二百年的历史。后经美国的 S. Smith 等人改进，获得了广泛的应用。与氰化镀银比起来，无氰镀银的开发只是近几十年的事。从 20 世纪 60 年代起，国内外电镀专业书刊开始有了关于无氰镀银的报告。比如 1966 年 L. Domnikov in Metal Finishing（64，No.4，57）上发表了硫氰酸钾-黄血盐镀银的研究报告[6]。美国的第一个无氰镀银专利是采用琥珀酸亚胺为络合剂的镀液[7]。比较全面介绍无氰镀银的电镀书籍是日本 1971 年出版的《金属电镀技术》[8]，我国最早介绍无氰镀银的电镀专业书籍是 1976 年出版的《电镀技术》[9]。

尽管国外较早就有各种无氰镀银技术发表，但是对无氰镀银工艺进行实用性开发并取得相当进展的还是我国的电镀工作者。特别是在 20 世纪 70 年代的无氰电镀活动中，我国的电子工业企业和大专院校、研究所联合开发了不少的无氰镀银工艺，从硫代硫酸盐镀银到烟酸镀银，从 NS 镀银到丁二酰亚胺镀银，还有碘化钾镀银、磺基水杨酸镀银等。有些工艺在一定范围内是可以用来代替氰化镀银的。笔者于 1977～1978 年代表第四机械工业部 710 厂在武汉大学化学系与王宗礼教授等联合开发了丁二酰亚胺镀银工艺，镀液有很高的稳定性，镀层细致光亮，但镀层中有机物杂质较多，镀层容易变色[10]。上述这些工艺大多数都没有进入工业化实用阶段，有些虽然使用了一段时间，最终还是不得不又重新使用氰化物镀液。

无氰镀银工艺所存在的问题，主要有以下三个方面。

一是镀层性能不能满足工艺要求。尤其是工程性镀银，比起装饰性镀银有更多的要求。比如镀层结晶不如氰化物细腻平滑；或者镀层纯度不够，镀层中有机物有夹杂，导致硬度过高、电导率下降等；还有焊接性能下降等问题。这些对于电子电镀来说都是很敏感的问题。有些无氰镀银由于电流密度小，沉积速度慢，不能用于镀厚银，更不要说用于高速电镀。

二是镀液稳定性问题。许多无氰镀银镀液的稳定性都存在问题，无论是碱性镀液还是酸性镀液或是中性镀液，不同程度地存在镀液稳定性问题，给管理和操作带来不便，同时令成本也有所增加。

三是工艺性能不能满足电镀加工的需要。无氰镀银往往分散能力差，阴极电流密度低，阳极容易钝化，使得在应用中受到一定限制。

综合考察各种无氰镀银工艺，比较好的至少存在上述三个方面问题中的一个，差一些的存在两个甚至于三个方面的问题。正是这些问题影响了无氰镀银工艺实用化的进程。

为了解决上述问题，多年来电镀技术工作者做出了很大的努力。其主要的思路仍然是寻求好的络合剂和各种添加剂、光亮剂、辅助剂。

5.4.3.2　无氰镀银的现状及趋势

随着淘汰氰化物电镀步伐的加快，无氰镀银工艺的应用重新又提上议事日程。由于无氰镀银技术的难度较大，使得无氰镀银工艺的开发落后于市场的需求，可供用户选择的工艺不多。造成这种局面的另一个原因是镀银毕竟是一种贵金属电镀，进行无氰镀银试验的成本较高，没有更成熟的工艺之前，用户不愿盲目投入试用，使它没有像其他无氰电镀那样具有广泛的用户参与试验的基础。尽管如此，电镀技术的进步在无氰镀银技术上仍然有所反映，这就是商业化的无氰镀银的产品已经出现。

在 2003 年的两个与电镀有关的国内和国际表面处理交流会、展览会上，都有至少一家外国公司公开宣传有无氰镀银的产品。一次是在 7 月的深圳电子电镀展销会上，一家外国公司推荐无氰镀银产品；另一次是 11 月的上海国际表面处理展，美国电化学公司的产品说明书中也介绍有无氰镀银产品。由于这是无氰电镀中的一个重要动向，国内很快有几家相关公司与他们洽谈代理或经销的问题，并且至少有一家公司已经在国内开始销售方面的准备工作。但是据说这种无氰镀银产品的售价太高，很难在我国市场找到用户，所以商家都很低调处理，只当是填补产品空白，而不期望有多大的市场。

在 2003 年的全国电子电镀学术研讨会上，陈春成发表了"无氰镀银技术概况及发展趋势"一文，介绍了硫代硫酸盐镀银、亚氨基二磺酸铵镀银、咪唑-磺基水杨酸镀银、烟酸镀银等七种无氰镀银的工艺简况[11]。

对于国外出现的商品化的无氰镀银产品，由于没有详细的产品资料，加之其产品是以提供镀液的方式销售，所以无法得知其技术背景。例如美国电化学公司（Electrochemical Products Inc.）推出的 E-Brite50/50，自称是世界上领先的无氰碱性镀银工艺。镀层与工件的结合力优于常规氰化物镀银。可直接用于黄铜、铜、化学镍等工件，而无需预镀银。根据美国最新无氰镀银技术专利资料来看，其可能的体系是有机胺类络合剂体系。

随着电镀技术的进步，现在已经出现了更多的用于电镀的表面活性剂和添加剂中间体，使得在改善镀层性能、镀液性能和工艺性能方面有了更多的选择。同时精细化工的发展也为寻求新的络合物或化合物扩大了空间。还有电镀电源技术的发展和其他辅助设备技术的进步都为无氰镀银工艺取得新的突破创造了条件。

5.4.3.3 采用物理方法改善镀银工艺

（1）电镀过程中的物理方法

目前无氰镀银的努力还主要是在寻求合适的电镀工艺配方上。也就是在寻找更好的络合剂和添加剂、辅助剂。在这方面取得进展是完全有可能的。前面已经说到，已经有了一些新的化学物质可以供我们选择。尤其是表面活性物质研究的进步，使得有些物质只要极小的用量就可以对阴极过程产生很大的影响，这对于改善镀层质量和改善镀液性能都是很有意义的。尤其是当无氰镀银不再采用碱性和表面活性都很强的氰化钾后，可以在更宽的范围选用表面活性剂，扩大了优选工艺配方的空间，这将使无氰镀银的镀液性能、镀层质量和镀液管理都会有所提升。

改善镀层质量还有另一个途径，就是采用脉冲电源进行电镀。

脉冲电源在贵金属电镀中已经有较多的应用，其着眼点主要考虑节约贵金属的用量，并且主要还是用在氰化物电镀工艺中。从原理上看，脉冲电源技术用在无氰镀银上应该有更为显著的效果。因为通过脉冲电流对结晶过程的调整，可以使无氰镀银结晶细化，还可以通过间歇电流或反向电流的微观抛光作用使镀层更为平整。由于无氰镀银层的电结晶尺寸明显地大于氰化物镀层，当采用脉冲电流时，其晶粒改变的直观效果会更为明显。相信在这方面展开研究应该会有所进展。如果采用物理方法能够改善镀层性能，将是最好的办法，这对于环境保护有十分重要的意义，因为当引入一些取代氰化物的化学品时，很难保证这些物质对环境没有新的污染，特别是有些合成的有机化学物质，对环境的远期危害可能比氰化物还要危险。

实际上采用物理方法改善镀层质量一直是电镀技术工作者在努力探索的领域。很早就有人试验在低温度下镀银（比如−30℃），只用硝酸银和防冻剂就可以镀得结晶细致的白色镀银层。同样，在极高速电镀条件下，只要保证金属离子的充分供应，镀液也只用简单盐溶液就行了，比如射流喷镀和高速刷镀。这些试验说明当我们满足某些物理条件时，镀液的成分就可以简化很多。还有一些其他的物理手段包括磁场、超声波等，已经有研究证明对改善镀层质量和提高分散能力是有效的。当这些物理技术的成本进一步下降时，或者当环境保护的费用已经超过采用高技术设备投入的费用时，一些用于电镀的高技术物理设备就会应运而生。这不仅是无氰镀银等贵金属电镀的发展趋势，也是所有电镀技术发展的趋势。

（2）采用物理镀的方法

物理镀方法特别是磁控溅射真空物理镀在表面处理中已经有相当广泛的应用。这一方法的缺点是难以获得较厚的镀层，另外真空镀室中的金属漫射造成的材料浪费也较大。这方面的改进还需要努力。

参 考 文 献

[1] 阎润卿，李英. 微波技术基础 [M]. 北京：北京理工大学出版社，2002.

[2] 崔书群，许宝兴. 电子行业工艺标准汇编 [S]. 太原：电子工艺标准化技术委员会，2004.

[3] 金属表面技术关联规格编辑委员会. JIS《金属表面技术关联规格集》. 东京：金属表面技术协会，1972.

[4] 科夫涅里斯特. 微波吸收材料 [M]. 北京：科学出版社，1985.

[5] 表面处理技术译丛编译组. 贵金属和稀有金属电镀 [M]. 上海：上海市科学技术编译馆，1965.

[6] Domnikov L. Cyanide-free Silver plating [J]. Metal Finishing, 1966，64（4）：57.

[7] Hrado Edward. Silvercomplex for electroplating silver and silver alloys [P]: US, 4126524. 1978.

[8] 青谷薰，井口洋夫，为广重雄，等. 金属电镀技术 [M]. 东京：慎书店，1971：210-216.

[9] 成都电镀技术交流队. 电镀技术 [M]. 成都：四川人民出版社，1976：356-372.

[10] 王宗礼，邹津耘，刘仁志. 丁二酰亚胺镀银 [J]. 武汉：710 厂情报室，1979：1-19.

[11] 陈春成. 无氰镀银技术概况及发展趋势//中国电子学会生产技术分会 [C]. 2003 年全国电子电镀学术研讨会论文集. 深圳：电子学会电镀技术部，2003：118.

第6章

电子连接器电镀

6.1　关于连接器

电子连接器是一个新兴的电子产品行业，自诞生以来，发展迅速，已经成为一个重要的电子产品行业，产品包括射频同轴连接器、EPT 欧式连接器、光纤连接器、DRAWER 连接器、市话广播连接器、家用电器连接器、PC 连接器、网络连接器、微电子器件连接器、防爆电连接器等。简而言之，凡是有电子产品的地方，一定有连接器的身影。

那么连接器是做什么用的呢？顾名思义，就是用来进行电器连接的。没有连接器，电子产品的功用就不能发挥出来，能量流、电子流、信息流无法流通和传递。我们最常见的连接器是家里的各种插头、插座和电脑上的各种连接线。显然，没有这些连接线，所有的家电和电脑是不可能工作的，足见连接器的重要性。

连接器电镀与微波器件的电镀一样，要用到大量的贵金属电镀液，因此，贵金属资源的节省同样是连接器电镀面临的重要课题。除了可以参见第 5 章关于贵金属取代镀层的相关技术外，本章特别对电子电镀有重要意义的脉冲电镀技术（6.3 节）进行了介绍。将这一内容放在这一章的原因是脉冲电镀首先是在贵金属电镀中有较多应用，而连接器电镀恰好是贵金属电镀应用较多的领域。

6.1.1　连接器的性能

连接器的基本性能可分为三大类：力学性能、电气性能和环境性能。

6.1.1.1　力学性能

就连接功能而言，插拔力是重要的力学性能。插拔力分为插入力和拔出力（拔出力亦称分离力），两者的要求是不同的。在有关标准中有最大插入力和最小分离力规定，这表明，从使用角度来看，插入力要小（从而有低插入力 LIF 和无插入力 ZIF 的结构），而分离力若太小，则会影响接触的可靠性。另一个重要的力学性能是连接器的机械寿命。机械寿命实际上是一种耐久性（durability）指标，在国标 GB 5095 中把它叫作机械操作。它是以一次插入和一次拔出为一个循环，以在规定的插拔循环后连接器能否正常完成其连接功能（如接触电阻值）作为评判依据。

连接器的插拔力、机械寿命与接触件结构（正压力大小）接触部位镀层质量（滑动摩擦系数）以及接触件排列尺寸精度（对准度）有关。同时也与表面处理特别是电镀技术有关。电镀前处理和电镀过程中都会出现材料改变的因素，包括氢脆、镀层内应力和结晶改变等。

6.1.1.2　电气性能

连接器的主要电气性能包括接触电阻、绝缘电阻和抗电强度。电气性能在很大程度上与电镀技术有关，很多连接器实际上主要是依靠表面导电层的导通作用。

① 接触电阻。高质量的电连接器应当具有低而稳定的接触电阻。连接器的接触电阻从几毫欧到数十毫欧不等。这时主要是表面镀层的电阻。

② 绝缘电阻。衡量电连接器接触件之间和接触件与外壳之间绝缘性能的指标，其数量级为数百兆欧至数千兆欧不等。

③ 抗电强度。或称耐电压、介质耐压，是表征连接器与接触件之间或接触件与外壳之间耐受额定试验电压的能力。

④ 其他电气性能。电磁干扰泄漏衰减是评价连接器的电磁干扰屏蔽效果的，一般在 100MHz~10GHz 频率范围内测试。

对射频同轴连接器而言，还有特性阻抗、插入损耗、反射系数、电压驻波比（VSWR）等电气指标。由于数字技术的发展，为了连接和传输高速数字脉冲信号，出现了一类新型的连接器即高速信号连接器，相应地，在电气性能方面，除特性阻抗外，还出现了一些新的电气指标，如串扰（crosstalk）、传输延迟（delay）、时滞（skew）等。

6.1.1.3 环境性能

常见的环境性能包括耐温、耐湿、耐盐雾、耐振动和耐冲击等。这些试验虽然是以整器件的形式进行，但最受考验的还是表面的电镀层，当表面电镀层不能承受耐温、耐湿和耐盐雾等试验时，产品即为不合格，其他性能即使通过也没有意义。

① 耐温性。目前连接器的最高工作温度为 200℃（少数高温特种连接器除外），最低温度为 −65℃。由于连接器工作时，电流在接触点处产生热量，导致温升，因此一般认为工作温度应等于环境温度与接点温升之和。在某些规范中，明确规定了连接器在额定工作电流下允许的最高温升。

② 湿潮气的侵入会影响连接器的绝缘性能，并锈蚀金属零件。恒定湿热试验条件为相对湿度 90%~95%（依据产品规范，可达 98%）、温度（40±20）℃，试验时间按产品规定，最少为 96h。交变湿热试验则更严苛。

③ 耐盐雾连接器在含有潮气和盐分的环境中工作时，其金属结构件、接触件表面处理层有可能产生电化腐蚀，影响连接器的物理和电气性能。

为了评价电连接器耐受这种环境的能力，规定了盐雾试验。它是将连接器悬挂在温度受控的试验箱内，用规定浓度的氯化钠溶液由压缩空气喷出，形成盐雾大气，其暴露时间由产品规范规定，至少为 48h。

④ 耐振动和耐冲击是电连接器的重要性能，在特殊的应用环境中如航空和航天、铁路和公路运输中尤为重要，它是检验电连接器机械结构的坚固性和电接触可靠性的重要指标。在有关的试验方法中都有明确规定。冲击试验中应规定峰

值加速度、持续时间和冲击脉冲波型以及电气连续性中断的时间。

⑤ 其他环境性能。根据使用要求，电连接器的其他环境性能还有密封性（空气泄漏、液体压力）、液体浸渍（对特定液体的耐氧化能力）、低气压等。

6.1.2　影响连接器性能的因素

通过前一节的介绍，我们知道连接器的性能对于电子产品多么重要，可以说连接器的可靠性就是电子产品的可靠性，没有可靠的电子性能连接，就没有电子产品的正常工作。连接器的性能这么重要，对影响连接器性能的因素就不能不做详细的考察。

显然，连接器的所有性能都和其制造工艺有关，包括设计、材料的选用和加工工艺的选用，而其中电镀工艺有重要影响，因此电子连接器的电镀对于电镀业特别是电子电镀业来说，是一个新的具有挑战性的发展领域。

6.1.2.1　设计

连接器的设计主要考虑的是保证连接的可靠性，同时也要考虑通用性和互换性，即需要遵守标准化的设计原则，这是连接器产品的一个重要特征。从目前市场的情况来看，传统连接器的标准化工作做得比较好，而新型产品连接器的开发则呈现出较为复杂的情况，有些企业为了保持自己产品的特别性能，使用了一些专用的连接器，而不具备通用性和互换性，在结构上也有些是奇形怪状的，不仅增加了机械加工的难度，给电镀加工也带来一些困难。因此，设计人员在进行产品设计时，应该征求加工工艺人员的意见，以便能有正确的工艺性能来保证产品性能的实现。

6.1.2.2　材料

连接器的材料对性能的影响是很重要的，对于一个完整的连接器件，需要考虑的性能是综合性的，是在照顾到主要功能指标的同时兼顾其他方面的性能要求，比如导通性要求、强度要求、散热性能要求等。实际应用中，大多数采用了综合性能比较好的铜及其合金。

对材料的要求除了满足产品设计性能规定的指标外，还有一个重要的指标是符合环境保护的要求。典型的是现在输出到欧洲的电子产品要符合 RoHS 标准的要求，不能含有该标准规定的限定性金属材料或杂质。

最后，对材料的加工性能，包括电镀工艺的适应性都要有所了解并有相应的技术支持，否则也难以实现设计所要求的目标。

6.1.2.3　加工工艺

在设计和材料选定以后，加工工艺也有着重要影响。以连接器的壳体为例，是机加工成型还是铸造成型，不仅对其使用性能有影响，对电镀加工性能也有影响。很明显，铸造成型件的多孔性使电镀的抗变色性能下降。另外，加工过程的转运、存放过程的控制也很重要，加工过程中，由于机械操作工艺参数的不同，会对制件的性能产生一些微妙的影响，许多都是隐性影响，比如内应力的产生或改变，切削液或冷却液的选择，转运过程中的表面保护等，都会对其后的电镀加工带来不利影响。

以切削液为例，采用油性还是水性，对制件表面过程中的表面氧化状态有很大影响。油性虽然对提高切削质量和对表面的保护效果较好，但是油料成本高，对环境安全也有影响，并且增加了后面表面处理的难度（去油污的力度要加强）。而采用水性切削液已经是流行的模式，但是水性材料的过程防锈能力显然是不好的，因为水性切削液的防蚀性能通常是比不过油性保护膜的。特别是当水性切削液的 pH 值不是呈中性时，那就更加危险了。比如呈弱酸性的切削液会对黄铜、铝合金等有色金属制品的过程状态产生影响。

如果遇到弱酸性的切削剂，在有色金属（通常指的就是铜基合金或铝基合金）的表面会发生轻微的腐蚀现象，这对其后的电镀过程是很不利的。因此，要尽量采用中性的切削液。从发展趋势来看，最好是采用无切削剂工艺。

6.1.3 电镀工艺的影响

电镀工艺对连接器的质量有很大影响。连接器的可靠性在很大程度上是由电镀工艺保证的。比如连接器的插拔次数、接触电阻、插损、抗变色性能、耐磨性能等，都与电镀工艺有关。特别是用户最为敏感的抗腐蚀性能，主要靠电镀加工来保证。而检测连接器抗蚀性能的常用检测方法就是进行盐雾试验，以此来模拟使用环境对电子连接器产品的影响，并且可以作为选择连接器基体材料、加工工艺和表面镀层组合的依据。常用耐环境电连接器的不同基体材料与镀层的盐雾试验结果见表 6-1[1]。

表 6-1 常用耐环境电连接器不同基体材料与镀层的盐雾试验结果

试 样	镀层组合	基材及加工状况	48h 盐雾结果	原因分析
连接器对	EpNi3Au1.27	黄铜件直接电镀	出现少数针孔状腐蚀	杂质含量高，基体酸处理后失光
连接器对	EpNi3Au1.27	黄铜件滚光后镀铜	出现极少针孔状腐蚀	基体光度提高
连接器对	EpNi3Au1.27	青铜件直接电镀	无腐蚀现象	杂质含量低，酸洗对基体无影响
铝外壳	ApNi25	压铸件镀前超声波清洗	镀层起泡，内外表面均出现腐蚀	基体致密度差
铝外壳	ApNi25	车制件镀前超声波清洗	出现少数针孔状腐蚀	基体含铜杂质高
铝外壳	ApNi25	冷挤件镀前超声波清洗	仅在螺纹处出现极少针孔腐蚀	基体致密度较高

试　样	镀层组合	基材及加工状况	48h 盐雾结果	原因分析
铝外壳	ApNi25	车制件镀前未经超声波清洗	内外表面均出现腐蚀现象	基体污染的油污未能清除

由表 6-1 可以看出，基体材料、前处理工艺和电镀工艺都对连接器的抗蚀性能有很大影响。铝材料的导电性和化学稳定性虽然较差，但如果前处理恰当，镀层组合得好，一样可以达到较高的抗蚀性能。因此，现在已经有较多铝制连接器产品问世，以应对铜材料的涨价，同时还可以减轻产品的重量。

由此也可以得出一个结论，那就是选择合理的电镀工艺，可以弥补材料方面的先天不足，从而可以节约资源、降低成本和保护环境。

6.2　电子连接器电镀工艺

6.2.1　连接器电镀工艺的选择

连接器的功能不仅决定了材料的选择，也决定了其对镀层的选择。也就是说，用于连接器的电镀工艺要充分满足电子连接的功能性需要，具有低插损、高可靠性和抗蚀性能。还要有节省资源和降低成本的经济性能。能采用普通金属镀层的，就不要选用贵金属镀层，能选择单金属镀层的，就不要选择合金镀层，但是由于电子连接的可靠性很大程度上依赖于连接器的性能，因此，实际在设计选择中，多数采用了贵金属电镀和合金电镀，这多少是一种为了保险而作出的成本牺牲。常用的连接器及其镀层的选择可参见表 6-2。

表 6-2　连接器元件的基材和镀层

连接器元件	可用基体材料	可选择的镀层	备　注
外壳	铜合金、铝合金、	镀镍、镀锌、镀合金	
外导体(N 型、SMA 型等)	铜合金、铝合金、不锈钢	镀银、金、合金	
内导体(插针、插孔等)	紫铜、铜合金	镀银、镀金	
焊盘	铜合金	镀银、镀金	
电缆	紫铜、铝	镀银、镀锡、镀镍、镀合金	编织多股裸线，有镀镍或合金的

6.2.2　选择电镀工艺的依据

连接器对电信号或电波的导通性能是最重要的指标，因此，选择电镀工艺时要考虑的就是导电性能。因此，从导电的角度看，镀银成为连接器电镀工艺的首选。

但是实际应用中的连接器并不是都是镀银产品，有些是镀金，比如 SMA 型连接器，有些则是镀合金的，这些都是综合了各种要求以后的选择。

基本的选择依据有以下几条。

（1）功能性要求

所谓功能性要求是指镀层要能满足产品设计需要的性能，比如导电性、导波性、导磁或隔磁性、耐磨性等，这些都需要通过选择适当的镀层来实现其设计目标。

（2）装饰性和配套性要求

有些产品在满足基本功能要求的基础上，还对装饰性有一定要求，特别是装在产品面板、外表面的配件，都有一定装饰要求。有时也有与其他外装饰色彩和风格相配套的要求，这在电镀层的选择中也是需要考虑的因素。

（3）成本要求

成本是任何工业产品都必须考虑的因素，在满足以上两方面要求的基础上，一定要考虑生产成本，不能不计成本地采用高要求和高性能的工艺，并且要通过技术创新尽量以低成本的材料和技术来达到功能和装饰方面的要求，找到满足这些要求的平衡点。

6.2.3　常用连接器电镀工艺

6.2.3.1　镀银

连接器的铜制件大多数采用镀银来提高表面导电能力。所用的工艺是本书第3.4.2.1节中介绍过的通用镀银工艺（氰化物镀银），但一般都加入了光亮剂。

氰化银	35g/L	光亮剂 A	15mL/L
氰化钾	60g/L	光亮剂 B	30mL/L
碳酸钾	15g/L	温度	20～25℃
游离氰化钾	40g/L	阴极电流密度	0.5～1.5A/dm^2

现在电子工业采用的镀银光亮剂基本上是商业化的，并且主要采用的是国外技术，我国自己研发的不多，能与国外同类光亮剂媲美的有上海复旦大学研发的镀银光亮剂，其在电流密度范围和光亮度上还略胜一筹。

镀银的防变色性能是一个极受关注和重要的指标，为了保证电信号的导通性能，需要采取一些增加抗变色性能的措施。

常规镀银的后处理是经化学或电化学铬酸盐钝化处理，但是随着 RoHS 等环保禁令的实施，铬盐和铬酸一样已经在电镀中被限制使用，现在流行的做法是在镀后浸涂导电性防变色膜，早期是油溶性膜，同样从环保和节能的角度看，现在流行水溶性膜。有些要求高的镀层则采用先钝化再涂膜的工艺，有些更高要求的产品则采用了表面镀铑的技术。有关镀铑的工艺可参见本书第 3 章 3.4.4 节其他贵金属电镀中的内容。

6.2.3.2　镀金

连接器主要是以有色金属为基本结构材料，特别是以铜及合金为主，同时对镀金层的硬度和耐磨性能又有较高要求，因此在镀金液中往往要加入增加其硬度的其他金属成分，但所添加的量都非常少，是以添加剂的形式加入的，可以理解为无机添加剂，常用的有镍、钴、锑等金属盐，性能较好的主要是钴盐，其典型的镀金工艺如下：

氰化金钾	6～8g/L	pH 值	3.5～4.5
柠檬酸钠	40～50g/L	温度	25～40℃
柠檬酸	12g/L	电流密度	1～2A/dm²
硫酸钴	0.05g/L	阳极	镀铂的钛板

镀金的管理和操作可参考第 3 章 3.4.1 镀金一节中的相关内容。

6.2.3.3　镀三元合金

连接器电镀从导电性角度考虑，镀银是首选的工艺，但是由于银的成本较高，且在外装时防变色性能较差，因此，对于外装的连接器特别是 N 型连接器，多采用三元合金代银镀层。这种三元合金镀层是由铜锡锌三种金属元素组成，镀层中三种成分的比例为铜 65%～70%，锡 15%～20%，锌 10%～15%，但是镀液中各组分的含量不能按镀层的含量来配，而是要根据各组分在阴极上能还原出合适的镀层比例的量来设计，常用的镀三元合金的镀液基本组成如下：

氰化亚铜	8～10g/L	氢氧化钠	8～10g/L
锡酸钠	40g/L	阴极电流密度	0.5～2 A/dm²
氰化钠（总）	20～24g/L	温度	55～60℃
氧化锌	1～2g/L	时间	30～90s

在生产实践中，三元合金电镀通常还要加入一些商业添加剂，才能得到较光亮和细致的镀层，但是镀层只有在较薄的时候才能有光亮作用，并且对基体表面的光洁度和底镀层的光亮度也有一定要求，即底镀层要有较高的光亮度，才能保证三元合金镀层的光亮度。如果三元合金镀层镀得较厚，则难以得到全光亮镀层。

6.3　脉冲电镀

6.3.1　脉冲电镀技术概要

现在电子连接器行业和其他贵金属电镀领域已经很流行采用脉冲电镀技术，那么什么是脉冲电镀技术呢？本节将详细介绍这项技术。

在电沉积加工或试验过程中，不少人有过这样的经验：即使完全按照技术资料提供的配方和化学原料来重复某项电沉积过程，结果与资料介绍的仍然有很大的差异。经过一些周折，才发现是使用了不同的电源。不同电源对电沉积过程有影响是肯定的。所谓不同的电源主要是指电源的波形不同。我们知道所有的电源根据供电方式的不同而有单相和三相之分。对于直流电源来说，除了直流发电机组或各种电池的电源在正常有效时段是平稳的直流外，由交流电源经整流而得到的直流电源都多少带有脉冲因素。尤其是半波整流，明显负半周是没有正向电流的。即使是单相全波，也存在一定脉冲率。加上所采用的滤波方法的不同、供电电网的稳定性等，都使电沉积电源存在着明显的不同，但是在没有注意到这种不同时，电沉积电源对电沉积过程的影响往往会被忽视。

通常认为平稳的直流或接近平稳的直流是理想的电沉积电源，但是实际情况并非如此。在有些场合，有一定脉冲的电流可能对电沉积过程更为有利。

事实上，早在20世纪10年代，就有人用换向电流进行过金的提纯。在20世纪50年代，则有人用换向电流方法试验从溴化钾-三溴化铝中镀铝。与此同时，可控硅整流装置的出现使一些电镀技术开发人员注意到不同电源波形对电沉积过程的影响，这种影响有时是有利的，有时是不利的。到了20世纪70年代，电源对电沉积过程存在影响已经是电沉积工作者的共识。现在，电源波形已经作为工艺参数之一在有些工艺中成为必要条件。

6.3.2 脉冲电镀的原理

6.3.2.1 描述电源波形的参数

在有关电源波形影响的早期研究中，一般使用两个概念来定量地描述电源波形。这就是波形因素（F）和脉冲率（W）。

$$F = I_{eff}/I_0$$
$$W = (I_{eff}^2/I^2 - 1)^{1/2} \times 100\%$$

式中　　I_{eff}——电流的交流实测值；

　　　　I_0——直流的稳定成分；

　　　　I——电路中的总电流。

这种表达式比较简明，并且所有参数都能用电表进行测量获得。根据上述表达式，各种电源、波形及参数见表6-3。

表6-3　电源、波形及参数

电源及波形	波形因素 F	脉冲率 $W/\%$	电源及波形	波形因素 F	脉冲率 $W/\%$
平稳直流	1.0	0	三相不完全整流	1.75	144.9
三相全波	1.001	4.5	单相不完全整流	2.5	234
三相半波	1.017	18	交直流重叠	—	$0 < W < \infty$
单相全波	1.11	48	可控硅相位切断	—	$W > 0$
单相半波	1.57	121			

现在流行的脉冲电沉积表达参数有以下几种：关断时间 t_{off}；导通时间 t_{on}；占空比 $D = t_{on}/(t_{on} + t_{off})$；脉冲电流密度 j_p；平均电流密度 $j_m = j_p D$；脉冲周期 $T = t_{on} + t_{off}$（或脉冲频率 $f = 1/T$）。

当采用双脉冲方式供电时，由于反向脉冲也被视为做功过程，因而关断时间和占空比例要重新表述，这时采用正向脉冲和反向脉冲的工作比和时间比来描述。

6.3.2.2 电源波型影响的机理

我们已经知道,在电极反应过程中出现的电化学极化和浓差极化都影响金属结晶的质量,并且分别可以成为控制电沉积过程的控制因素,但是这两种极化中各个步骤对反应速度的影响都是建立在通过电极的电流为稳定直流的基础上的,没有考虑波形因素的影响。当所用的电源存在交流成分时,电极的极化是有所变化的。弗鲁姆金等在《电极过程动力学》一书中,有专门一节讨论"用交流电使电极极化",但是那并不是专门研究交流成分的影响,而是借助外部装置在电极表面维持某种条件以便于讨论不稳定的扩散情况,更没有讨论的工艺价值,但是还是为我们提供了交流因素影响电极极化的理论线索[2]。

由于电极过程的不可逆性,电源输出的波形和实际流经电解槽的波形之间的差异是无法得知的。直接观察电极过程的微观现象也不是很容易。因此,要了解电源波形影响的真实情况和机理是存在困难的,但是我们可以从不同电源波形所导致的电沉积物的结果来推断其影响。

现在已经可以明确,电源波形对电沉积过程的影响有积极的,也有消极的。对有些镀种有良好的作用,对另一些镀种就有不利的影响。有一种解释认为,只有受扩散控制的反应,才适合利用脉冲电源。我们已经知道,在电极反应过程中,电极表面附近将由于离子浓度的变化而形成一个扩散层。当反应受扩散控制时,扩散层相对变厚了一些,并且由于电极表面的微观不平而造成扩散层厚薄不均匀,容易出现负整平现象,使镀层不平滑。在这种场合,如果使用了脉冲电源(负半周、在零电流停止一定时间),就使得电极反应有周期性的停顿,这种周期性的停顿使溶液深处的金属离子得以进入扩散层而补充消耗了的离子,使微观不平造成的极限电流的差值趋于相等,镀层变得平滑。如果使用有正半周的脉冲,则因为阴极上有周期性的短暂阳极过程,使过程变得更为复杂。这种短暂的阳极过程有可能使微观的凸起部位发生溶解,从而削平了微观的凸起而使镀层更为平滑。从 20 世纪 80 年代末开始,出现了在负半周也引入脉冲参数的双脉冲电源,实际上是加强短时阳极过程的抛光作用,以进一步整平镀层。

当然,脉冲电镀的首要作用是减少了浓度的变化。研究表明,使用频率为 20 周的脉冲电流时,阴极表面浓度的变化只是用直流时的 1/3;而当频率达到 1000 周时,只是直流时的 1/23。

现在已经认识到,波形因素不仅仅对扩散层有影响,而且对添加剂的吸附、改变金属结晶的取向、控制镀层内应力、减少渗氢、调整合金比例等都能起到一定作用。

6.3.3 脉冲电镀的应用

由于各种金属离子在不同镀液中的电化学行为的不同,电源波形对各种电沉积过程的影响也是不一样的，实践中要根据不同的镀种和不同的工艺来选用不同的脉冲电源。以下只是一些常用镀种带共性的例子。

6.3.3.1 脉冲镀铜

普通酸性镀铜几乎不受脉冲的影响，但是在进行相位调制以后，分散能力大大提高。氰化物镀铜使用单相半波电源（$W=121\%$）后，在不常会使镀层烧焦的电流密度下电沉积，可以得到半光亮镀层。酸性光亮镀铜在采用相位调制后，可用 $W=142\%$ 的脉冲电流使分散能力进一步提高，低电流区的光亮度增加。

有研究表明脉冲电流主要是改善了微观深镀能力，特别是双脉冲电流可以提高印制板深孔镀层的均匀性。目前印制板电镀已经有采用双脉冲电流镀铜的动向，反向高脉冲电流有利于解决高厚径比（high desity interconnection，HDI）印制板中微孔的电镀问题。

6.3.3.2 脉冲镀镍

对于普通（瓦特型）镀镍，采用脉冲为 $W=144\%$ 和 234% 的电流，镀层的表面正反射率提高。以镜面的反射率为 100 计，对于平稳直流，不论加温与否，镀层的反射率有 40 左右。而采用单相不完全整流（$W=234\%$）和三相不完全整流（$W=144\%$）时，随着温度的升高，镀层的反射率明显增加。45℃ 时，是60；60℃时，达到 70；而在 70℃ 时，可达 80。另外，交直流重叠，可以得到低应力的镀层。这种影响对氨基磺酸盐镀镍也有同样的效果。

脉冲率对光亮镀镍的影响不大，这可能是由于光亮镀镍结晶的优先取向不受脉冲电流的影响，但是采用周期断电，可以提高其光亮度。

双脉冲镀镍的配方与工艺如下：

硫酸镍	200～250g/L	脉冲电流参数	
氯化镍	30～45g/L	正向脉冲	1000Hz
硼酸	35～50g/L	反向脉冲	10000Hz
硫酸镁	60～80g/L	工作比	
十二烷基硫酸钠	0.01g/L	（正向：反向）=20%：10%	
pH 值	3.6～4.1	时间比	
温度	40～45℃	（正向：反向）=800ms：100ms	

6.3.3.3 镀铬

镀铬对电源波形非常敏感。有人对低温镀铬、微裂纹镀铬、自调镀铬以及标准镀铬做过试验[3]。对于低温镀铬，试验证明要采用脉冲尽量小的电源，但 W 值仍可以达到 30%。对于微裂纹镀铬，由于随着脉冲的加大，裂纹减少，当脉冲率达到 $W=60\%$ 时，裂纹完全消失，因而不宜采用脉冲电流。三相全波的 $W=4.5\%$，可以用于镀铬。

对于标准镀铬，在不用波形调制时，W 不应超过 66%。但是在采用皱波以后，则频率提高，镀层光亮。

自调镀铬在 CrO_3 250g/L、K_2SiF_6 12.5g/L、$Si(SO_4)_2$ 5g/L 的镀液中，在 40℃时电镀，当脉冲率达到 40% 时，镀层明显减少，而 W 超过 50% 时，又能获得较好的镀层，但是当 W 达到 108% 时，则不能电镀。在采用阻流线圈调制以后，W 在 60% 以内，可以使镀层的外观得到改善。

特别值得一提的是脉冲电源对三价铬镀铬的作用更为明显。三价铬镀铬由于比六价铬的毒性要小得多，因而作为镀铬的过渡性替代镀层已经在工业产品中推广开来，但是三价铬镀铬由于硬度不够高而主要用于装饰性镀层，对于镀硬铬则还存在一定技术困难。而当采用脉冲电源后，在含有以次磷酸钠为络合剂的甲酸铵三价铬槽中可获得厚而硬的铬镀层，并且使镀层的内应力下降了 25%~75%。获得最佳镀层的镀液配方如下：

三氯化铬（6 个结晶水）	0.4mol/L	硼酸	0.2mol/L
次磷酸钠	2.2mol/L	氟化钠	0.1mol/L
甲酸铵	3.28mol/L		

6.3.3.4 脉冲镀银

普通镀银的分散能力随着波型因素的增加而下降，但是光亮镀银不受影响。采用单相半波整流进行光亮镀银时，随着电流密度的增加，镀层的平滑度也增加。现在的脉冲镀银采用可调制波型，合理利用负半周的抛光作用来提高镀层的平整度，增加镀层的致密度，从而在可以提高镀层性能的同时，节约贵金属资源。

氰化银	45g/L	温度	25℃
氰化钾	120g/L	平均电流密度	1 A/dm^2
氢氧化钾	7.5g/L	占空比	10%
商业添加剂 A	15mL/L	频率	800Hz
商业添加剂 B	15mL/L		

适合镀银锑合金的脉冲参数为：

关断时间	$t_{off}=4.5ms$	脉冲电流密度	$j_p=6.5 A/dm^2$
导通时间	$t_{on}=0.5ms$		

6.3.3.5 脉冲镀金

脉冲镀金在电子工业中应用较多，广泛地应用于接插件等需要有低接触电阻而又耐插拔的连接器产品。在脉冲电源条件下电镀金，可以获得细致的结晶，从而改善镀层性能而又降低了金盐的消耗，同时脉冲镀金的耐磨性能比直流电源镀金要好。特别是采用双脉冲电源的镀金技术，可以节金 30% 左右。

（1）单脉冲酸性镀金

氰化金钾	12g/L	pH 值	4.8～5.1
磷酸二氢钾	60g/L	阴极电流密度	0.1～0.2A/dm²
氰化钾	1.5g/L	电流参数	
$K_2C_2O_4$	0.5g/L	频率	700～1000Hz
柠檬酸钾	50g/L	工作比	10%～20%
温度	55℃		

（2）双脉冲中性镀金

氰化金钾	12～18g/L	$K_2C_2O_4$	100g/L
磷酸氢二钾	20g/L	温度	55℃
氰化钾	6～12g/L	pH 值	4.8～5.1
$K_2S_2O_3$	1.5g/L	阴极电流密度	0.1～0.2A/dm²
磷酸二氢钾	10g/L		

双脉冲电流参数：

正向脉冲	700Hz	工作比 （正向：反向）=20%：20%	
反向脉冲	700Hz	时间比 （正向：反向）=100ms：10ms	

6.3.3.6 脉冲镀合金

脉冲电镀在合金电镀领域有更为广泛的应用前景，已经成为合金电镀研发的新手段之一。

有人利用不同频率的脉冲电流对四种不同组分的镍铁合金受脉冲电流的影响做过试验[4]。证明采用交流频率对铁的析出量有明显影响。同时与镀液中络合物的浓度也有关。在频率增加时，铁的含量增加。因为频率增大后，阴极表面的微观阳极作用降低，使铁的反溶解降低，从而增加了铁的含量，但是在络合物含量低时，则铁的增加量不明显。

通过对碘化物体系脉冲电沉积 Ag-Ni 合金工艺的研究，证明随着 [Ni^{2+}]/[Ag^+] 浓度比增大，镀层中镍含量上升；镀液温度升高时，镀层中镍含量降低；增大平均电流密度会提高镀层中镍含量，但使镀层表面变差；占空比和频率的变化也对镀层成分有一定影响；增加反向脉冲的个数，会使镀层表面状况好转，随着镀层中镍质量分数的升高，结晶变得粗大。

现在，智能化的脉冲电源可以精确地控制槽电压及具有恒流恒压功能，可以用于合金电镀以控制其合金组成的比例，与直流电沉积相比，脉冲电沉积有明显的优点。由于合金组成的广泛选择性，合金电镀的研究受到越来越多研究者的重视，在脉冲电镀领域也是这样。

脉冲电流下的合金电沉积还出现了一些原来难以共沉积金属变得较容易共沉积的现象，这就为开发新的合金镀层提供了技术支持，比如沉积 Cr-Ni-Fe 合金[5]。有一项发明专利表明，采用脉冲电镀 Ni-W 镀层的方法，可以获得平滑、细致的镀层，并且分散能力也获得了改善[6]。

在对锌镍合金镀层进行的方波脉冲电沉积研究中，发现脉冲电沉积比直流电沉积呈现更细的颗粒，而且镍的含量增加。同时，温度增加也将促进镍的沉积，镀层的耐腐蚀性明显提高。所采用的镀液组成为：

硼酸	30g/L	氯化锌	130g/L
氯化钾	160g/L	pH 值	3.5
氯化镍	135g/L		

脉冲电流参数：$t_{on}=1ms$，$t_{off}=10ms$，$j_m=92mA/cm^2$。

试验证实，脉冲电镀在许多合金镀层中的应用都取得了积极的结果，包括 Cu-Zn、Cu-Ni、Ni-Fe、Cu-Co、Ni-Co、Zn-Co 等合金和各种复合镀层。

6.3.3.7　脉冲复合镀和纳米电镀

脉冲电源用于复合电镀时也有良好的效果，试验证实，在普通镀镍液中分散 SiC 粉，采用脉冲电流可以得到比直流条件下更好的耐磨性和硬度。有人研究了镍与聚四氟乙烯（PTFE）微粒在直流和脉冲电流条件下的共沉积行为，且与化学镀进行了比较，证明采用脉冲电流的效果最好[7]。至于应用脉冲电沉积技术于纳米晶材料上的研究则更是活跃，国内外有许多研究报告表达了这方面的信息[8]。

特别引人注目的是脉冲电镀在纳米膜电沉积中的应用。美国的一项专利显示，采用脉冲电镀技术，在以下条件下获得了 0.25～0.3mm 厚、平均粒径为 35nm 的纳米镀镍层[9]：

硫酸镍	300g/L	糖精	0.5g/L
氯化镍	45g/L	pH 值	2
硼酸	45g/L		

脉冲电流参数：$t_{on}=2.5ms$，$t_{off}=4ms$，$j_m=1.9mA/cm^2$。

很有趣的是这种镀液中糖精的添加量对纳米晶体的尺寸有明显影响，当糖精的含量为 2.5g/L 时，可得 0.25mm 厚无孔隙的晶粒为 20nm 的镀镍层，当糖精的量增加到 5g/L 时，晶粒的大小则变成 11nm。

6.4　电子连接器技术发展趋势

6.4.1　市场方面的发展

随着电子产品的小型化和微型化发展，电子产品的连接器也面临着更新换代。对连接器有重要影响的一个动向是蓝牙技术。所谓蓝牙技术，就是电子产品之间的无线连接技术。这一技术的普及将大大减少电子器件之间的有线连接，从理论上说，将减少传统连接器的使用，但是蓝牙技术本身仍然需要物理器件的支持，无线连接的发射和接收接口也是一种连接器件，这种器件的开发，扩展了物理连接器的范围。

另一方面，蓝牙技术不可能完全取代有线连接，而且随着电子产品的多样化和多功能化发展，很多电子产品将同时具备有线和无线连接接口，这样不但没减少连接器的用量，反而增加了品种，促进了连接器产业的发展。

我国台湾地区是传统连接器生产的重要基地，现在一些厂商已推出多功能产品，并扩大了在美国和欧洲市场的占有率。由于通信产品的消费需求增长和国际市场的 OEM 订单增加，2005 年产值比 2004 年的 29 亿美元增长 10%。台湾地区对于连接器的需求和产量保持稳定，需求主要来自 PC 市场。从 2005～2007年，产值每年平均增长 11.3%。此外，台湾地区连接器生产商还寄望于拓宽其出口市场，开发间距更小、厚度更薄和频率更高的产品，以及把市场应用从 PC周边设备扩展到通信产品、GPS 和娱乐系统等。

由于欧洲制定了 RoHS 法规，以及趋向于环境友好型生产工艺的全球性趋势，现在电子元件生产商的原材料成本将上升 10%～20%，而连接器产品是销往欧洲的量大面广的电子产品，供应商如果不能在产品改进上达到 RoHS 的要求，或者不能消化成本增加的因素，将面临被迫退出的压力。

预计市场需要和绿色壁垒从两个方面给连接器行业以压力，最终会促进这个行业的重组和发展。一些能适应变化需要的企业会继续生存并发展，有些不能适应要求的企业将面临转产甚至倒闭的局面。面对这种严峻的形势，技术创新将是最好的应对办法。

6.4.2 技术方面的发展

前面已经说到技术创新是行业发展的真正动力，而技术创新的一个要点是要有大胆设想、小心求证的能力和有逆向思维的技巧。不仅是连接器行业，可以说所有行业都应该从材料和工艺等几个方面进行创新性思维并重在实践和开发。

6.4.2.1 材料方面的改进

目前电子连接器所用的材料大部分是有色金属材料，这当然是连接器的功能所决定的，即电子信息的通畅传递是连接器最主要的功能，但是这里也存在一个误区，那就是强电和弱电、电流和电波、微波和传递特点是有所不同的。不能将强电传送中的导体截面积与所通过的电流强度成正比的结论推广到所有的连接器。有些电子信息的传递和存储只是在材料的表面完成的，磁条、磁盘就是例子。也就是说，有些连接器可以采用只在表面具有所需要功能的材料就行了，而不必让整个连接器的材料都用上贵重的有色金属。实际上在铜表面镀银就是这种设想，那么为什么不可以在铁表面镀银呢？当然也是可以的，只要采用适当的防护措施，就可以做到，但是人们的认知还是对完全用铁不放心，所以现在已经出现了采用铝来做连接器而表面镀银的设计。更加进一步的进展是采用工程塑料。已经出现了诸如聚苯硫醚、聚醚醚酮和聚酰亚胺类的塑料和复合材料连接器外壳，这对于降低产品成本和提高生产效率以及节约资源、保护环境都有重要意义。

6.4.2.2　结构方面的改进

为了保证连接器的可靠性，连接器的结构设计对连接的强度是非常强调的。有些连接器还采用了螺旋加固或锁扣加固的方式，特别是军工电子产品的连接，都采用了加固方式，用外螺套将连接部位的插头和插孔锁牢。在电脑显示器与主机等电子信息传递的连接上，也都采用了加固的方式。旧式的有双螺杆加固，现在也有扣式加固等。

但是加固连接的优点有时会变成缺点，那就是在脱开连接和更换连接时，都比较费时和费力，结果是有些人在使用中不用加固功能，这又给非正常脱落留下隐患，由此，在连接结构上动脑筋是很有必要的。

现在已经有采用磁铁加固的连接方式，当然，由于所采用的永体磁的质量不同，有些磁加固的连接加固作用不明显，但这显然是一种可以延伸开发的方向。

弹性连接也是加固的一种方式，这在传统连接器产品中已经有采用，但也是可以延伸设计的一种方式。比如将目前流行的轴向弹性改为垂直孔位弹性连接，可以大大加强连接的强度。

6.4.2.3　电镀方面的改进

电镀是连接器实现其功能性的重要加工手段。因此，连接器的改进有很多是可以通过电镀技术来实现的。前面提到的复合材料技术，就要用到电镀工艺来实现。

目前用于铝上电镀和塑料上电镀的技术，还存在流程较长、质量控制点过多的缺点，要实现高可靠的连接，对不易镀材料的电镀技术就要进一步加以改进，以提高镀层的结合力和镀层的功能性。

比如铝上电镀目前比较可靠的方法是两次浸锌再镀碱铜的方法，要用到高浓度的碱性锌酸盐浸锌液和氰化物电镀铜，作为一种改进，是采用化学镀镍的方法，取代两次浸锌和镀铜。但化学镀镍也存在一定的问题，就是工艺控制要求很严，前处理不当时，结合力会有问题、成本偏高等。也有电解氧化后电镀的方法，由于电解氧化工艺存在氧化表面状态不直观的问题，使电镀结合力的预防存在一定盲区，所以也采用得不多。如果可以寻找一种化学的方法而类似电解氧化的原理使铝表面微观多孔化，其后的电镀结合力就可以得到保证。

电镀方面改进的另一个思路是采用新的替代性镀层，目前连接器电镀主要镀种仍然是贵金属，所开发的替代性镀层很有限，主要就是从外观上代银的铜锡锌三元合金，并且是不够稳定的氰化物工艺。因此，开发无氰的合金镀层来代银和代金应该是有应用前景的技术。

另一个电镀技术方面的动向是采用化学镀技术来替代某些电镀技术。化学镀由于有很好的分散能力，这对于有很多内孔需要电镀的连接器的电镀是一个极大的优势，随着化学镀技术的进步，一些原来难以获得厚度层的镀种也已经可以获得较厚的镀层了，同时化学镀稳定性的提高和成本的降低也使原来面对化学镀的高成本和难以管理而不敢采用的企业开始改变对化学镀的态度。特别是配合新材料的应用，比如塑料电镀、铝上电镀等，没有化学镀技术的配合，将是难以成功的。

6.4.2.4 电镀设备方面的改进

连接器是电子行业中品种多、用量大的器件，其生产效率一直是激烈竞争中的一个重要参数，电镀生产效率有时成为连接器制造的一个瓶颈，因此，提高电镀生产效率是连接器电镀中一个重要的课题。现在一些大型连接器制造厂商已经采用全自动的电镀生产线，目前适用连接器电镀的生产线有振动电镀生产线、带料（线材）生产线和滚镀生产线等。

随着连接器的小型化发展，连接器中内导体的内孔越来越小，当孔径小于1mm时，电镀过程中电镀液和电力线很难进入孔内，而即使孔内进入了镀液，也难以再流出来对流，这对于孔内的电镀是一个很大的难题，这种情况在常规电镀设备中是根本无法解决的，现在有些接插件内导体的孔径已经在0.4mm左右，要想在孔内镀上镀层就更加困难。这时只能采用特殊的电镀设备，比如采用振动筛电镀并配置脉冲电源或超声波来进行电镀生产。

6.4.3 一些新思维

现在流行的连接器都是建立在刚性材料上的物理连接，为了提高其可靠性，在材料强度和结构设计上都运用了现代物理和力学的诸多原理，也尽量采用了现代新技术和新材料，但是现在的任何连接器和接插件的连接方式都没有跳出两组器件的刚性连接模式。显然，蓝牙技术是对这种传统连接技术的一个根本性的改进，但是蓝牙技术要想完全取代所有的连接器至少在相当长一个时期内是不可能的。因此，构思新的直接连接而又不同于传统连接方式的连接器是一个很有实用价值的课题。

在印制板中采用的贴装技术也许是一种启发。在静态连接中，完全可以设想用贴膜的方式使两组器件进行连接，这就要用到类似于挠性板的技术和粘毛式的连接方式。这种软性连接与刚性连接比起来，结构简单，成本低廉而又连接快速。对某些低压电场合和直流用电器的连接，是完全可以胜任的。

　　还有化学连接的概念也已经开始提出来，这在生物电子领域肯定是有应用前景的技术，相信不久就会有这方面的开发信息出现。

参 考 文 献

[1]　沈涪. 电连接器耐盐雾能力的研究 [C] //中国电子学会生产技术学分会：全国电子电镀学术研讨会论文集，2004.

[2]　弗鲁姆金 A H，等. 电极过程动力学 [M]. 北京：科学出版社，1965.

[3]　刘仁志译. 电源波形对镀铬层的结晶组织及其内应力的影响//国外电镀资料选译（第一辑）. 天津：天津市科技交流站，1977.

[4]　刘仁志. 物理因素对电镀过程的影响 [J]. 电镀与精饰，1981，4：29-30.

[5]　林忠夫日本电镀技术的发展 [J]. 电镀与精饰，2002，24（1）：39.

[6]　张绍和. 一种脉冲电镀法的用途及其工艺：CN1300883A [P]. 2000-11-22.

[7]　Pena-Munoz E. Sarface & Coatings Technology，1998，107（2）：85.

[8]　刘勇. 脉冲电镀的研究现状 [C] //中国电子学会生产技术学分会：全国电子电镀学术研讨会论文集，2004.

[9]　Erb U，et al. Nanocrystalline metals：US5433797 [P]. 1995-07-18.

第7章

线材电镀

7.1 关于线材电镀

这里所说的线材是指用于工业各领域的各种金属线材，包括钢丝、铜线、铝线和合金线材。特别是通信和电子设备所使用的金属导线和连接线，随着电子工业的迅速发展而需求日盛。用于电子工业的线材基本上都是需要电镀加工的，并且对镀层的要求还比较严格。由于线材的特殊性，使得线材电镀采用了一些与常规电镀不同的工艺和专用设备，从而形成了一个独特的电镀加工行业，这就是线材电镀行业。

7.1.1 线材的种类

金属线材是现代工业中应用很广的一种金属材料，根据所用的材质不同而分为钢线材、铜线材、铝线材和贵重金属线材等。线材在工业材料中占有重要的地位，各行各业都少不了要用到这样或那样的金属线材。这些各色各样线材的分类和用途见表 7-1。

表 7-1　常用金属线材的分类和用途

线材类别	线材名称	用　途
钢线类	内控线（刹车线）	内控线是以镀锌钢线或不锈钢线依规格施以绞捻而成单股绞线，表面光滑均匀。适用于交通工具上作为操纵或刹车、变速等
	低碳钢线（铁线、铁丝、黑铁线、黑铁丝）	低碳钢线是以低碳钢盘元经酸洗、伸线制程而成，未施镀涂处理者，可供后续加工
	退火低碳钢线	退火低碳钢线是以低碳钢盘元经酸洗、伸线后施以退火处理者，可供镀锌或后续等加工使用
	冷打用钢线	冷打用钢线是以冷打级（CHQ）盘元经酸洗、伸线制程而成，供后续加工使用
	钉线	钉线是用低碳钢线经电镀制程为圆形线，用于工业用气动枪
	二氧化碳焊线	二氧化碳焊线是用钢线、低碳钢线或合金钢线之裸实心的焊线作为消耗性电极，其所用之保护气体为二氧化碳
	钢线（高碳）	钢线是以高碳钢盘元经酸洗、伸线制程而成，表面光滑，未施镀涂处理者。线径较细者，再经韧化退火、酸洗、伸线两次以上制程，截面为圆形，可供后续加工
	弹簧钢线	弹簧钢线为钢线之一种，视弹簧形式及特性，采用不同等级之高碳钢盘元经韧化退火、酸洗、伸线制程而成，表面光滑，未施镀涂处理者。线径较细者，则需经反复二次制程而成，截面为圆形，可供后续加工
	轮辐钢线	轮辐钢线为用于轮圈辐条之钢线，以高碳钢或不锈钢盘元经酸洗、伸线制程而成，表面光滑，截面为圆形，可供后续加工。俗称：车条钢线
	伞骨用钢线	伞骨用钢线是以中高碳钢盘元经酸洗、伸线制程而成圆形钢线，适用于制伞业
	轮胎钢线（镀铜线）	轮胎钢线是以钢线（高碳）经应力消除、镀铜而成。轮胎钢线与橡胶有良好的胶着性，供制造轮胎胎唇用

线材类别	线材名称	用　途
钢线类	镀锌航空器用钢缆	镀锌航空器用钢缆是以镀锌韧化退火钢线,再予以伸线成较细钢线,依构成种类、规格不同,以数条钢线施以绞捻成单股,再以若干单股予以合股而成
	潜弧焊线	潜弧焊线是用钢线、低碳钢线或合金钢线之连续性消耗电极。焊接时,焊线与焊药需同时相互配合使用,经由焊线与焊接金属间的电弧将金属加热,以达到金属的接合
	工业用针线	工业用针线是用低碳钢线经电镀后再予以加工,用胶水接合,冲床成型,形状有单脚(T形)及双脚(U形)。用于装潢、建筑、制鞋业
铜线类	裸铜线(紫铜)	用来深加工成各种导线,包括镀银线、镀锡线等
	裸铜线(黄铜、磷铜等)	
	铜编织电缆	由细铜丝编织成的多股电缆,可经包覆或电镀后成为成品线
	半刚性同轴电缆线	外导体为铜编织套管的同轴电缆线,绝缘层为软胶管
	刚性同轴电缆	外导体套管为紫铜管的同轴电缆
	接插件连续电镀用冲制引脚连线	这是近年发展起来的主要用于接插件的专用线,属于冲制铜带线
铝线类	裸铝线(纯铝)	用于深加工为各种导线
	铝线(合金铝)	用于深加工为各种产品
	铝编织线	由铝丝编织成的电缆线,包覆后成为成品线
贵金属类	金线	IC芯片用引线,贵金属线材制品的制造、编织等
	银线	用作重要电子导电、深加工用线
	铂金线	特殊电极、点火等深加工用线
	其他贵金属线	特殊电极、特殊制品或产品用线
其他合金类	镍铬丝	电加热器用线
	钨合金丝	灯丝等用线
	钛合金线	工具、电极、产品等用线
	其他合金线	相关产品需要的合金金属线

7.1.2　线材的电镀

由表 7-1 可知,常用线材中量大面广的是各类钢线,并且许多都是需要电镀的,比如镀锌、镀铜、镀合金等。铜线也有镀银、镀金等贵金属电镀的,但是电子电镀中的线材则多为铜及其合金,也有用到铝线的。随着有色金属资源的紧缺,以低价金属材料外包有色金属材料的线材也有了应用,这种在黑色金属线材外层包覆有色金属的技术主要就是靠电镀技术。特别是热浸镀的高能耗和高金属耗量受到能源和资源的限制后,线材电镀更是大行其道,而在电子电镀中大量的导线更是离不开电镀技术。

　　线材由于结构上的特殊性，除了少数例外，一般不能采用常规的电镀设备和工艺。因为线材的特点是细而长，在普通镀槽内只能成卷成卷地电镀，这样线卷的各圈之间重叠和交叉，不可能将线材完整均匀地镀上镀层。只有将线材展开才能进行电镀，这又需要很长的镀槽，少则几十米，多达数千米，这在实际生产中是不可能做到的。因此，一种专用于线材的电镀技术也就应需而开发出来了，这就是线材连续电镀技术。

　　实际上线材电镀的设备借用了线材生产设备的原理，线材的生产是边运动边拉伸，粗的钢丝在运动中通过一些孔径逐渐缩小的模孔，就变成了细丝，由收线机收成一卷一卷的线卷。线材电镀过程也是让线材在运动中通过镀槽，镀覆完成后在收线机上收成线卷。这样，就可以用不长的镀槽来对很长的线材进行电镀加工。有一种往复式的线材电镀机，由于让线材在同一个镀槽的电轮上往复行走多次，相当于延长了镀槽的长度，从而达到保证线材电镀层厚度等质量指标。这种同槽往复式线材电镀设备只适合于单一线材的电镀。

　　常见的线材电镀的装置是多头多槽式的，就是让线材以展开的方式直线通过镀槽，但同一个镀槽一次可以通过多根线材，比如 6 根、12 根、24 根等，在线材电镀行业里也称为多头线材电镀。而在电子电镀中，电子用线的电镀采用单头往复式电镀的较多。

7.1.3　线材电镀的设备

　　基于线材电镀的特点，线材电镀工艺在很大程度上与设备有很密切的相关性，采用不同的设备，要用不同的电镀工艺，包括镀液和操作条件。

　　对于采用常规工艺将线材成卷挂入电镀的工艺，只适用于小批量和少量线材的电镀，这时可以沿用传统电镀工艺的设备。我们这里所说的线材电镀设备是指以连续电镀生产方式工作的线材电镀设备。

7.1.3.1　常规线材电镀设备

　　（1）线材运送动力装置

　　线材电镀的设备与普通电镀最大的区别是有一组提供线材运动的牵引装置，通常称为收放线机。流行的是以收线机为主动轮，放线机为从动轮。如图 7-1 所示，让安放在放线机上的成卷线材在收线机主动轮的牵引下，通过阴极导电辊获得电流供应的同时转向进入镀槽，经两个压线轮的导向由镀槽另一端出来经导电辊再进入下一个流程。这种装置的动力可以是单机式，也可以是多头式。多头式是在一个较大的动力源驱动下，同时让多个收线轮进行收线作业，让更多的线材平行地在镀槽中电镀，从而提高电镀产能。

　　电子电镀由于场地和规模的原因，多采用单头式往复走线方式，并且采用高速走线方式来提高效率。

（2）镀槽

线材电镀用的镀槽基本上是纵向长度较长的镀槽，以让线材在镀槽中受镀时间得到保证。当走线速度一定时，镀槽越长，受镀时间也越多。因此，当走线速度提高，受镀时间就会减少，厚度达不到工艺的要求。这时就要延长镀槽来保证受镀时间。有时镀槽的长度要达到几十米甚至上百米。但同一个镀槽做得太长不仅制造上有困难，而且镀液的管理也麻烦了许多。为此，可以采用多槽串联方式，让线材在导电辊的引导下通过多个镀槽，每一个镀槽都有如图 7-1 所示的压线轮，两个镀槽之间装一个导电辊，就可以重复镀程。

需要指出的是，实际的线材电镀生产线的镀槽和前后处理槽加起来会达到几十个，一个完全的线材电镀自动生产线全长可达 150m，包括线材的去油、酸蚀、活化和镀后处理，都可以在线上进行。所有这些工作槽的结构基本上与电镀槽是类似的，只是导电辊可以改成不导电的引导轮，但有些工作槽则要加入加温等辅助设备。

（3）导电辊

线材电镀的导电辊是将线材与电源阴极连接的重要设备，要求有良好的导电性和耐磨性，为了让导电辊不影响线材的走行速度，一般导电辊也是与收线机的主转轴同步旋转。对于旋转的导电辊，为了保证与阴极的有效连接，导电辊的两端除了装有轴承外，还要有与电源相连接的类似发电机电刷式的石墨导电机构，以保证电流能顺利地通过线材。对于前、后处理槽，导电辊不与电源连接，且可以改用其他耐腐蚀的非金属材料，如陶瓷或工程塑料等。

（4）压线轮

压线轮的作用是让线材能在镀槽内完成电镀过程。根据镀槽的不同结构可以是全浸式（图 7-1），也可以是半浸式。半浸式的压线轮不在镀槽内，而是只让压轮的一部分浸入到镀液中。半浸式的好处是压轮的中轴在镀槽液面以上，方便安装和维护。所用材料也要求是耐腐蚀的，特别是对于采用酸性镀液工艺的设备，都要考虑设备防腐问题。

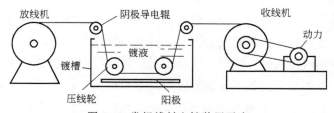

图 7-1　常规线材电镀装置示意

（5）镀液循环与过滤装置

对于电子电镀，由于对镀层有较高的要求，对镀液的管理也是十分重要的。

线材电镀由于电阻比常规电镀要高得多，一般都要在较高的电流密度下工作，有时高达 $300A/dm^2$，这时镀液升温非常快，主盐金属离子消耗也很快，要求槽液有较大的容量，以便即时降温和补充，但是由于工艺布局的限制，工作镀槽的容量往往是有限的，为了解决这个问题，可以在槽体下部或槽边或其他不影响生产线布局的情况下，另外以大于工作槽 2～5 倍的容积另设一个与工作槽连通的循环过滤槽，配上过滤机，必要时还可以配上热交换装置，有些没有热交换器的电镀厂将冰块封装在塑料袋或塑料桶里，放在循环槽中也可以解决燃眉之急。

7.1.3.2　特殊线材电镀设备

对于有些特殊结构的线材，比如引线框、插脚等，就更需要专业的线材电镀设备。这类设备有时就是为了加工专用的引线而设计的，称为专用设备，由于引线和放线时所用的线卷架很像老式电影胶片卷片盒，所以也叫作卷对卷电镀设备。典型的专用引线框电镀设备是集成电路（IC）引线框的连续电镀设备。

卷对卷电镀设备的基本原理与常规线材电镀设备一样，由引线和放线机构与镀槽构成，但是结构要精密得多，并且也很小巧，因为这类镀液多数是贵金属电镀，不可能配制大量的镀液，由于设备长度有限，所以必须采用高速电镀技术才能满足镀层厚度的要求。同样理由，为了节约贵金属材料，现在很多引线框采用的是局部电镀技术，只对需要的部位进行电镀，从而，使这类设备有很多的辅助设备和工装来满足特殊电镀过程的需要。

（1）动力和镀槽

这种设备的动力也是以收线卷为主动轮，由于线框架的特殊形状而要求有很多导轮来保证线框的正常行走。

引线框连续电镀的镀槽在这种连续电镀设备中比较特殊，几乎已经很难看出与普通镀槽有什么相同之处。这是因为在这种生产线上，线框以很快的速度从各工艺流程的镀槽中穿过，镀液和各种前、后处理液有时是以喷射的方式与线框接触的，清洗也是如此，因此，镀槽只是概念槽，可能采取的是其他装载镀液的方式。

（2）局部镀装置

局部镀在 IC 引线框电镀中是常用的方法，但是工艺比较复杂。引线框的局部镀工艺与常规电镀中的局部镀不同，不是在被镀产品表面采用绝缘胶之类的涂覆法，而是由设备来保证只在产品的局部镀覆，因此，线框局部镀的关键是在设备上。局部镀根据所采用的镀覆方式的不同而有连续镀方式和间歇镀方式。

① 压板式局部镀装置。这种局部镀是间歇镀方式。让引线框平行进入由模具引导的局部镀机构，如图 7-2 所示，这时模具相当于镀槽，模具上的孔位对应的是需要镀覆的部位，上面由有一定压力的硅胶带压住，压力保持在使线框受镀的一面与模具紧贴而不让镀液外泄。阳极喷嘴通过模具的孔向线框需要镀覆的部位喷射镀液，引线框则要与电源的阴极相连接。压板喷镀设备长约 800mm，当

待镀线框进入后，喷嘴即喷出镀液，5~10s后停止，收线轮动作让已经电镀的部位走出，下一轮是局部镀的开始。

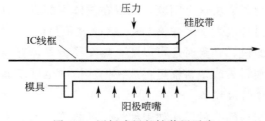

图 7-2　压板式局部镀装置示意

这种平板局部镀设备比较简单，模具容易制作，但由于受阳极喷嘴分布和镀液供给方式的影响，镀层厚度的均匀性较差。

② 镀轮式局部镀装置。镀轮式喷镀是连续局部镀装置，因此生产效率比较

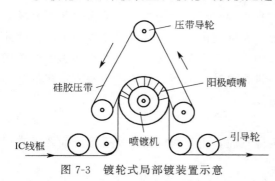

图 7-3　镀轮式局部镀装置示意

高，其工作原理如图 7-3 所示。IC线框由引导轮导入喷镀机，受镀面与喷镀机上喷嘴对应，在喷镀机的半圆形模具的上部由压带导轮提供一组不停转动的硅胶带，通过并压紧喷镀机上部半圆处，正好与进入喷镀机的 IC 线框的背部相对应，将压力传至 IC 线框，使其受镀面与喷镀机工作面有紧密配合而又能顺利通过镀头。这样，随着引导轮的引导，IC 线框经过喷镀机时，与喷嘴对应的部位就镀上了镀层。这种方法可以连续地进行喷镀，从而有较高的生产效率。

由于这种局部镀是在运动中进行的，镀层的厚度均匀，镀层的质量也有所提高，但是设备的结构比较复杂，喷嘴模具加工要求较高，因而设备成本会较高。

7.2　线材电镀工艺

7.2.1　线材电镀工艺与参数

线材电镀基本上采用的是连续电镀方式，因此电镀工艺与普通电镀有所不同，由于镀件在以一定速度运动，有时甚至是高速运动，因此工作电流密度会较高，主盐的消耗会较大，对镀液的导电性也有较高的要求。

7.2.1.1　线材镀铜工艺

（1）钢铁线材镀铜工艺流程

典型的钢铁线材镀铜工艺流程如下：线卷上放线轮架—化学除油—热水洗—水洗—阴极电解除油—阳极电解除油—热水洗—水洗—化学酸洗—水洗—水洗—氰化镀铜—热水洗—水洗—弱酸活化—酸性光亮镀铜—水洗—水洗—化学钝化或浸防变色膜—干燥—收线卷。

对于钢质线材，由于硬度太高，在电镀前还需要进行相应的热处理，比如正火或退火。有的生产线将热处理工艺与电镀工艺在同一生产线上完成，这时生产线的长度会增加 1 倍以上。

酸性光亮镀铜在钢铁上直接镀仍是一个世界性难题，解决办法多数还是采用预镀或预浸工艺，通过改变表面电位或形成阻挡层来阻止置换反应的发生。因此，必须增加一个预镀工艺，如氰化物预镀铜、预镀镍等。应用较多的是氰化物预镀铜。还有一些其他方法，如预浸表面活性剂、预镀铁等。

（2）氰化物预镀铜

由于钢铁标准电位比铜要负许多，在钢铁线材上镀铜需要采取一些措施以防止置换铜的发生而影响结合力。这些措施主要有两种，一种是采用氰化镀铜进行预镀，另一种是采用电镀镍或化学镀镍打底，然后再镀酸性铜。从成本和效果上看，目前流行的仍然是氰化物预镀铜工艺。

在氰化物的强络合作用下，铜的平衡电位已由 $+0.340V$ 负移为 $-0.614V$，而铁的稳定电位为 $-0.619V$。二者之间的电位差仅为 $0.005V$，当铁镀件置于氰化物镀铜液中时，发生铜置换的动力很小，因而使镀铜与基体的结合较牢。其他各种镀铜体系的平衡电位见表 7-2。

表 7-2　不同镀铜体系的平衡电位

体　　系	氰化物	酸性镀铜	焦磷酸镀铜	HEDP 镀铜	柠檬酸盐镀铜
铜平衡电位/V	-0.614	$+0.340$	-0.044	-0.590	-0.214
铁稳定电位/V	-0.619	-0.440	-0.420	-0.300	-0.410
电位差/V	0.005	0.780	0.376	0.290	0.196

由表 7-2 可知，硫酸盐酸性光亮镀铜不能用于直接在钢铁上镀铜。由于其电位差达到 $0.780V$，会迅速置换出镀铜层，影响镀层与基体的结合力。其他几种镀铜工艺用于直接镀铜也很勉强，全部都要带电下槽，其中焦磷酸盐镀铜要保持焦磷酸根与铜离子的比值在 7 以上，否则也会发生置换反应而导致结合力问题。只有氰化物镀铜是比较适用于在钢铁上镀铜的工艺。

氰化物镀铜的配方与操作工艺要求如下：

氰化亚铜　　　　　　80～90g/L　　　氰化钠　　　　　　　95～105g/L

氢氧化钾	20～30g/L	阴极电流密度	3～5A/dm²
亚硒酸钠	1～1.5g/L	空气搅拌/连续过滤	
表面活性剂	1～1.5g/L	走线速度	7～10m/min
温度	70～75℃		

（3）酸性光亮镀铜

硫酸盐酸性光亮镀铜是在电子电镀中应用最多的一种工艺。它的优点是成分简单，电流效率高，结晶细致，镀层光亮，且导电性好。

常用的线材酸性镀铜的工艺如下：

硫酸铜	220～250g/L	电流密度	10～30A/dm²
硫酸	50～60g/L	阳极	专用磷铜阳极
氯离子	0.02～0.08g/L	空气搅拌和镀液循环过滤	
添加剂	0.5～2mL/L	走线速度	7～10m/min
温度	20～30℃		

当需要更高的生产效率时，对以上工艺还要做出调整，以提高走线速度达到设计需要的厚度而又缩短工作时间。在下一节中将进一步讨论这个问题。

7.2.1.2　线材镀银工艺

（1）工艺流程

线卷上放线轮架—化学除油—热水洗—水洗—阴极电解除油—阳极电解除油—热水洗—水洗—化学酸洗—水洗—水洗—预镀铜—热水洗—水洗—预镀（浸）银—镀银—水洗—水洗—化学钝化或浸防变色膜—干燥—收线卷。

镀银也是在电子电镀中应用较多的一种工艺，由于银有比铜更正的标准电极电位，因此镀前的处理要多一些工艺，除了预镀铜外，还要预镀银来防止接触镀层的产生而导致结合力不良。为了节约电源和简化工艺，也可以采用预浸银工艺。

（2）预镀银

① 两次预镀法。为了保证预镀银质量，可以采用两次预镀工艺。

a. 第一次预镀

氰化银钾	2.5g/L	阴极电流密度	0.1～0.5A/dm²
氰化钾	75g/L	电压	6～12V
氰化铜	15g/L	阳极	镍板或不锈钢板
温度	室温		

b. 第二次预镀

氰化银钾	9.5g/L	阴极电流密度	0.1～0.5A/dm²
氰化钾	75g/L	电压	6～12V
碳酸钾	15g/L	阳极	镍板或不锈钢板
温度	室温		

第一次预镀中加入铜离子，是利用同离子效应来阻滞铜与银离子的置换过程。

② 一次预镀法

氰化银钾	1.5g/L	阴极电流密度	0.1～0.5A/dm^2
氰化钾	25g/L	电压	6～12V
氢氧化钾	20g/L	阳极	镍板或不锈钢板
温度	室温		

一次预镀法因为主盐浓度很低而有很好的分散能力，同时沉积速度也较快，适合于线材上预镀。

（3）预浸银

预浸银根据所用银盐的不同而有多种配方，常用的几种见表 7-3。

表 7-3 预浸银的组成

组成成分/（g/L）	氯化物型	硝酸盐型	氰化钾型	氰化钠型
氯化银	7	—	—	—
硝酸银	—	7.5	—	—
氰化银	—	—	5.6	7.5
氰化钠	10	—	—	15
氨水	—	75	—	—
硫代硫酸钠	—	105	—	—
氰化钾	—	—	3.5	—
温度/℃	30～40	室温	室温	室温

需要注意的是采用浸银工艺时，基材如果是铜材，可以在前处理后直接浸银，如果是钢铁，则需要预镀氰化铜后才能进行。另一个重要的提示是预镀或预浸银工艺要与其后的镀银工艺相配套。当采用的镀银是无氰镀银时，比如硫代硫酸盐镀银，就要采用硫代硫酸盐为络合剂的浸银预镀，否则不能不加清洗地由预镀或预浸槽直接进入镀银槽。

（4）电镀银

在完成预镀或预浸银以后，就可不加清洗地进入镀银工序，但是需要注意的是，预镀和电镀是相同的络合剂才能直接进入镀槽，否则要充分清洗后才能再入电镀槽。目前从质量和管理上的方便，多数仍然采用氰化物体系的预镀（浸）和电镀工艺。

镀厚银用的工艺如下：

氰化银	40g/L	温度	40℃
氰化银钾	110g/L	电流密度	1～4A/dm^2
碳酸钾	30g/L		

这一工艺因为主盐浓度较高而可以用于线材电镀过程，但走线速度较低，只有 3～5m/min。

7.2.2　影响线材电镀效率的因素

线材电镀采用连续电镀加工的装置。随着各行业对各类线材需求的增长，提高线材电镀的生产效率是企业面临的一个实际问题。

以往低碳钢丝线材镀锌走线速度一般为 5～30m/min，视不同的线径而有所不同[1]，但在实际运作中，大都是在 7～12m/min 之间。如果提高速度，镀层的厚度就难以保证。这对电话线铜包钢电镀技术是一个很大的制约。因此，有必要对影响线材电镀加工速度和效率的因素加以探讨，以求得提高线材电镀速率的正确途径。

7.2.2.1　设备因素

对线材连续电镀装置而言，收线机的收线速度是控制线材电镀走线速度的主要机构。有的收线机的速度可达到 200m/min 以上，如果以这样高的速度电镀，以直径 2mm 的铁丝计算，每千米约重 25kg，则每小时可以镀出 300kg 铁丝。而一般线材连续电镀是多头装置，仅以 10 个头计算，则每小时的产量可达 3t。这样算下来，每天的产量就十分可观了。

但是我国目前运行中的线材连续电镀装置几乎没有哪个单位能达到这样高的产量，有的甚至连十分之一都没有达到。

电镀加工只有在达到一定厚度时，才具备设定的防护性能和其他物理性能。决定电镀层厚度的因素中，在电流效率一定时，主要是电流密度和电镀时间。显然，当线材高速运动时，要保证有足够的电镀时间，就必须有足够长度的电镀槽。

如果仍以 200m/min 的高速度电镀，要达到国家标准中规定的镀层厚度的下限，在普通情况下至少要电镀 2min。这样一来，镀槽就需要有 400m 长，这在实际生产中是难以实现的，因此，只有适当放慢走线速度或根据场地限制来确定走线速度。比如，如果只能采用 20m 长的镀槽，那要达到最低的电镀层厚度，走线速度就只能是 10m/min。当要求更厚的镀层时，就只能适当延长镀槽的长度，才能维持所需的产量。目前国内线材电镀车间的长度大都在 100m 左右，有的长达 200m，因为电镀线本身已经有 150m 长。这样不仅占地面积大，电镀厂房和设备的投资也很大。因此，不能靠增加电镀线的长度来满足电镀厚度的要求。

7.2.2.2　电镀工艺因素

当收线速度和镀槽长度一定时，要想增加镀层厚度，就只有提高电流密度。事实上，目前线材电镀加工的电流密度都高于常规电镀。否则，在一些电镀线长度有限的电镀装置上是无法实施电镀加工的。

但是当有的企业试图进一步提高电流密度以此来缩短电镀时间时，往往达不到预期的目的。

首先是电镀工艺本身的限制。每种镀液的工作电流密度范围是一定的，不可能随意提高。如果想通过提高电流密度来提高速率，不仅要调整工艺配方，而且涉及设备的改造。其次，大的电流密度很容易引起阳极钝化，而阳极本身在电镀过程中是不断缩小的，这更加大了阳极的电流密度，使阳极更易钝化。只有使电压升高才能克服电化学阻力。这样，在电量不变时，电流强度就会下降，达不到提高电镀速度的目的。同时，大的电流密度还会使镀液温度升高加快。当温度超过工艺规范时，电镀加工也无法正常进行。

另外，电流效率也是影响电镀速度的一个重要因素。在高速度电镀过程中，电流效率的影响比常规电镀更大。因此，高速电镀溶液往往采用简单盐电镀液，必要时才加入适当添加剂。比如线材镀锌一直沿用硫酸盐镀锌工艺。为了改善镀层质量而适当加入一些有机添加剂。传统的有阿拉伯树胶、明胶、硫脲等。现在则有专业光亮剂"硫锌-30"等。硫酸盐镀锌的电流效率在 99％ 以上，用它作为高速电镀的母液是可取的。

7.2.3　提高线材电镀速度的途径

7.2.3.1　改进电镀设备

近年来，有关线材连续电镀设备的专利申请和授权已经达到十多个，较新的有多头高效线材电镀机等。由于改变直线式走线方式为复线走线方式，实现了在较短的电镀槽内达到加倍缩短线材电镀过程的时间。有的设备占地面积只有 $20m^2$，可见设备的改进有比较明显的效果。

但是据使用了这类专用线材电镀设备的用户反映，无论是直线还是复线设备，都不能真正在设计的上限范围内正常工作，仍然只能在中低速和较低电流密度下工作。究其原因，这些电镀设备所依据的原理仍然是加长线材在电镀槽中的行程。线材在较短的距离里往返多次，虽然提高了镀槽的利用率，但是也增加了阴极的面积，使阴、阳极面积比例失调，最终影响电流密度不能提高。由于单位体积电镀液的装载量过大，使镀液很容易失调。尤其有些专利将"镀液不用循环"作为其优点，就更增加了镀液的负担，从而使这类设备不能达到所设计的高速电镀的目标。

由此可见，设备的改进应兼顾电镀工艺规范，并且应以更好地发挥电镀工艺的效果为前提。事实证明，在一定长度的镀槽内实现高速线材电镀是完全可能的，只要设备改进的方案能遵循以下原则。

① 要保持高速行走的线材在较短的电镀行程内获得合格的镀层，必须保持足够的电流密度，而要保证较大的电流密度，导线截面要足够大，使镀槽应能够持续在大电流强度下工作。

② 保持大电流下持续工作除了导线截面要足够大外，还要维持正确的阴、阳极比例（1∶10 以上），阳极的面积如果不足，将使镀液的主盐消耗得不到及时补充。

③ 为了使电镀液能承受在大电流下的工作负荷，使阴极区的金属离子消耗及时得到补充，电镀液必须循环。且电镀液的体积应该是电镀槽的数倍，通常都是在电镀槽外另设置一个储镀液槽，用泵连接，向镀槽连续提供镀液的同时，起到了加强搅拌的作用。

④ 作为持续工作的必要条件，应该使镀槽具有热交换能力，以便在镀液温度过高时进行强制冷却。

很明显，以上各条在现在的技术条件下是完全可以实现的。因此，只要设备的改进能满足上述要求，就可以在较小规模的设备上获得较高的生产能力。最近的一项有关线材连续电镀装置的专利反映了上述设计要点[2]。其中最为重要的改进是将国内常用的阳极桥式连接改为网式阳极连接，使以往在电镀过程中由于阳极溶解变小而从阳极桥上脱落而处于不导电的现象得以杜绝。

7.2.3.2 改进电镀工艺

如果只有先进的设备而没有先进的工艺，也很难发挥出高速电镀的效率。因此，提高电镀工艺的操作规范和适应能力也是一个十分重要的课题。

以硫酸盐镀锌为例。传统的硫酸盐镀锌电解液的组成比较复杂，除主盐硫酸锌以外，还要加入硫酸铝、硫酸钠等导电盐，再加上阿拉伯树胶或明胶、硫脲等，成分多达五六种，电流密度范围小，温度要求在35℃以内。如果采用老工艺，在新设备上也难以达到设计效果。因此，现在已经普遍采用了一种专利产品"硫锌-30"镀锌工艺。这种工艺的特点是成分简单，只要主盐硫酸锌和pH值缓冲剂硼酸即可。加入光亮剂"硫锌-30"，可以获得光亮镀层。其温度的上限可以达到50℃，电流密度范围也很宽，在$15\sim150A/dm^2$。根据镀液循环的需要，可以加入低泡型光亮剂。

硫酸锌	300～450 g/L	温度	10～15℃
硼酸	20～30g/L	pH 值	4～5.5
硫锌-30	14～18 mL/L	走线速度	5～15m/min

这一工艺的特点是镀液成分简单、稳定、电流效率高、镀层光亮。

7.3 线材电镀的应用

"线材"的概念在电子电镀中已经有所扩展，包括了连接线、电缆、插脚引线或线框等。这些电子连接用线对于电子产品来说就如人体的血管和神经，不可或缺。因此，线材的电镀在电子电镀中也就占有一席之地。

7.3.1 "铜包钢"电镀

钢丝电镀是线材电镀中用量较大和较为普通的一个镀种，钢丝电镀中应用最多的是钢丝镀锌工艺。特别是近年特殊钢丝应用的增长，使钢丝镀锌工艺有了很大的发展。而与电子电镀有关的钢丝电镀的应用，则主要是钢丝镀铜技术。由于这种线材的基体是钢丝，外包的镀层是铜层，因此也被叫作"铜包钢"电镀技术。

随着国民经济的快速发展，国内外市场对各类镀铜线材的需求日益增长。以二氧化碳气体保护焊丝为例，在工业发达国家如美国、德国、日本等国早在 20世纪 80 年代，其气体保护焊丝的产量已占焊接材料总量的 40% 以上，近年来则已经超过 70%。我国则在"八五"期间将气体保护焊丝列为大力推广的项目，每年产量以万吨级数递增。至于用于电话连接的镀铜铁丝电话导线，在国外已经普遍采用，在我国是方兴未艾。

随着我国通信事业的发展，工信部现已经要求停止使用镀锌铁丝电话线而改用国外已经流行的铜包钢电话线，使铜包钢线材连续电镀工艺在近期兴盛起来。铜包钢线材连续电镀工艺由于要求保证铜镀层要达到规定的厚度，尤其需要有高速度和高沉积率的线材连续电镀工艺和设备。目前国内酸性镀铜工艺普遍存在温度范围小、电流密度范围不够宽的缺点，同时在镀液循环时泡沫较多，不能适应市场的需要。

7.3.1.1 "铜包钢"镀铜工艺的选择

线材加工业的特殊性使其对镀铜工艺的要求不同于常规的钢铁零件镀铜。因此，如何选择适合于线材加工用的镀铜工艺是一个十分重要的课题。

通常选择电镀工艺的依据首先是施镀产品本身对镀层的要求。即先加工出产品，再进行电镀。比如厚度、光亮度、硬度以及分散能力等。有的还对电流效率、沉积速度有要求。再就是看所需镀铜的预镀层、中间镀层和表面镀层。

而线材加工电镀的特点是线材的加工过程和电镀过程有时是同步进行的，即有些是先拉后镀，有些是先镀后拉。即使是成品丝的电镀，也是在收线机的牵引下进行的。所选工艺除了根据线材的不同用途而对镀层有所要求外，还要考虑电镀工艺对线材行走速度、牵引的头数、加工线的长度等因素的适应性。

对于 CO_2 气体保护焊丝来说，由于对焊丝上的铜附着量有严格的限定，例如单位体积铜含量应在焊料的 0.5%（质量分数）以内，属极薄的镀层，选用化学浸入法即置换镀铜就能满足要求，但是由于目前国内采用的传统方法置换镀铜，其结合力、镀层色泽都不能满足产品要求。并且在实际中采用的是先浸镀再拉拔的工艺，使铜层在拉拔中延展而变薄，以达到产品要求。这种方法常常出现镀层脱落、露底现象。因此，选择有良好结合力和延展性的镀铜工艺对于气保焊丝来说就十分重要了。

在有新的能使成品丝一次化学镀铜成功的工艺出现以前，仍然只能采用先拉到中间线径，镀铜后再拉成成品的工艺。适合这种加工工艺的应该是氰化物镀铜或无光酸性镀铜。由于氰化物毒性太大，在冶金线材加工业中已经很少有人采用。目前较为流行的方法仍然是化学浸铜后再加厚镀铜再拉拔。所用的加厚镀铜为酸性镀铜或焦磷酸盐镀铜。在扁丝加工行业也多采用化学法镀铜。

传统的置换镀铜用的是硫酸铜加硫酸的工艺。只有在很短的时间内可以有极薄的镀层置换出来，在上面镀铜加厚时，结合力不牢。如果在这种化学置换镀中浸的时间过长，不但不会增加镀层厚度，还会使镀层变得疏松多孔，铁基体还会发生腐蚀，线材强度大大下降。改进的方法是在置换铜镀液中加入具有表面阻滞作用的添加剂，使置换过程有序地进行。理想的添加剂还有一定的光亮作用。

对于需要有一定厚度甚至较厚镀层的线材产品，采用置换镀层打底要十分小心。至少在尚无可靠适应厚铜镀层电镀的打底工艺之前，对于镀厚铜来说，可靠的工艺仍应采用电化学方法预镀。成熟的预镀工艺有氰化物镀铜、镀镍和高 P 比的焦磷酸盐镀铜。权衡各种利弊，在拔丝电镀业，以镀镍作为预镀打底比较好。而加厚镀铜则可以采用酸性硫酸盐镀铜。这是因为经过工艺调整，酸性镀铜可以适应高速电镀的要求。电流密度可以达到 $30\sim50A/dm^2$，使沉积速度大大提高。相比之下，氰化物镀铜因为环境污染问题不宜采用，而焦磷酸盐镀铜因为成分复杂，不仅成本高，而且不适合在大电流下工作。测试表明，在酸性镀铜中高速电镀，当电流密度升高时，镀层的沉积速度也是同时增高的，其大致的关系见表 7-4。

表 7-4 高速酸性镀铜的沉积速度

电流密度/(A/dm^2)	20	30	50
沉积速度/(μm/min)	3～5	5～7	7～10

用于高速电镀的酸性镀铜工艺如下：

硫酸铜	250～300g/L	温度	20～30℃
硫酸	50～70g/L	电流密度	30～50A/dm^2
氯离子	0.02～0.08g/L	阳极	专用磷铜阳极
添加剂	0.5～2mL/L	高速走线和镀液循环过滤	

从理论上看，对于高速电镀，在一定范围内，主盐浓度越高越好，但是由于存在溶解度和同离子效应等问题，在镀液中要单一提高主盐浓度是存在一定问题的，硫酸铜在与硫酸共存时，其溶解度见表 7-5。由表 7-5 可知，当硫酸铜含量高于 300g/L 时，硫酸的允许含量会下降很快，而过低的硫酸对镀液性能和镀层质量都是不利的，因此，正常情况下应该维持铜盐在 290g/L 左右。

表 7-5 不同硫酸含量时硫酸铜的溶解度（25℃）

硫酸含量/(g/L)	0	20	40	60	100	150
硫酸铜浓度/(g/L)	352	330	309	294	264	230

7.3.1.2 "铜包钢"镀铜的前、后处理工艺

在选择钢丝镀铜工艺的同时，根据钢丝的材质和表面状况选择电镀的前处理工艺是十分重要的。可以说电镀成功的关键在于前处理。对于有油污和锈蚀的表面，要进行除油和除锈后再进行电镀。对于油污严重的制品，为保证结合力，在化学除油、去锈后，应增加电解脱脂，并以阳极电解为宜，以免引起氢脆。另外，阴极电解法如果混入金属杂质，会在线材表面沉积，反而影响结合力，但阳极电解也容易引起钝化或阳极腐蚀，所以对于低碳钢，可以采用短时间阴极电解去油，有利于活化表面和增加结合力。

有时新拉出来的钢丝很少锈蚀或油污，以为可以不进行前处理就可以电镀，这是不对的。看似清洁无锈的表面，尤其是在较长时间内不生锈的表面，往往是有了防护膜，比如钝化膜或残留的润滑剂或保护性盐等。这种表面如果不进行酸洗活化，很难有好的结合力。

比较困难的前处理课题是经热处理后表面有致密氧化层的钢丝或高碳钢丝，这类钢丝的氧化层去除比较困难。原可用混合酸强蚀，但是由于钢丝的线径有限，强蚀会伤及线材而导致强度下降，要慎重对待。对高碳钢而言，化学处理会使表面出现碳的富集，同样会影响结合力。往往宜采用物理方法去氧化皮，再辅以弱化学法活化表面。

根本的解决办法是在热处理时采用少氧无氧热处理工艺。据资料介绍，国外热处理普遍采用少氧无氧或保护性还原气体热处理，使经热处理后的表面仍呈现活性状态，有利于后缘的表面处理工艺。

在镀铜后，表面必须充分清洗干净并迅速加以干燥。也可以在清洗干净后经热处理调整铜层硬度。此后表面应浸涂防变色剂或应客户要求进行表面保护。对于成品丝，还应该进行防腐包装。比如采用气相防锈纸包扎，再以塑料袋封装，可以起到较好的防护效果。

7.3.2 半刚性电缆电镀

7.3.2.1 半刚性电缆的电镀方法

半刚性同轴电缆由镀银铜芯线、聚四氟乙烯绝缘层和紫铜外导体管组成。这种同轴电缆由于具有屏蔽效果好、驻波比小、损耗低等优点，在电子产品中已经有较多应用。特别是在移动通信基站产品中，大量采用半刚性同轴电缆作为连接线。

目前国产的半刚性电缆的外导体基本上是裸铜体，无论是表面防护性能还是焊接性能，都不是很好，因此，对这类半刚性电缆，需要进行电镀加工，在外导体上镀上银或锡合金，在增加其功能性的同时，提高表面抗蚀性能和焊接性能，提高其应用价值。

由于半刚性电缆不能随意变形，因此，在电镀中不能采用类似其他线材的连续电镀装置，只能采用挂镀的形式。

半刚性电缆的挂镀有两种方法，一种是圈形电镀法，这种方法是让半刚性电缆以一定的直径（通常是 400～500mm）卷成弹簧形的线圈，每卷可以根据镀槽大小和长度，由 10～30 圈组成，以这种形式为一件，进行去油、酸洗和电镀。电镀完成后，在使用时再根据产品的实际需要截成规定的长度。这种方法在前处理和电镀过程中，由于存在圈与圈之间的碰撞和连接，操作比较麻烦，但是电镀效率较高且可以节约线材，因尺寸不准导致的废线头很少。由于每卷线只有一头一尾两个断口，为了防止镀液等电解质进入线轴内的封口工作也较为简化。

另一种方法根据产品的实际需要，先将同轴电缆截成设计需要的长度或需要长度的倍数（1～3 倍），再将变成了杆状的线材装挂具进行电镀。这种方法的优点是操作较为简单，但生产效率较低。同时，由于有挂具接点和截线时的公差余量，线头较多，线材的损耗增加。特别是存在每截线都有两个断口，如果不密封起来，镀液等电解质进入到外导体内会导致与内导体之间的绝缘性能改变，甚至引起短路，但是对于大生产来说，每根线的封头工作量很大，还不能保证其密封性能。

现在常见的密封方法有焊盘法、点胶法、压扁法。也有的用增加线长的方法，在使用时多丢弃一些线头而在电镀中不进行封口处理。最后一种方法当然是比较浪费和有潜在质量隐患的方法，不宜采用。

7.3.2.2 镀银和三元合金

半刚线电缆所采用的镀层主要是镀银，也有镀锡或镀锡铜锌等三元合金的。镀银可以采用前节关于线材镀银的工艺。

三元合金的工艺流程如下：同轴电缆—化学除油—热水洗—水洗—酸蚀—水洗—水洗—电化学除油—水洗—水洗—活化—水洗—水洗—预镀铜—水洗—水洗—活化—镀酸性光亮铜—水洗—水洗—镀三元合金—纯水洗—水洗—热水洗—干燥。

三元合金电镀工艺：

氰化亚铜	8～10g/L	添加剂	适量
锡酸钠	40g/L	温度	55～60℃
氰化钠（总）	20～24g/L	阴极电流密度	0.5～2 A/dm^2
氧化锌	1～2g/L	阴极移动	需要
氢氧化钠	8～10g/L	时间	30～90s

7.3.2.3 镀锡锌合金

半刚性同轴电缆由于要与各种连接器连接，对焊接性能要求比较高。银有较好的焊接性能，但抗变色性能较差，三元合金虽然有较好的抗变色性能，外观也类似于银白色，但焊接性能有时不稳定，现在有一种新的锡锌合金镀层，适合于半刚性同轴电缆的电镀，既有银白色的光亮镀层，又有很好的焊接性能。由于采用的是无氰电镀工艺，其环保性能和成本性能都较镀银和镀三元合金要好。

硫酸亚锡	30g/L	稳定剂	5mL/L
硫酸锌	50g/L	温度	室温
硫酸	85mL/L	电流密度	$1\sim3A/dm^2$
柠檬酸	50g/L	阳极	含锌25%锡板
光亮剂	20mL/L		

如果没有锡锌合金做阳极，可以单独挂锡板，由于金属锌在酸性环境溶解很快，因此阳极不宜加入锌板，可以通过分析来补加，也可以短时间挂入锌板来补充锌离子。镀锡锌合金的要点是控制锌在合金中的含量在20%～30%之间，这样才有好的抗蚀性能，锌含量过多，则表现出与镀锌相似的性质。

7.3.3　集成电路引线框电镀

卷对卷或轮对轮电镀是线材电镀的主流电镀模式，这种模式是将待镀线材整卷地装入电镀设备，线材在完成电镀后由另一端的收线机将线再收成线卷，从而大大提高了电镀的效率，并且可以保证电镀的质量。机械行业的工业用线可以一次镀12～24卷，称为多头线材电镀机。比如前面已经介绍过的线材的铜包钢镀、线材的连续镀锌等，都是采用的多头收线的电镀模式。有些一体化的线材电镀装置可以从热处理到电镀一次收线为成品，下线后就可以包装出厂。电子行业用线有多头的也有单头的，即一卷线从一端进，另一端出。单头的线材电镀主要用于贵金属电镀。

这种电镀模式最重要的应用是集成电路引线框的电镀。卷对卷电镀的分散能力好，生产效率高和便于实现自动化生产，因此，当出现了需求时，就很快成为电子电镀中的重要加工模式。随着各类电子产品结构的变化和产量的剧增，电子接插件的用量也有极大增长，而接插件的插脚由于对强度和导电性、耐蚀性有较高的要求，因此多采用贵金属电镀技术，但是新一代接插件的引脚细且小，单个电镀很困难，特别是集成电路（IC）用的引线框，由于用量大而又非常精细，如果采用单件电镀的方法，不仅仅效率低下，而且质量也得不到保证，因此IC引线框普遍采用了将引线脚针在成卷的带材上冲制成型后，整卷进行电镀的方法。卷对卷电镀为IC制造业的发展作出了重要贡献，它使接插件的插脚电镀转化为一种线材电镀，并派生出相关的设备、工艺技术，成为现代电子电镀中的后起之秀[3]。

这种镀覆方法的一个重要特点是采用了局部电镀技术，只将有功能需要的部位通过选择性卷对卷电镀设备进行镀覆，这样可以省省70%～90%的贵金属。

7.3.3.1 集成电路的制作与引线框

我们经常可以从介绍现代电子技术进步的影视片中看到一个经典的镜头，那就是操作者操纵机械手在显微镜下用焊枪为 IC 芯片快速地焊接引脚线，机头像小鸡啄米似的将金线一根根焊接到引线框上，而引线框则像蜘蛛一样长着多条镀金的细腿。这就是集成电路通过焊接键合丝与集成块外的引出线脚相连接（图 7-4）。

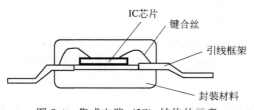

图 7-4　集成电路（IC）结构的示意

集成电路的制作流程是：IC 芯片—引线框—焊金线（键合丝）—塑料封装—切边（切掉框架多余的连接筋）—打印（印上产品型号标志或引出线脚编号）—检测（测量参数）—IC 成品（包装）。

显然，引线框是芯片成品制造中的重要装配件，用量大，质量要求高。而这种引线框只有经过贵金属电镀才能使用，但其电镀又不能采用传统的电镀方法，这就促使工程技术人员开发出卷对卷连续电镀的模式。引线框的电镀根据产品的要求不同而可以有不同的电镀工艺，主要是镀贵金属，有镀金的，有镀银的，某些低端产品也有镀锡的。一个流行的趋势是采用镀钯来代替贵金属电镀。

7.3.3.2 集成电路引线框电镀的质量要求

引线框是将芯片的功能极引出与电子线路连接的重要连接线，因此对质量有着严格的要求，以下以镀银为例来说明这些要求。

（1）镀层纯度与厚度

为了保证引线有良好的可焊性，以镀银为例，要求所镀镀层的纯度达 99.9%，厚度则要求在 3.5μm 以上。

（2）镀层外观

镀层结晶要求细致，外观为半光亮，光亮度过高，难免会有内应力的影响，硬度也会偏高，对焊接性能不利，但不光亮的镀层结晶粗糙，容易表面变色，也影响焊接性能。

（3）镀层结合力

镀层结合力的要求是要能通过热冲击试验，即要求能通过在 450℃温度下烘烤 3min 而不得有起皮、脱落、变色、氧化等情况发生。

（4）局部电镀

大多数引线框要求只对需要的部位进行电镀，背面是不需要镀上镀层的。

7.3.3.3 IC 引线框的电镀工艺

如前所述，为了提高 IC 引线框生产效率，IC 引线框采用的是高速连续电镀的加工方法，这就要求所用的镀银工艺是高速镀银工艺。

（1）工艺流程

电解除油—清洗—活化—清洗—预镀铜—清洗—预镀银—清洗—镀银—回收—退除非镀区银层—清洗—浸防变色剂—纯水洗—干燥。

（2）工艺配方

① 除油与活化。有商业的除油与活化剂可用。也可自己配制。

a. 电解除油

氢氧化钠	10g/L	温度	55℃
碳酸钠	20g/L	阴极电流密度	$5\sim15A/dm^2$
表面活性剂	1mL/L	时间	$15\sim30s$

b. 活化

硫酸	$10\%\sim15\%$	时间	$3\sim5s$
温度	室温		

② 预镀铜

氰化亚铜	40g/L	温度	55℃
氰化钾	20g/L	阴极电流密度	$5A/dm^2$
氢氧化钾	10g/L		

③ 预镀银

氰化银钾	2.5g/L	阴极电流密度	$0.1\sim0.5A/dm^2$
氰化钾	75g/L	电压	$6\sim12V$
氰化铜	15g/L	阳极	镍板或不锈钢板
温度	室温		

④ 高速镀银工艺

氰化银钾	$60\sim90g/L$	温度	$60\sim70℃$
游离氰化钾	$0.5\sim3g/L$	pH 值	$9.0\sim9.5$
磷酸氢钠	$50\sim100g/L$	阴极电流密度	$50\sim200A/dm^2$
碳酸钾	$40\sim50g/L$	阳极	不溶性阳极（钛-铂）

本高速度工艺采用的是连续喷镀装置，可参见图 7-3 所示的镀轮式局部镀装置示意。由于电流密度太高，阳极根本没有办法正常溶解，所以采用了不溶性阳极。

⑤ 银的退除。在电镀过程中，会出现因镀液泄漏到喷镀区以外的区域，使其也镀上银的现象，这时要将多余的银层退除，通常用电解法。

商业非氰化物退银剂 按说明书加入

氢氧化钾	50g/L	温度	30℃
pH 值	$10\sim11$	阳极电流密度	$5\sim20A/dm^2$

⑥ 防变色剂。基本上是采用商业水性防变色剂，可对铜引线框和银镀层都

提供防护而不影响焊接和导电性能,是分子膜性质的有机膜层。

(3) 高速镀银工艺参数的管理

① 主盐。主盐对于高速电镀是非常重要的原料,当主盐浓度过低时,将影响电镀的速度,但过高也会引起镀层粗糙,因此以控制在工艺要求范围的上限为好。这样当由于消耗不均衡时,可以在降低至工艺范围以外前维持正常工作状态。当然根据定期的化验结果调整主盐浓度是很有必要的。不要等到镀液出现严重缺料再来补加。

② 络合剂。对于高速电镀来说,络合剂要控制在较低水平,特别是游离氰化物,不要很高,尤其是对于线材电镀,因为线材形状简单而又在不停运动中,分散能力是不存在问题的,因此可以将溶解主盐以后的游离络合剂的量控制在最低的水平,比如 0.5g/L。

③ pH 值。对于本镀液的 pH 值以控制在 9~9.5 之间为宜,这样可以保证镀液中氰化银的稳定性。当 pH 值过低时,镀层会变得粗糙,并且镀层会出现针孔,而 pH 值过高时,镀层的高电流区容易烧焦。

④ 温度。一般随着温度的升高,允许的电流密度范围也就越大,镀层会更均匀,但是温度过高会加速氰化物的分解,这给镀液的稳定性带来问题,因此实际生产中应将温度控制在 65℃ 以内为宜。

7.4 钢丝锯金刚石复合镀

7.4.1 硅片的切割与钢丝锯

为了有效利用硅晶体材料,需要对硅材料进行切割,使其由块状变成片状,同体积材料的表面积由此大大增加,极大地提高了硅的利用率。

切割硅片本身就涉及硅棒的利用率。由于切割过程受硅片厚度和切缝宽度的影响,一根硅棒能切割的硅片的数量越多,每片硅片的成本就越低。这对于无论是高端需求的芯片还是竞争激烈的光伏产业都是非常重要的指标。

早期是以圆形锯片对硅片进行切割。在圆形锯片的刀刃部位进行了金刚石复合镀,以提高切削力。采用外圆锯片切割硅片不仅效率低、切口宽,还容易破碎。作为改进,出现了内圆锯片,使切口宽度减小,效率有所提高。但是,无论是内圆锯片还是外圆锯片,效果都是不理想的,因此,当时由硅棒生产硅片的效率和产率都不高,硅片的成本也就较高。为了提高硅材料利用率,科技人员受到钢丝锯的启发,发明了线切割技术。随着线切割技术的出现,将钢丝线与金刚砂浆配合进行硅片切割,其生产效率和产出率都显著提高,并且适合较大面积硅片的生产,很快成为主流的硅片生产工艺。但是切割面砂痕比较多,在其后的制作过程中需要进行抛光等处理[4]。在这期间,电火花切割也曾经是一种可行的切片技术。

通过表 7-6 的对比,可以了解几种不同的传统切割方式的工艺和效率。

表 7-6　几种切割硅片工艺比较

项目	外圆切割	内圆切割	多线切割	电火花切割
切割原理	刀片外圆沉积金刚石	刀片内圆沉积金刚石	金刚砂浆与钢丝线配合	电火花放电切割
表面损伤状态	破碎、剥落痕	破碎、剥落痕	切痕	放电坑
损伤层深度/μm	—	35～40	25～35	15～25
切割效率/(cm²/h)	—	20～40	110～220	45～65
硅片最小厚度/μm	—	300	200	250
适合硅棒尺寸/mm	100 以下	150～200	300	200
硅片翘曲	严重	严重	轻微	轻微
切割损耗/μm	1000	300～500	150～210	280～290(线径 250)
应用情况	已经停止使用	基本停止使用	应用最多	较少应用

由表 7-6 可知，硅的机械切割工艺中都用到了金刚石，并且采用了复合电镀技术在切削部位获得金刚石复合镀层。特别是在发明了金刚石复合镀钢丝锯技术之后，大大提高了生产效率，降低了生产成本，推动硅片切割技术作出新的改进和突破。证明电镀技术在现代制造中是大有可为的。

7.4.2　钢丝锯金刚石复合镀工艺

金刚石复合镀技术本身并不是近年的新技术，早在 20 世纪 80 年代，笔者于 1986 年在《电镀与精饰》上就发表了"镶嵌镀的实践与机理"一文，详细介绍了当时已经用于生产切削工具的金刚石复合镀技术[5]。这个时期在石油钻探钻头、硬质材料切割、金刚石什锦锉等领域都采用了金刚石复合镀技术。用于切割硅片的圆形锯片的刀片部位，就采用了复合电镀金刚石的电镀技术。事实上，最早的线锯用于切割硅片的概念也是这个年代提出的。因此，后来在钢丝锯表面复合镀金刚石，是符合技术发展逻辑的。

由于在钢丝上电镀金刚石的技术和工艺一直不成熟，人们不得不采用了过渡性中间技术，就是以钢丝作为锯体，将金刚石制成浆料，注入切割区，与钢丝配合发挥对硅棒的切割作用（图 7-5）。这种砂浆法切割硅片的速度较慢，每分钟只能进给 0.4～0.5mm。如果采用电镀金刚砂钢丝锯，切割硅片的速度可提高到 1.5～2.0mm/min。

线锯切割模式由于可以在导线轮上往复布线 1000 条以上，每条线都是一个切缝，对应的一次切割生产的硅数也就在上千片。显然，这种切割工艺效率和质量相比锯片切割有显著提高，很快成为当代硅片切割的主流技术。但是，大量采用的金刚石砂浆，不仅金刚石浪费量大，而且浆料的配制和使用也带来严重的环境问题。同时所切割的硅片的质量也不尽如人意。急需开发出更好的切割工艺技术[6]。

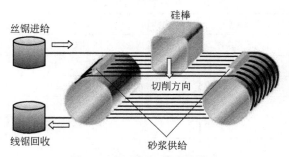

丝锯进给

硅棒

线锯回收

切削方向

砂浆供给

图 7-5　钢丝锯切割硅片模式

显然，硅棒切成的片越薄，硅料的利用率就越高；切割时切口越窄，硅料的损耗也越小。因此，切割硅片的线锯的切割力越强，线径越小，硅棒的出片率就越高。因此，人们对直接将金刚石镀到钢丝线上仍然充满期待。

在实现电镀金刚石线锯量产以前，日本、美国等已经开发有将树脂复合金刚石粉涂覆到钢丝线上制成金刚石线锯的技术。这种线锯比起砂浆法是一个显著的改进。但由于树脂的刚性不足，耐磨和固砂能力都无法与电镀层相比，因此，复合电镀是制造钢丝金刚石线锯的最佳选择。日本和美国先后都开发出了电镀技术，并且一直处在高度保密状态。

将金刚石通过电镀固定到镀层中，在增强其切割力的同时，又大大减少了金刚石的用量，是很划算的。随着我国芯片用量和太阳能电池板用量的急剧增长，开发金刚石线锯复合电镀技术成为国内硅片行业的一个热点，从而吸引众多相关企业投入到这种技术的研发中去。我国湖南、河南（这两个地区是人造金刚石生产地）和西安、江苏都有企业实现了电镀金刚石线锯的开发和应用，打破了国外对这一技术的垄断。

金刚石线锯复合电镀典型的工艺流程如下：线材—除油—清洗—酸蚀－清洗—预镀镍—清洗—复合镀镍—回收—清洗—固砂镀（加厚）—清洗—热处理—收线。

全流程中的镀镍液最好采用氨基磺酸盐镀液，至少复合镀镍应该采用氨基磺酸镍镀液。阳极采用装在带套的钛篮内。复合镀液中的金刚石砂料最好是化学镀镍后电镀过的，在添加到镀液中以前，需要经过预浸处理，即将金刚石砂放入专门用于预浸的镀液槽内充分湿润后，再往镀液中添加。通常都是往储液槽中补加，通过循环泵打入镀槽中。然后根据在线监测数据，定时往镀液中补加金刚石砂料。

每升镀液含金刚砂的量平均在 30g 左右。但需要从在线钢丝锯上的上砂量来确定补加或调整工艺。并不是镀液中含金刚砂量多就上砂量大，达到一定饱和量后，金刚砂多也不会增加上砂量。为了不降低走线速度来保证上砂量，从技术上可以采取一些措施来促进复合镀层中的金刚砂含量。这些措施有化学的、电化学的，也有物理学的。

化学促进法是改进镀液。在镀液中添加合适的添加剂，例如分散剂、表面活性剂、镀镍中间体等。

电化学方法包括选用合适的电流密度、镀液温度、改进阳极配置（电力线分布）、增加镀液循环等，还可以采用调制脉冲电源或利用超声波等物理场等。可见电化学方法中包含物理方法的应用[7]。

一种可行的物理方法是利用外加磁场来增加预镀过的金刚砂在钢丝线上的附着量。实践证明，这种方法是有效的。

增加钢丝线在复合镀液中行走的行程，也就是延长其受镀时间，也是增加上砂量的方法之一。但这种方法会增加镀层厚度，且有可能要增加镀槽长度。一种变通的方法是让受镀钢丝线通过导线轮在镀槽中不走直线而是在两个导轮上多走一圈或几圈，就可以增加受镀行程。如果用提高走线速度来平衡多走几圈的镀层厚度和上砂量，有可能找到一个合适的镀速。

在钢丝线上直接连续电镀金刚砂技术的开发是一项系统工程，包括金刚砂的化学镀镍、金刚砂复合镀镍、固砂电镀、电镀后热处理等工艺技术，每一项都极具挑战性。出于效率上的考虑，也与硅片切割中大量使用钢丝线的现状相匹配，钢丝线复合镀线锯的生产过程采用卷对卷电镀模式。在这种运动着的线材上实现各种工艺参数的控制，对整线的综合性能的要求是非常高的。

金刚石复合镀钢丝锯的质量要求也极高，这基于它是在极为严格的操作要求下工作的。每台硅片切割机上所使用的钢丝锯的长度是以千米计的，都在几十千米以上。安装方式是要在导线轮上来回缠绕上千次，工作中不允许有断线和切割破损，否则硅片生产企业经受不起由于质量事故导致的成本损失。这就要求电镀金刚石的钢丝线不仅镀层结合力和金刚石复合度合理（分布相对均匀和单位线长内颗粒数合适），而且要求镀层内应力要小，基材不能有氢脆。电镀过程又是在线材料不停地高速运动（大于 30m/min）的前提下进行的。要达成以上所有要求，金刚石复合镀技术要实现产业化生产，需要电镀新工艺、智能设备和材料科学的高技术组合。

为了实现金刚石复合镀技术，对金刚石的前处理也是关键之一。

首先是金刚石必须具有良好的亲镀液性能，这在传统复合镀中已经有成熟的处理工艺。但是实践证明，即使是前处理良好的裸砂，仍然难以满足金刚石线锯严格的工艺质量要求。因此，用于钢丝线锯复合镀的金刚石，采用了预先化学镀镍的技术。经过化学镀镍后的金刚石由于表面有了化学镀镍层，在镀镍液中与镍共沉积的概率大大增加，从而有利于钢丝线锯表面的金刚石的合理分布。

由于钢丝线锯复合镀采用的是卷对卷的高速电镀，走线速度达到每分钟

100m 左右，在这样的速度下，受复合电镀槽长度的限制，即使是化学镀处理过的金刚石，要想在高速运动中的阴极上与镍共沉积也是有困难的。当在线监测发现复合微粒（上砂量）不足时，就不得不放慢走线速度，以牺牲生产效率来保证钢丝线的上砂量达到产品标准要求。在线监测是在钢丝线从复合镀槽中行走出来的部位安装一个摄像头，将采集到的图像和相应参数输送到电脑的中央处理器进行处理后，在屏幕上显示钢丝线上的上砂量等各种参数。这些参数包括走线速度（m/min）、上砂量（粒/mm）、镀导厚度（线径）等。

为了在不降低线材运行速度的前提下提高金刚石砂粒的上砂量，增强金刚石与镍共沉积的能力非常重要。一个可以选择的方案是对经过化学镀处理后的金刚石砂再进行电镀加工，使砂粒表面包覆镍的量得到增强，从而在镀液中更容易与镍镀层共沉积，增加上砂量。经采用电镀后的金刚砂与没有电镀的金刚砂做比较，经过电镀的金刚砂确实能提高在钢丝线锯表面的上砂量。

显然，采用化学镀金刚砂表面再电镀镍的措施，可以增强金刚砂在钢丝表面复合镀过程中的沉积能力，进一步改善金刚石钢丝锯的切割力。这种在金刚石表面进行改性和增强的表面处理技术，是电镀、化学镀等表面处理工艺的创新性应用，彰显出表面处理技术在现代制造中的生命力。

7.4.3　钢丝锯复合镀设备

在钢丝线上镀金刚石复合镀层采用的是卷对卷自动电镀生产线。分为单线机和多头机两类，国内尚无标准设备，多数是自行研制的非标准设备。由于这一生产工艺对设备的依赖性非常高，因此设备结构都是保密的。即使有完整的电镀工艺资料，如果设备不配合，也无法生产出合格的产品。笔者曾经为一家企业设计的全浸式金刚锯复合镀设备如图 7-6 所示。

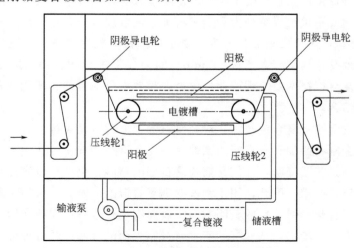

图 7-6　全浸式钢丝锯复合镀设备

　　这种连续电镀生产设备涉及多学科领域的技术和工艺，可以调控线材运行速度、走线张力等，并对电镀过程工艺实现监控，对复合镀状态进行数据监控和微观过程视频监控。因此可以即时获得线径、镀层厚度、金刚砂分布等的直观图像。

　　但是，不可否认的是，制造金刚石复合镀线锯，电镀技术在其中起到了核心作用。没有电镀复合镀技术的成功，再好的设备和基材，都生产不出合格的金刚石复合镀钢丝锯。这可以说是现代功能性电镀技术在现代制造中不可或缺的又一个典型例子。

　　目前用于金刚石线锯的钢丝线线径已经细至 $50\mu m$，金刚石粒径在 $6\sim 12\mu m$。有的厂商已经开发出线径 $50\mu m$ 的钢丝锯，这对于进一步提高硅材料的利用率，是有积极意义的。但更细的线径，对钢材料、设备张力控制、钢丝锯切割力的保证等都带来一些新的问题。需要综合平衡地加以调控。如何利用现有技术和开发新技术来挑战硅片切割的极限，是值得探讨和尝试的课题。

参 考 文 献

[1]　王瑞祥. 硫酸盐镀锌光亮剂：硫锌-30 [J]. 电镀与精饰, 1995, 17 (6)：18.

[2]　刘仁志. 采用网式阳极的线材连续电镀装置：962181110 [P]. 1998-10-07.

[3]　冯小龙. 高速连续电镀技术在集成电路引线框架生产中的应用 [C]. 中国电子学会生产技术学分会：电子电镀学术研讨会论文集, 2004：55.

[4]　张阙宗. 硅单晶抛光片的加工技术 [M]. 北京：化学工业出版社, 2005：99-101.

[5]　刘仁志. 镶嵌镀的实践与机理 [J]. 电镀与精饰, 1986 (1)：19-22.

[6]　王小军, 孙振亚. 硅片切割的现状和发展趋势 [J]. 超硬材料工程, 2011, 23 (6)：19-23.

[7]　刘仁志. 物理因素对电镀过程的影响 [J]. 天津电镀, 1980 (4)：31-32.

第 8 章

塑料电镀

8.1　关于塑料电镀

8.1.1　塑料及其电镀制品的装饰性应用

20 世纪 30 年代，德国的科学家成功地研制出了工业化的塑料——聚苯乙烯。这种塑料无色透明，无味、无臭、无毒，密度低，热可塑性好。一经问世，很快就获得广泛应用，但是它也有热变形温度低、耐冲击力弱、易脆化等缺点。为了改善其性能，技术人员开始往其中加入一些改性剂，结果是得到了一种加入丙烯腈单体的 AS 塑料。其抗张力和热变形温度都有所提高，只是耐冲击力尚未得到改善。这样，经过进一步的努力，在 AS 的基础上加入丁二烯，开发出了 ABS 塑料。而 ABS 的商业化则是由美国的公司于 1948 年完成的。

ABS 的耐冲击强度、抗张力、弹性率均得到明显改善，且无负荷时热变形温度高，线膨胀系数小，因而加工成型后收缩小，吸水率低，适合于制作精密的结构制品，在工业领域特别是电子仪器仪表等产业获得好评。其后在轻工业、日用品、汽车、航空、航海等诸多工业领域都获得广泛应用。而使 ABS 塑料的应用进一步扩大的最主要原因就是它是最先开发出来的、具有工业化电镀加工性能的工程塑料，并且至今仍然是唯一最适合电镀的工程塑料。

这种适合电镀的工程塑料很快就在工业各领域获得了应用，特别是在家用电器等电子产品和汽车、摩托车、卫生洁具等产品中的应用非常引人注目，很多产品在采用了塑料电镀技术后，其功能和装饰性能都获得了很大提高[1]。ABS 塑料电镀前后的物理性能比较见表 8-1。

表 8-1　ABS 塑料电镀前后的物理性能比较

物 理 指 标	镀 前	镀 后[①]	物 理 指 标	镀 前	镀 后[①]
加热变形温度/℃	88.5	98.6	耐冲击力/(kgf/cm^2)	20.3	25.9
增加率/%	15.2		增加率/%	27.5	
抗张力/(kgf/cm^2)	453	516	抗拉弹性率(增加)/%	80	
增加率/%	14		曲折弹性率(增加)/%	49	

① 组合镀层：Cu30Ni5Cr0.2。

注：$1kgf/cm^2 = 98.0665kPa$。

ABS 是最早开发出来的可电镀工业塑料，随着塑料技术和电镀技术的进步，现在可以用于电镀的塑料已经不只是 ABS 塑料，其他性能优良的塑料和复合材料都已经具备了工业电镀价值，包括 PP 塑料、玻璃钢复合材料等，从而为电子电镀利用塑料电镀技术拓展了发展空间。

电子产品是装饰性塑料和树脂电镀的一个重要应用领域。可以利用塑料电镀技术的产品包括以下所列举的例子。

（1）电子产品的装饰性外装件

如产品罩、盖、商标、铭牌、装饰压条、仪表壳等。例如手机的外壳、MP3 外壳、U 盘外壳、笔记本电脑外壳、装饰面板上的浮雕类装饰框等。

（2）有装饰需要的功能性配件

从家用电器的门用装饰拉手、外框，到收音机、录像机等数码产品的旋钮、提手、支架等都在大量采用塑料电镀技术。

（3）其他装饰件

除了上面提到的外装饰件外，一些电子电器产品的零配件也都流行采用塑料电镀制品。这种应用不仅降低了产品的重量和成本，而且又有金属装饰的效果。由于表面镀上了一层金属镀层，还兼有电磁屏蔽或提高强度、增加散热性等功能性作用。因此，在今后新一代电子类产品的开发中，采用塑料电镀技术的例子还会有所增多。

8.1.2　塑料电镀的功能性应用

塑料电镀在电子产品中的功能性应用是比装饰性应用更为重要的应用。因为塑料制品的重量轻，加工成型容易，这对提高电子产品的生产效率和节约金属、降低成本以及提高效率和功能都有重要意义。

可以利用塑料电镀技术的电子产品包括电性功能、力学功能和其他功能三大类。

（1）电性功能类

高频电器屏蔽；

印制板孔金属化；

燃料计电极；

无涡流开关；

电波反射体；

线路板。

（2）力学功能类

机架、机座、基板；

齿轮、齿条、传动机构；

外壳、盖板；

特制标准件。

（3）其他功能类

选择性透光体；

焊接、接地需要的塑料制品；

表面性能需要的特殊镀层制品。

电子类产品的功能性要求大都与电子传递、电波传送、导磁、导电等有关，而这些功能以往都是靠金属制品来实现的，但是在微电子特别是电波传送的场合，电波往往是在表面传送的，只要赋予表面相关金属的性能，就能达到所要的功能性目的，这就为非金属电镀制品在电子产品中的应用提供了空间。例如，微波的传输有一种趋肤效应，就是在微波器件特别是在波导中，微波只在导体的表面与空间交界的区域传输；而另一方面，微波传输过程中的传输损耗也很敏感，因此制作波导最好是高导电性材料，比如金属银。如果全部用金属银来制作波导，那成本将是惊人的，所以实际上现在都是用铜或铝来制作波导，表面镀银就行了。这时，如果采用塑料来制作波导，表面镀银后，同样能够完成微波的传输。比如很早就有人试过用聚氨酯塑料镀银来制作轻型波导和天线。当然，对于大功率的微波器件，关键就是提高塑料的耐热性能，因为在大功率的情况下，微波传输过程中会有较高的热效应。相信随着高分子材料技术的进步，这样的问题是不难解决的。

除了在电子类产品中的应用，塑料电镀在电工类产品上也有着广泛的应用前景，特别是在汽车电子领域。例如，在汽车中应用最早的塑料制件有开关和插座，主要由尼龙、聚酯和醋酸树脂制造，在汽车上，对开关和插座不仅要求实用，而且对外观也有要求。虽然金属可以制成相同的产品，但比较重，而且需要经过精细打磨才能达到开关平滑操作所要求的低摩擦表面，在汽车引擎盖中同样也应用到开关或转换器，而阻止汽车在正常时启动的电子开关一般在变速箱中，浸泡在热的机油里。

和电灯插座一样，汽车插座也是由一些高性能的塑料制造的，例如 PPA、PPS 和 SPS。这些材料在高温下暴露很长时间也不会降解。这些材料重量轻和抗腐蚀的特点让它们成为金属在某些方面应用的理想替代者，但是在需要安全接地的时候，塑料的缺点就显现了出来，这种场合，应用塑料电镀技术是最好的解决方案。

8.2　塑料电镀工艺

8.2.1　ABS 塑料电镀[1]

ABS 是由丙烯腈（acrylenitrile）、丁二烯（butadiene）和苯乙烯（styrene）共聚而得的塑料。ABS 塑料电镀随着塑料技术和电镀技术的进步，有了一些新的产品和工艺出现，并且今后还会有进一步的发展，但是就 ABS 塑料电镀整体而言，目前大量采用的仍然是最为通用和成熟的技术。这些技术和工艺是基于对其原理比较充分的研究和认识，并有大量实践支持，在试验和工业生产中都有很好的重现性。以下介绍的就是这组工艺。

8.2.1.1　ABS 塑料电镀的通用工艺流程及操作条件

ABS 塑料电镀工艺可以分为三大部分，这就是前处理工艺、化学镀工艺和电镀工艺。每个部分含有若干流程或工序。下面将分别加以详细介绍。

（1）前处理工艺

前处理工艺包括表面整理、内应力检查、除油和粗化。分述如下。

① 表面整理。在 ABS 塑料进行各项处理之前，要对其进行表面整理，这是因为在塑料注塑成型过程中会有应力残留，特别是浇口和与浇口对应的部位，会有内应力产生。如果不加以消除，这些部位会在电镀中产生镀层起泡现象。在电镀过程中如果发现某一件产品的同一部位容易起泡，就要检查是否是浇口或与浇口对应的部位，并进行内应力检查，但是为了防患于未然，预先进行去应力是必要的。

一般性表面整理可以在 20％丙酮溶液中浸 5～10s。

去应力的方法是在 80℃恒温下用烘箱或者水浴处理至少 8h。

② 内应力检查方法。在室温下将注塑成型的 ABS 塑料制品放入冰醋酸中浸 2～3min，然后仔细地清洗表面，晾干。在 40 倍放大镜或立体显微镜下观察表面，如果呈白色表面且裂纹很多，说明塑料的内应力较大，不能马上电镀，要进行去应力处理。如果呈现塑料原色，则说明没有内应力或内应力很小。内应力严重时，经过上述处理，不用放大镜就能够看到塑料表面的裂纹。

③ 除油。可以有很多商业的除油剂供选用，也可以采用以下配方：

磷酸钠	20g/L	乳化剂	1mL/L
氢氧化钠	5g/L	温度	60℃
碳酸钠	20g/L	时间	30min

除油之后，先在热水中清洗，然后在清水中清洗干净，再在 5％的硫酸中中和后，再清洗，才进入粗化工序，这样可以保护粗化液，使之寿命得以延长。

④ 粗化。ABS 塑料的粗化方法有三类，即高硫酸型、高铬酸型和磷酸型，从环境保护的角度看，现在宜采用高硫酸型。

a. 高硫酸型粗化液

硫酸（质量分数）	80％	温度	50～60℃
铬酸（质量分数）	4％	时间	5～15 min

这种粗化液的效果没有高铬酸型的好，因此时间上长一些为好。

b. 高铬酸型粗化液

铬酐（质量分数）	26％～28％	温度	50～60℃
硫酸（质量分数）	13％～23％	时间	5～10 min

这种粗化液通用性比较好，适合于不同牌号的 ABS，对于含 B 成分较少的要适当延长时间或提高一点温度。

c. 磷酸型粗化液

磷酸（质量分数）	20％	硫酸（质量分数）	50％

铬酐	30g/L	时间	5～15min
温度	60℃		

这种粗化液的粗化效果较好，时间也是以长一点为好，但是成分多一种，成本也会增加一些，所以一般不大用。

所有粗化液的寿命是与所处理塑料制品的量和时间成正比的。随着粗化量的加大和时间的延长，三价铬的量会上升，粗化液的作用会下降，可以分析加以补加，但是当三价铬太多时，处理液的颜色会呈现墨绿色，要弃掉一部分旧液后再补加铬酸。

粗化完毕的制件要充分清洗。由于铬酸浓度很高，首先要在回收槽中加以回收，再经过多次清洗，并浸 5% 的盐酸后，再经过清洗方可进入以下流程。

(2) 化学镀工艺

化学镀工艺包括敏化、活化、化学镀铜或者化学镀镍。由于化学镀铜和化学镀镍要用到不同的工艺，所以将分别介绍两组不同的工艺。

① 化学镀铜工艺

a. 敏化

氯化亚锡	10g/L	温度	15～30℃
盐酸	40mL/L	时间	1～3min

在敏化液中放入纯锡块，可以抑制四价锡的产生。经敏化处理后的制件在清洗后要经过蒸馏水清洗才能进入活化，以防止氯离子带入而消耗银离子。

b. 银盐活化

硝酸银	3～5g/L	温度	室温
氨水	加至透明	时间	5～10min

这种活化液的优点是成本较低，并且较容易根据活化表面的颜色变化来判断活化的效果。因为硝酸银还原为金属银活化层的颜色是棕色的，如果颜色很淡，活化就不够，或者延长时间，或者活化液要补料。也可以采用钯活化法，这时可以用前面已经介绍过的胶体钯法，也可以采用下述分步活化法。如果是胶体钯法，则上道工序敏化可以不要，活化后加一道解胶工序。

c. 钯盐活化

氯化钯	0.2～0.4g/L	温度	25～40℃
盐酸	1～3mL/L	时间	3～5min

经过活化处理并充分清洗后的塑料制品可以进入化学镀流程。活化液没有清洗干净的制品如果进入化学镀液，将会引起化学镀的自催化分解，这一点务必加以注意。

d. 化学镀铜

硫酸铜	7g/L	氯化镍	1g/L

氢氧化钠	5g/L	温度	20～25℃
酒石酸钾钠	20g/L	pH 值	11～12.5
甲醛	25mL/L	时间	10～30min

化学镀铜的最大问题是稳定性不够，所以要小心维护，采用空气搅拌的同时能够进行过滤更好。在补加消耗原料时，以 1g 金属 4mL 还原剂计算。

② 化学镀镍工艺

a. 敏化

| 氯化亚锡 | 5～20g/L | 温度 | 25～35℃ |
| 盐酸 | 2～10mL/L | 时间 | 3～5min |

b. 活化

| 氯化钯 | 0.4～0.6g/L | 温度 | 25～40℃ |
| 盐酸 | 3～6mL/L | 时间 | 3～5min |

化学镀镍只能用钯作活化剂而很难用银催化，同时钯离子的浓度也要高一些。现在大多数已经采用一步活化法进行化学镀镍。也就是采用胶体钯法一步活化。由于表面活性剂技术的进步，在商业活化剂中，金属钯的含量已经大大降低，0.1g/L 的钯盐就可以起到活化作用。

c. 化学镀镍

硫酸镍	10～20g/L	pH 值（氨水调）	8～9
柠檬酸钠	30～60g/L	温度	40～50℃
氯化钠	30～60g/L	时间	5～15min
次亚磷酸钠	5～20g/L		

化学镀镍的导电性、光泽性都优于化学镀铜，同时溶液本身的稳定性也比较高。平时的补加可以采用镍盐浓度比色法进行。补充时硫酸镍和次亚磷酸钠各按新配量的 50%～60% 加入即可。每班次操作完成后，可以用硫酸将 pH 值调低至 3～4，这样可以较长时间存放而不失效。加工量大时每天都应当过滤，平时至少每周过滤一次。

（3）电镀工艺

电镀工艺分为加厚电镀、装饰性电镀和功能性电镀三类。

① 加厚电镀。由于化学镀层非常薄，要使塑料达到金属化的效果，镀层必须要有一定的厚度，因此要在化学镀后进行加厚电镀。同时，加厚电镀也为后面进一步的装饰或者功能性电镀增加了可靠性，如果不进行加厚镀，很多场合，镀层在各种常规电镀液内会出现质量问题，主要是上镀不全或局部化学镀层溶解导致出现废品。

a. 第一种加厚液

| 硫酸镍 | 150～250g/L | 氯化镍 | 30～50g/L |

硼酸	30～50g/L	阴极电流密度	0.5～1.5A/dm²
温度	30～40℃	时间	视要求而定
pH 值	3～5		

b. 第二种加厚液

硫酸铜	150～200g/L	温度	15～25℃
硫酸	47～65g/L	阴极电流密度	
添加剂	0.5～2mL/L		0.5～1.5A/dm²
阳极　酸性镀铜用磷铜阳极		时间	视要求而定
阴极移动或镀液搅拌			

其中电镀添加剂可以用任何一种市场有售的商业光亮剂。

c. 第三种加厚液

焦磷酸铜	80～100g/L	pH 值	8～9
焦磷酸钾	260～320g/L	温度	40～45℃
氨水	3～6mL/L	阴极电流密度	0.3～1A/dm²

以上三种加厚镀液对于化学镀镍都适用，但以镀镍加厚为宜，而化学镀铜则采用硫酸盐镀铜即可。

② 装饰性电镀

a. 酸性光亮镀铜

硫酸铜	185～220g/L	阴极电流密度	2～5A/dm²
硫酸	55～65g/L	阴极移动	
商业光亮剂	1～5mL/L	阳极　酸性镀铜用磷铜阳极	
温度	15～25℃	时间	30min

b. 光亮镀镍

硫酸镍	280～320g/L	温度	40～50℃
氯化镍	40～45g/L	pH 值	4～5
硼酸	30～40g/L	阴极电流密度	3～3.5A/dm²
商业光亮剂	2～5mL/L	时间	10～15min

以上两种工艺都要求阴极移动或镀液的搅拌（工艺要求）。最好是采用循环过滤，既可以搅拌镀液，又可以保持镀液的干净。

装饰性电镀可以是铜-镍-铬工艺，也可以是光亮铜再进行其他精饰，比如刷光后古铜化处理，也可以在光亮铜后加镀光亮镍，再镀仿金等。

c. 装饰性镀铬

铬酸	280～360g/L	温度	35～40℃
氟硅酸钠	5～10g/L	槽电压	3.5～8V
硅酸	0.2～1g/L	阴极电流密度	3～10A/dm²

时间　　　　　　　　2～5min

这是适合于塑料电镀的低温型装饰镀铬，但是由于铬的使用越来越受到限制，将会有许多其他代铬镀层可供选用。

推荐的代铬镀液如下

氯化亚锡	26～30g/L	pH 值	8.5～9.5
氯化钴	8～12g/L	温度	20～45℃
氯化锌	2～5g/L	阴极电流密度	0.1～1A/dm²
焦磷酸钾	220～300g/L	阳极	纯锡板(0 号锡)
代铬-90 添加剂	20～30mL/L	时间	1～5min
代铬稳定剂	2～8mL/L	阴极移动或循环过滤	

代铬-90 添加剂是目前国内通用的商业添加剂。

③ 功能性电镀。前面已经谈到过，塑料电镀除了大量用于装饰件以外，在结构和功能性器件中的应用也很多。而功能性用途实际上主要是靠表面电镀层的性质来体现的。实际上，从广义的角度看，装饰也是一种功能，但是这里所说的功能，还是指物理或化学的或电学的性能，比如导电镀层、反光镀层、电磁屏蔽镀层、焊接性镀层等。

8.2.1.2 ABS 塑料电镀的常见故障

ABS 塑料电镀想要获得完美的镀层，就得从模具的设计、制造和 ABS 塑料的选用、注塑成型等一系列因素上用功夫。这里主要是从化学镀和电镀的角度给出常见故障的排除方法。

① 化学镀层沉积不全。有规律的固定部位沉积不全是内应力集中的表现。制品应该进行去应力处理。无规律、随机地出现沉积不全，首先要从粗化找原因，再可能是活化不够，最后是化学镀效率下降，针对找出的原因给予纠正。

② 电镀层连同化学镀层起皮。粗化不足，常可见化学镀层光亮，局部固定部位起皮，则属于内应力集中点。应加强粗化和去应力。

③ 镀层之间起皮。光亮镀层，特别是光亮镀镍内应力大，有可能是光亮剂失调，也可能是镀镍 pH 太高或者中间镀层氧化或钝化引起表面镀层结合不良。调整镀液和注意加强中间镀层的工序间活化。经常更换活化液。镀铬时制件在镀槽内稍稍停留预热后再通电电镀。

④ 制件局部发生镀层溶解。挂具导电不良，发生"双极"现象，使局部成为阳极而溶解。注意挂具与制件要有两个以上的接点，并且一定要保证接触良好。

⑤ ABS 镀层上有毛刺、麻点。镀液不干净引起的物理杂质在表面沉积，也可能是铜粉影响和镀镍阳极泥的影响。对镀液要定期过滤。阳极一律要采用阳极袋加以保护。生产过程中不打捞掉件或从底部搅动镀液。平时不用镀

液时要加盖。

出现麻点多半是光亮镀镍的 pH 值偏低，使析氢加剧，还有表面活性剂不足。调整镀液 pH 值到正常范围，添加表面活性剂如十二烷基硫酸钠等来减少氢的吸附。

⑥ 镀后制件发生变形。在 ABS 塑料电镀完成后，有时会发现有些制品有变形，影响装配或使用。比如外框、罩壳、铭牌、有配合的构件等，如果发生变形，就会无法安装使用。

产生这种质量问题的原因有三类。一类是设计本身就不合理，存在设计缺陷。另一类是挂具设计不合理。还有就是工艺控制不严格和操作不当。

模具设计要充分注意制品厚度和收缩率的关系，并考虑强度要求。在过薄的地方要有加强筋，还要有抵消应力的应变筋。强度增强了，抗变形性能也就随之增强。

挂具的支点要对称设置，并保持相同的张力，挂具张力不平衡，在经过温度较高的工序时，会产生变形，冷却后变形会固定下来。因此挂具的设计和制作都要合理。不要使镀件在某一个方向受力太大，可以加大支点接触面而减少支点张力。

在操作中严格按工艺要求管理各工序，不要超过规定的温度。电镀过程中发现挂具个别支点脱落要加以纠正，以免制品受力不均而变形。特别要加强对干燥烘箱的管理，经常检查恒温控制设备是否在有效状态。并经常用精确的水银温度计校验数字显示的烘箱温度。注意对有加温要求的工艺进行温度监测，比如粗化、镀光亮镍、镀铬等。

8.2.1.3 不良镀层的退除

ABS 塑料电镀要想提高合格率，切忌在全部完工后再做终检，这时发现问题再返工，工时和材料的浪费都很大。因此要加强工序间检查，不让不良品流入下道工序，避免做出成品再返工。因为只有在前处理工序发现问题才易于纠正，如果待电镀完成后再返工，不仅浪费太大，并且退除镀层也是很麻烦的工作。

ABS 塑料电镀制品可以允许返工后再镀，返工的制品在镀层退除后，可以不经粗化或减少粗化时间就进行金属化处理，但是这种返工以 3 次为限，有些制件可以返工 5 次，超过 5 次就不宜再进行电镀加工了。这时无论是结合力还是外观都会不合格。

镀层的退除可以采用电镀通用的办法。比如在盐酸中退除镀铬层，在废的粗化液内退铜镀层，在硝酸内退银镍等。

但是分步退镀的方法比较麻烦，且要占用几个工作槽。由于塑料本身不易发生过腐蚀问题，所以可以采用一步退镀的方法。一步退镀方法适合于已经镀有所有镀层的制品，当然也适合镀有任一镀层的制品：

| 盐酸 | 50% | 温度 | 室温 |
| 双氧水 | 5～10mL | 时间 | 退尽所有镀层为止 |

双氧水要少加和经常补加，一次加入过多会放热严重而导致变形等。另外，对于镀有装饰铬的镀层，可以先在浓盐酸中将铬退尽后再使用上述退镀液。

8.2.2 聚丙烯（PP 塑料）电镀

8.2.2.1 聚丙烯（PP 塑料）概述

聚丙烯（polypropylene）简称 PP 塑料，是一种从石油、天然气裂化而制得丙烯后，再加催化剂聚合而成的高分子聚合物，是 20 世纪 60 年代才发展起来的新型塑料，其主要特点是密度小，仅为 $0.9～0.91g/cm^3$；耐热性能好，可在100℃以上使用，在没有外力作用的情况下，150℃也不会变形；耐药品性能好，高频电性能优良，吸水率也很低。因此有很广泛的工业用途。可以制成各种容器，也可以做容器衬里、涂层，以及机械零件、法兰、汽车配件等。缺点是收缩率高，壁厚部位易收缩凹陷，低温脆性大等。

由于 PP 塑料的成本比 ABS 塑料的低，而其电镀性能仅次于 ABS 塑料，因此，在工业化电镀塑料中占第二位，并且随着 PP 塑料性能的进一步改进而有扩大的趋势。

PP 塑料电镀后的结合力也是很可观的，根据不同的试验方式测得的镀层结合力在 $6.86～35.30N/cm$（$0.7～3.6kgf/cm$）之间。这是可以与 ABS 塑料电镀的结合力媲美的。

PP 塑料的机械强度和电性能在电镀后都有所提高。机械强度的增加率，以强度极限计，均为 25%，以弹性系数计，达数倍以上。耐热性能增加 10%～15%，例如在 PP 塑料上镀镍 $30\mu m$、光亮镍 $7.5\mu m$、铬 $0.25\mu m$ 后，其受热达到其熔点 170℃也不变形。

现在对 PP 塑料的电镀有两种类型，一种是对普通 PP 塑料的电镀。这种工艺适用于普通的 PP 塑料，保留了该塑料的优点，但是尺寸精度差，并且粗化比较麻烦。国内一个时期认为 PP 塑料不好电镀，就是指的这种普通的 PP 塑料。其实，即使普通的 PP 塑料，只要掌握了工艺要点，仍然是可以成功地进行电镀加工的。

另一种是电镀级 PP 塑料的电镀。这种进行了改进的 PP 塑料是专门为了适合电镀加工而设计的。在 20 世纪的七八十年代，我国还没有这种塑料。当时国内的所谓"改性聚丙烯"并不是针对电镀进行的改性，因此也不能当作电镀级塑料进行电镀加工。

用于电镀的改性 PP 塑料具有如下优点：

① 收缩率降低，使尺寸精度得以保证；

② 耐热性进一步提高；

③ 电镀后镀层与基体的结合力增强；

④ 镀后的外观更好。

改进的方法是在 PP 塑料中加无机填料。根据填料的不同性质，使收缩率、结合力、粗化性、外观等有不同的改善。

结合力与镀后的镀层外观的关系是结合力越好，镀层的光洁度会越低。反之，光洁如镜的镀层结合力就低。这和在 PP 塑料中添加的填料的性质、粒径大小、混合均匀的程度等都有关系。

一般来说，填充物的形状为无定形体时，表面越光洁。填料的粒径最好在 0.5～5μm 的范围。添加的比例也从 10% 到 40% 不等。因此，粗化的工艺也要有不同的改变。多半是在温度、时间和粗化液组成上做一些调整。

8.2.2.2　普通 PP 塑料电镀

(1) 普通 PP 塑料的粗化

利用普通 ABS 塑料粗化液来粗化普通 PP 塑料，虽然也可以获得粗化的表面，但是效果很差。同时，粗化的温度需要提高到 70～80℃，时间需要 10～20min。

为了提高 PP 塑料的粗化效果，改善普通 PP 塑料的可镀性，开发出了二次粗化法。二次粗化法的原理是根据压塑成型品表面的受力大、结晶排列紧密而不易分解而提出的。经过预粗化之后，使非结晶部位发生选择性溶解，使得第二次粗化容易发生反应而改善粗化的效果。二次粗化法的第一步也称为预粗化，通常是采用有机溶剂进行的。

预粗化：

处理液　　　　二甲苯

处理条件

温度	时间	温度	时间
20℃	30min	60℃	2min
40℃	5min	80℃	0.5min

处理液也可以采用二氧杂环乙烷，但效果不如二甲苯好。要充分注意的是温度与时间的关系。在适当的条件下预粗化后再粗化的 PP 塑料，电镀后的结合力比电镀级 PP 的还要高，但是预粗化是有机溶剂，清洗干净有困难，带入粗化液后，容易引起粗化失效，这是一大缺点。补救的办法，是在预粗化后进行除油处理：

氢氧化钠	20～30g/L	表面活性剂	1～2mL/L
碳酸钠	20～30g/L	温度	60～80℃
磷酸钠	20～30g/L	时间	10～30min

由于 PP 塑料的憎水性比 ABS 还严重，所以表面亲水化是很重要的。有时为了达到 100%的表面湿润，在预粗化后再返回来除油，再预粗化，直至完全亲水为止。

第二次粗化仍以最适应的铬酸-磷酸型为主，也分为高铬酸型和高磷酸型两种。

① 高铬酸型

硫酸	400/L	铬酸	加至饱和
水	600/L		

② 高磷酸型

磷酸	600/L	铬酸	加至饱和
水	400/L		

以上两种粗化的温度均以 70～80℃为宜，处理时间为 20～30min。

由于硫酸含量越高，铬酸溶解度越低，因此，随着硫酸浓度的升高，铬酸的浓度下降，它们之间的关系见表 8-2。

由表 8-2 可见，当硫酸的容量达到 70%时，铬酸的溶解量只有 6.7g/L。

表 8-2　硫酸浓度与铬酸溶解度的关系

H_2SO_4		H_2O		CrO_3
体积分数/%	质量分数/%	体积分数/%	质量分数/%	浓度/(g/L)
20	31	80	69	471
30	44	70	56	258
40	55	60	45	80
50	65	50	35	20
60	73	40	27	8.3
70	82	30	18	6.7

采用上述两种粗化工艺所获得的镀层结合力均在 9.81N/cm（1kgf/cm）以上。由于塑料电镀成败的关键是粗化效果的好坏，因此，对粗化工艺多下功夫是完全必要的。

（2）普通 PP 塑料的电镀工艺

普通 PP 塑料的电镀工艺流程如下：预粗化—清洗—除油—清洗—粗化—清洗—敏化—清洗—蒸馏水清洗—银活化—清洗—清洗—化学镀铜—清洗—电镀。

如果是采用钯活化，则敏化以后的流程为：清洗—钯活化—清洗—解胶—清洗—化学镀镍—清洗—电镀。

预粗化、除油、粗化前面已经介绍过了，敏化液的浓度要适当提高：

氯化亚锡	40g/L	温度	20℃
盐酸	40g/L	时间	1～5min

活化可以用银，也可以用钯，但是从 PP 塑料的特点来看，以用化学镀镍为好。这时可以采用以下活化液：

氯化钯	0.2g	水	1000mL
盐酸	3mL		

由于 PP 塑料的热变形温度较高，可以在较高温度的化学镀镍液中进行化学镀，因此，可以选用化学镀镍工艺进行金属化处理。不采用化学镀铜的另一个理由是 PP 塑料对铜有过敏反应，即所谓"铜害"的问题。当 PP 塑料与铜直接接触时，在氧存在的高温条件下容易发生性能变化。当然，改良型的 PP 这方面较好一些。

化学镀镍可以采用较高温度的酸性化学镀镍工艺，这样可以不用氨水调 pH 值，也就避免了刺激性气味。

酸性化学镀镍：

硫酸镍	20～30g/L	丙酸	1～4mL/L
酒石酸钠	20～30g/L	pH 值	4.5～5.5
次亚磷酸钠	5～15g/L	温度	55～65℃

调节 pH 用丙酸和无水碳酸钠或氢氧化钠。

电镀溶液可以采用 ABS 塑料电镀时介绍的镀液，也可以用其他电镀工艺。因为 PP 塑料的耐热性能优于 ABS 塑料，所以对镀种的选择面要宽一些。

8.2.2.3　电镀级 PP 塑料的电镀

（1）电镀级 PP 塑料的粗化

电镀级 PP 塑料由于加入了填充剂，使制品的尺寸精度、耐温性能、应用的适用性都有所提高。其粗化过程也变得简单一些。

电镀级 PP 可以采用普通的粗化工艺，只需提高粗化的温度即可。粗化的机理就是利用粗化液的强氧化作用使填料从表面结构中溶解出来而使表面微观粗糙化。这与 ABS 塑料表面上是类似的，但填料与 ABS 中的 B 成分是完全不同性质的物质，所以溶解的原理是不一样的。

建议使用如下粗化液：

铬酸	30～60g/L	温度	70～80℃
硫酸	500～700g/L	时间	5～30min

由于 PP 塑料的亲水性比较差，即使充分地进行了去油，也难免有形状复杂的部位发生不易亲水的现象。这些部位在化学镀时容易发生漏镀。为了防止发生这种情况，在粗化过程中要经常翻动被粗化制品，并且可以在粗化过程中取出清洗，再粗化，反复进行，效果会更好，当然这只适用于完全的手工操作。

（2）电镀级 PP 塑料的电镀工艺

电镀级 PP 塑料的电镀工艺流程如下：除油—清洗—5％硫酸中和—清洗—

粗化—清洗—清洗—敏化—清洗—钯活化—清洗—化学镀镍—清洗—电镀。

除油可以采用通用的除油工艺。粗化前面已经做了介绍。敏化不用前面所说的高浓度的工艺，采用通用工艺即可。对于易于粗化的表面，过高浓度的活化中心反而会降低镀层的结合力。

化学镀可以采用普通 PP 塑料所用的化学镀工艺，也可以用其他通用的工艺。

电镀也同样没有严格的限制，这和电镀 PP 塑料的性能较适合电镀是分不开的。

8.2.2.4 影响 PP 塑料电镀质量的因素

和其他非金属电镀一样，材料本身的影响是最重要的。不过对于 PP 塑料来说，普通型和电镀型在成型中，成型条件变化的影响都不是很大。区别就在于电镀级的收缩率要低一些，因此，塑压时的效果更好一些。

成型条件的影响和注意事项如下。

PP 塑料在成型中主要注意成型冷却后产生边刺的问题。边刺在壁厚发生改变的地方极易产生。要想完全消除这种缺点是困难的，只能以减少边刺为目标。

通常，塑料温度越高，越容易发生边刺。注塑压力高时，边刺减少。保压时间越长边刺越少。注塑速度低时边刺也少，模具的温度也是低一些好。

另外，为了防止塑压过程中产生气丝，注塑前对原料要进行干燥处理。对于电镀级 PP 塑料尤其需要。干燥处理的条件是：

温度　　　　　　　　100～110℃　　　　　　时间　　　　　　　　30～60min

对于 PP 塑料电镀来说，影响质量特别是结合力的因素仍然是粗化，这也是所有非金属电镀的共同问题。因为结合力或者说镀层起不起泡是所有非金属电镀最为关心的问题，是非金属电镀有没有实用价值的一个重要指标。一旦结合力不行，就没有了可用的价值。因此，对于普通 PP 塑料，预粗化是必不可少的工序。就是对于电镀级 PP 塑料，在粗化过程中也要反复几次粗化为好。前处理的工作做好了，可以收到事半功倍的效果，前面的工作如果马虎了，就成了前功尽弃。因此，只要是发生化学镀沉积不全、电镀起泡等问题，首先就查粗化是否做好了，并且往往就是粗化的问题。

其他容易发生的质量问题与 ABS 塑料电镀有类似的地方。包括挂具、导电接点、镀液管理等，都可以参考 ABS 塑料电镀部分。

PP 塑料的最大优点是耐热性能好，电镀层结合力也高。由于成型方面的影响没有 ABS 塑料那样严重，因此，可以在较大型的制件上应用，也适合于局部塑料电镀的制品。

8.2.3 LCP 塑料电镀

8.2.3.1 LCP 塑料

LCP 塑料全称为 liquid crystal polymer，中文名为液晶聚合物。它是一种新型高分子材料，由于在熔融态时一般呈现液晶性质，因此也叫液晶塑料。这种塑料因为具有优异的耐热性能和成型加工性能，一研制出来就迅速获得广泛应用。其异常规整的纤维状结构，使其具有一些特殊性能，例如强度很高，不亚于金属和陶瓷。而拉伸强度和弯曲模量可超过 10 年来发展起来的各种热塑性工程塑料。力学性能、尺寸稳定性、光学性能、电性能、耐化学药品性、阻燃性、耐热性、加工性良好，热膨胀系数较低。采用的单体不同，制得的液晶聚酯的性能和价格也不同。选择的填料不同和填料添加量的不同也都影响它的性能。

LCP 塑料还有优良的电绝缘性能。其介电强度比一般工程塑料高，耐电弧性良好。在连续使用温度达 200～300℃的环境中，其电性能不受影响，间断使用温度可达 316℃左右。如果用玻璃纤维、碳纤维等增强，更远远超过其他工程塑料。同时其耐化学药品性能也很优良。在浓度为 90%酸及浓度为 50%碱存在下不会受到浸蚀，对于工业溶剂、燃料油、洗涤剂及热水，接触后不会被溶解，也不会引起应力开裂。

对于大多数塑料存在的蠕变特点，液晶材料可以忽略不计，而且耐磨、减磨性均优异。更可贵的是其具有优异的阻燃性，能熄灭火焰而不再继续进行燃烧。其燃烧等级达到 UL94V－0 级水平。

8.2.3.2　LCP 塑料的应用

LCP 塑料具有如此优良的性能，受到各种产品，特别是电子产品结构设计人员的喜爱，因而在许多产品中都有应用。

（1）电子电器类

为了使产品轻量化和复杂结构成型模具化，采用塑料是流行趋势。但是电子电气的表面装配焊接技术对材料的尺寸稳定性和耐热性有很高的要求（能经受表面装配技术中使用的气相焊接和红外焊接），这时采用 LCP 塑料就能够胜任这些设计要求。

（2）印刷线路板类

人造卫星电子部件、喷气发动机零件、汽车机械零件、医疗器械等需要在严酷环境和精密要求下工作的电子产品线路板，宜采用 LCP 塑料材质基板。

（3）高填充剂或复合化（PSF/PBT/PA）

作为集成电路封装材料，代替环氧树脂作线圈骨架的封装材料；作光纤电缆接头护套和高强度元件；代替陶瓷作化工用分离塔中的填充材料；代替玻璃纤维增强的聚砜 LCP 塑料。

随着电镀技术的跟进，LCP 塑料在电子产品中的应用进一步扩大。为了适应这种市场需求，日本等发达国家已经开发出电镀级 LCP 塑料，并且已经商业化生产和销售。这种新材料的出现，大大简化了 LCP 塑料电镀的流程。

8.2.3.3 LCP 塑料的电镀

由于 LCP 塑料制品在浓度为 90％酸及浓度为 50％碱中都不会受到浸蚀，对于工业溶剂、燃料油、洗涤剂及热水，接触后不会出现溶解、变形或开裂等。因此，常规的塑料电镀粗化方法难以使其粗化。这使得在 LCP 塑料上获得有效结合力的镀层比较困难。为了解决这个问题，通常采用真空镀底镀层后再进行电镀的方法进行电镀加工。这种先真空镀再电镀的方法虽然流程复杂，但是可以实现这种塑料的表面金属化，可以满足一些产品的功能设计要求，因此仍然在一些产品中应用。

在电镀级 LCP 塑料开发出来以后，这种塑料的电镀流程得以简化，采用与 ABS 塑料电镀类似的流程即可以实现其电镀加工。可以参考本章 8.2.1 节的内容。

电镀级塑料通常采用与 ABS 塑料相似的结构，即在主要成型塑料内分散易化学溶解的成分（例如丁二烯），使其在化学粗化中溶解而出现微孔，在化学镀时产生锚效应。现在更有在主要成型塑料中分散导电微粒（例如石墨等），经表面处理（激光照射）后富集导电成分，可以实现直接化学镀过程。

8.2.4 玻璃钢复合材料（FRP）电镀

8.2.4.1 玻璃钢的特点

玻璃钢是以玻璃纤维为增强材料与各种塑料（树脂）复合而成的一种新型材料（glass fiber reinforced polymer，缩写为 GFRP 或 FRP），由于其强度可与钢材媲美，并且又是用玻璃纤维做增强材料，所以又被称为玻璃钢。广义地说，凡是由纤维材料与树脂复合的材料，都可以称作玻璃钢（FRP）。比如碳纤维-树脂复合材料（CFRP）、硼纤维复合材料（BFRP）、芳纶树脂复合材料（KFRP）等[2]。

由此可见，玻璃钢是一种品种繁多、性能特别、用途广泛的复合材料。自开发以来，由于其优良的性能而获得了非常广泛的应用，成为一个专门的工业行业，并渗透到许多工业领域，成为一种有名的工业结构材料。现在，在建筑、造船、航空、汽车、电子、环境装饰等工业领域和工艺品、日用品、家具、玩具等众多领域都已经用到玻璃钢制品。

在应用方面，仅以波音 767 亚音速飞机的用料变化为例，就可以知道玻璃钢在现代工业材料中所处的地位。1986 年，波音 767 飞机所用的材料中，铝占 81％，钢占 14％，玻璃钢占 3％，剩余的是其他材料。到 1995 年，玻璃钢的用量占到 65％，铝只占到 17％，钢略有上升，占到 15％，钛占 3％。

在制作工艺方面，随着一些新的技术进步和工艺改进，以往主要依靠人工操作的玻璃钢加工已经有不少机械和自动加工流程出现。还有一些新材料的引入，又开发出许多新的品种。可以预期，玻璃钢工业还会有更多的发展和进步。因为传统工业材料的时代已经结束，现在已经开始进入到复合材料的时代。

玻璃钢在这么多工业领域获得广泛应用，是和它所具有的优良性能分不开的。更为重要的是，玻璃钢技术还有很大的发展空间，无论是在材料的进一步改进还是在开拓更多的应用领域方面，都还可以大有作为。

玻璃钢具有重量轻，比强度高，耐腐蚀，电绝缘性能好，传热慢，热绝缘性好，耐瞬时超高温性能好，以及容易着色，能透过电磁波等特性。与常用的金属材料相比，它还具有如下特点[3]。

（1）优良的物理化学性能

玻璃钢具有重量轻、强度高、绝热、耐热、绝缘、耐辐射、耐腐蚀、透电磁波、耐低温等特性，在许多环境和领域都可以得到应用。玻璃钢是各向异性的材料，加上其配方和添加物等有广泛的选择性，可以人为地加以调控，使其物理和化学性能有较大的调整空间。尤其在开发出玻璃钢电镀技术和可镀玻璃钢以后，玻璃钢的应用领域有了进一步的扩展。

（2）宽泛的设计适应性

玻璃钢可以适应各种设计需要，可以根据不同的使用环境及特殊的性能要求，进行设计和制作。只要选择适宜的原材料品种，基本上可以满足各种不同用途产品的性能要求。因此，玻璃钢材料是一种优良的具有可设计性的材料品种。

（3）优良的成型性

玻璃钢可以采用多种方法进行加工制作，从而可以很方便地选用适合不同设计和不同要求的产品的加工方法。据不完全统计，其加工方法达 30 多种。既可以手工制作，也可以机械成型加工。并且通常可以在制作过程中一次性成型，这是区别于金属材料的另一个显著的特点。只要根据产品的设计，选择合适的原材料铺设方法和排列程序，就可以将玻璃钢材料和结构一次性地完成，避免了金属材料通常所需要的二次加工，从而可以大大降低产品的物质消耗，减少人力和物力的浪费。

（4）节能型材料

由于很多大型构件可以采用手工糊制的方法，不需要大型复杂的模具，其成型时的温度一般在室温下，或者在 100℃ 以下进行，因此它的成型制作能耗很低。即使对于采用机械的成型工艺方法，例如模压、缠绕、注射、RTM、喷射、挤拉等成型方法，由于其成型温度远低于金属材料及非金属材料，因此其成型能耗可以大幅度降低。

综上所述，与传统的金属材料及非金属材料相比，玻璃钢材料及其制品具有强度高，性能好，节约能源，产品设计自由度大，表面处理手法丰富以及产品使用适应性广等特点。因此，在一定意义上说，玻璃钢材料是一种应用范围极广、开发前景极大的材料品种之一。

8.2.4.2 玻璃钢的种类及组成材料

最先用于玻璃钢的聚合物是环氧树脂。环氧树脂早期作为一种强力黏合剂，在工业中的应用很广，其后在加入各种填料后，可以制作一些工业产品。尤其在交通运输领域，随着玻璃纤维作为增强材料的引入，使环氧树脂制品的强度大为增强，并且应用领域也逐渐扩展。用于制作玻璃钢的还有聚酯树脂、酚醛树脂、乙烯基酯树脂等。其中聚酯树脂由于其较好的性能和较低的成本现在已经成为制作玻璃钢制品的主要树脂材料。

(1) 环氧树脂玻璃钢

环氧树脂是 20 世纪 40 年代就已经工业化生产的树脂。由于具有优良的工艺性能，至今仍然是重要的工业树脂，获得了广泛的应用。特别是增强型和对精确度、收缩率要求较高的制品，往往采用环氧树脂玻璃钢。

含有两个或两个以上环氧基团的高分子聚合物统称为环氧树脂。因其优良的物理化学性能而发展迅速，品种繁多。按照环氧基团的来源不同可以分为两类。

一种是缩水甘油醚型，如双酚 A 型；另一种是脂环型，如二氧化双环戊二烯等。

环氧氯丙烷是各种环氧树脂的主要单体，它可以与多种酚类、多元醇类等聚合成环氧树脂。其中以双酚 A 型环氧树脂为主要产品，被称为通用型环氧树脂。

环氧树脂的合成路径如下。

环氧氯丙烷的环氧基与双酚 A 的羟基作用生成醚，然后与氢氧化钠进一步反应脱去盐酸再生成环氧基。

新生成的环氧基与环氧氯丙烷作用并持续反应下去，则生成线形环氧树脂。

由于反应条件及配制方法不同，可以得到不同分子量的产品。低分子量的通常是液体，运用最广。特别是相对分子质量在 450 左右的环氧树脂，使用方便，易于掌握，成本较低。

环氧树脂本身是热塑性树脂，直线型结构，在加入固化剂后可以使直线形的环氧树脂交联成网状结构并固化成固体。

常用的固化剂是多烯多胺类化合物，例如乙二胺、β-羟乙基乙二胺等，为了增加其强度和韧性，还要往其中加入增塑剂与填料。

(2) 不饱和树脂玻璃钢

不饱和聚酯树脂是玻璃钢中应用最普遍、适用范围最广、用量最大的树脂。

不饱和聚酯树脂是热固性树脂的一种，它一般是由不饱和二元酸、饱和二元酸和二元醇经缩聚而成的具有不饱和双键的低分子量聚合物，物理状态是具有黏性的可流动液体。最大的缺点可能是有特殊的臭味。

不饱和聚酯树脂在引发剂（固化剂）的作用下发生共聚反应，其分子相互交联成三相网状不溶的体型分子结构，变成固体状态。不饱和聚酯树脂具有优良的工艺性能是其最突出的优点。在室温下具有适宜的黏度，可以在室温常压下成型，施工方便，特别适合于大型和现场制造玻璃钢制品。它还具有良好的综合性能、可靠的力学性能、耐腐蚀性能和阻燃性能等。此外，不饱和聚酯树脂颜色浅，可制成浅色、半透明或透明的玻璃钢制品。早在 20 世纪 80 年代，不饱和聚酯树脂就在工业、农业、交通、建筑以及国防工业中有着广泛的应用。在很多场合都已经取代环氧树脂而成为玻璃钢的主流树脂。

不饱和聚酯树脂品种繁多，按用途可以分为通用型和专用型两大类。

通用型聚酯多以丙二醇、乙二醇、一缩二乙二醇或顺酐、苯酐为原料制成。单体多用苯乙烯。这类树脂在固化后各项性能都比较好，能适应无特殊要求的多种产品的要求，因而在树脂产品中占有较大比重。但是随着玻璃钢用途的增加、各种特殊要求的制品增多，现在已经开发出各种专用型的聚酯树脂，包括低收缩聚酯、耐候性聚酯、快速固化型聚酯、电子射线固化型聚酯、紫外线固化聚酯、工艺仿制料用（仿大理石、仿玉、仿瓷、仿象牙等）聚酯等。

各种添加物对性能也有着重要影响。比如引发树脂固化的引发剂、促进剂、阻聚剂等，都对树脂的工艺性能有很大影响。

聚酯树脂的引发剂的用量在 1%～2%。常用的引发剂为过氧化苯甲酰，为使用方便，常用邻苯二甲酸二丁酯或磷酸三甲苯酯将过氧化苯甲酰调制成糊状。过苯甲酸叔丁酯、过辛酸叔丁酯、过氧化二异丙苯等也是常用的引发剂。

促进剂也称加速剂，可以加速引发树脂固化，降低固化温度。主要采用金属化合物和叔胺。常用的金属促进剂有钴、锰、钒的盐。叔胺促进剂主要有 N,N-二甲基苯胺等。

在不饱和聚酯树脂中加入阻聚剂，可以提高制作加工时的安全性及存放性能。在成型时，也可以提高树脂的寿命。添加 0.005%～0.02% 的氢醌类物质，能收到较好的效果。常用的阻聚剂有氢醌、苯醌、邻苯二酚等。胺盐类、叔胺盐类也可以作为阻聚剂使用。为了添加方便和分散均匀，可以先将阻聚剂溶于丙酮、醇类或邻苯二甲酸二烯丙酯单体内，再添加到树脂中。

不饱和聚酯由于量大面广，制作玻璃钢制品的企业一度在各地争相开工，在满足了市场需要的同时，也出现了产品质量良莠不齐的现象。为此，国家制定了一系列标准来规范不饱和聚酯树脂的生产和使用。

随着树脂技术、纤维和填料技术的进步，可以用来制作玻璃钢的树脂材料和辅料越来越多，玻璃钢制品的应用领域也越来越广。针对这种情况，国家又制定了对所有树脂浇铸成型的产品的一系列标准，即 GB/T 2567—2021《树脂浇铸体性能试验方法》及与之配套的一批标准（GB/T 2568—1995、GB/T 2569—1995、GB/T 2570—1995、GB/T 2571—1995），分别对浇铸成型品（玻璃钢）

的拉伸强度、抗压强度、抗弯曲强度和耐冲击强度的试验做出了规定。

同时，我国也开始引进国外先进的聚酯生产技术。比如于 1986 年引进的美国索亥俄化学公司秀玛分部（Silmar Division Sohio Chemical Company）不饱和聚酯树脂生产软件，共 11 大类 106 种规格。包括手糊和喷射用树脂、板材树脂、胶衣树脂、浇铸树脂、人造大理石及玛瑙树脂、模压及挤拉用树脂、耐腐蚀树脂、柔软性树脂、阻燃树脂等。

（3）其他树脂玻璃钢

① 酚醛树脂玻璃钢。酚醛树脂是一种比较早期的合成树脂。它具有耐热性好、电绝缘性好和耐腐蚀等优点，并且来源充足、价格低廉，但是也存在一些缺点，比如固化过程中有副产物、需要高压成型、固化温度较高、机械强度较差等。

酚醛树脂由苯酚和甲醛按一定比例在酸性或碱性催化作用下互相缩合而成。分为热塑性、热固性两类。用于模压玻璃钢的，多为热固性树脂。它在一定温度下会经历三个阶段而固化。

第一阶段，树脂是线型结构的高分子化合物，仍表现为可溶性酚醛树脂，也可以加温熔融，并且可以溶解于丙酮、醇及强碱性溶液中。

第二阶段，为可凝性酚醛树脂。它部分地溶解于丙酮及醇，同时有溶胀现象。第一阶段的树脂在受热或长时间存放的条件下，会向第二阶段转变。

第三阶段，酚醛树脂成为不溶和不熔的产物，也就是成为不可逆的固态。这时具有一定的机械强度和电绝缘性能，不溶于有机溶剂，对酸和碱有一定稳定性。

酚醛树脂在由第一阶段向第三阶段转变的过程中，会释放出以水为主的副产物。因此，在成型时需要较高的压力，以防止制品内的水在内部产生大量微孔。

② 新酚树脂。新酚树脂是一种芳基烷基醚和苯酚的缩聚物，是一种新型的热稳定的热固性树脂。它有固化快、成型性好的特性。所制成的玻璃钢制品有优良的电性能和机械强度，也有耐化学品和耐热性能。

③ 有机硅树脂。有机硅树脂具有突出的电性能和热性能，可以用于模压成型，但成型性较差，需要高温高压，且原料来源较困难，成本较高。只有在特殊场合才可以发挥其作用。

④ 混合型树脂。这种树脂是将两种或以上的树脂按一定比例进行混合后使用。可以改善其物理或化学性质。比如酚醛型环氧树脂。

酚醛型环氧树脂与纯酚醛和纯环氧树脂比，性能有了明显改善，可以提高其耐热性能和模压性能。比如改善黏模、流动性、长期储存的稳定性和高温快速固化等性能。

酚醛环氧树脂一般分为两个类型。一种是机械混合配制型，即按酚醛/环氧质量比为 4/6 或 3/7 进行混合。

另一种是化学结合型。如 F-44、F-46 酚醛环氧型树脂；甲酚甲醛环氧树脂和甲酚甲醛树脂或酚醛树脂的接枝共聚物，可以使酚醛环氧树脂玻璃钢的耐冲击强度提高 10%～15%。

⑤ 耐长期高温树脂。这类树脂有磷腈树脂、聚酰亚胺树脂等。磷腈树脂是一种半无机高分子聚合物。具有较好的耐热、耐焰性及粘接性能。适于制作高温、高强度要求的制品。聚酰亚胺还有噻唑亚胺和噁唑亚胺均属杂环型高分子聚合物，有很高的耐热性，可以做长期耐高温材料使用，但成本较高，模压成型也较困难。

⑥ 超低温树脂。这类树脂是要求在超低温条件下（-196～-253℃）仍然有较高的力学强度，比如环氧聚酰胺树脂、环氧和聚酰亚胺树脂、酚醛环氧树脂等。

（4）增强材料

增强材料是玻璃钢制品的重要组成成分。玻璃钢的强度在很大程度上是由增强材料决定的。玻璃钢的增强材料主要是玻璃纤维，这也是玻璃钢名称的由来。

玻璃是以二氧化硅为主的金属氧化物的熔合物，其他成分包括三氧化二铝，三氧化二铁，氧化钙，氧化镁，氧化钠，以及钾、锂、铍、钛、锆、铈等碱或碱土金属的氧化物。各种玻璃都可以拉制成纤维。按其特性可以分为七种类型：即无碱电绝缘玻璃（E 玻璃）；耐化学玻璃（C 玻璃）；含碱玻璃（A 玻璃）；高强玻璃（S 玻璃）；高弹玻璃（M 玻璃）；低介电玻璃（D 玻璃）；防辐射玻璃（L 玻璃）。

在玻璃钢中，应用最多的是前五种类型，它们的组成列于表 8-3 中。

表 8-3　适合于玻璃钢的玻璃组成　　　　　　　　　　单位：%

组分	E 玻璃	C 玻璃	A 玻璃	S 玻璃	M 玻璃
SiO_2	54.0	65.0	72.0	64.3	53.7
Al_2O_3	15.0	4.0	0.6	24.8	
Fe_2O_3				0.2	0.5
CaO	17.0	14.0	10.0	0.01	12.9
MgO	5.0	3.0	2.5	10.3	9.0
B_2O_3	8.0	5.0		0.01	
Na_2O	0.6	8.0	14.7	0.27	
K_2O		1.0			
Li_2O					3.0
BeO					8.0
TiO_2					8.0
ZrO_2					2.0
CeO_2					3.0

玻璃钢中的纤维是广义的概念，不单是指纤维丝，还包括布、带、毡等纤维制品。从力学的角度看，纤维在玻璃钢中的作用主要是承受载荷。玻璃钢的强度主要取决于纤维的性能。纤维按其组成可以分为无机纤维和有机纤维两大类。无机纤维包括玻璃纤维、碳纤维、硼纤维及碳化硅纤维等。有机纤维则有芳纶、尼龙及聚烯烃纤维等。玻璃纤维到目前为止是玻璃钢中用得最广和最多的纤维。

采用玻璃纤维作为增强材料与其他常见材料相比，有如下几个主要优点：

① 拉伸强度和弹性模量高；

② 伸长率小，尺寸稳定，无蠕变现象；

③ 不着火，耐温可达550℃；

④ 防微生物，耐各种化学品和溶剂，耐候性好；

⑤ 不吸潮，电性能好；

⑥ 可以有多种应用形式。

玻璃纤维的单丝直径一般为$6\sim8\mu m$，用于玻璃钢的多为$9\sim14\mu m$。由多根单丝组成的丝束是原纱。如果以重量法表丝的长度就是支数，例如1g原纱的长度如果是80m，就称为80支纱。玻璃纤维根据其组成分类可以分为碱性玻璃纤维和特种玻璃纤维两大类。

碱性玻璃纤维：中碱纤维；低碱纤维；无碱纤维。

特种玻璃纤维：铝镁硅高强度纤维；铝镁硅高强高模纤维；硅铝钙镁耐药品纤维；高硅氧纤维；石英纤维。

（5）填料

填料是玻璃钢的重要组成部分，特别是在模压玻璃钢中，用量较大。在玻璃钢中使用填料可以降低制品的收缩率和热膨胀率，改善树脂的黏度和成型性能，并且可以改善表面处理的性能，包括着色、涂装和电镀。当然填料的使用会使制品的密度增加，也变得不透明。

玻璃钢的填料大部分是天然无机盐粉状材料，也有有机填料和金属粉或其他特殊填料。

① 无机填料。常用的无机填料根据其化学性质可以分为四类：硅石和硅酸盐，如石棉、滑石、陶土、硅石、硅藻土等；碳酸盐，各种类型的碳酸钙、碳酸镁等；硫酸盐，硫酸钙、硫酸镁、硫酸钡等；金属氧化物，水合氧化铝等。

② 金属粉料。为了获得某些需要的功能，有时也在玻璃钢树脂中加入金属粉末。比如磁屏蔽、加大密度、表面导电性等。常用的有铁粉、铜粉和铝粉。

③ 其他填料。玻璃钢可以采用填料改性的特点进行各种新的复合材料的探索。还有颜料、粒料、片料等也可以作为填料来使用。所有填料的选用都要以不影响树脂的正常固化或较大降低玻璃的物理化学性能为前提。

（6）固化剂（引发剂）

固化剂是玻璃钢树脂的重要组成成分，是玻璃钢成型的重要原料。没有固化剂的掺入，玻璃钢制品就不能够完成成型的过程。

不同的树脂有不同的固化剂，它们的作用是让树脂发生交联作用，最终成为稳定的各向异性的固态。

① 环氧树脂固化剂。环氧树脂的固化剂种类繁多，主要为胺类、酸酐类和催化固化类。固化剂的用量可以按公式进行计算，也可以按供应商提供的使用说明书进行操作。

胺类固化剂用量的计算：

$$固化剂用量(\%)=\frac{胺的分子量}{胺分子中活泼氢原子数\times 环氧值}$$

酸酐类固化剂可以与各种环氧特别是环氧烯烃反应。同一般的胺类固化剂相比，酸酐固化剂要求高温固化，但适用期长，黏度小，对皮肤刺激也小。固化产物的热稳定性高，耐辐射。大多数场合，酸酐与环氧树脂的反应缓慢，要加入叔胺类促进剂。

酸酐类固化剂的用量按下式计算：

$$酸酐固化剂用量(\%)=A\times\frac{酸酐的分子量\times 100}{酸酐基团数\times 环氧当量}$$

式中，$A=0.8\sim1$。

酸酐容易吸水变成游离酸，必须密封储存。

② 聚酯树脂固化剂。聚酯树脂的固化剂为苯类有机物。常用的有苯乙烯、甲基苯乙烯、氯化苯乙烯等。各种固化剂的性能见表 8-4。

表 8-4　聚酯树脂用固化剂

固化剂	密度/(mg/m³)	沸点/℃	黏度/(MPa·s)	允许最大浓度/(mg/L)	固化时收缩率/%	备　注
苯乙烯	0.902	145	0.75	100	17	成本低
甲基苯乙烯	0.906	165	0.94	100	—	改善韧性
氯化苯乙烯	1.094	187	0.70	50	12	阻燃
乙烯基甲苯	0.896	167	0.77	100	12.6	—
二乙烯苯	0.908	195	0.98	—	—	—
丙烯酸甲酯	0.952	80	0.50	10	—	—
甲基丙烯酸甲酯	0.943	100	0.84	100	21	透明,耐紫外线

8.2.4.3　玻璃钢的结构与电镀级玻璃钢

（1）结构的特点

关于玻璃钢的结构，除了由玻璃纤维作为增强材料外，它的特点之一就是能在合成玻璃钢的树脂中加入各种填料。正是这种加入的填料使制作电镀级玻璃钢成为可能。

这种结构特点使得玻璃钢制品可以仿照 ABS 塑料中因为分散有丁二烯球而具备的易粗化的原理，在调配玻璃钢用树脂时，加入在粗化时易溶于酸的微粒作为填料，使之在粗化过程中由表面层中溶出而达到表面粗化的目的。粗化的表面有如 ABS 塑料一样的微孔，化学镀和金属镀层从这些微孔里生长起来，产生 ABS 塑料电镀中已经介绍过的"锚效应"，使镀层与玻璃钢基体的结合力得到增强。

适合做电镀级玻璃钢填料的微粒是碱金属或碱土金属的盐，或第三、四周期中某些金属的盐，比如钠盐、镁盐、铝盐、硅盐等。

对于手糊成型的玻璃钢，考虑到密度大的填料分散性不好，并且会有向地心方向的流动和沉淀现象，可以选用质轻和粒径尽量小的填料，比如碳酸镁。对于要求不是很高的，则可以用钙盐。对于模压或浇灌的电镀玻璃钢，则可以采用石料、石粉。比如水磨石粉。

填料加入的比例需要经过试验来确定。通常，填料与树脂的质量比为 1:(3~5)。这个比例与电镀级 ABS 塑料中 B 成分的含量是大致相当的。填料过多，树脂脆性增加，强度会有所下降，粗化效果反而不好。填料过少，则得不到理想的粗化表面，结合力会低下。因此，选取合适的填料和确定填料加入的量是制作电镀级玻璃钢的关键。需要注意的是，不同密度的填料在相同的质量下体积会是不一样的，因此，当采用密度小的填料时，质量比要采用下限。

（2）粗化的机理

可镀玻璃钢的粗化机理与电镀 ABS 塑料只是机械地类似。因为在 ABS 塑料中，B 成分即丁二烯与其结构形成共聚状态，只是在共聚体中保留了自己圆形的分子状态。需要在一定浓度的氧化性强的酸液中中和。在一定温度条件下，才会有粗化效果。而电镀玻璃钢中所添加的微粒与树脂之间是机械性混合物状态，其颗粒的大小都大于分子，并且一旦与酸液接触，很快就会发生反应。因此，如果采用与 ABS 塑料一样的粗化液时，只要 1min 就能完成粗化。这是因为环氧树脂等塑料的耐酸性能较差，从而为简化粗化工艺提供了方便。

当然，不是按电镀要求配制的玻璃钢制品在酸中虽然也能粗化表面，但这种粗化表面不是有无数凹坑的那种表面，而是呈无定形甚至起皮状的粗化，这种表面所镀得的镀层的结合力是不好的。并且不同树脂与酸的反应速度是不一样的，但作为高分子材料，任何一种树脂与酸的反应速度都比无机盐与酸的反应要慢一些。

显然，可镀玻璃钢正是利用树脂和无机金属盐填料与某种酸反应速度的差异获得表面粗化的效果。同时，由于玻璃钢填料的添加方式和加工方法使无机微粒在最表层的量会相对较多，这些分散在最外层的微粒总有一个面或点有时就直接形成了界面，一与酸接触，就会起反应，这也是玻璃粗化速度比较快的原因之一。

溶解后的填料微粒所占的空位形成了表面微孔，正是这些微孔成为机械结合力的支持点，也就是起到无数小锚的效果。

但是这种较快的反应速度在酸的浓度较高或处理的温度较高时，也会成为过粗化的原因。过粗化的玻璃钢表面可以明显用肉眼看出很多直径在 1mm 左右的小孔，这就是玻璃与 ABS 结构不同在过粗化中的反应。为了防止过粗化状态，对不同的树脂和填料制成的电镀玻璃钢要采用不同的粗化工艺。比较保险的做法是采用低浓度的酸而用较长的时间进行粗化。

8.2.4.4 玻璃钢电镀工艺[4]

玻璃钢通用的电镀工艺流程如下：表面整理—清洗—化学粗化—清洗—清洗—敏化—清洗—蒸馏水洗—银盐活化—清洗—清洗—化学镀铜—清洗—电镀加厚—清洗—进行其他精饰或电镀。

（1）表面整理

这个工序是一个比较重要的工序，如果引入流程质量管理，这里就是一个管理点。这是因为玻璃钢的成型特点决定了其表面的不一致性总是存在的。固化剂与成型树脂的均匀分散性如果不够，不同区域的固化速度就会不一样，应力状态也不一样，甚至有局部的半固化或不能固化的现象。还有就是表面脱模剂的使用、胶衣的使用都使其表面的微观状态比成型塑料的表面要复杂得多。因此，所有电镀玻璃钢在电镀前，一定要有表面整理工序，以排除进入下道工序前能够排除的表面缺陷。包括用机械的方法去掉表面脱模剂，挖补没有完全固化的部位，对表面进行打磨等。有些大型构件采用石膏做模具时，要将黏附在表面的石膏完全去除。只有确认表面已经清理完全，所有不利于电镀或表面装饰的缺陷排除后，才能进行以下流程。

（2）除油

对于玻璃钢制品，仍然可以采用碱性除油工艺，但是碱液的浓度不宜过高，推荐的配方和工艺如下：

氢氧化钠	10～18g/L	温度	55～65℃
碳酸钠	30～50g/L	时间	15～30min
磷酸钠	50～70g/L		

在实际生产过程中，经过除油后，还应当检查一次表面状态，看是否有在表面整理中没有发现的疵病。比如乳胶脱模剂没有完全清除，经除油才显示出来。这时要进一步清理表面，再经除油后进入下一步工序。

（3）粗化

粗化可以有多种选择，这里介绍几种有实用价值的方法，当然最好是采用无铬粗化方法，因为不仅是环保的需要，也是降低成本的需要。

① 铬酸-硫酸法

铬酸	200～400g/L	温度	60℃
硫酸	350～800g/L	时间	1～2min

② 混酸法

硫酸(98%)	500～750g/L	温度	40～60℃
氢氟酸(70%)	80～180g/L	时间	15～90s

③ 无铬粗化法

硫酸	300～500g/L	时间	15～30min
温度	40～50℃		

无铬粗化经实践证明是有效的粗化方法。不仅去掉了严重污染环境的铬酸,也不用有争议的磷酸。温度再低时,还可以延长时间来达到粗化效果,加温可以强化粗化和缩短时间,但工作现场的酸雾会成为问题。所以不要加到过高的温度。当然这种粗化液要求所加工的玻璃钢一定要是按电镀级配制的树脂,否则达不到合格的粗化效果。

(4) 敏化和活化

① 敏化。建议采用以下敏化液:

氯化亚锡	50g/L	温度	室温～40℃
盐酸	10mL/L	时间	5～10min

这里采用了较高的亚锡盐而用了较低的盐酸,主要为了使敏化离子能在表面有较多的吸附。只要表面去油充分并且有适当粗化的表面,也可以采用 ABS 塑料中的敏化法。也就是通用的敏化液。敏化后要注意充分地清洗,防止有敏化液不小心带到下道工序活化液中,引起活化液分解而失效。

② 活化。活化适合采用银盐活化法:

硝酸银	0.5～10g/L	温度	室温
氨水	加至溶液刚好透明	时间	5～10min

同样可以用 ABS 塑料电镀的银活化工艺。特别是对于大型结构件,只有采用银盐才比较经济。并且当采用浇淋法时,银离子的浓度可以适当低一些。只有大批量小型化的精密制品如小型工艺品和小结构件,才可以采用钯盐活化或胶体钯活化,否则是不经济的。

(5) 化学镀铜

经过活化后的制品要尽快进入化学镀铜工艺,进行化学镀铜。

硫酸铜	5g/L	pH 值	12.8
酒石酸钾钠	25g/L	温度	室温
氢氧化钠	7g/L	时间	视表面情况而定
甲醛	10mL/L		

对于大型构件，其化学镀铜的时间要长一些，这是因为过大的表面积如果没有足够厚度的化学铜层，构件远端的导电性能难以保证，在其后的电镀加工中会在难以避免的双极现象中导致局部溶解而使电镀层不完全。因此，对于大型玻璃钢电镀制品，在化学镀铜时要有足够的厚度，化学镀的时间要在 1～2h 甚至长达 4h。

（6）加厚电镀

玻璃钢电镀中的一个重要工序是对化学镀层进行加厚。理想的加厚镀液是中性或弱酸性镀镍，或者弱碱性的焦磷酸盐镀铜，但是在实际生产过程中，考虑到方便和成本，多采用的是酸性光亮镀铜工艺：

硫酸铜	180～220g/L	阴极	移动或镀液搅拌
硫酸	30～40mL/L	温度	15～25℃
酸铜光亮剂	2～5mL/L	阴极电流密度	0.5～2.5A/dm²
阳极	酸性镀铜专用磷铜阳极	时间	视要求而定

这个工艺是典型的酸性光亮镀铜工艺，但是也可以用于玻璃钢镀铜的加厚过程。对于最终镀层就是镀铜的制品，可以在一个镀槽内就完成其电镀过程。只是在加厚电镀的开始阶段，要以小电流电镀一定时间并确定全部都有电镀层生成后，再调节到正常电镀密度范围。这和金属基体电镀要用冲击电流是完全相反的，否则会使电镀加工失败。因为玻璃钢电镀前表面的化学镀铜层都很薄，而电极与其接点的接触面积又较小，电流过大时，接点处很容易就会烧掉，造成不但镀不上镀层，还会使化学镀层溶解掉。镀铜用的光亮剂可以从电镀原料供应商那里买到，不要求出光快，要求分散能力好就行。金属电镀因为不存在导电问题，出于效率考虑，往往要求出光快的光亮剂，但是出光快的光亮剂镀层的分散能力一般比较差，因此，要选用分散能力好的光亮剂。在加厚电镀完成以后，就可以进行表面的功能性或装饰性电镀了。

8.2.4.5　玻璃钢电镀容易出现的问题及防止方法

（1）玻璃钢制造过程中出现的问题

玻璃钢电镀制品在电镀过程中出现的问题有相当一部分是与其加工过程的控制有关的。这是所有非金属电镀的共性。即材料本身的问题对质量的影响是最大的。对于电镀玻璃钢来说，常见的问题与解决方法如下。

① 树脂配比不当。树脂配比不当会使表面固化不足而发黏。防止的方法是严格按工艺规定的比例配制树脂。尤其是在树脂需用量大时，要先做小样配，确定配比后再大量配制，同时要根据环境温度和天气情况调节固化剂的用量。

② 金属盐填料加入量不当或搅拌不均匀。金属盐的加入要按工艺要求称量加入，不可凭经验估算加入，并且在加入时采用分批加入，每次都充分搅拌均匀。

③ 浇制过程中的气泡气孔较多。造成这种现象的原因是各组分加入时没有分批和充分搅拌，且树脂黏度过大，可适当加入稀释剂以利气泡逸出。对有些制品，在浇制过程中可以进行振动以促进气泡逸出。

④ 造型过于复杂或大型镀件分割不合理。有些玻璃钢制品的造型很复杂，这是它在造型上比金属有利的一面，但是对于需要电镀的制件，复杂的造型对于电镀层的分布会带来困难。有些大型构件需要分割成若干块来电镀，这时如果分割不合理，比如没有考虑到镀槽的尺寸大小，随意分割，就会使有些地方的电镀有困难而达不到设计预定的效果。

因此，对于需要电镀的玻璃钢制品，在形状的设计上要考虑电镀加工的特点，避免盲孔、死角等不易电镀的部位。

（2）金属化过程中常见的问题

① 粗化不足。粗化是非金属电镀成功与否的关键工序。粗化不足的直接结果是使化学镀沉积不全。或者虽然沉积是全的，但结合力很差，容易起皮、起泡。尤其是虽然沉积有完整的镀层而结合力不好的制品，其危害更大。因为这种质量问题有一定隐蔽性，往往是在完全加工以后才被发现。有些甚至是交付到用户以后才出现起泡等问题，给企业带来较大损失。因此，对粗化工序的管理非常重要。

结合力不好防止的方法是注意粗化液的温度不要太低，并且保证有足够粗化的时间。当粗化液老化时，要及时调整或延长时间、提高温度。对于老化的粗化液，最好弃置不用，而代之以更换新的粗化液。

② 敏化液中毒。由于敏化过程是要使非金属表面具有还原能力，所以保持这种还原能力就很重要。如果敏化液本身被氧化或者敏化后表面局部被氧化，这就是敏化液中毒，也就是失去了还原活化过程的效力，将使化学镀不能进行，完全没有镀层出现或出现得很少、很稀薄。要严格防止其他化学物质混入敏化液，特别是氧化剂类杂质。对已经进行完敏化的制品要即时转入活化工序。避免存放过长时间而致表面氧化而失去作用。即使是局部失效，也会使镀层沉积不全。敏化液不用时要加盖保存。

③ 活化失效。活化液由于采用的是贵金属盐配制，其浓度往往是不高的。因此，很多因素都会使活化液中的贵金属含量降到工艺要求的含量以下。特别是敏化清洗不干净或不小心将敏化等还原性物质混入活化液，都会使活化很快失效。而长期使用没有及时补充，也会导致活化作用下降。表现在化学镀层沉积不出来或者沉积不完全。因此，敏化后进入活化前要认真清洗表面，特别是银盐活化前，要经蒸馏水洗过之后，再进入活化槽，以防止氯离子进入消耗掉银离子。活化液不用时也要加盖。特别是银盐活化还要防止光化学还原。要避光操作和保存。

（3）电镀过程中容易出现的问题

① 玻璃钢制品与挂具接触不良。玻璃钢电镀的制品往往是表面积比较大的产品，如果挂具使用不当，很容易造成导电不良而使电镀失败。防止出现挂具接触不良的办法是在挂具上增加接触点和辅助连接线，使制品与电源有尽量多的连接点，保证电流在制品各个部位的正常导通。对于有些量大而又相对固定的制品，要设计和制作专用的挂具。

② 电镀过程中发生局部镀层溶解。这种现象特别是在大面积制件上容易发生。除了由于导电接点少而导致接点电流过大发生烧坏结点、断电后化学溶解外，局部电流密度低的区域相对高电流密度区会呈现阳极状态，这是"双极现象"的一种，则处于阳极状态的表面如果达到镀层的溶解电位就会发生镀层溶解。防止的方法是保证制品与电极有足够的连接点，并且连接点的接触面积要大一些，不能是点接触。同时在开始电镀时一定要用小电流进行电镀，等全部有了电镀层后再逐步增加电流密度。电镀过程中还要经常观察被镀制品，一旦发现不良的苗头就采取措施，以免不小心电镀失败。

③ 孔隙内残留电解液腐蚀电镀层。在电镀完成后，由于水洗不够，导致有些没有洗干净的电镀液等残留液滞留在制品的孔隙内，在有机会的时候会从孔隙内流出来腐蚀镀层，轻则使镀层出现花斑，重则使镀层发生溶解，露出玻璃钢底层。包括非装饰面内的孔隙藏有的镀液都会对电镀后的质量构成威胁。防止的办法是在制作过程中要避免在制品中形成空洞。再就是在电镀完成之后进行充分的水洗，最好是用温水多洗几次，以使所有残液都被洗净。清洗完成后要尽快干燥。

（4）对局部电镀层出现问题的补救

从质量控制的角度看，不希望在电镀以后再发现问题。而是在每一道工序前都进行必要的检查，不让不合格品进入下道流程，但是玻璃钢制品特别是电镀制品有时有其特殊性，那就是有时只有一两件制品，而又确实有加工难度。这时，还是需要有补救措施的。

最常见的玻璃钢电镀质量问题是局部电镀层破坏。比如由于双极现象出现的溶解，化学镀沉积不全造成的漏镀，局部起皮造成的脱落等。如果制品的主要部位或大部分都是合格的，对于局部的问题补镀后用户可以接受，就可以采用补救措施。

补救方法其实很简单，就是对需要补镀的地方用水砂纸擦光后，用电吹风吹干，然后再在这个部位涂上用紫铜粉调制的金属漆，再用电吹风吹干后，继续进行电镀就可以了。这时涂过金属导电漆的地方会慢慢重新镀上镀层，在镀层达到一定厚度后几乎就看不出来了。当然，当镀层较薄时，可以看见补镀的痕迹。

8.3 尼龙纤维及其纺织品电镀

8.3.1 尼龙纤维及其应用

尼龙是应用较广的一种工程塑料，特别是改性尼龙，由于具有很多的特性，因此，在汽车、电气设备、机械结构、交通器材、纺织、造纸机械等方面得到广泛应用。随着汽车的小型化、电子电气设备的高性能化、机械设备轻量化的进程加快，在对尼龙的需求增加的同时，对其功能方面的要求也在增加，尼龙纤维的导电性和面料的智能化就是一个重要的例子。尼龙纤维纺织品经镀银加工成为镀银纤维后，具有良好的电磁性能，在工业和军事领域都有重要应用价值。由于尼龙是强介电材料，要想在其表面进行金属镀覆加工需要有专业的工艺技术。除了采用真空镀膜技术，采用电镀技术制造镀银尼龙纤维已经是主要的方法。

现在常用的尼龙纤维有两种，即尼龙 6 和尼龙 66。尼龙 6 为聚己内酰胺，尼龙 66 为聚己二酸己二胺。尼龙 66 比尼龙 6 要硬 12%，而理论上说，硬度越高，纤维的脆性越大，从而越容易断裂。在熔点及弹性方面，尼龙 6 的熔点为 220℃，而尼龙 66 的熔点为 260℃。

但对一般产品的使用环境而言，这并不是一个很大的差别。只是较低的熔点使得尼龙 6 与尼龙 66 相比具有更好的回弹性、抗疲劳性及热稳定性。因此，适合用作电镀纤维面料的尼龙，应该是尼龙 6（PA6）。该材料具有最优越的综合性能，包括机械强度、刚度、韧度、机械减震性和耐磨性。再加上良好的电绝缘能力和耐化学性，使尼龙 6 成为一种通用级材料。

从外观上看，尼龙 6 为纯白色，而尼龙 66 呈奶黄色。但是在制成纤维后就难以区别其外观的颜色了，因此，在使用前要通过严格检验后确定其属于哪种尼龙。

8.3.2 尼龙电镀前的表面调质

尼龙电镀本身在非金属电镀中就是较难的一项技术，在开发了电镀级尼龙后，这一难度有所下降，在很多工业领域中已经大量采用电镀尼龙产品，例如汽车装饰件、灯饰、卫浴用具等。但是，在柔性尼龙纤维上则仍然是难度较大的技术。因为经过改性的电镀级尼龙，其强度和弹性都不适合于纺丝。

实践证明，采用传统工艺不易在尼龙纤维表面获得良好结合力的镀层，其关键在于表面的微观粗化和化学镀两个要点。

图 8-1 就是从这种传统工艺中获得的结合力不良银镀层的放大照片，图中刻度的单位是 mm。从图 8-1 放大的纤维丝内可以看出，由于前处理不良，导致纤维束内部镀层沉积不全，有漏镀现象，而有镀层的地方，结晶也较粗大。因此，采用常规的非金属表面金属化技术，难以在布料上获得良好的镀层。

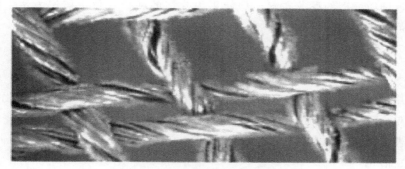

图 8-1　纤维镀银结合力不良

图 8-2 是在尼龙 6 纤维上制作的镀银尼龙纤维布料的放大镜观测图，放大倍数为 100 倍。经测试，镀层结合力符合要求，接触电阻＜5Ω/cm。试验过程中，在采用传统非金属电镀工艺对尼龙纤维进行电镀时，虽然也能在纤维面料上得到镀层，但其结合力不良。

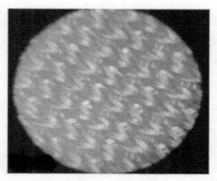

图 8-2　尼龙纤维布料镀银（X100）

要想在尼龙面料上获得良好的金属镀层，需要从前处理和化学镀、电镀等多方面着手改进工艺，而关键是让尼龙面料获得良好的粗化效果，而又不改变尼龙布料的性能。

研究发现，用传统粗化方法，会对尼龙布料产生不良影响，或者说用粗化的概念，不适合对纤维或纤维布料进行处理，笔者试验了一种方法，是对表面进行调质处理。所谓表面调质，是采用具有氧化作用的化学物质，对纤维材料表面进行氧化处理，从而使纤维表面稳定的有机物大分子结构的长链分子中的有些链断开，呈现出可以与其后化学处理液中的有效化学基团相连接的状态。这种过程与刚性非金属材料表面粗化的物理结合不同，是一种化学基团间的化学结合力，从而可以提高镀层与柔性纤维材料表面的结合力。可以进行表面调质的化学处理液为氧化性酸，例如硫酸，氧化性盐，例如高锰酸钾等氧化剂。一个可用的例子如下：

硫酸或盐酸或其他氧化性酸 10～100mL/L

高锰酸钾或其他酸性氧化剂、两性氧化剂 5～100g/L

温度 30～80℃

处理时间 15～90min

经上述处理后，充分水洗干净。

经过调质处理的尼龙布料，即使采用常规的敏化和化学镀银方法，操作得当，也可以获得结合力良好的镀层。

8.3.3　活化与化学镀

经表面调质处理的尼龙需要进行表面活化处理，然后再进行化学镀。传统工艺的活化采用的是分步活化法，就是先对表面进行敏化处理，再进行活化。实验证明，对于纤维化学镀银，在敏化后可直接进行化学镀，而省去活化工序。可以认为这种敏化也是使表面活性化的过程。

（1）活化

敏化处理：氯化亚锡　　　5g/L　　　温度　　　　　　　　室温

　　　　　盐酸　　　　30mL/L　　　时间　　　　　　　　5min

　　　　　乙醇　　　　300mL/L

可在敏化液中放入金属锡粒或锡块，以延缓四价锡盐的产生。如果用于化学镀银，这样处理后以去离子水清洗干净后即可化学镀银。如果是化学镀铜或镍，则要进行进一步活化处理：

硝酸银　　　　　　　5g/L　　　温度　　　　　　　　室温

氨水　　　　　滴加至透明　　　时间　　　　　　　　5min

先用蒸馏水溶解硝酸银，然后往其中滴加氨水，先会再现混浊，继续滴至透明为终点。避光加盖保存。

如果是化学镀镍，则需要采用钯盐活化：

氯化钯　　　　　　0.5g/L　　　温度　　　　　　　　室温

盐酸　　　　　　10mL/L　　　时间　　　　　　　　5min

OP 乳化剂　　　　2mL/L

（2）化学镀银

A 液：硝酸银　　　　3.5g/L　　　B 液：葡萄糖　　　　　　25g

　　　氢氧化铵　　　　适量　　　　　　酒石酸　　　　　　4g

　　　氢氧化钠　2.5g/100mL　　　　　乙醇　　　　　100mL

　　　蒸馏水　　　　60mL　　　　　　蒸馏水　　　　　1L

在配制 A 液时要注意在蒸馏水中溶解硝酸银后，要用滴加法加入氨水，先会产生棕色沉淀，继续滴加氨水直至溶液变透明。再加入氢氧化钠，又变黑色，继续加入氨水至透明。

在配制 B 液时，要先将葡萄糖和酒石酸溶于适量水中，煮沸 10min，冷却后再加入乙醇。使用前将 A 液和 B 液按 1:1 的比例混合，即成为化学镀银液。还可根据镀速需要调整镀液浓度，即适当稀释 A 液和 B 液，再行混合使用。

以甲醛为还原剂：

A 液：硝酸银　　　　20g/1000mL 水，氨水滴加至透明

B 液：38％甲醛　40mL/200mL 水。

使用前以 1∶1（质量为 5∶1）混合使用。温度室温，时间视需要而定。

以酒石酸盐为还原剂：

A 液：硝酸银 20g/L

B 液：酒石酸钾钠 100g/L

使用前以 1∶1 混合，温度室温（10～20℃），时间 10min。可加入稳定剂二碘铬氨酸 $4×10^{-6}$ mol。

化学镀银基本上都是一次性使用，因使用后即自分解而失效，所以要注意使用效率，一次性投入镀件要足量，但又不能过量，否则会因不稳定而加快失效。

镀前镀后处理也很重要，镀前表面要无油污，再浸有敏化活化物（氯化亚锡）。镀后一定要充分清洗，以去除镀液残留物，否则会迅速变色。

（3）化学镀铜

硫酸铜	5～7g/L	pH 值	12.5
酒石酸钾钠	30～35g/L	温度	25℃
氢氧化钠	10g/L	时间	30min
甲醛	50mL/L		

8.3.4　尼龙纤维电镀

大多数场合，尼龙纤维布完成化学镀银并进行后处理后，就已经是成品。对于有些需要电镀加厚或镀其他镀层的制品，则需要在专业装置上进行电镀。这时通常都要在化学镀基础上再电镀酸性镀铜加厚，或在铜镀层上再镀其他镀层。

硫酸盐镀铜的组成和操作条件如下：

硫酸铜	60～80g/L	阳极电流密度	1～2A/dm²
硫酸	90～115mL/L	阴极电流密度	2～3A/dm²
氯离子		温度	25℃
	50～70ppm（1ppm＝$1×10^{-6}$）	搅拌	阴极移动或空气搅拌
光亮剂	适量		
阳极			
磷铜（P：0.003％～0.005％）			

如果用自来水配制，可以不另外添加氯离子。但印刷线路板行业所有工作液基本上是采用去离子水配制，所以要另外加入氯离子，这时一定要注意添加量的控制，千万不可过量，宁少勿多，否则要想去掉多余的氯离子就很麻烦了。

光亮剂因为基本上是商业化的，要根据说明书的用量添加和补充，一般在1～2mL/L 左右。宁可少加而不要过量。

8.4 塑料电镀技术的发展

塑料电镀技术的进步使其应用扩展到了其他非金属材料的电镀，从而综合了非金属材料特别是塑料和树脂类材料和金属材料两方面的优点，因此其应用前景是非常广阔的。随着电镀和非金属材料技术的进步，这种应用的潜力会进一步增加。

在陶瓷体上电镀铜制作特制的电容器已经是成熟的技术；也有人对全塑料封装的小型变压器的外封装塑料进行电镀来屏蔽电磁场等。这些都是利用了非金属电镀的特点。其中一个很重要的应用就是将非金属电镀作为加工过程来获得所需要的产品。这方面最为典型的就是以非金属为模型的电铸。下面以用于高性能电池用泡沫镍的生产作为例子，来说明非金属电镀在电子工业领域的应用情况。

现在，手机、笔记本电脑、数码相机等已经是家喻户晓的电子产品，这些电池产品的寿命是大家非常关心的指标，而决定电池寿命的一个很重要的参数是电池内电极的表面积。如何增加电池电极的表面积是电源产品开发技术人员用尽心思的事。终于一种大面积的产品被开发出来了，这就是泡沫镍电极。而泡沫镍电极的生产采用的就是非金属电镀的技术。大家知道，仿海绵泡沫塑料的表面积是很大的，制成海绵泡沫很容易，但是在没有非金属电镀技术以前，如果想制成像海绵泡沫一样的金属泡沫，几乎是不可能的。在有了非金属电镀技术后，世界各地已经在大量生产泡沫镍，以满足世界对大量高能可充电电池的需要。而泡沫镍的生产就是采用了典型的非金属电镀的加工过程。泡沫镍的生产者将一定厚度较大面积的泡沫塑料经过前处理后，经敏化、活化后进行化学镀镍，然后电镀加厚，使整个泡沫塑料都镀上了厚厚的一层镍，然后经过高温烘烤，将作为模体的泡沫塑料蒸发掉，所得就是完全由金属镍构成的泡沫镍了。

由以上例子可以知道，非金属电镀技术有着多么广泛的应用前景。因此，了解和掌握非金属电镀技术，不仅仅对表面处理技术工作者，就是对电子、机械、汽车、航天、海运以至于医学、工艺美术等各类专业人员，都是有益的。因为，在边缘科学和交叉学科领域里耕耘的人，会有意外的收获。读者如果想全面了解非金属电镀方面的知识，可以参阅本章参考文献 [1] 作者的另一本著作《非金属电镀与精饰：技术与实践》。

非金属电镀技术经过半个多世纪的发展，已经是十分成熟的工艺技术，这是没有疑问的。其应用领域也在进一步扩大，这也有了许多例证。特别是现代电子工业的发展，给了非金属电镀和精饰更大的空间。

但是非金属电镀技术并非是十全十美的技术，仍然存在比较烦琐的加工过程和工艺限定。因此，有不少人在简化工艺过程和扩大其适应性方面做了许多工作。比如集粗化、敏化、活化于一液的"一步活化法"，就有不少专利申请。还有开发直接催化化学镀的塑料，以完全省掉金属化的前处理工艺，并且已经取得了成功。更有在聚丙烯为载体的塑料中分散导电微粒，在低电压下以小电流直接电镀镍，已经可以获得连续的镀层。

所有这些技术进步都是因为塑料电镀技术仍有较大的市场需求。相信还会有一些新的技术改进涌现出来。以下是这方面的若干展望。

（1）新型直接催化或直接电镀塑料

一种可行的方案是开发塑料成型前添加在母料中的化学镀催化剂，这种催化剂分散在塑料中，经过粗化处理后裸露在表面，成为化学镀的催化中心，这一技术与已经开发出的专用催化镀塑料最大的不同是可以在任何塑料中添加这种催化剂，从而使直接催化镀塑料技术普及化。

也有的技术开发的目标是在塑料表面分散导电性微粒，使塑料略经表面处理后就可以在电镀槽中直接进行电镀。更进一步的发展是可以直接电镀的塑料。

（2）高强度可镀塑料

现在，可以称为电镀级的塑料并不多，而 ABS 塑料虽然可镀性很好，但是强度却不高。因此，开发可电镀的高强度塑料是很有必要的，这将扩大塑料在各个领域的应用，使更多的工程塑料表面具有金属的功能。

已经有短纤维复合材料技术在塑料中应用的实例，最近已经有短纤维和颗粒混杂增强 ABS 复合材料的研究报告发表。这项研究开发了一种新型短玻纤/颗粒混杂增强 ABS 复合材料。对于如何在显著降低成本的情况下而同时提高短纤维增强树脂基复合材料的综合力学性能方面有指导意义。可以设想，当颗粒的细微程度达到纳米级时，复合材料的性质会发生一些重要的变化，相信是有利于提高复合材料力学性能的方向。细微颗粒的加入不会影响塑料表面的光洁度，这对进行装饰性电镀是有利的。而当可镀性复合材料的品种增加以后，复合材料的应用就会有更加迅速的扩展。事实上，正如前面已经介绍过的，增强复合材料已经在航空、航天和航海产品中大量采用。特别是在军工领域，更是各国竞相开发而又相互保密的课题。而在高强度复合材料上电镀金属镀层，可以说是如虎添翼，相信有着重要的应用前景。

（3）选择性电镀塑料

目前塑料电镀基本上是全件电镀方式，但是塑料优越的成型性在众多的应用中有时需要局部电镀或选择性电镀。如果靠现行工艺来达到局部镀或选择性电镀的效果是比较困难的。塑料表面的有机基团或键位有可能利用印刷方式获得局部镀与不镀的选择性印刷膜层，在其后的金属化或电镀中只对需要镀层或精饰的部位施镀。

（4）生物工程塑料的图形电镀

无论是从医学还是人工智能的角度看，生物工程塑料的开发都在加紧进行中。有些人工骨关节已经投入使用，但是更高级的人工生物材料涉及微处理器的连接等问题，而在生物工程塑料中再植入印制板将增加空间需求，在有些场合是很难办到的。在这种情况下，完全可以在其上用非金属电镀技术直接制作所需连接的线路，从而达到连接所有功能块的目的，这样可以省掉印刷线路基板。这种直接在功能器件上印刷线路并实施电镀的方法将是流行的加工方法。

参 考 文 献

[1] 刘仁志. 非金属电镀与精饰：技术与实践 [M]. 北京：化学工业出版社，2006.

[2] 姜作义，张和善. 纤维-树脂复合材料技术与应用 [M]. 北京. 中国标准出版社，1990.

[3] 黄家康，沈玉华. 玻璃钢模压成型工艺 [M]. 北京. 中国建筑工业出版社，1982.

[4] 刘仁志. 强化玻璃纤维材料的电镀及其应用 [J]. 表面工业杂志（台湾），1990，22：30.

第 **9** 章

纳米电镀

9.1 纳米与纳米材料技术

在进入 21 世纪之前,纳米就已经成为时髦的社会词汇。很多人还没有弄清什么是纳米,就已经谈论纳米时代,一些产品也迅速冠以"纳米"产品的名称,以炒作科技新概念来谋利。因此,当电镀界也谈论起纳米时,多少都会引起人们的误会,以为只是一种赶时髦的噱头而已。

但是令很多人没有想到的是,纳米科技的出现就如当初电子技术的出现一样,一下子将电镀技术与最前沿的高新技术联系了起来,以至于我们在讨论电子电镀时,不能忽略纳米电镀这一重要的新技术。

9.1.1 从纳米到纳米材料

纳米是英文 namometer 的译名,简单地说只不过是一种长度单位,符号为 nm。$1nm = 10^{-10}m$(即十亿分之一米),约为 10 个原子的长度。纳米这一词之所以转变成了一种材料的代称,是因为所有的材料当其尺寸大小在纳米的级别时,会出现一些新的特性,大大不同于处于宏观状态的同一种材料,而发现这一奇特现象也就是 20 世纪 80 年代的事。

1980 年的一天,在澳大利亚的茫茫沙漠中有一辆汽车在高速奔驰,驾车人是一位德国物理学家,H.格雷特(Gleiter)教授。他正驾驶着租用的汽车独自横穿澳大利亚大沙漠。面对空旷、寂寞、孤独的环境,他的思维特别活跃。他是一位长期从事晶体物理研究的科学家。此时此刻,一个长期思考的问题在他的脑海中跳动:如何研制具有异乎寻常特性的新型材料?

在长期的晶体材料研究中,人们将具有完整空间点阵结构的实体称为晶体,在晶体材料中,点阵是晶体材料的主体;而把空间点阵中的空位、替位原子、间隙原子、相界、位错和晶界看作晶体材料中的附件甚至是缺陷。这个时候,他想到,如果从逆方向思考问题,把"缺陷"作为主体,研制出一种晶界占有相当大体积比的材料,那么将会是怎样的呢?格雷特教授的这种新思路马上成为科学探索者新的研究课题,经过 4 年的不懈努力,他领导的研究小组终于在 1984 年研制成功了黑色金属粉末。试验表明,任何金属颗粒,当其尺寸在纳米量级时都呈黑色。纳米固体材料(nanometer sized materials)就这样诞生了。1989 年,格雷特正式提出纳米材料的概念[1]。

实际上,纳米材料作为一种微小尺寸的物质也并不是新发明,我国古代以松烟制作的高性能磨墨就是一种纳米材料。还有古代铜镜表面的防锈层也是由纳米氧化锡组成的,但是当时的人们是绝不可能有纳米这样一个微观尺寸概念的,只是一种自发应用而已。

纳米材料一诞生,即以其异乎寻常的特性引起了材料界的广泛关注。这是因为纳米材料具有与传统材料明显不同的一些特征。例如,纳米铁材料的断裂应力比一般铁材料高 12 倍；气体通过纳米材料的扩散速度比通过一般材料的扩散速度快几千倍等；纳米相的铜比普通的铜坚固 5 倍，而且硬度随着颗粒尺寸的减小而增大；纳米陶瓷材料具有塑性或称为超塑性等。

9.1.2　纳米材料的特性

那么，纳米材料为什么会有如此奇妙的特性？这与纳米材料的小尺寸效应有极大的关系。并且由于处在这种小尺寸状态而产生出诸如表面和界面效应、量子尺寸效应、宏观量子隧道效应等，从而表现出各种奇特的性能。

（1）小尺寸效应

所谓小尺寸效应也可以叫作体积效应。当固体微粒的尺寸小到与光波的波长或电子传导的德布罗意波长等物理特征的各种量的尺寸相当或更小时，其原来的固体边界条件将被破坏，这时，亚稳态的物质将在声、光、电、磁、热、力学等各个方面都表现出与大颗粒状态时不同的特性，这一效应就是小尺寸效应或体积效应。比如可以通过改变涂料颗粒的尺寸来控制吸收波长的位移，制成具有一定带宽的微波吸收材料，用于隐形飞机、电磁波屏蔽材料等。

（2）表面与界面效应

当材料表面尺寸减小而达到纳米级时，表面原子数与总原子数的比会增加，其表面能与表面张力也增加，这就是表面或界面效应。纳米材料的这种结构特点使材料表面许多原子与内部原子不同而存在许多空键，具有强烈的不饱和性，从而有很高的化学和电化学活性。

（3）量子尺寸效应

当粒子的尺寸小到某一个值时，金属费米能级附近的电子能级由连续变为离散，对于纳米级半导体材料存在的不连续的最高分子轨道和最低分子轨道的能级和能隙变宽，此效应被称为量子能级效应。由于量子能级效应使纳米材料的催化、光、热、磁、电和超导等特性与宏观材料特性有很大不同。

（4）隧道效应

微观粒子能够贯穿能垒的能力称为隧道效应。一些宏观物理量如磁化强度、磁通量等也具有隧道效应，这些现象因此也叫宏观量子隧道效应。隧道效应为研究微电子器件的进一步微型化确立了极限，为未来微电子器件的开发提供了理论基础。

9.1.3　纳米材料的应用

现在我们已经知道，所谓纳米材料技术，是一种材料新技术。将材料加工到纳米级的尺寸，就形成了一种新的材料，从而出现许多新的材料特性，是物质从量变到质变的一个典型的例子。现在已经确定的纳米材料已经有很多种，各自有其应用，我们择要介绍如下。

（1）效应颜料

这是纳米材料最重要、最有前途的用途之一，特别是在汽车的涂装业中，因为纳米材料具有随角度变化色彩的性能，使汽车面漆大增光辉，深受配漆专家的喜爱。

（2）防护材料

由于某些纳米材料透明性好和具有优异的紫外线屏蔽作用，在产品和材料中添加少量（一般不超过含量的 2%）的纳米材料，就会大大减弱紫外线对这些产品和材料的损伤作用，使之更加具有耐久性和透明性，因而被广泛用于护肤产品、装饰材料、外用面漆、木器保护、天然和人造纤维以及农用塑料薄膜等方面。

更为重要的应用是在特别功能性防护方面的应用，比如隐形飞机、电磁屏蔽、射线防护等，都将随着纳米防护新材料的出现而改变传统的防护方式。

（3）精细陶瓷材料

使用纳米级陶瓷材料可以在低温、低压下生产质地致密且性能优异的陶瓷。因为纳米粒子非常小，很容易压实在一起。此外，纳米粒子陶瓷组成的新材料是一种极薄的透明涂料，喷涂在诸如玻璃、塑料、金属、漆器甚至磨光的大理石上，具有防污、防尘、耐刮、耐磨、防火等功能。涂有这种陶瓷的塑料眼镜片既轻又耐磨，还不易破碎。

（4）高效催化剂

纳米粒子表面积大、表面活性中心多，为做催化剂提供了必要的条件。目前将纳米粉材如铂黑、银、氧化铝和氧化铁等直接用于高分子聚合物氧化、还原及合成反应的催化剂，可大大提高反应效率。利用纳米镍粉作为火箭固体燃料反应催化剂，燃烧效率可提高 100 倍，如硅载体镍催化剂对丙醛的氧化反应表明，镍粒径在 5nm 以下，反应选择性发生急剧变化，醛分解反应得到有效控制，生成酒精的转化率急剧增大。

（5）传感材料

纳米粒子具有高比表面积、高活性、特殊的物理性质及超微小性等特征，是适合用作传感器材料的最有前途的材料。外界环境的改变会迅速引起纳米粒子表面或界面离子价态和电子运输的变化，利用其电阻的显著变化可做成传感器，其特点是响应速度快、灵敏度高、选择性优良。最新的信息显示，已经有科学家考虑采用"浮尘法"将微小的传感器送到外太空，随太阳风等宇宙风在太空飘浮，以探测宇宙信息。

（6）易烧结材料

由于纳米粒子的小尺寸效应及活性大，不论高熔点材料还是复合材料的烧结，都比较容易。具有烧结温度低、烧结时间短，而且可得到烧结性能良好的烧结体。例如普通钨粉需要在 3000℃的高温下烧结，而当掺入 0.1％～0.5％的纳米镍粉时，烧结成型温度可降低到 1200～1311℃。

（7）医学与生物工程材料

纳米粒子与生物体有着密切的关系，如构成生命要素之一的核糖核酸蛋白质复合体，其粒度在 15～20nm 之间，生物体内的多种病毒也是纳米粒子。此外，用纳米 SiO_2 微粒可进行细胞分离，可用金的纳米粒子进行定位病变治疗，可以减少副作用等。研究纳米生物学可以在纳米尺度上了解生物大分子的精细结构及其与功能的关系，获取生命信息。特别是细胞内的各种信息。利用纳米粒子研制成机器人，注入人体血管内，可对人体进行全身健康检查，疏通脑血管中的血栓，清除心脏动脉脂肪沉积物，甚至还可能清除病毒、杀死癌细胞等。

（8）新能源与环保材料

德国科学家正在设计用纳米材料制作一种高温燃烧器，通过电化学反应过程，不经燃烧就把天然气转化为电能。燃料的利用率要比一般电厂的效率提高20％～30％，而且大大减少了二氧化碳的排放量。

（9）微器件纳米材料

特别是纳米线，可以使芯片集成度提高，电子元件体积缩小，使半导体技术取得突破性进展，大大提高了计算机的容量和运行速度，对微器件制作起决定性的推动作用。纳米材料在使机器微型化及提高机器容量方面的应用前景被很多发达国家看好，有人认为它可能引发新一轮工业革命。

（10）光电材料与光学材料

纳米材料由于其特殊的电子结构与光学性能作为非线性光学材料、特异吸光材料、军事航空中用的吸波隐身材料以及包括太阳能电池在内的储能及能量转换材料等具有很高的应用价值。

（11）增强材料

纳米结构的合金具有很高的延展性等，在航空航天工业与汽车工业中是一类很有应用前景的材料；纳米硅作为水泥的添加剂可大大提高其强度；纳米纤维作硫化橡胶的添加剂可增强橡胶并提高其回弹性，纳米管在作纤维增强材料方面也有潜在的应用前景。

（12）纳米滤膜

采用纳米材料发展出分离仅在分子结构上有微小差别的多组分混合物，实现高能分离操作的纳米滤膜。其他还有将纳米材料用作火箭燃料推进剂、H_2 分离膜、颜料稳定剂及智能涂料、复合磁性材料等。

从以上简要的介绍可知，纳米材料由于具有特异的光、电、磁、热、声、力、化学和生物学性能，广泛应用于宇航、国防工业、磁记录设备、计算机工程、环境保护、化工、医药、生物工程和核工业等领域。不仅在高科技领域有不可替代的作用，也为传统产业带来生机和活力。可以预言，纳米材料制备技术的不断开发及应用范围的拓展必将给传统的化学工业和其他产业带来重大影响。一种新材料的出现往往是划时代的，就如人类经历了石器时代、青铜器时代和铁器时代一样，不久我们将面临的是纳米材料时代。

9.1.4 纳米材料的制取方法

从纳米材料的特征上可知，可以从理论上知道将物质分小，使其尺寸达到纳米级时，就可以得到纳米材料。从现在已经有的加工方法来看，制取纳米材料有物理法、广义化学法和辐射法等。

（1）物理法

物理法是传统微粒制取法的延伸，主要有离子溅射、分子束外延技术、高能机械球磨法、机械合金化法、物理蒸发以及激光蒸发等技术。由于这些方法是基于已有的微粒的制造法，所以工艺成熟，在早期纳米材料的获得研究中多采用，但是这类方法存在对原始材料要求高、设备昂贵、工艺复杂、制作时间长等缺点，用于大规模工业化生产存在一些问题。

（2）广义化学法

这里之所以在化学法前加广义二字，是因为这类方法更接近物理化学的范畴。这类方法包括化学气相沉积法、化学沉淀法、水热合成法、溶胶-凝胶法、有机酸配体法、沉淀溶胶法、醇盐水解法、溶剂蒸发法、喷雾热分解法、微乳液法、生物化学法等。采用这类方法制备纳米材料与物理法相比具有组分容易控制、微量元素添加方便、设备要求相对低、操作简便等优点，但也存在初期生成的粒子容易处于凝聚状态、需要分散处理和体系中元素较多、容易产生杂质等缺点。

（3）辐射法

严格地说辐射法是间接制取法，是采用辐射作为催化或作为制作模板的工具，比如制作电沉积法中的模板。所用辐射源有紫外辐射、红外辐射、激光辐射、粒子射线辐射、核辐射等。这类方法不是常规方法，不多见于应用，主要用于科研和基础研究工作中。

（4）电化学法

采用电化学方法制备纳米材料的进展虽然是近十几年的事，但有关这方面的研究则可以追溯到20世纪30年代末，早在1939年，Brenner就在其博士论文中论述了使用两个含不同成分电解液的电解池，在其中交替进行电沉积制备纳米叠层膜的研究。此后他一直从事这项研究，于1949年提出了工艺改进，并在1963年提出了单槽电沉积制备纳米金属多层膜的技术，成为电沉积获得金属纳米材料的开端，进入20世纪90年代，随着表面技术的迅速发展，纳米叠层膜的研究也越来越深入，电沉积法制备纳米叠层膜已经成为一个比较成熟的获得纳米晶体的方法[2]。

9.2　电沉积法制取纳米材料

9.2.1　电镀是获取纳米材料的重要技术

电镀是电化学沉积工艺中应用最广泛的技术，由于通过电镀也可以获得纳米级的电沉积物，因此，采用电沉积法制取纳米材料是纳米电镀的重要内容，并且已经成为电子电镀总概念中的一个重要子概念。

以电沉积的方法制备纳米材料经历了早期纳米薄膜、纳米微晶制备到现代电化学制备纳米金属线等的过程，已经有几十年时间的发展，在 20 世纪 90 年代则集中研究了脉冲电沉积纳米晶体的各种影响因素，将复合镀中的微细粒子以纳米级微粒替代则是近十来年的事。

9.2.2　电沉积法的优点

用电沉积法制备纳米材料是目前纳米材料制备中最为活跃的一个领域。这是因为与其他方法比较，电化学法有以下优点。

（1）可以获得各种晶粒尺寸的纳米材料

采用电化学沉积法制取的纳米晶粒的尺寸在 $1 \sim 100 nm$ 之间，并且可以获得多种物质的纳米材料，比如纯金属，包括铜、镍、锌、钴等，合金如钴钨、镍锌、镍铝、铬铜、钴磷等，还可以制取半导体（硫化镉等）、纳米金属线、纳米叠层膜以及复合镀层等。

（2）方法简便

电化学沉积法制备纳米材料的方法与其他方法比较，是相当简便的，很少受到纳米晶粒尺寸限制或形状限制，并且具有高的密度和极少的孔隙率。

（3）所获纳米晶体的性能独特

采用电沉积法获得的纳米晶体材料的性能很独特，以电沉积纳米镍为例，所获纳米镍有硬度高、温度效应好和催化活性高等特点。

（4）成本低、效率高

采用电化学沉积法制备纳米材料的成本相对物理法和其他方法要低得多，并且可以获得大批量的纳米材料，这是极具工业价值的优点，为纳米材料的生产提供了一个切实可行的工业化规模的方法。

9.2.3　模板电沉积制备一维纳米材料

在电化学制备纳米材料的各种方法中，一维纳米材料的制备特别引人注目[3]。一维纳米材料的制备方法很多，其中的物理方法如气固相生长法、激光烧蚀法、分子外延法等，都需要昂贵的设备，而金属电沉积的方法则由于成本低、镀覆效率高、可控制性能好和在常温下操作等优点而成为制备纳米管的重要方法。电化学制备纳米管的方法也称为模板电沉积法。

所谓模板电沉积是通过电化学方法使目标材料在纳米孔径的孔隙内沉积的方法。由于纳米孔隙的限制，电沉积物保持在纳米孔径的尺寸成长，从而制成纳米线或管。一维纳米材料的一维概念指的就是纳米材料只在直径上保持纳米级尺寸，而可以在长度上达到宏观材料的尺寸。因此，获得具有纳米孔径的模板对于电沉积法制备一维纳米材料是一个技术关键[4]。

(1) 模板的制备

常用的模板分为两类，一类是有序模板，比如经铝氧化获得的氧化铝孔隙阵列，另一类是无序孔洞模板，比如高分子模板、金属模板、纳米孔洞玻璃、多孔硅模板等。

① 高分子模板。高分子模板是采用厚度为 $6\sim20\mu m$ 的聚碳酸酯、聚酯等高分子模，通过核裂变或回旋加速器产生重核粒子轰击，使其出现很多微小缺陷孔，再用化学腐蚀法将缺陷扩大为孔隙。这种模板的特点是孔隙呈圆柱形，膜内存在交叉现象，孔的分布不均匀且无规律，孔径可以小到 10nm，孔的密度大约在 10^9 个/cm^2。显然这种制模方法的成本很高。

② 氧化铝模板。铝氧化膜的多孔性是表面处理业众所周知的性能。利用铝氧化的特点来制作纳米材料模板是一种比较理想的方法。将经退火处理的纯铝在低温的草酸或磷酸、硫酸的电解氧化槽液中进行低温阳极氧化，可以获得排列非常规律和整齐的微孔。这些孔全部与基板垂直，大小一致，形状为正六边形。这种孔的密度最高可达到 10^{11} 个/cm^2，且孔径可调，制备简单，成本低，是工业化制备模板的重要方法。并且也是一种电化学方法。

③ 金属模板。金属模板法是在铝模板上真空镀上一层金属膜，再将含有过氧化苯甲酰的甲基丙烯酸甲酯单体在真空下注入模板，通过紫外线或加热使单体聚合成聚甲基丙烯酸甲酯阵列，然后用氢氧化钠溶液除去氧化铝模板，获得聚甲基丙烯酸甲酯的负复型，将负复型放在化学镀液中，在孔底金属薄膜的催化作用下，金属填充了负复型的孔洞，最后用丙酮溶去聚甲基丙烯酸甲酯，就可以得到金属孔洞的阵列模板。

④ 其他材料模板。其他材料的微孔模板有孔径为 33nm、孔密度达 10^{10} 个/cm^2 的玻璃膜；也有新型微孔离子交换树脂膜、生物微孔膜等。

(2) 纳米材料的电沉积

电沉积制备一维纳米材料的方法可分为直流法和交流法。从镀液的组成可以分为单槽法和双槽法。

① 直流电沉积。直流电沉积法也就是我们熟知的电镀方法。这种方法可以采用非金属材料的筛状模孔，在孔的一端用非金属电镀的方法镀上一层金属底层后，再在从底板上沿孔隙电沉积出金属镀层而获得与纳米孔径同型的纳米金

属线。

② 交流电沉积。这是基于铝阳极氧化膜的单向导通性而采用的交流电沉积的方法，这种方法在铝材的阳极氧化电化学着色中有过应用。铝阳极氧化膜孔内的阻挡层因为有较高电阻，通常是不利于阴极电沉积过程的，但是在交流电作用下，处于阳极状态时，其电阻作用不至于引起溶解过程，但在负半周时，却有利于电沉积过程的进行，这种周期脉冲作用加强了阴极过程，从而实现了交流电作用下的电沉积，使金属沉积物得以在孔内以纳米尺寸成长。

③ 交流双槽法。这是为了获得多层纳米结构的材料而采用的方法，是以交流电沉积为基础，在两个电解槽中获得多层金属纳米材料的方法。

④ 直流双脉冲法。直流双脉冲法也是用于制备多层纳米线的方法。这是通过恒电位仪产生双脉冲电流，在不同电位下沉积出不同的金属从而构成多层纳米金属线的方法。在同一电解液内溶解具有不同电沉积电位的金属离子，根据电沉积比例和电极过程行为确定其浓度，然后以模板为阴极进行电沉积，先以一个电位进行电沉积，这时金属 A 沉积出来，然后变换电位沉积另一种金属，从而可以在一槽内以不同电位获得不同金属来组成多层纳米材料。

9.3　纳米复合电镀技术

纳米电镀不仅只是纳米材料的制造技术，而且也是可以利用电镀技术的特点在材料表面获得纳米材料性能的技术，从而为纳米材料的应用提供了一种最为简便和较为经济的方法。因此，电镀纳米材料成为现代电子电镀中一个重要的研发领域，受到越来越多的重视。有关这方面的技术研究课题层出不穷，有些技术成果已经具备实用价值。

利用电镀获取纳米镀层与以电沉积法制作纳米材料是不同的概念。制作纳米材料所要的成品是一种材料，与基体没有多大直接关系，而纳米电镀膜则是一种新的镀层，其具有纳米材料的性质。

利用控制电镀工艺参数来获得纳米晶体镀层在技术上是可行的，但在实际操作中存在一定困难。而在基质镀液中加入纳米粒子来获得纳米复合镀层，则是纳米电镀得以广泛应用的一个重要而又简便的方法。由此，我们知道，纳米电镀有直接电镀纳米膜层和利用在镀液中分散纳米级的添加物来获得含有纳米微粒的复合镀层两种方法。而现在进入实用阶段的纳米电镀技术，主要是复合镀技术。

9.3.1　纳米复合镀的特点与类型

将纳米级微粒分散在镀液中与镀层共沉积来获得纳米材料复合镀层是纳米电镀最为常见的技术。由于复合镀具有分散粒子和基体材料的共同特性，加入纳米材料就可以获得具有纳米性能的复合镀层。由于复合电镀在电镀技术中已经是很成熟的技术，因此，将复合材料转换成纳米材料是很自然的事。显然，纳米复合材料引进复合镀，给这一本身就是新技术的复合镀提供了更为广阔的发展空间。纳米复合镀层所表现出的诸多优异性能已使纳米复合镀技术迅速成为复合镀技术发展的又一热点。

9.3.1.1 纳米复合镀的特点

与普通镀层相比，纳米复合镀层在结构上主要有以下特点。

（1）多相结构

纳米复合镀层由大量均匀弥散分布于基质金属中、尺寸在纳米量级的纳米粒子与基质金属两部分构成，因而纳米复合镀层具有多相结构。

（2）纳米粒子影响基质金属结晶的尺寸

纳米粒子在与基质金属共沉积过程中，纳米粒子的存在将影响基质金属的电结晶过程，使基质金属的晶粒大为细化，甚至可使基质金属的晶粒小到纳米尺度而成为纳米晶。

（3）纳米粒子含量较低

纳米复合镀层中纳米粒子的含量通常不超过 10%（质量分数）。因此，纳米复合镀层表现出的纳米材料性能不只是纳米粒子添加物的性能，而是与基质镀层形成复合镀层后的表面纳米结晶的性质。

从性能上讲，与普通镀层相比，纳米复合镀层中由于存在一定量的纳米粒子，纳米粒子本身具有的很多独特的物理及化学性能使得纳米复合镀层表现出很多优异的性能。研究表明，由纳米粒子通过复合镀技术制备而成的纳米复合镀层与具有相同组成、微粒粒径在微米尺度的普通复合镀层相比，很多性能都得到大幅度提高，而且性能提高的幅度往往随着纳米粒子粒径的减小而增大。这些性能包括：硬度、耐磨性能、抗高温氧化性能、耐腐蚀性能、电催化性能、光催化性能等。正因为如此，纳米复合镀层正获得越来越广泛的研究，一些镀种已在生产中得到应用。

9.3.1.2 纳米复合镀的类型

目前进入实用阶段的纳米复合镀层主要有以下几种类型。

（1）高硬度、耐磨纳米复合镀层

这类镀层所采用的基质金属以镍基、铬基以及镍基合金多见，所采用的纳米微粒以具有高硬度的 Al_2O_3、SiC、金刚石等为主；纳米金刚石因其特异的性能和在镀液中的良好复合性能而获得广泛应用。纳米金刚石的平均粒径为 4～8nm，比表面积为 $390m^2/g$，是良好的兼具金刚石特性和纳米特性的复合材料。以镍磷为基础液的纳米金刚石复合镀层在切削工具、刀具、钻具等方面都已经有应用。

例如 Ni/金刚石纳米复合镀层的显微硬度由纯镍镀层的 $1737N/mm^2$ 提高到 $3150N/mm^2$。采用粒径约为 5nm 的金刚石纳米微粒，在 7Cr7Mo2V2Si 淬火钢刀具表面可镀出 Cr/金刚石纳米复合镀层，结果显示，Cr/金刚石纳米复合镀层的硬度较普通镀铬层提高近 10 倍，而且 Cr/金刚石纳米复合镀层的抗剥离强度也比普通镀铬层大幅度提高。

（2）高温耐磨纳米复合镀层

这类镀层所采用的基质金属主要为镍基以及镍基合金，所采用的纳米微粒依所需要的性能不同而有所不同。如 Ni-ZrO$_2$ 高温抗氧化镀层，由于纳米级 ZrO$_2$ 在高温下能抑制晶粒长大，经 400℃ 热处理后，可获得高达 900HV 的硬度。对 ZrO$_2$ 纳米微粒制备的非晶态 Ni-W-P/ZrO$_2$ 纳米复合镀层、非晶态 Ni-W-B/ZrO$_2$ 纳米复合镀层和非晶态 Ni-W/ZrO$_2$ 纳米复合镀层进行的 XPS 分析表明，ZrO$_2$ 纳米微粒与基质金属间发生了化学相互作用。上述三种非晶态纳米复合镀层的耐高温抗氧化性能、耐腐蚀性能以及硬度都获得大幅度提高。

（3）其他纳米复合镀层

比较而言，有关高硬度、耐磨纳米复合镀层的研究不仅数量多，而且研究得也较深入；而其他电镀纳米复合镀层的研究也有所进展。包括耐腐蚀、减摩、光电、磁性等诸多方面的纳米微粒通过复合镀的方法可以得到相应纳米材料效果的复合镀层。

研究表明，Ni/SiC 纳米复合镀层在 0.5mol/L Na$_2$SO$_4$ 溶液中的腐蚀性能较纯镍镀层显著提高。将 MoS$_2$ 或石墨等纳米微粒在镍基镀液中组成复合镀层，镀层的减摩和自润滑作用显著增强。

9.3.2　纳米复合镀工艺

9.3.2.1　纳米复合镀金

金镀层具有耐蚀性强、导电性好、易于焊接等特点，被广泛用作精密仪器仪表、印制电路板、集成电路、电子器件等要求耐蚀性好且电接触性能参数稳定的零、部件镀层，但是纯金镀层有硬度低、不耐磨等弱点，即使是添加了增加硬度的金属盐添加剂，其硬度和耐磨性也只是有相对的增加，并不能完全满足现代接插件的高要求。为了研制具有高耐磨性能的金镀层，有人以微氰镀金溶液为基，利用复合镀技术制备了 Au-SiO$_2$ 纳米复合镀层，讨论了镀液中 SiO$_2$ 粉体浓度的变化对镀层结构与性能的影响规律。在此介绍相关研究结果[5]。

（1）镀液组成及工艺参数

氰化金钾	10～12g/L	SiO$_2$ 纳米粉	5～20g/L
柠檬酸	12g/L	pH 值	3.5～4.5
柠檬酸钾	50g/L	温度	35～40℃
添加剂	适量	电流密度	1A/dm

为便于比较，在上述未添加 SiO$_2$ 纳米粉体及分散剂的微氰镀金溶液中，在

相同的电镀条件下，制备纯金镀层。

（2）镀层结构及性能

采用 TS-5130SB 型扫描电子显微镜（SEM）分析镀层的微观形貌。

在菲利浦 XL-30 型扫描电子显微镜附件 EDX 能谱仪上对镀层进行能谱分析，测定镀层中 SiO_2 粉体含量。

镀层结构用帕纳科公司的 X'PertPro 型 X 射线衍射仪进行分析。

采用日本 SHIMADZU 公司的 DUH-W201 型显微硬度仪测定镀层的显微硬度，每个试样在不同位置测量 6 个硬度值，取平均值作为镀层的硬度。

采用沈阳仪器仪表研究所生产的 PM～I 型磨损试验机测试镀层的耐磨性能。测试条件为：载荷 100g，砂纸型号 1200#，转速 60r/min。

结果显示，Au-SiO_2 纳米复合镀层中，二氧化硅的体积含量随着二氧化硅浓度的增加而增加并在二氧化硅的含量为 15g/L 时达到最高值。同时相应镀层的硬度也随着二氧化硅含量的增加而增加，最高可达到 200HV。同时，二氧化硅与金共沉积，改变了基质金属的电结晶方式，细化了金的晶粒，提高了镀层的综合性能。

9.3.2.2 纳米复合镀镍

以镀镍液为基质镀液的复合镀技术是研究和应用较多的技术之一，纳米复合镀也是如此，这是因为镍镀液是很好的复合镀载体镀层，能发挥出复合镀的优势。

以纳米复合镀镍-纳米三氧化二铝为例，这一技术已经在工业产品特别是汽车、摩托车配件中有广泛应用[6]。

这种工艺用于汽车配件装饰性电镀的流程如下：镀前处理（除油、酸蚀等）—镀半光亮镍—回收—水洗—活化—水洗—纳米复合镀镍—回收—水洗—喷淋洗—水洗—活化—镀光亮镍—水洗—水洗—活化—装饰镀铬—三级逆流漂洗—热水洗—干燥。

纳米复合镀镍工艺配方如下：

硫酸镍	300g/L	润湿剂	适量
氯化镍	45g/L	pH 值	3.8～4.5
硼酸	50g/L	温度	60℃
α-三氧化二铝纳米浆料	35g/L	电流密度	2～5A/dm²
助剂	3g/L	时间	4～8min

其他工艺可以沿用通用电镀工艺，但镀层总厚度可以大大减小，全部镀好的厚度为 12μm，CASS 试验 24h 可达 7 级以上。与传统三镍铬工艺相比，可节镍 20%～40%；电镀时间缩短，可提高效率 15%～30%；镀液中的纳米材料可以回收后再利用，降低了生产成本。

9.3.3　纳米电镀技术展望

纳米复合、塑胶、橡胶和纤维的改性，纳米功能涂层材料的设计和应用，将给传统产业和产品注入新的高科技含量。专家指出，纺织、建材、化工、石油、汽车、军事设备、通信设备等领域将免不了一场因纳米而引发的"材料革命"。

现在，我国以纳米材料和纳米技术注册的公司已经有 100 多个，建立了 10 多条纳米材料和纳米技术的生产线。纳米布料、服装已批量生产，像无静电服、防紫外线服等纳米服装都已问世。加入纳米微粒的新型油漆不仅耐洗刷性提高了十几倍，而且无毒、无害、无异味。一张纳米光盘上能存几百部、上千部电影，而一张普通光盘只能存两部电影。纳米技术正在改善、提高人们的生活质量。

在纳米技术应用的各个领域中，纳米电镀技术将发挥其独特的作用，为各种产品利用纳米技术提供便利。因为纳米电镀既是一种制造纳米粒子的技术，又是一种可在材料表面镀覆纳米材料薄膜的技术。

现在的纳米电镀还是以纳米材料的制取为主要研发方向，用作表面改性的纳米镀层也是以含有纳米级粉体的复合镀为主，直接沉积出具有纳米结晶镀层的研究也在加紧进行中，这将是比采用复合镀技术更为直接和方便地获得纳米镀层的方法。随着纳米材料应用的普及和扩展，纳米电镀技术的应用也会随之有所发展，将成为电镀加工业中一个异军突起的领域。

参 考 文 献

[1]　Gleiter H. Nano crystalline materials [J]. Europhysics News, 1989, 20 (9)：130.
[2]　陈国华, 王光信. 电化学方法应用 [M]. 北京：化学工业出版社, 2003.
[3]　孔亚西, 姚素薇, 张璐. 电沉积制备一维纳米材料 [C]. 中国电子学会生产技术学分会：全国电子电镀学术研讨会论文集, 2004.
[4]　李文涛. 金属表面碳纳米管高耐磨复合镀层及其制备方法 [P]. CN, 204699A. 2000.
[5]　王为, 张鹏. Au 基纳米复合镀层的制备及性能研究 [J]. 电子电镀通信, 2006：100-104.
[6]　陈金全, 黎万树. 纳米复合电镀技术在规模化生产中的应用 [C]. 中国电子学会生产技术学分会：全国电子电镀学术研讨会论文集, 2006：128.

第10章

磁性材料电镀

物质的磁性能从一开始就是与电连接在一起的，到了现代，磁的特性得到进一步发挥，成为电子信息的重要存储载体。同时作为电子器件的电磁元件也得到了进一步发展，在现代无线通信中发挥着重要的作用。而无论是作为电磁器件的磁性材料如钕铁硼磁体，还是作为光电磁记录的碟片、硬盘等，都离不开电子电镀技术，从而使磁性材料的电镀技术成为电子电镀中一个重要的领域。特别是硬盘制造技术，由于这个领域非常专业，致使电镀界很多人对这个领域都有一种陌生的感觉，其实这正是电镀技术与现代高技术的最有代表性的结合点，从事电子电镀技术的人员应该对此有所了解。

10.1　钕铁硼电镀

10.1.1　关于钕铁硼稀土永磁材料

稀土永磁材料是指稀土金属和过渡族金属形成的合金。这种经一定的工艺制成的永磁材料有极强的磁性并能持久保持。这种材料现在分为第一代（RECo5）、第二代（RE2TM17）和第三代稀土永磁材料（NdFeB）。

钕铁硼（NdFeB）稀土材料的出现及其在电子领域中应用的迅速发展在电子电镀业界掀起了一股钕铁硼电镀的热潮。这是因为钕铁硼材料是电子信息产品中重要的基础材料之一，与许多电子信息产品息息相关。随着计算机、移动电话、汽车电话等通信设备的普及和节能汽车的高速发展，世界对高性能稀土永磁材料的需求量迅速增长。

我国在钕铁硼生产上已经初步形成了自己的产业体系，产量已占到了世界总额的 40%，但这个份额里，高档产品还没有形成较强的实力，缺少国际竞争能力，作为新材料重要组成部分的稀土永磁材料，广泛应用于能源、交通、机械、医疗、IT、家电等行业，其产品涉及国民经济的很多领域，其产量和用量也成了衡量一个国家综合国力与国民经济发展水平的重要标志之一。

钕铁硼作为第三代稀土永磁材料，具有很高的性能价格比，因此近几年在科研、生产、应用方面都得到了持续高速发展。以信息技术为代表的知识经济的发展，给稀土永磁钕铁硼产业等功能材料不断带来新的用途，这为钕铁硼产业带来更为广阔的市场前景。在钕铁硼材料发明之初，主要应用于计算机磁盘驱动器的音圈电机（VCM）、核磁共振成像仪（MRI）以及各种音像器材、微波通信、磁力机械（磁力泵、磁性阀）、家用电器。随着其性能的不断提高，近年来出现了一些新的应用。例如磁悬浮列车对钕铁硼的需求将使其用量超过所有其他领域。

钕铁硼材料由于含有较多的铁成分，其抗氧化性能是较差的，因此在很多使用永磁体的场合，都对其进行了表面处理。而用得最多的表面处理方案就是电镀。因此，钕铁硼材料的电镀技术成为电子电镀中新兴而热门的技术。

10.1.2　钕铁硼永磁体的电镀

钕铁硼材料的制作工艺决定了这种材料是多孔性的，同时作为特殊材料的合金，各组分之间在结晶结构上会有某些差别，从而导致材料的不均一性和易腐蚀性。因此，对钕铁硼材料进行电镀成为提高钕铁硼材料使用性能的重要加工措施。钕铁硼制件多为 1～2mm 厚的圆片状体，没有可以悬挂的小孔，不方便挂镀，而又不适合滚镀，因为容易重叠在一起而导致局部没有镀层。作为解决的办法之一是在电镀时装入一定量直径为 3～5mm 的钢珠（约为镀件量的 1/3），这样就可以增加小圆片的可镀性，钢珠的加入不仅增加了导电能力，而且也起到了避免圆片之间重叠的作用，使钕铁硼制件的滚镀顺利进行。

10.1.2.1　钕铁硼滚镀工艺流程

典型的钕铁硼电镀的工艺流程如下：烘烤除油—封闭—滚光—水洗—装桶（与钢珠一起）—超声波除油—水洗—水洗—酸蚀—水洗—水洗—去膜—水洗—水洗—活化—超声波清洗—滚镀—水洗—出槽—水洗—干燥。

本工艺流程中有几道工序是常规滚镀中所没有的，是针对钕铁硼制品的材质特点而设计的工序，要特别加以留意。

（1）烘烤除油

钕铁硼制品是类似粉末冶金制品的多孔质烧结材料，在加工过程中难免会有油污等脏污物进入孔内而不易清除。简便的方法就是利用空温的强氧化作用，使孔内的油污等蒸发或灰化，以消除以后造成结合力不良的隐患。

（2）封闭

封闭是对多孔质材料的常用表面处理方法之一，常用的方法可以借用粉末冶金件封闭的方法，即浸硬脂酸锌的方法，将硬脂酸锌在金属容器内加热至熔化（130～140℃），然后将烘烤除油后的制品浸入到熔融的硬脂酸锌中去，浸 25min 左右。取出置于烘箱中在 600℃ 干燥 30min 左右，或在室温放置 2h 以上，使其固化。

（3）滚光

经封闭后的制件还要进行滚光处理，使表面的氧化物、毛刺、封闭剂等经滚光处理后都去掉而呈现出新的金属结晶表面。所用磨料视表面状态而有所不同，通常为木屑类植物性硬材料，也可用人工磨料（人造浮石等）。工件与磨料的比值为 1：（1～2）。为了提高滚光效果，可以加入少许 OP 乳化剂，水量以淹没工件为宜，滚光筒以六角形为好，转速为 30～40r/min，时间为 30～60min。

（4）去膜

去膜是由于钕铁硼制品经酸蚀后表面残留一层黑膜，如果不除掉，会影响镀层结合力。而这些黑膜不宜用普通强酸去除，可在 150mL/L 浓盐酸中加有机酸

15g/L，在室温下处理 2min 左右即可。

10.1.2.2　钕铁硼电镀工艺

钕铁硼电镀根据产品使用环境的不同采用了不同的电镀工艺，表面镀层也分为两大类：一类是镀锌，用于常规产品；另一类是镀镍，用于要求较高的产品。也有少数产品从整机需要出发要求镀其他镀种的，比如镀合金、镀银等。

（1）镀锌

钕铁硼产品的镀锌采用先化学浸锌再镀锌的工艺。

① 化学浸锌

硫酸锌	35g/L	氟化钾	10g/L
焦磷酸钾	120g/L	温度	90℃
碳酸钠	10g/L	时间	40s

② 氯化钾光亮镀锌

氯化钾	180~200g/L	pH 值	5.0~5.5
氯化锌	60~80g/L	温度	室温
硼酸	25~35g/L	电流密度	$1\sim2A/dm^2$
商业光亮剂	按说明书加入		

③ 镀后处理。经镀锌的钕铁硼制品一定要经过钝化处理，可采用低铬或三价铬、无铬钝化，然后经烘干后表面涂罩光涂料。彩色钝化的耐中性盐雾试验要求不低于 72h。

（2）镀镍

钕铁硼镀镍实际上也是多层镀层，需要预镀镍以后，再经镀铜加厚，然后表面镀光亮镍。

① 预镀镍

硫酸镍	300g/L	pH 值	4.0~4.5
氯化镍	50g/L	温度	50~60℃
硼酸	40g/L	电流密度	$0.5\sim1.5A/dm^2$
添加剂	适量	时间	5min

② 焦磷酸盐镀铜加厚。作为中间镀层，尽管流行采用酸性光亮镀铜工艺，但是对于钕铁硼材料，进行加厚电镀不宜采用酸性镀铜，这是因为在强酸性镀液中，已经预镀了阴极镀层的多孔性材料会很容易发生基体微观腐蚀，为以后延时起泡留下隐患。比较合适的工艺是接近中性的焦磷酸盐镀铜。

焦磷酸铜	70g/L	氨水	3mL/L
焦磷酸钾	300g/L	光亮剂	适量
柠檬酸铵	30g/L	pH 值	8~8.5

| 温度 | 40～50℃ | 电流密度 | $1～1.5A/dm^2$ |

③ 光亮镀镍

硫酸镍	300g/L	商业光亮剂	按说明书加入
氯化镍	40g/L	pH 值	3.8～5.2
硼酸	40g/L	温度	50℃
低泡润湿剂	1mL/L	阴极电流密度	$2～4A/dm^2$

对于需要其他表面镀层的钕铁硼材料，可以在完成中间镀层的铜加厚电镀后，再进行其他表面镀层的加工。有时为了增加镀层的厚度和可靠性，还可以在焦磷酸盐镀铜后再加镀快速酸性镀铜工艺，以获得良好的表面装饰性，再镀其他镀层会有更好的效果。进行这些电镀操作的要点是一定要带电下槽和中途不能断电，否则会因孔隙中镀液的作用而对基体造成微观腐蚀，影响结合力。

10.2 硬盘与碟片电镀

10.2.1 计算机硬盘电镀

硬盘是计算机外存储器的一种磁记录材料，是装在同一转轴上的一定数量的圆盘片。硬盘的盘片以铝合金制造，表面有极高的光洁度和平整度，要在其表面镀上各种膜层用作记录信息和保存信息（其结构参见图 10-1 和图 10-2）。

20 世纪 40 年代电子计算机出现后，不久即用磁带作为数字信息的存储器，这标志着磁记录材料用于计算机存储器的开始。在计算机中，不受中央处理直接控制的存储器称为外存储器，其特点是容量大（为内存储器的数百、数千倍或更高），它与内存储器进行信息交换，以弥补内存储器容量的不足。

磁盘由磁层及其支持体（盘基）组成，根据所用盘基材料不同，有硬盘和软盘之分。硬磁盘的盘片由铝合金等非磁性材料制成，表面涂覆一层 γ-Fe_2O_3 磁粉或电镀一层磁性合金薄膜（钴合金）。每个盘面有若干同心圆的磁道，这些同轴排列的圆盘高速旋转并通过在径向可来回移动的磁头来读写信息。硬盘技术发展很快，单机容量或面记录密度大约每五年就提高 4 倍。随着磁盘容量的剧增和读盘速度的提高，对磁盘表面的要求越来越高，而能承载这种高要求的磁片制造技术正是电子电镀技术中的重要分支——化学镀技术，在高光洁度的碟片表面镀上高磷镍镀层是实现硬盘大容量和高读盘速度的重要技术。

传统硬盘的制作是在高光洁度的镁铝合金表面镀上 $12.5\mu m$ 厚的镍磷合金。新技术中也有采用镀镍铜磷合金的。当然这些镀层所采用的都是化学镀技术，因为只有采用化学镀技术才能达到硬盘所需要的极高的镀层均匀性和一致性。

10.2.1.1 化学镀镍磷[1]

硬盘化学镀镍磷是在经过精细表面加工的镁铝合金表面镀上 $12.5\mu m$ 的镍磷

合金，作为以后表面真空镀磁记录膜层的基底。化学镀镍磷的含磷量约为 12％，要求镀层应力低且为压应力。镀层必须光洁无任何缺陷，这样才能保证在工作时高速运转的性能。

（1）工艺流程

除油—水洗—水洗—有机酸蚀—水洗—水洗——次浸锌—退锌—二次浸锌—水洗—预镀活化镍—水洗—去离子热水洗（制件预热 70～80℃，1min）—化学镀镍—水洗—干燥。

（2）工艺配方

① 除油

碳酸钠	20g/L	温度	70～80℃
磷酸钠	20g/L	时间	1～3min

② 酸蚀

硫酸	100g/L	温度	室温
酒石酸	50g/L	时间	30～60s

③ 浸锌

a. 一次浸锌

氧化锌	5g/L	硝酸钠	1g/L
氢氧化钠	50g/L	温度	15～27℃
酒石酸钾钠	50g/L	时间	30～60s
三氯化铁	2g/L		

b. 二次浸锌

氧化锌	20g/L	硝酸钠	1g/L
氢氧化钠	120g/L	温度	20～25℃
酒石酸钾钠	50g/L	时间	10～30s
三氯化铁	2g/L		

④ 退锌

硝酸	50％	时间	30～90s
温度	室温		

⑤ 活化镍

硫酸镍	120g/L	阳极	纯镍板(99.99％)
硫酸铵	35g/L	温度	55～65℃
氯化镍	30g/L	电流密度	
柠檬酸	140g/L		先大电流 9～13A/dm² 镀 30s
葡萄糖酸钠	30g/L		再降至 4～5A/dm² 镀 3～5min

⑥ 化学镀镍

硫酸镍	30g/L	稳定剂	3g/L
次磷酸钠	30g/L	pH 值	5～6
苹果酸	30g/L	温度	85～95℃
丁二酸	16g/L	沉积速度	6μm/h

10.2.1.2 铝上直接镀化学镍

由于浸锌工艺采用了浓碱，对基体会造成微观腐蚀，作为一种改进，采用酸性化学浸锌工艺，但镀覆的时间比碱性液要长，对于具有两性金属性质的铝来说，也存在基体置换腐蚀的风险，因而更进一步的改进是在铝上直接化学镀镍。一种直接化学镀镍工艺是采用双还原剂的酸性化学镀镍磷硼：

硫酸镍	85g/L	硼氢化钠	0.4g/L
甲酸	28g/L	pH 值	5.5
次磷酸钠	21g/L	温度	80℃

这种工艺减少了化学镀镍的工序操作流程，从而使生产效率有所提高，但还不是硬盘表面膜结构的根本性改进。

10.2.1.3 薄型硬盘的新化学镀层——镍铜磷

随着电子计算机技术的进步，对硬盘技术也提出了更高的要求，小型、薄型、大容量、高速已经是现代电子产品的通行标准，相比之下，传统硬盘的表面磁组合镀层的结构显得过于复杂，如图 10-1 所示。在传统硬盘的表面，化学镀镍磷层的厚度达 20μm，相对其他几层属于较厚的镀层，其他膜由外向内的厚度分别是表面润滑膜 0.005μm、碳保护膜 0.05μm、钴合金膜 0.08μm、真空镀铬膜 0.2μm。这些膜层的加工流程复杂，使硬盘生产的效率受到影响。

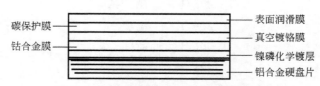

图 10-1 计算机硬盘表面磁记录膜的构成

新一代硬盘表面膜的结构如图 10-2 所示，采用化学镀镍磷铜工艺，不仅使镀层减薄，而且结构也简化了许多。

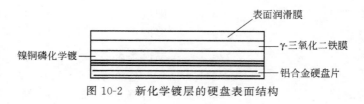

图 10-2 新化学镀层的硬盘表面结构

这种硬盘的表面膜层不仅仅是层数减少，而且是以低价的铁化合物取代贵金属钴，而又以铜替代了一部分镍，并且总厚度下降，从而使硬盘的成本也有很大降低。

化学镀镍铜磷的工艺如下：

硫酸镍	3g/L	硼砂	20g/L
硫酸铜	0.6g/L	稳定剂	微量
次亚磷酸钠	30g/L	温度	80℃
柠檬酸钠	40g/L	pH 值	8.7～9

从这个镀液中获得的镀层的合金组成比例（质量分数）为：镍 50%～54%，铜 44%～40%，磷 6%。

镍铜磷膜层与镍磷膜比有许多显著的优点，首先是非磁特性好，即使经热处理达 400℃，也仍然保持了非磁性能，而镍磷合金超过 300℃，其磁束密度就急剧增高，对磁盘性能有影响。其次是有较好的抗衰减性能和抗噪声性能。最后，由于可以经受较高温度的热处理，硬度有较大提高，从而提高了高速耐磨性能。

10.2.2　光碟制造与电镀

10.2.2.1　光碟技术

自 1985 年光碟问世以来，已经成为存储音乐、图像信息和游戏软件的标准存储媒介。随着对碟片容量需求的不断增长，对更大容量和更高功能碟片的要求也随之提出。

1994 年底，研发者提出了多媒体压缩光盘 MCD 的产品构想，它一经提出，立即引起了全球媒体与消费者的注意，众多的国际电子著名公司也竞相开发，提出了超高密度标准视盘 SD 的标准，很快于 1995 年底出现了这一产品的新标准，将其命名为数字多用光盘（digetal versatile disk），简称 DVD。

实际上，已经推出的和正在开发的 DVD 光盘有：DVD Video（DVD）、DVD Audio（DVD）、DVD-ROM（计算机用 DVD-ROM 盘）、DVD-R（一次录多次读盘）、DVD-RAM（可抹型 DVD 盘）、DVD Audio Player（DVD 唱机）、DVD Car-AV（汽车 DVD 视听系统）、DVD Game（DVD 游戏机）和 DVD-ROM/RAM DRIVER（DVD ROM/RAM 驱动器、电脑用）。DVD 只是这类媒体的统称。

DVD 碟片三个明显的特征：高容量、通用性以及向后兼容性。DVD 具有更高的数据密度、较小的凹坑、更紧密的空间轨道和更短波长的红外激光器，表面纠错能力更强，而具有这么多功能的魔术般的光碟只不过是一张厚 1.2mm、直径 12cm、质量 16g 的聚碳酸酯（PC）塑料片。

但是这种光碟对表面有极高的要求，不仅平整度要好，而且要有极高的光洁度。由此，对制作塑压 PC 光碟的模具也提出了极高的要求。这种模具的厚度约

在 $300\mu m$，要求厚薄均匀，差值只允许在 $\pm 5\mu m$。而能达到这种加工水平的工艺，只有依靠电沉积技术，也就是碟片电镀技术。

早期的光碟原盘的制作采用机械加工的方法，每加工一次需要 24h，并且还难以保证精度，难以实现量产。这种速度对于经济高速化的时代是难以接受的。而采用电铸技术，可以从最初加工出来的达到高要求的原型上复制出更多的原型，从而为大量和高速地生产光碟提供了方便。现在最先进的光碟高速电铸装置制作的光碟模具的均匀度已经可以达到 $1\mu m$，使电铸成为光碟制模的主流技术。

10.2.2.2　高速光碟模具电铸加工技术[2]

作为现代高科技信息产品的光碟制造业，商业竞争非常激烈，20 世纪 90 年代以来，连续十年，碟片的产量每年以 34％的速度增长。随着碟片存储新技术的进一步提高和碟片成本的下降，以及市场的进一步扩大，碟片的产量仍将持续增长，这些增长对碟片制作的效率和速度提出了更高的要求，提高电铸加工工艺的效率也就十分必要。

为了提高镀速，用于光碟模的电铸从一开始就采用了氨基磺酸镍电铸工艺，但是仍然满足不了光碟制作的高密度化和高速化的要求，并且在竞争日趋激烈的时代，提高生产速度的同时还不能增加成本，这就要求找到平衡各种因素的最好方案。

单纯地提高电铸液的沉积速度是不难的，但是电铸的高速化还和设备、阳极配置、阴极（模具）表面电流分布等都有关系，并且电铸液的性能对光盘复制性能有很大影响，如镀层的光滑性、厚度的精确性、硬度要求等，都有影响。

对于氨基磺酸盐镀液，最大的电流密度可以达到 $90A/dm^2$，但这只是电铸镍的常规沉积电流密度。对于光盘的加工，在这么大的电流密度下要想达到光盘所要求的沉积物性能是不可能的。实际光碟模电铸加工中所用的电流密度一般在 $17\sim 20A/dm^2$，换算成电铸时间约需要 90min。如果将阴极电流密度提高到 $25A/dm^2$，则电铸时间可缩短为 70min，但是在这种电流密度下电铸的镀层性能具有很高的内应力，且镀层粗糙。超过 $20A/dm^2$ 以上，镀层就会显得粗糙，同时应力增大、硬度降低。显然，要适应光盘母型高速和高性能复制的要求，单纯地增加电流密度难以达到要求。

当然，要想在增加电流密度的同时，镀层的性能仍然能保持良好状态，需要对镀液本身进行一些改进。其中最明显的办法是增加主盐的浓度，可以在提高电沉积阴极电流密度的同时，保持镀层性能的优良。

电铸加工过程中，镀液是最重要的资源。在管理上最困难的也是镀液的管理。常规的氨基磺酸盐镀液以氨基磺酸镍为主盐，其含量为 $350\sim 450g/L$，加入有改善阳极溶解性能的氯化镍 $5\sim 10g/L$，还有 pH 缓冲剂硼酸 $30g/L$ 以及针孔防止剂和表面活性剂。

我们已经知道，在这种常规电铸液里，提高电流密度会导致镀层性能的恶化。只有提高主盐的浓度，才能适应电流密度增加的变化。试验证实，高速电铸的氨基磺酸镍的浓度可以高达 900g/L，这时金属镍的含量达到 165g/L，但是从实际生产的可操作性出发，采用的镍盐浓度为 600g/L 比较合适。镀液浓度过高时，镀液黏度过大，气泡不容易析出。尽管可以适当添加表面活性剂，比如十二烷基磺酸钠来加以改善，但不可能完全解决问题。提高镀液温度也可以使镀液性能有所改善，但过高的温度不仅使能源的消耗增加，还使镀液蒸发加快。将温度控制在 55℃ 以下工作，就可以取得较好的镀层。

当镀液主盐的浓度提高以后，电流密度也可以随之提高，这时如果仍然采用传统的电铸设备，仍然难以达到高速电铸的目的。因此，要完全实现高速电铸的目标，必须在调整镀液和工艺的同时，对电铸设备进行改进。改进的要点是让阳极在大电流密度下仍然可以有良好的活性，同时尽量减少两极双电层扩散层内的浓差极化。也就是要进行强烈的搅拌。

10.2.2.3 光碟模具高速电铸装置与工艺

实现光碟高速电铸的装置如图 10-3 所示。

这种装置的特点之一是电铸过程在套槽内进行。电铸槽的内槽中安有带隔板的阳极室。阳极采用块状阳极镍，可用钛篮装入，这时的钛篮实际上是盘式钛篮。块状镍可以是球状或角状，这样可以增加阳极的表面积，同时方便补充。

镀液从外槽通过循环泵从阳极室泵入，从内槽口流出，这样可以消除在两电极区间出现的浓差极化。阴极是可以调速旋转的可转电

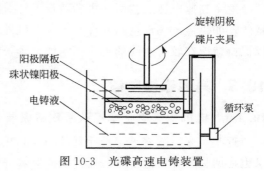

图 10-3　光碟高速电铸装置

极，这样可以保证电沉积的高度均匀，并且速度可以调节，通常控制在 80 ~ 100r/min。

阳极与阴极的距离要根据电流密度、槽电压以及阴极转速等进行调整。通常是在 50mm 左右。通过距离的调整可以观察到槽电压的变化。当距离拉开时，要保持阴极电流密度在原来的设定值，电压就会升高，而电压升高的结果是镀层质量下降，结晶变粗。同样，要想增加电流密度而又不升高电压，就得调小两极间的距离。而这时只有增加电极的转速，才能保证电铸仍然在工艺规范内工作。当电流密度为 30A/dm^2 时，槽电压要在 15V 以下。

经过调整后的高速电铸工艺不仅在主盐浓度和电流密度上做出了调整，而且

将镀液的量也进行了削减。

用于光碟电铸的镀槽容量一般在 $50\sim70L$，加上循环用的镀液，总量在 $250\sim350L$。对于高速电铸装置，可以将每一个电镀槽的容量定在 25L，这样电解液的总量可以在 90L。即使是用双槽，也只要 180L 的液量就行了。

高浓度的镀液如果镀液的用量较大，其配槽成本会明显增加，同时带出损耗也会增加。另一个问题是环境保护的问题，这始终都是电铸加工工艺要面对的问题。镀液的用量首先就与环境保护有关。过去在复制录音盘的时候，氨基磺酸盐镀液的总量要求至少是电解槽容量的 3 倍。实际操作中往往在 5 倍以上。电铸液总量大对电铸当然是有利的。这时即使镀液组成有些变化，在镀液量大时，可以起到缓冲作用，但是镀液量大带来的问题比镀液对工艺变化的宽容性更为重要，节省镀液用量就势在必行了。在主盐浓度增加的前提下减少镀液总量，平衡了镀液的投入成本。

以下是光碟模具高速电铸的工艺：

电铸液总量	180L	温度	55℃
氨基磺酸镍	600g/L	pH 值	$3.8\sim4.1$
硼酸	40g/L	阴极电流密度	$15\sim30A/dm^2$
表面活性剂	0.15g/L	电铸时间	60min

这个高速电镀工艺所提供的液量是针对制成的电铸成型机的设备尺寸规格确定的。如果生产场地空间允许，可以在机外设置较大一些容量的循环槽，这样可以保持镀液在较长时间的工作稳定性，延长镀液调整和补充周期。

10.3　其他磁体电镀

10.3.1　电沉积高电阻率镍铁系软磁镀层[3]

近些年来，随着磁记录元器件的高频化，对用于高频领域的低损耗材料的需求也在增长，并促进了微磁器件的研究和开发，使得以电沉积的方法获得磁性能镀层的技术也有所发展。

在高频电波信号领域，电磁器件材料的电阻率与表面磁性膜有以下关系：

$$S=(2p/\omega\mu)^{1/2}$$

式中　S——表面磁层厚度；

p——电阻率；

ω——频率；

μ——磁导率。

这个关系表现了软磁材料的特殊性能，实际上是软磁体的"趋肤效应"（参见第 5 章 5.3.2.1 节）。

所谓软磁材料是指在较弱的磁场下，易磁化也易退磁的一种铁氧体材料。这种材料通常要求有较高的电阻率，以使表面能保持良好的软磁性能，这在现代通信电子产品中是很重要的。

由上述关系式可知，当通过材料的频率增加时，磁层将减薄。而用传统的铁氧体材料制成的电磁器件不能满足高频率下对器件饱和磁束密度小而保磁率高的要求，从而促进了对新的磁性膜层的开发和研究，结果开发了电沉积磁性薄膜技术。电沉积磁性薄膜技术的商品化最早是由 IBM 公司于 1979 年完成的。

获得镍铁系软磁镀层的工艺如下：

硫酸镍	130g/L	聚氧乙烯十二烷基醚硫酸钠	0.02g/L
硫酸亚铁	3g/L	二甘醇-3,4-三胺	0～8mg/L
硼酸	25g/L	温度	室温
氯化钠	20g/L	pH 值	3
氨基磺酸	3g/L	阴极电流密度	0.5～2A/dm^3

这一工艺中，添加剂二甘醇-3,4-三胺有重要作用，当其添加量为 0 时，在 $1A/dm^2$ 电流密度下镀得的镍铁膜层的电阻率约为 $25\mu\Omega \cdot cm$，随着二甘醇-3,4-三胺量的增加，膜层的电阻率也随之上升，在添加量是 4mg/L 时，电阻率为 $75\mu\Omega \cdot cm$，当添加量为 8mg/L 时，则电阻率达到 $130\mu\Omega \cdot cm$。保持镀层适当的高电阻率是保证镀层具有软磁特性的重要条件。

但是二甘醇-3,4-三胺的添加对镀层的矫顽力也有影响，当添加量在 4mg/L 以内时，矫顽力基本上维持在一个较低的水平，当添加量大于 4mg/L 以后，矫顽力急剧增大。因此，为了达到镀层电阻率、磁导率和矫顽力的平衡，二甘醇-3,4-三胺的添加量以 3～4mg/L 为合适。矫顽力是表示材料磁化难易程度的量，取决于材料的成分及缺陷(杂质、应力等)。

为什么添加二甘醇-3,4-三胺会引起镀层这种性能的变化？研究表明是添加二甘醇-3,4-三胺后的合金共沉积的比例有所改变，铁的含量有所增加，从而增加了镀层的电阻率。

10.3.2 钴磷-铜复合丝的电沉积

具有优良软磁性能的另一种合金镀层是同样具有巨磁阻抗效应的钴磷镀层。巨磁阻抗(giant magnetoimpedance，GMI)效应是指非晶丝中通过交流电流时，频率从 1kHz 到几兆赫兹范围内，在一小的直流磁场作用下，材料的交流阻抗随着外加磁场的变化而灵敏变化的现象。这一效应最早是由 Mohri 等于 1992 年在 CoFeSiB 非晶丝中发现的，其后发展到 Fe 基非晶丝和薄带，现在已扩展到夹心薄膜中。已经探明，非晶丝和薄带中巨磁阻抗效应的来源归于某些特殊的磁畴结构和较强的趋肤效应。在膜厚为 1～4μm 的单层铁磁薄膜中，出现巨磁阻抗效应的频率在 80MHz 以上，这时趋肤效应非常强烈。高频电磁信号的趋肤效应对利用电沉积法获得各种电磁性能镀层是非常有利的。因为功能性镀层要想保持其镀层各部位和较厚镀层中的各向同性是有难度的,而薄层镀层特别是化学镀层,比较容易获得这种性能,同时,电磁波的表面传导特性也为一些新材料和新技术的应用提供了理论上的支持。

从以下镀液中获得的钴磷镀层,表现出具有巨磁效应的特性[4]。所用基体材料为 $200\mu m$ 的铜丝,在电镀完成后,相当于制成了以铜丝为内导体、以钴磷为外导体的同轴电缆。

硫酸钴	50g/L	温度	室温
次亚磷酸钠	60g/L	阴极电流密度	$0.1\sim0.5A/dm^2$
硼酸	30g/L	阳极	铂网
pH 值	2		

工艺流程如下:电解除油—热水洗—清水洗—酸蚀—清水洗—去离子水洗—电镀—二次水洗—干燥。

从这种镀液中获得的钴磷镀层为非晶态合金镀层,其合金的组成和软磁性能随着电流密度的变化而变化。

测试结果显示,当阴极电流密度在 $0.17\sim0.25A/dm^2$ 时,镀层的含磷量为 11.48%(质量分数)左右。这种铜-钴磷复合丝的巨磁阻抗与软磁性能的关系符合本章 10.3.1 中所示的公式关系。镀层的巨磁阻抗比的最大值为 441%,巨磁阻抗效应非常显著。

10.3.3 化学镀钴合金获得垂直磁性能镀层

随着数字信号储存和处理量的越来越大,人们对磁存储器的容量要求也越来越高,促使人们开发新存储方式,正是在这种背景下,产生了改变传统磁记录方式的垂直磁记录方式。

关于电磁信号的垂直记录(perpendicular magnetic recording,PMR)理论,其实早在 20 世纪 80 年代就已提出,和现有的工业标准相反,垂直记录要求在硬盘碟片上垂直排列记录着数字信息的磁电荷(magnetic charges),这类似于在碟片表面垂直排列大量微小的磁铁。而目前采用的纵向记录(longitudinal magnetic recording,LMR)技术是在碟片表面上水平排列磁电荷。

一般说来,提升磁信号存储容量目前有两种方法,一是提升磁道密度,二是提升数据存取单元密度。不管是现在普遍采用的纵向记录技术还是垂直记录技术,都依靠这两种方式去增大磁体的容量。

简单地说,垂直记录就是将磁物质的磁场方向旋转 $90°$,以此来记录数据的一种方式——使磁粒子的排列方式与盘片(软磁底层)垂直,而不是原有的使两者呈水平关系排列。与这种理论相对应的磁层性能的获得,就成为电子制造中的一个课题。

　　可以采用磁控溅射的方法获得钴铬垂直磁性薄膜，但是其生产效率和成本都不能与化学沉积法相比，因此开发化学镀钴合金镀层来获得垂直磁记录膜层有很重要的工业价值。

　　化学镀钴镍合金的工艺配方如下：

硫酸钴	3g/L	丙二酸钠	75g/L
硫酸镍	13g/L	铼酸铵	0.8g/L
次磷酸钠	21g/L	pH 值	9.6
硫酸铵	66g/L	温度	80℃

　　从这个镀液中获得的钴镍合金膜与普通化学镀液获得的相比，膜层具有多向垂直磁性能，有可能用于垂直磁记录体。镀液以丙二酸钠作络合剂，以硫酸铵为 pH 缓冲剂，镀液性能稳定。

参 考 文 献

[1] 姜晓霞，沈伟. 化学镀理论及实践 [M]. 北京：国防工业出版社，2000.

[2] 刘仁志. 实用电铸技术 [M]. 北京：化学工业出版社，2006.

[3] 高井，等. 電析法による高比抵抗 Ni-Fe 系软磁性薄膜の作制 [J]. 表面技术，1998，49（3）.

[4] 赵洪英. 电化学合成 CoP-Cu 复合丝及其巨磁阻抗效应的研究 [C]. 中国电子学会生产技术学分会：全国电子电镀学术研讨会论文集，2004.

第11章

合金电镀与复合镀

11.1　关于合金电镀

11.1.1　合金及电镀合金

　　由一种金属跟另一种或几种金属或非金属所组成的具有金属特性的物质叫合金。合金一般由各组分熔合成均匀的液体，再经冷凝而制得。根据组成合金的元素数目的多少，有二元合金、三元合金和多元合金之分。根据合金结构的不同，又可以分成以下三种基本类型。

　　① 共熔混合物。当共熔混合物凝固时，各组分分别结晶而成的合金，如铋镉合金。铋镉合金最低熔化温度是 413K，在此温度时，铋镉共熔混合物中含镉 40%，含铋 60%。

　　② 固溶体。各组分形成固溶体的合金。固溶体是指溶质原子溶入溶剂的晶格中，而仍保持溶剂晶格类型的一种金属晶体。有的固溶体合金是在溶剂金属的晶格结点上，一部分溶剂原子被溶质原子所置换而形成的，例如铜和金的合金；有的固溶体合金是由溶质原子分布在溶剂晶格的间隙中而形成的。

　　③ 金属互化物。各组分相互形成化合物的合金。

　　一般说来，合金的熔点都低于组成它任何一种成分金属的熔点。例如，用作电源保险丝的武德合金，熔点只有 67℃，比组成它的四种金属的熔点都低。合金的硬度一般都比组成它的各成分金属的硬度大。例如青铜的硬度比铜、锡大，生铁的硬度比纯铁大等。合金的导电性和导热性都比纯金属差。有些合金在化学性质方面也有很大的改变。例如铁很容易生锈，如果在普通钢里加入约 15% 的铬和约 0.5% 的镍，就成为耐酸、碱等腐蚀的不锈钢。

　　我国古代将合金也称为"齐"，主要用来表示含汞的合金，通常叫作汞齐。例如钠汞齐是钠和汞组成的合金，锌汞齐是锌和汞组成的合金。汞齐化曾经是电镀预镀的一种方法，现在已经很少采用。

　　合金是已有金属不能完全满足工业需要而开发出来的新材料。当然合金的开发还有一个重要的意义就是以量大价低的金属替代一部分贵重或稀少的金属。

　　人类熟练地应用合金已经有几千年的历史。最好的证明当然是大家熟知的青铜，也就是铜合金。很多文明古国都有过令子孙自豪的青铜时代。而今天的合金技术，则早已经不是我们的祖先所能料到的。在当代，合金已经是金属应用的主要形式。并且品种和数量之多，早已经大大超过了元素周期表中的所有金属的总和，成为国民经济中不可或缺的重要资源。除了我们熟知的钢铁合金、铜合金、铝合金、锌合金、镍合金以外，现在已经有更多的新型合金材料应用在各种领域，特别是高科技领域。并且进一步发展出复合材料和纳米材料，这些新材料已经成为后工业化时代的标志。

　　但是，合金的制取至今仍然主要依靠冶炼的方法。所以，当可以从电解液中电沉积出合金时，这是一种重要的创举。合金电镀不仅在表面装饰中大显身手，而且在功能性表面处理中有更为重要的价值。

合金电镀的文献在 1835—1845 年间有较多发表，最早得到的合金镀层是贵金属的合金，如金、银的合金，此后是铜合金，如铜锌合金。在 1850—1883 年间，美国和英国大约发表了 380 篇有关电镀的专利，其中有 30 篇是关于合金电镀的，包括黄铜、青铜以及金基、银基合金等。到 20 世纪，合金电镀有了迅速发展，其中一个重要的进展是 1936 年出现的光亮镍钴合金，很快在工业上获得应用。电镀铅锡合金也开始出现。1950 年后，美国的 Brenner 等人系统地研究了铁族金属（铁、钴、镍）的合金，英国研究了以锡为基础的合金，苏联则主要研究了含锰、钨、钼、铬与其他金属组成的合金，还有轴承合金和电沉积合金的添加剂等。在合金电镀方面，苏联做了大量研究和开发工作，其次是美国和日本，德国、英国和法国在这方面也做了一些工作。我国的电镀工作者也比较重视合金镀层的开发，在取代稀贵金属和装饰性合金电镀方面有不少建树，比如早期的铜锡合金代镍，还有三元合金仿金、枪色、代铬等，都获得了广泛的应用。

现在利用电沉积的方法可以获得的合金多达几百种，其中已经在工业中应用的合金镀层见表 11-1。

表 11-1 利用电镀技术可以获得的合金镀层和复合镀层

类别	可获得的合金镀层	说明
合金镀层	铜锌、铜锡、铜锡锌、锡钴、锡镍、镍铁、锌铜、锌铁、锌钴、锡锌、镉钛、锌锰、锌铬、锌钛、镉锡、锌镉、锡铅、镍钴、镍钯、镍磷、铬镍、铁铬镍、铬钼、镍钨、银铜、银钯、银镉、银锌、银锑、银铅、金钴、金镍、金银、金铜、金锡、金铋、金锡钴、金锡铜、金锡镍、金银锌、金银镉、金银铜、金铜镉银	这里主要列举了二元合金和少数三元合金。而现在已经有四元及四元以上的合金镀层出现

合金往往是改变了原来单一金属的某些性质，或使某些性能得到了加强。特别是力学性能，这对于电镀是很重要的。电镀加工需要针对不同的用途，选用符合产品机械性要求的工艺，包括机械强度、延展性、耐蚀性、热性能等。而有些性能只有利用合金才能达到。这时采用合金电镀就是必要的了。

11.1.2 合金电镀的特点

采用电镀的方法获得合金与火法冶金相比，有一些重要的特点。最重要的就是采用电镀法可以制得用冶金法难以得到的合金，特别是可以获得熔炼法无法制取的非晶态合金。当然还有一些独特的特点，归纳如下。

（1）制取熔融法不能制取的合金

采用电镀的方法可以制取用熔融法不可能制取的合金，特别是非晶态合金，比如镍磷合金、镍硼合金。

由于非晶态合金的原子排列是无序的，没有晶粒间隙、晶格错位等微观结构缺陷，也不会出现偏析等现象，因而是各向等同的均匀合金。这种特征使其在化学性能、物理性能和力学性能上都与晶态合金有不同的特点。

（2）制取含有难以单独电沉积元素的合金

采用电镀合金法，也可以让单独不可能电沉积的金属或元素变成可以与合金成分共沉积的金属。比如前面已经提到的镍磷合金、镍硼合金中的磷、硼，单独是不可能电沉积出来的，还有镍钨合金、镍钼合金中的钨、钼等，类似的还有铼、钛、硒、砷、铋等。这些难以单独电镀出来的元素，都可以通过合金电镀获得相应的合金镀层。

（3）获得高熔点金属与低熔点金属的合金

一些熔点相差很大的金属，难以用热熔法制取合金，但是用电镀的方法可以很容易获得。比如锡镍合金、锌镍合金等。

（4）获得金相图上没有的合金相

由于电结晶的原理不同于热熔法，并且可以通过改变电沉积工艺参数来获得不同的微观结构，因此，电镀出来的合金可以是合金相图上没有的新相，如铜锡合金、锡镍合金等。

（5）可以有更好的合金性能

用电镀法获得的有些合金比一般热熔法获得的合金有更好的力学性能，比如更高的硬度、更好的耐磨性等。比如镍钴合金、镍磷合金等。

（6）可开发新合金和复合镀层

采用电沉积法获得合金的工艺除了在传统电镀领域有广泛应用外，在其他许多领域都可以加以利用。特别是制取特殊合金和可以制取复合镀层的技术，在新材料的获得、新型传感器制造、新型生物材料等方面都可能用到新型合金技术。

复合材料是极有应用价值的现代新材料，采用电镀法获得复合材料已经是成熟的技术。以合金镀层为载体的复合电镀大大扩展了复合电镀的选择性，因为合金镀层的组合比单金属电镀要多得多。

正是电镀法制取合金镀层有以上这些特点，使得合金电镀在现代制造中有着越来越多的应用，并且有着广阔的发展前景。

11.2　合金电镀工艺

11.2.1　合金电镀的原理

合金电镀的基本原理是让有着相近电沉积电位的不同金属离子或者采取使用配位剂等手段让两种（或以上）金属离子的电沉积电位接近，按比例地在阴极还原并进入金属晶格，形成合金镀层。

从冶金学的角度，金属形成合金有三种可能的形式。

一是机械混合物。构成合金成分的元素基本保持原来的结构和性质。两种元素只是机械混合物，金属之间不发生作用。

二是形成固溶体。这时可以将两种元素中的一种看作溶剂，另一种看作溶质。将溶质原子溶入溶剂的晶格中，而仍然保持溶剂晶格类型的金属晶体，称为固溶体。大多数电镀合金层属于单相固溶体，或以固溶体为基础的多相合金。

三是金属间化合物。金属间化合物是合金组分之间发生相互作用而生成的一种新相，其晶格类型和性能完全不同于合金组分中的任何一个元素的类型，一般以分子式表示其组成。它与普通化合物不同，除了离子键和共价键以外，金属键也起着相当大的作用。这种化合物具有金属的性质，所以称为金属间化合物。金属间化合物一般具有较为复杂的晶体结构。熔点较高，硬度也高。但是一般也都有很大的脆性。有一部分电镀合金属于金属间化合物，比如银镉、铜锡、镍磷、铁锌等。

一直以来，合金电镀的理论研究明显地落后于实践。因为无论是生产还是科研中，都已经有大量合金镀层出现，并且出现了不少三元合金或四元合金。但是关于这些不同金属共沉积的原理和电结晶的精确过程，还没有统一和权威的解释。在将量子电化学理论引进金属电沉积过程的研究以后，现在对合金电镀的原理有了新的认识。

量子电化学对电极过程的研究的一个最重要的内容是电子从电极到溶液的量子跃迁。而电子跃迁到溶液中离子的空轨时，电子受自身能量状态的支配而会选择性地进入不同的离子，或者说进入能级匹配的空轨。正是电子的这种能级分配为同时存在于溶液中的不同金属离子（按比例）分别获得电子成为可能。电子在量子跃迁中的这种选择性还原，成为支持合金电镀的最新也是最强有力的理论依据。

经典电化学理论中，电子是同一的、无区别的。多种金属离子的还原都是用"离子获得电子还原为原子"这个模式加以描述的。这种描述与物质结构中电子的行为相差很大。事实上，电子是有个性的。电子有自旋、不同能态等。即使是同一个电子，在受激发后，所表现的电子能级的跨度也是很大的，覆盖了从远紫外至近红外之间的光谱范围。电子在轨道上的排布也遵从多电子原子的轨道排布规则。例如，在包含多个电子的双原子分子中，电子填充轨道的方法遵循三个原则：分布构建、泡利原理和简并规则。只要符合这些原则，电子跃迁到溶液中与自己能级匹配的离子空轨是很自然的事。在这种场合，我们说电子有感知环境的意识也不为过[1]，它将进入到与自己能级匹配的开壳的离子空轨中。电子将自觉地各自按自己的能态进入到相应的能级离子空轨中，这是电镀过程中离子还原的场景。合金电镀也不例外。

不同金属的不同价态的离子，其空轨的能级是不同的。那些在较高能级失去电子的金属离子，也是在电化学过程中还原较为困难的离子。当我们采用改变离子浓度、采用不同配体、添加表面活质，调整 pH 值、改变温度、强化传质过程等工艺措施时，就是多因素地改变电子能级和离子态势，让不同金属离子在各因素影响下按设计的比例获得与自己轨道能级相同的电子，实现与不同金属离子的共沉积。

合金离子电解质体系中，离子之间的影响拉近了这些原来各自差别很大的离子间距离，这使得单一金属离子难以电化学还原的离子，在与易还原离子靠近时，离子空轨比平时容易吸引电子。跃入双电层中的电子只会根据电子与轨道能级匹配的前提进入离子空轨，而不用识别这个离子是铜离子还是别的离子。电子的这种跃迁也被解读为隧道效应[2]。显然，电沉积过程中从电极跃迁到溶液中离子轨道内的电子是量子态的[3]。

电子的量子态和电极表面的量子态使电沉积过程得以实现超越经典物质结构和冶金学合金的新型合金的制造。这为电沉积制造的发展与创新带来很多新机遇，是非常值得期待的。

实现电镀合金，除了有接近的沉积电位外，共沉积的两种金属中至少要有一种是可以从水溶液中实现电沉积的。当然两种金属都可以从水溶液中沉积更好。有些金属不能单独从水溶液中电沉积，但是在合金状态下，则可以作为合金的组分之一与可沉积金属共沉积。比如钨、钼等，单独不能从水溶液中电沉积，但是与铁、钴、镍等共沉积时，则可以获得合金镀层。这种现象用量子电化学可以很好地加以解释。难以单独电沉积的金属离子在与易还原金属的离子配制成溶液时，这些离子之间的作用使难还原离子的空轨能级有所改变，从而使从电极上跃迁到双电层中的电子有一部分能够进入到这些离子的空轨，使其还原为原子而与其他金属离子还原出来原子一起构成合金镀层。

经验证明，可以根据单金属的标准电极电位初步判断哪些金属可以在简单盐的镀液中共沉积。比如铅（$-1.26V$）与锡（$-1.36V$）；镍（$-0.25V$）与钴（$-0.27V$）；铜（$0.34V$）与铋（$0.32V$）等。但是，大部分金属的电位相差都较远，如果不采取相应的措施，是不可能让这些金属共沉积的。本质上，金属离子还原的电极电位隐含的是离子轨道的不同能级。一定的电流密度则是电子达到激发态时的能量状态。具一定能量的电子进入相应能级的空轨，是对金属电沉积的量子理论解释。

我们通过对电极过程的研究可知，同一种金属离子，当它在镀液中处于不同的化学状态时，其电沉积的电位有较大的变化，原来电位较正的金属离子，可能在较负的电位下才发生电沉积。这就是利用配位剂等的作用，让金属离子的还原电位发生偏移，也就是产生阴极极化而使沉积电位发生变化。比如，在简单盐溶液中，银的沉积电位比锌要正 1.5V，但是在氰化物镀银中，银的电沉积电位比锌还负。

当然获得合金共沉积的方法不只是利用配位剂。金属共沉积的特点是受扩散过程控制。合金镀层中电位较正的金属的含量与阴极扩散层中金属离子的总量成正比。电镀工艺参数对合金组成的影响最终都是与扩散过程的影响有关。因此，凡是影响扩散过程的工艺参数，都会对电位较正的金属的含量有影响。

也有的镀液不遵守扩散控制理论。络合物镀液多属于这种情况，这时沉积电位的影响是主要的，只有达到其析出电位的金属，其离子才会在阴极上还原为金属。

还有一些合金镀层属于异常共沉积的合金。这种镀液中电位较负的金属反而会比电位较正的金属先沉积，比如铁族金属的合金沉积就属于这种类型。针对这些不同的合金共沉积的特点，电镀工艺学根据合金的不同共沉积形态对合金的共沉积进行了分类。11.3 的表 11-2 列举了这种分类。

11.2.2　获得电沉积合金的方法

我们已经知道，影响金属离子在阴极电化学还原的因素比较多。只要采取相应的措施，其中的一种因素就可能成为控制因素，从而可以这一因素来改变其电沉积的电位。一般而言有以下几种方法是常用的。

（1）改变金属离子的浓度

当合金金属之间的电极电位接近时，改变金属离子的浓度是调整电沉积合金成分的主要和重要方法。在一般情况下，镀液中合金成分中金属离子的浓度与镀层中金属离子的浓度有线性相关性，并且镀层合金的组分对镀液中金属离子浓度的变化也很敏感。镀液中金属离子浓度的变化马上就会在镀层的金属合金成分的比例上有所反应。找到不同镀种的这种溶液浓度与镀层中合金成分的相关性，就可以控制电沉积物的合金成分趋于稳定。但是，在很多时候，镀液中金属离子浓度的比值，并不等于镀层中金属成分的比值。但是仍然存在相关性，因此，改变镀液中金属离子的浓度比，可以改变镀层中金属成分的比值。还有一种办法是提高镀液中金属离子的总浓度，可以使其中某一成分的比例增加，但是这种增加是有限的。还有一种方法是单独改变一种金属离子的浓度，这时总量也有所改变，会给镀液带来不稳定。因此，在总量不变下调整比例是较好的管理办法。

但是，有一些金属之间的标准电位相差很大，在电位相差很大的情况下，再用控制离子浓度的方法来达到合金的共沉积的目的就比较困难了。这时候要采用络合剂调整。

（2）采用配位剂

采用配位剂使不同电位的金属共沉积是非常有效的方法。对于合金电铸液中几种金属离子之间的标准电位差值较大的，可以采用配位剂将其中电位较正的金属离子加以络合，使其还原电位向更负的方向移动。配位剂使被络合的金属离子在阴极上析出时产生较大的极化，可以调节金属离子的还原电位，使两种电位相差较大的金属离子在阴极的实际还原电位相互接近，从而达到共沉积的目的。配位剂还能保持镀液的稳定性和保证镀层结晶细致。

合金电镀的配位剂有单一型，也有混合型。以氰化物为配位剂的合金电镀基本上是单一型络合剂。这是因为氰化物是最好的通用配位剂，对大多数金属都能形成稳定的络合物。对于一些无氰镀合金的镀液，则往往需要用到混合型配位剂，即对合金成分中的每一种金属离子采用一种特定的配位剂，这时游离的配体对金属离子的沉积有着明显的影响。

在氰化物镀铜锡合金的镀液中，通常会以为氰化物是铜和锡的配位剂，将这种合金当作单一型络合剂，而实际上，镀液中的氢氧化钠是锡的配体。当镀液中的氰化物含量增加，合金中铜的成分下降，但是锡不受其影响（当然在合金中的比例反而会增加）。而当氢氧化钠增加时，将使锡的电位变负，而铜则不受其影响。因此，混合配体型镀液中配位剂含量的变化会对合金的成分产生影响。

（3）加入添加剂

添加剂也可以改变金属离子沉积时的阴极过程。由于添加剂多数是有特定表面活性的物质，并且对某种金属离子有着明显的作用，则使用这种添加剂，就会影响这种金属离子的共沉积行为。现在用于电镀或电铸添加剂的大多数是有机高分子化合物，并且多数是多种成分的混配物。这类物质的一个主要特点是具有明显的表面活性，可以在一定的电流密度下在阴极表面吸附而对金属离子的还原产生影响。这种阻滞作用有利于让还原电位正的金属的沉积受到一定控制，从而可以提高合金中另一组分的相对含量。

也有的添加剂可以直接促进金属离子的沉积，比如在铅锡合金电镀中，只加入明胶，合金中锡的含量只占约 1.6%，但是当加入间苯二酚后，合金中锡的含量可增加到 6%。在焦磷酸盐和锡酸盐镀铜锡合金中，加入苯并咪唑等，可以提高锡的含量。

11.2.3 其他影响合金共沉积的因素

其他影响合金共沉积的因素主要是工艺参数。这些因素包括镀液的 pH 值、阴极电流密度、镀液的温度和搅拌等。

pH 值对金属共沉积的影响，主要是镀液的酸碱度的变化改变了金属离子的化合态。有许多配体的稳定性是 pH 值的函数。不同的镀种和不同的金属离子，受 pH 值变化的影响是不同的。

阴极电流密度对合金成分的影响是非常明显的。通常，电流密度的增加使阴极电位变负，这有利于合金成分中电位较负的金属的含量增加。但是不同的合金在沉积过程中，电流密度的影响也是不同的。

温度和搅拌与以上因素一样，都对合金的共沉积有着不同程度的影响。我们将在讨论具体的合金电镀液时，再对这些工艺参数的影响针对具体的电镀过程加以介绍。

11.3　合金电镀的分类

合金电镀的分类与单金属电镀的分类基本相同，即可以按应用领域、镀液组成和其沉积类型进行分类。

根据应用领域分类，可分为防护性合金镀层，装饰性合金镀层，功能性合金镀层。

（1）防护性合金镀层

防护类合金镀层主要是用来提高制件的抗腐蚀性能，特别是对于钢铁基体是阳极镀层的合金，比如锌镍、锌铁、锌钴、锡锌和镉钛等合金镀层。这些镀层在钢铁制件上有电化学保护作用，在汽车等高耐蚀要求的场合有广泛应用。

（2）装饰性合金镀层

合金镀层在装饰性电镀中的应用主要是替代贵金属，比如以铜锌合金仿金镀层、以铜锡合金代镍镀层、以锡钴锌代铬镀层、以铜锡锌代银镀层等。还有一些新开发出来的装饰性镀层，利用合金镀的发色原理，获得枪色、黑色等各种特殊色调的装饰镀层。这些合金镀层不仅装饰性能良好，而且也有比单一金属更好的物理或化学性能，从而成为电镀中重要的一类镀层。

（3）功能性合金镀层

与以上两类合金镀层相比，功能性合金镀层有着更为广泛的应用。因为现代制造涉及的产品种类繁多，对产品功能的要求也五花八门，除了从结构上加以保证，很多功能需要电镀层加以支持。其中有相当多的功能性镀层是以合金镀层的形式应用的。

功能性合金镀层可以有如下几类。

① 可焊合金。电子工业产品对制件的可焊性有较高要求，而不少产品的可焊性是由表面可焊性镀层提供的，这种可焊性镀层与焊料有着基本相同的合金组成，如铅锡合金镀，也有改进的可焊合金，比如无铅的锡铋、锡铜、锡铈合金等。

② 高耐蚀合金。高耐蚀合金除了前面在防护性镀层中提到的阳极镀层外，还有许多种合金可以提供高耐蚀性能，比如仿不锈钢合金，如镍铬合金或以镍基为主的镍合金等，可以提供比单金属镀层更为良好的抗蚀性能。

③ 耐磨合金。在各种高速运动配合的制件中，耐磨性能是重要的指标。采用耐磨性镀层可以节省高硬度合金材料。铬基合金、镍基合金都有很高的硬度和耐磨性能。比如铬镍合金、铬钼合金、铬钨合金和镍磷合金、镍硼合金等，都有良好的耐磨性能。

④ 减摩合金。有些合金具有良好的润滑和减摩性能，可以用于轴瓦镀层。比如铅锡、铅铟、铅银、铜锡、银铼、铜锡铅等，可以在许多需要减摩的场合使用。

⑤ 电磁性能合金。功能性镀层的应用中最大的领域是电子产品领域。电性能和磁性能镀层在现代电子产品中有广泛的应用。比如钴镍、镍铁等磁性合金在计算机和记录设备中用作记忆元件镀层。其他如钴铁、钴铬、钴钨、镍铁钴和镍钴磷等都具有良好的磁性能。

⑥ 特殊功能合金。广义的特殊功能合金包括各种仿单金属镀层或替代镀层，比如仿金镀层、仿银镀层、代金镀层、代银镀层、代镍镀层、代铬镀层等；还有色彩镀层，比如枪色镀层、青铜色镀层等。而狭义的特殊功能合金则是根据产品需要而开发的专用于某种功能需要的镀层，比如轴瓦合金（铅铟、银铼）、电接点合金（镍钯）等。

还有从有机溶液中获得铝合金，从复合镀液中获得合金复合镀层等，也都可以归于特殊功能合金的范围。

采用电镀法获得合金还有一个重要的技术优势就是可以制造梯度合金。所谓梯度合金是指合金中两种或两种以上金属之间的比例不是一成不变的，而是随着厚度的变化而发生成分比例的变化，出现递增或递减的分布，这种梯度合金的优点是可以在表面体现出一种特性而在本体上又具有另一种特性，从而满足一种镀层符合多种性能要求的设计。

合金电镀根据镀液组成不同而有不同的电镀工艺。因此可以根据工艺将合金电镀分为以下几类：

（1）简单盐合金电镀工艺

对于电位相近或借助添加剂的作用可以在简单盐镀液中获得的合金镀层，简单盐合金电镀的镀液有成分简单、容易维护、电流效率高等优点，但是也存在分散能力和覆盖能力差等缺点。常用的简单盐合金镀液有氯化物镀液、硫酸盐镀液、氟硼酸盐镀液等。可以获得的镀层有从硫酸盐和氯化物镀液中镀得的铁、钴、镍的合金；从氯化物镀液中获得的锌镍、锌铁和锌钴合金；从氟硼酸镀液中获得的铅锡合金等。

为了改善简单盐合金电镀层的质量，简单盐电镀中通常都要用到一些添加剂。特别是在电镀添加剂发达的今天，应用电镀添加剂于合金电镀已经是重要的技术手段。

（2）络合物合金电镀工艺

由于络合物可以控制和调整金属离子的电沉积过程，以提供合金共沉积的条件，因此，大多数合金电镀都需要用到络合剂。有些合金电镀只用一种络合剂，有些要用到两种络合剂分别络合合金中两种组分的金属离子，这样才能达到合金按一定比例共沉积的目的。比如铜锡合金中以氰化物络合铜离子，而以羟基络合锡离子。目前应用最多的络合剂仍然是氰化物，但随着环境保护措施的加强，取代氰化物的络合剂的应用会增加。

（3）有机溶剂合金电镀工艺

由于有些金属不能从水溶液中电沉积出来，但是可以从有机溶液中电沉积出来，还有些合金成分在有机溶液中的电位比较接近，因而可以从有机溶液中获得从水溶液中不能获得的合金。比如从甲酰胺等有机溶液中可以得到铝合金镀层。对于活泼金属，如铝、镁、铍等和难以从水溶液中电沉积的金属，如钛、钼、钨等，可以从有机溶液中获得其合金镀层。

还有一种对合金电镀的分类是根据合金共沉积的类型。根据电沉积的动力学特征，可将合金镀层分为正常共沉积和非正常共沉积两大类。正常共沉积中又可分为正则共沉积、非正则共沉积和平衡共沉积三类；非正常共沉积则有异常共沉积和诱导共沉积两类[2]。具体特点可参见表 11-2。

表 11-2　合金共沉积类型和特点

合金类型		特点	合金例
正常共沉积	正则共沉积	总是电位较正的金属优先沉积。合金共沉积的特点是受扩散过程控制。工艺参数的影响可以由阴极扩散层中金属离子的浓度来预测 提高金属离子含量、减小阴极电流密度、提高镀液温度和加强搅拌等，都有利于电位较正的金属的沉积	镍钴合金、铜铋合金、铅锡合金等
	非正则共沉积	这类共沉积的特点是受阴极电位控制。电镀工艺参数对合金共沉积组成的影响没有正则共沉积那么大。络合物电镀液多属于这一类。平衡电位比较接近且易于形成固溶体的镀液，也可以出现非正则共沉积	氰化物镀铜锌合金等
	平衡共沉积	在低电流密度下，合金中各组分的比等于镀液中各金属离子的浓度比。属于这一类的合金不多	酸性镀铜铋合金等
非正常共沉积	异常共沉积	异常共沉积的特点是电位较负的金属反而优先沉积。对于具体的合金镀，只有在一定的浓度和某工艺条件下，才会出现异常共沉积。即使同一个镀液，当条件变化以后就不一定出现异常共沉积	含铁族金属的合金，镍钴、铁钴、铁镍、锌镍、铁锌和镍锡等
	诱导共沉积	对于有些单独不可能电沉积的金属，在合金离子存在的条件下，可以与这些合金离子形成共沉积的过程，就是诱导共沉积。如钛、钼、钨等只有组成合金才能实现电沉积	镍钼、钴钼、镍钨、钴钨等

11.3.1　铜系合金

铜合金是应用最早、用途最广泛的合金之一。常用的铜合金有铜锌合金、铜锡合金、铜镍合金等。这三类合金分别被称为黄铜、青铜和白铜。当然，当青铜的含锡量较高时，也会得到白铜的效果。这三种合金都可以从镀槽中获得，并且其合金的成分也是基本上可以控制和加以调节的。

11.3.1.1　铜锌合金

铜锌合金在电镀中用作仿金镀层。在光亮的铜或镍打底的镀层上镀上一层很薄的铜锌合金，可以获得与金子一样的金黄色。并且同样可以通过调节锌与铜的比例来仿制出 24K 或者 18K 的金色。

　　电镀铜锌合金（黄铜）是最早开发的合金电镀工艺之一。一价铜的标准电位为 0.52V，二价铜的标准电位为 0.34V，而锌的标准电位则是 -0.76V，两种金属的电位相差 1V 以上。在简单盐镀液中是不可能形成合金共沉积的。但是在以氰化物为络合剂的镀液中，两种金属的电极电位都向负的方向移动，都在 -1.2V 左右，两者的电位差缩小，从而有利于两种金属的共沉积。事实上，现在工业中广泛采用的镀铜锌合金仍然采用氰化物镀液。

　　(1) 高速镀黄铜

氰化亚铜	75～105g/L	pH 值	12.5
氧化锌	3～9g/L	温度	75～95℃
氰化钠	90～135g/L	阴极电流密度	2.5～15A/dm²
游离氰化钠	4～19g/L	阳极	Cu95%、Sn5%
氢氧化钾	40～75g/L		

　　(2) 镀白铜

氰化亚铜	16～20g/L	氢氧化钠	30～37g/L
氰化锌	35～40g/L	温度	20～30℃
氰化钠	52～60g/L	阴极电流密度	3～5A/dm²
游离氰化钠	5～6.5g/L	阳极	Cu35%、Sn65%
碳酸钠	35～40g/L		

　　(3) 镀仿金

氰化亚铜	53g/L	pH 值	10.3～10.7
氰化锌	30g/L	温度	43～60℃
氰化钠	90g/L	阴极电流密度	0.5～3.5A/dm²
游离氰化钠	7.5g/L	阴阳面积比	2:1
碳酸钠	30g/L	阳极	Cu70%、Sn30%

　　(4) 镀液成分的影响

　　① 主盐。主盐是镀液中金属离子的主要来源。合金镀液中主盐的浓度和它们的比例影响金属的沉积速度和镀层合金的组成。在黄铜镀液中，铜锌的比为 10～15:1。如果是镀白铜，则铜锌的比为 1:2～3，在仿金合金中的铜锌比则是 2～3:1。

　　② 氰化钠。氰化钠是铜和锌的配位剂，它与铜和锌都能形成非常稳定的络离子。当在溶液中含有适量的游离氰化物时，不仅对络合物的稳定性有好处，而且非常有利于阳极的正常溶解。当溶液中的游离氰化物较低时，镀层中的铜的含量增加。但过高的游离氰化物会使电流效率下降。

③ 碳酸钠。碳酸钠可以提高镀液的导电性。尽管氰化物镀液在工作一定时间后，会自行生成碳酸盐，但新配镀液时，一般还是加入适量的碳酸盐为好。当碳酸盐的含量过高时，会影响阳极的电流效率。一般应控制在 70g/L 以下。

④ 氢氧化钠（钾）。在镀液中加入一定量的氢氧化钠或钾，可以改善镀液的导电性和分散能力。但过多的碱会引起镀液的 pH 值升高，这时会增加镀层中锌的含量。因此在镀白/黄铜时，要采用较高的 pH 值。

⑤ 添加剂。为了改善镀层的性能，有时要往镀液中加入某些添加剂。比如少量的砷化物（如亚砷酸），可以得到有光泽的白色铜合金。添加量一般在 0.01～0.02g/L。过量会使镀层发白，且阳极溶解也不正常。

添加 0.04～0.08g/L 的酚或 0.5～1.0g/L 的甲酚磺酸，也可以得到光亮致密的镀层。添加少量的其他金属离子，也能改善镀层的性质。比如加入 0.01g/L 的镍，可以起到类似光亮剂的效果。

其他如天然胶或有机添加剂也可以用来改善镀层，但是对于电铸，有机物的引入会增加镀层的脆性，因此要慎用。

(5) 工艺参数的影响

① 电流密度。大多数黄铜镀液的电流密度都是很低的，只有高速黄铜的电流密度可以达到十几 A/dm^2。电流密度对合金成分的影响是较大的，在低电流密度下，铜的含量会增加，在极低的电流下会只得到纯铜的镀层。因此，对于合金电镀来说，电流密度要保持在较高的水平。

② 温度。温度升高，镀层中的含铜量会增加，尤其是在电流密度较低时，含铜量会明显增加。在高电流密度下，每升高 10℃，镀层中的铜的含量增加 2%～5%，但达到一个温度值后也不会再增加多少。过高的温度会引起氰化物的分解，增加镀液中的碳酸盐。一般应控制在 50℃ 以下。

③ pH 值。镀液的 pH 值主要影响镀液的导电性和主盐金属离子的络合状态。较高的 pH 值有利于锌成分的增加。调整 pH 值时要注意，调高可以用氢氧化钠或氢氧化钾，但是调低时不能直接用任何一种酸，以防止产生剧毒的氰氢酸逸出而危及操作者的生命安全。调低氰化物镀液的 pH 值只能采用亚硫酸钠等弱酸性溶液来调整。并且要在良好的排气条件下缓慢加入，充分搅拌。

④ 搅拌。搅拌可以提高镀液的工作电流密度，增加镀液的分散能力。特别是对于电铸加工，由于电流密度大大高于普通电镀，如果没有强力的搅拌或镀液的循环，在高电流密度下几乎不能正常工作。

(6) 阳极。阳极材料的组成和阳极的物理状态对镀液的稳定性和镀液的正常工作有着非常重要的影响。电镀黄铜一般不采用混合阳极而是采用合金阳极。因为如果对铜和锌进行分挂，会在锌阳极上发生置换反应，不利于锌阳极的正常工作。因此，铜锌合金的电镀都采用合金阳极，并且其合金成分的比例与镀层的比例是一样的。不过当需要得到含铜量为 70%～75% 的黄铜镀层时，阳极合金的含铜量可以在 80%，这样有利于阳极的正常溶解，减少阳极泥的产生。

目前工业上采用的合金阳极，基本上是通过轧制的方法得到的。经过轧制的阳极的溶解比较均匀，且溶解效率高。不过经过轧制的阳极最好能在 500℃ 进行退火后再使用。如果是铸造阳极，则要去除表面氧化皮后再投入使用。

合金阳极的质量不仅取决于合金组成及铸造工艺，而且还取决于合金中夹杂的杂质的种类和含量。合金阳极中的有害杂质主要有铅、锡、砷、铁等。铜锌合金阳极中的杂质允许含量如表 11-3 所示。

表 11-3　铜锌合金阳极中杂质的允许含量

杂质金属	允许量/%	杂质金属	允许量/%
锡	<0.005	锑	<0.005
镍	<0.005	砷	<0.005
铅	<0.005	铁	<0.01

（7）无氰镀黄铜

焦磷酸盐镀黄铜是可供工业化生产的无氰电镀工艺。焦磷酸钾对铜和锌都能形成较稳定的络合物。不过铜还是容易优先析出，特别是在低电流区。因此要选择适当的辅助络合剂，这对改善镀液性能是有益的。采用这种工艺，镀层中的含铜量可以控制在 70%～81%。

硫酸铜	25g/L	pH 值	11
硫酸锌	29g/L	温度	50℃
焦磷酸钾	200g/L	阴极电流密度	0.5A/dm²
四甲基乙二胺	12g/L		

在这个工艺里所用的辅助络合剂是四甲基乙二胺（简易分子式为 $C_6H_{16}N_2$，也叫 N,N,N',N'-四甲基-2 乙二胺），可以增加铜的极化，从而抑制铜的过量析出。

11.3.1.2　铜锡合金

铜锡合金也就是常说的青铜。这是曾经被当作代镍镀层而在我国电镀业中有广泛应用的镀种，至今仍然还有一些电镀厂商在采用这一镀种生产用于防护装饰性镀层的中间层。

最早的电沉积青铜是劳尔兹在 1842 年从氰化铜和锡酸盐溶液中获得的。但真正用于生产则是从 1934 年开始的。在镍资源又开始趋于紧张的现代，用镀铜锡合金来代替镀镍已经是流行的趋势。

铜锡合金用于制作塑压模具时,有比钢材更好的性能。首先是具有足够的强度和硬度,对于用来进行塑料加工是不成问题的。其次是具有良好的导热性能,有利于控制塑料加工中模具的温度。与钢制模具相比,青铜模具的平均温度可以降低20%,冷却时间可以节省40%,这对于节约能源有重要意义。青铜良好的导热性能还对提高模具的热穿透率有利,当模具的热穿透率低时,模具的各部位温差较大,有时会导致塑料制品报废。

(1) 低锡青铜(含锡6%~15%)

铜锡合金中含锡量在6%~15%的,称为低锡青铜。当含锡量达到14%~15%时,镀层呈金黄色。这种镀层的耐腐蚀性好,孔隙率低。可作为代镍镀层。

氰化亚铜	11~21g/L	十二烷基硫酸钠	0.01~0.03g/L
锡酸钠	9~13g/L	pH 值	12.5~13.5
氰化钠	35~50g/L	温度	50~60℃
氢氧化钠	8~12g/L	阴极电流密度	2~4A/dm²

(2) 中锡青铜(含锡15%~20%)

氰化亚铜	11~28g/L	pH 值	13~13.5
锡酸钠	7~9g/L	温度	55~60℃
氰化钠	45~66g/L	阴极电流密度	1~3A/dm²
氢氧化钠	22~26g/L		

(3) 高锡青铜(含锡40%~45%)

氰化亚铜	8~14g/L	酒石酸钾钠	30~37g/L
锡酸钠	42~46g/L	pH 值	13.5
氰化钠	27~37g/L	温度	65℃
氢氧化钠	95~103g/L	阴极电流密度	3A/dm²

(4) 镀液成分的影响

① 主盐。合金离子的总浓度对镀层组成影响不大,主要影响电流效率。两种金属离子的比例与金属镀层中两组分的比例有关。在低锡镀液中,铜与锡的比以2~3:1为宜,而在高锡镀液中,则以1:2.5~4为宜。

② 游离氰化物。氰化钠是铜的稳定络合剂,在有游离氰化钠存在的情况下,铜离子络盐是非常稳定的,只有在强电场作用下才会在阴极还原,因此电流效率也较低。游离氰化物的量增加会使铜的含量下降,而对锡没有多大影响。

③ 游离氢氧化钠。氢氧化钠是锡盐的络合剂。镀液中游离氢氧化钠的增加,会使锡络离子的稳定性增加,同时增大锡析出的阴极极化,镀层中的锡含量会减少。

(5) 工艺条件的影响

① 温度的影响。镀液的温度对合金镀层的组成、质量和镀液的性能等均有

影响。升高温度，镀层中的锡含量增加，阴极电流效率提高。但是温度过高会加速氰化物的分解，镀液的稳定性会受影响。而当温度偏低时，阴极电流效率下降，阳极溶解不正常。所以要选择合理的镀液温度，兼顾到各方面的需要。一般控制在 60℃ 左右为好，最好是采用温度自动控制系统。

② 电流密度的影响。电流密度的变化对镀层合金成分的影响较小，主要是影响阴极的电流效率和镀层的质量。电流密度提高，电流效率下降，镀层粗糙，阳极容易发生钝化。电流密度太小，镀层沉积缓慢，镀层发暗。

③ 阳极的影响。氰化物镀青铜的阳极，可以用铜锡合金阳极，也可以采用单纯的铜阳极并添加锡盐，再就是采用锡、铜混挂阳极。镀低锡青铜多采用铜阳极或合金阳极。在只用铜阳极时，可以定期补加锡酸钠。合金阳极中的锡含量为 10%～20%，为了使之在镀液中溶解正常，在铸出来以后要在 700℃ 退火 2～3h。镀液中的二价锡这时是有害成分，当过多时会引起镀层粗糙、发暗。当镀液中二价锡过多时，要加入双氧水进行氧化处理。

当电镀高锡青铜时，可以采用铜锡混挂阳极，也可以采用合金阳极。电镀结束后，应将阳极从镀液中取出来。

（6）无氰镀青铜

能成功用于生产的无氰镀青铜，仍然是焦磷酸盐工艺。

焦磷酸铜	20～25g/L	酒石酸钾钠	30～35g/L
锡酸钠	45～60g/L	硝酸钾	40～45g/L
焦磷酸钾	230～260g/L		

11.3.1.3　铜锡锌合金

铜锡锌三元合金是近年来应用较广的替代性合金镀层，根据其合金成分中各组分比例的不同而分别可以用于代银、代镍和仿金等镀层。特别是在电子连接器行业，已经较为广泛地采用铜锡锌三元合金代银或镍，用于连接器接头的电镀。

这种三元合金镀层是由铜锡锌三种金属元素组成，镀层中三种成分的比例为铜 65%～70%，锡 15%～20%，锌 10%～15%。但是镀液中的各组分的含量不能按镀层的含量来配，而是要根据各组分在阴极上能还原出合适的镀层比例的量来设计，常用的镀三元合金的镀液基本组成如下：

氰化亚铜	8～10g/L	氢氧化钠	8～10g/L
锡酸钠	40g/L	阴极电流密度	0.5～2A/dm²
氰化钠（总）	20～24g/L	温度	55～60℃
氧化锌	1～2g/L	时间	30～90s

在生产实践中，三元合金电镀通常还要加入一些商业添加剂，才能得到较光亮和细致的镀层，但是镀层只有在较薄的时候才能有光亮作用，并且对基体表面的光洁度和底镀层的光亮度也有一定要求，即底镀层要有较高的光亮镀，才能保

证三元合金镀层的光亮度。如果三元合金镀层镀得较厚，则难以得到全光亮镀层。

11.3.2 镍系合金

11.3.2.1 镍铁合金

镍铁合金用于电镀已经有 100 多年的历史。早期的镍铁合金电镀液是没有添加剂的简单盐镀液，现在已经开发出多种用于镍铁合金的添加剂，除了用于电铸，使镍铁合金电镀在装饰、防护等诸多方面已经有较广泛的应用。因为这种镀液有良好的整平作用，镀层硬度高而韧性比光亮镍好，可以二次加工。同时镀液的成本较低，可以节省 15％～50％的金属镍。

镍铁合金的合金组织结构因含镍量的不同而有所不同。含镍 76％及以上的镍铁合金，可形成 fcc 结构的 γ 固溶体，但并不是有序的金属间化合物。当含镍量从 58.6％下降到 48.0％，继而下降到 38.3％时，γ 相发生晶格膨胀。当含镍量下降到 27.8％时，镀层向 bcc 结构转变。

（1）简单盐电镀镍铁合金

硫酸镍	200g/L	十二烷基硫酸钠	0.05g/L
硫酸亚铁	25g/L	糖精	2g/L
氯化钠	35g/L	pH 值	3.5
柠檬酸钠	25g/L	温度	60℃
硼酸	40g/L	电流密度	$2.5A/dm^2$
苯亚磺酸钠	0.3g/L	阳极	混挂阳极（镍∶铁＝4∶1）

（2）镀液成分与工艺条件的影响

① 主盐的影响。镍铁合金的析出属于异常共沉积。尽管铁离子在合金镀液中的电极电位比镍还要负 200mV，但是铁会优先在阴极上析出。即使镀液中铁离子的浓度很低，铁仍然会优先析出。由此可知，在实际电镀中控制好镀液中铁离子的浓度，是获得镍铁合金镀层的关键。

② 稳定剂的影响。镍铁合金中所采用的铁盐是二价铁，由于二价铁在空气中和在阳极上容易被氧化为三价铁，而三价铁的溶度积又很小，在 pH 值＞2.5的条件下，会生成三氢氧化铁沉淀，对镀液的稳定性和镀层的质量都会带来一些问题。在大电流密度下工作时，由于氢的大量析出，即使在 pH 值很低的情况下，也会在电极表面出现 pH 值升高的情况，这时镀层中难免会杂入氢氧化物而给镀层带来脆性等问题。因此，一定要有让铁离子保持稳定的措施。通常是用络合剂来将铁离子络合起来。常用的是柠檬酸、葡萄糖酸、EDTA 等，并且与多羧酸混合使用时，效果会更好。

③ 添加剂的影响。对于装饰性的镍铁合金，必须添加光亮剂，有些添加剂

则有整平镀层的作用。目前使用的光亮剂有糖精和苯并萘磺酸类的混合物，也有用磺酸盐和吡啶类盐的衍生物。一些新的镀镍中间体都可以用在镍铁合金镀液中。可以根据需要选用这些中间体来组成添加剂。

④ pH 值的影响。在简单盐镀液中，pH 值对镀层的组成及阴极电流效率都有比较大的影响。随着镀液 pH 值的升高，镀层中的含铁量增加，但同时也会产生氢氧化铁的沉淀而影响镀液稳定性和镀层性能。当 pH 值过低时，阴极电流效率会下降，这是因为析氢的量会增加。

⑤ 温度的影响。随着镀液温度的升高，镀层中的含铁量会有所增加。不过温度对电流效率的影响很小。镀液温度每升高 10℃，电流效率约提高 1%～2%。镀液温度过高，会加速二价铁氧化为三价铁。但是温度过低时，则高电流密度区会出现烧焦现象，整平性能也下降。因此采用恒温控制系统将温度控制在工艺规定的范围是比较可靠的方法。

⑥ 电流密度的影响。随着电流密度的增加，镀层中的含铁量会下降。因为铁的电沉积受扩散步骤控制，电流密度越高，扩散步骤的影响也会越大，铁的含量也就会下降。电流密度对电流效率的影响并不是很明显，当电流密度增加时，电流效率略有提高。

⑦ 搅拌的影响。搅拌对镀层中铁的含量有明显影响，当采用强力搅拌时，镀层中的含铁量可达到 27% 左右，而当减弱搅拌时，含铁量就会降低至 24% 以下，当停止搅拌，含铁量会降到 11% 左右。因此镍铁合金电镀要求有较强的搅拌装置。但是，考虑到二价铁氧化的问题，不要采用空气搅拌，而以镀液循环加机械搅拌效果为好。

（3）阳极

在简单盐镀液中镀镍铁合金，可以用合金阳极，也可以用镍铁合金分控阳极或混挂阳极。使用合金阳极时，操作方便，不需要其他辅助设备。但是不容易控制镀液中主盐离子的浓度比。要想较准确地控制主盐浓度的比，则要采用分别控制的阳极或混装阳极。在采用混装阳极时，要防止铁的过量溶解。因为铁阳极的溶解性要好于镍，这时只能减少铁阳极的面积。当要求镀层的含铁量为 20%～30% 时，镍阳极和铁阳极的面积比以 7～8:1 为好。

镍和铁阳极的纯度也很重要，特别是铁阳极，一定要用高纯铁。阳极都要使用聚丙烯或纯涤纶制成的阳极袋套起来，以防止阳极上的泥渣掉入镀槽中。

（4）镀液的维护

镍铁合金的现场管理和维护很重要。特别是主盐离子的浓度比，要经常加以控制。要根据镀液中主盐浓度与合金中成分的对应关系找到相应的规律，再根据对合金成分的需要来确定出管理的比值。

防止二价铁的氧化也是镀镍铁合金的关键之一。为了防止二价铁的氧化，应当注意以下几点。

① 严格管理镀液的 pH 值，尤其要注意在使用过程中 pH 值的变化。要将镀液的 pH 值控制在 3.6 以下。

② 适当增加阳极面积，以防止阳极发生钝化。

③ 镀液在停止工作后要将温度降下来。

④ 不要采用空气搅拌。

⑤ 对镀液要经常过滤，最好采用循环过滤，并定期进行活性炭处理。

11.3.2.2　镍磷合金

（1）工艺配方

电镀镍磷合金是 1950 年诞生的，由于其具有良好的性能，很快就获得了应用。常用的电镀镍磷合金有氨基磺酸盐、次磷酸盐和亚磷酸盐等，各有优点。

① 氨基磺酸盐型

氨基磺酸镍	200～300g/L	pH 值	1.5～2
氯化镍	10～15g/L	温度	50～60℃
硼酸	15～20g/L	电流密度	2～4A/dm²
亚磷酸	10～12g/L		

这个工艺的特点是工艺稳定，镀液成分简单，镀层韧性好。可获得含磷量为 10%～15% 的镍磷合金镀层。但镀液成本较高。

② 次磷酸盐型

硫酸镍	14g/L	硼酸	15g/L
氯化钠	16g/L	温度	80℃
次磷酸二氢钠	5g/L	电流密度	2.5A/dm²

用这一工艺获得的镀层含磷量为 9%，分散能力较好，镀层细致。但镀液不够稳定。

③ 亚磷酸盐型

硫酸镍	150～170g/L	添加剂	1.5～2.5mL/L
氯化镍	10～15g/L	pH 值	1.5～2.5
亚磷酸	10～25g/L	温度	65～75℃
磷酸	15～25g/L	电流密度	5～15A/dm²

这是近年来用得比较多的工艺，可以有较高的电流密度，镀层光亮细致，容易获得含磷量较高的镀层。但分散能力较差，最好加入可以络合镍的络合剂加以改善。

（2）各组分作用

① 硫酸镍。硫酸镍是镀液的主盐，其含量对镀层中的磷含量、沉积速率和镀层的外观等均有影响。含量过高时可以获得高的沉积速度，但是镀层结晶粗糙，镀层中的含磷量会相对降低。

② 氯离子。氯离子主要用来活化阳极，可以防止镍阳极发生钝化，促进阳极的正常溶解。用氯化镍可以适当补充主盐的金属离子。但不宜过高，否则镀层的应力会有所增加，且成本较高。

③ 亚磷酸和磷酸。亚磷酸是镀层中磷的主要来源，随着亚磷酸的增加，镀层中的含磷量也会增加。磷酸主要是起到稳定镀液中亚磷酸的作用。使镀液中亚磷酸不至于下降太快，便于镀液的维护。磷酸还可以起到 pH 值稳定剂的作用。

④ 添加剂等的影响。加入添加剂为的是改善镀层性能，比如增加光亮度，提高韧性等。加入络合物可以络合镍离子，提高镀液分散能力，还可以提高电流密度。

（3）工艺参数的影响

① pH 值。电沉积镍磷合金，pH 值的管理很重要，因为镀层中的含磷量主要与电极表面的氢原子有关。随着镀液 pH 值的升高，镀层中含镍量增加，含磷量下降。过高时还会生成亚磷酸镍沉淀。当然过低的 pH 值也会使阴极的电流密度下降。

② 温度。温度对镍磷合金电沉积的影响不是很大，但对沉积速度有影响。当镀液的温度低于 50℃时，沉积速度将会变得很慢。温度过高则会增加镀液的蒸发，能耗也会有所增加。这是要加以避免的。

③ 电流密度。一般而言，镀层中的含磷量会随着电流密度的增加而有所下降。不同体系镀液的允许电流密度相差较大。对电铸来说，当然是采用允许电流密度高的镀液，以提高生产效率。

（4）阳极

镍磷合金电沉积时的阴极电流效率低于阳极的电流效率。如果完全采用可溶性阳极，则镀液中的镍离子会积累过快，对镀液稳定性有影响。因此，最好采用可溶性阳极与不溶性阳极混用的方法，以减小阳极溶解过快的影响。理想的不溶性阳极是镀铂的钛阳极，但成本太高，可以用高密度石墨阳极，用丙纶布包好以防污染镀液。可溶性阳极与不溶性阳极的比例为 1：3～5。

11.3.2.3　钴镍合金

（1）镀钴镍合金工艺

含有 20%镍的钴镍合金有优良的磁性能，在电子工业中有着广泛的应用，在微电子工业和微型铸造中也有应用价值。

① 硫酸盐型

硫酸镍	135g/L	温度	45℃
硫酸钴	108g/L	pH 值	4.5～4.8
硼酸	20g/L	电流密度	3A/dm^2
氯化钾	7g/L		

② 氯化物型

氯化镍	300g/L	温度	60℃
氯化钴	300g/L	pH 值	3.0~6.0
硼酸	40g/L	电流密度	10A/dm²

③ 氨基磺酸盐型

氨基磺酸镍	225g/L	润湿剂	0.375mL/L
氨基磺酸钴	225g/L	温度	室温
硼酸	30g/L	电流密度	3A/dm²
氯化镁	15g/L		

④ 焦磷酸盐型

氯化镍	70g/L	温度	40~80℃
氯化钴	23g/L	pH 值	8.3~9.1
焦磷酸钾	175g/L	电流密度	0.35~8.4A/dm²
柠檬酸铵	20g/L		

(2) 镀液成分的影响

① 主盐。各种体系的镀钴镍合金，其主盐都是相应的可提供镍离子和钴离子的金属盐。这两种金属的浓度比直接影响到镀层中的镍含量，也影响镀层的磁性能。作为磁性镀层，这两种金属的离子浓度比在 1:1 左右，这时镀层中的含钴量达 80%，镀层的磁性能随着镍含量的增加而减少。要想得到磁感应强度较低的镀层，可适当提高镀层中镍的含量。

② 其他辅助盐。镀液中基本上都加有硼酸，可以起到一定的稳定 pH 值的作用。有些工艺中也添加适当的磷离子，比如加入次磷酸钠。稳定镀液的 pH 值，对于保证含磷量在工艺要求的范围内是十分重要的。含磷量对于提高镀层的磁性有一定作用，但是过高反而会降低镀层磁性。

氯离子则是为了活化阳极。通常都是选用主盐金属的氯化物，也有用其他金属盐的，比如镁盐，兼有改善镀层性能的作用。

也有的镀液选用柠檬酸铵作 pH 缓冲剂，认为在含硼酸的镀液中不易得到高磁性镀层。

(3) 工艺参数的影响

① pH 值。镀液中的 pH 值对镀层的磁性有很大影响。随着镀液 pH 值的增加，镀层中的钴含量下降，而磁场强度增加。当 pH 值大于 3 时，镀层的磁场强度增加很明显。有人认为是 pH 值的变化引起镀层成分变化所致，但也有人认为是结晶结构发生了某种变化造成的。

② 温度和电流密度。温度和电流密度都对镀层的磁场强度有一定影响。一般情况是随着镀液的温度和电流密度的增加，磁场强度也会随之有所增加。但是

当增加量达到一个最大值后，如果再增加，磁场强度反而会有所下降。

③ 叠加交流电的影响。如果有提高磁场强度而降低磁感应强度的要求，在电沉积过程中叠加交流电流有明显的效果，但其作用的机理尚不很清楚。

（4）焦磷酸盐镀锡钴合金

焦磷酸亚锡	20g/L	温度	60℃
氯化钴	24～72g/L	电流密度	0.7～2.0A/dm²
焦磷酸钾	140～340g/L	镀层含钴量	2%～15%
pH 值	9.5～9.9		

（5）镀液成分与工艺的影响

① 主盐。镀液中的主盐可以用氯化钴、硫酸钴或醋酸钴等，锡盐则可以用焦磷酸盐或氯化亚锡。不改变镀液中的其他成分，而只改变钴盐时，随着钴离子浓度的增加，镀层中的钴含量也会有所增加。但是在实际生产控制中，钴盐的浓度不宜过高，否则镀层的脆性也会增加。并且当钴含量超过 30% 时，镀层的颜色也会出现变化，将出现发黑或变成暗褐色。镀液中钴离子与锡离子的比，最好控制在 0.6～0.9∶1。

② 配位剂的影响。焦磷酸钾是较好的配位剂。可以与锡和钴都形成稳定的络合物，并且锡离子在焦磷酸盐中的稳定性更高。因此，当镀液中的焦磷酸钾增加时，钴的含量会有所增加。配位剂的浓度与金属离子总浓度的比值以 2～2.5∶1 为好。有利于镀液的稳定和获得合理的合金镀层。

③ 添加剂。用于装饰性的锡钴合金一定要加入光亮剂，否则只能得到白色镀层。可以用作添加剂的是胶体和有机化合物，如动物胶、明胶、胨等。但现在多半采用有机化合物，如聚胺类化合物。其中聚乙烯亚胺的光亮效果较好，还可以加入乙二醇配合使用。它们的用量分别为：

聚乙烯亚胺	0.5～30g/L	乙二醇	1～10g/L

④ 电流密度。阴极电流密度对镀层组成的影响很大。随着电流密度的增加，层中的含钴量明显增加。在高电流密度下，电流密度对镀层组成的影响比在低电流密度时更大。要获得良好的合金镀层，对阴极电流密度要加以控制。

11.3.3　焊接性镀锡合金

（1）锡银合金

锡银合金是为了取代锡铅合金而开发的无铅可焊性镀层，由于锡与银的电位相差 935mV，在简单盐镀液中是很难得到锡银合金镀层的，因此已经开发的锡银合金镀层几乎都是络合物体系。镀层中银的含量可以控制在 2.5%～5.0%（质量分数）之间。

氯化亚锡	45g/L	碘化银	1.2g/L

焦磷酸钾	200g/L	阴极电流密度	0.2~2A/dm²
碘化钾	330g/L	阳极	不溶性阳极
pH 值	8.9	阴极移动	需要
温度	室温		

（2）锡铋合金

这也是为替代锡铅合金而开发的无铅可焊合金。

硫酸亚锡	50g/L	pH 值	强酸性
硫酸铋	2g/L	阴极电流密度	2A/dm²
硫酸	100g/L	阳极	纯锡板
氯化钠	1g/L	阴极移动	需要
光亮剂	适量	镀层含铋	3%
温度	室温		

（3）锡锌合金

硫酸亚锡	40g/L	阴极电流密度	2A/dm²
硫酸锌	5g/L	阳极	含10%锌的锡合金
磺基丁二酸	110g/L	阴极移动	需要
pH 值	4	镀层中含锌	10%
温度	室温		

（4）锡铈合金

硫酸亚锡	35~45g/L	稳定剂	15mL/L
硫酸高铈	5~10g/L	温度	室温
硫酸	135~145g/L	阴极电流密度	1.5~3.5A/dm²
光亮剂	15mL/L	阴极移动	需要

（5）锡铅合金

氟硼酸锡	15~20g/L	2-甲基醛缩苯胺	30~40mL/L
氟硼酸铅	44~62g/L	β-萘酚	1mL/L
氟硼酸	260~300g/L	温度	15~25℃
硼酸	30~35g/l	阴极电流密度	1~3A/dm²
甲醛	2~30mL/L	阴极移动	需要
平平加	30~40mL/L		

由于铅已经是明令禁止采用的元素，因此，这一工艺已经面临淘汰。

11.3.4 其他合金电镀

（1）银锌合金

① 氰化物镀银锌

氰化锌	100g/L	氢氧化钠	100g/L
氰化银	8g/L	镀层含锌量	18%
氰化钠	160g/L	电流密度	0.3A/dm²

② 硝酸盐镀银锌

硝酸银	17g/L	温度	45℃
硝酸锌	30g/L	电流密度	0.4A/dm²
硝酸铵	24g/L	需要搅拌	
酒石酸	1g/L		

③ 工艺条件的影响。随着电流密度上升，镀层中锌成分的含量明显上升。搅拌对合金的组成也有很大影响。在氰化物镀液中，搅拌会使锌的成分在镀层中降低，属于正则共沉积。通过金相法对金属结构的研究表明，电镀所获得的银锌合金组织结构与热熔合金的晶格参数是一致的。

（2）银锑合金

银锑合金主要是用作电接点材料。这种镀层比纯银的力学性能好，硬度比较高，因此也叫作镀硬银。只含 2%锑的银锑合金的硬度比纯银高 1.5 倍，而耐磨性则提高了 10 倍。不过电导率只有纯银的一半。用作接插件的镀层，可以提高其插拔次数和使用寿命。银饰品电铸同样可以大大提高其耐磨损性能。

硝酸银	46～54g/L	碳酸钾	25～30g/L
游离氰化钾	65～71g/L	酒石酸锑钾	1.7～2.4g/L
氢氧化钾	3～5g/L	硫代硫酸钠	1g/L

下面介绍影响银锑合金的主要因素。

① 主盐。电镀银锑合金的主盐多半使用的是氰化银或氯化银。为减少氯离子的影响，最好使用氰化银。银离子含量高，有利于提高阴极电流密度的上限，提高银的沉积速率，可以提高生产效率，同时还能改善镀层质量。过高的银盐要求有更多一些的络合物，否则电镀层会变得粗糙。而偏低的银含量则会使极限电流密度下降，高电流区的镀层容易出现烧焦或镀毛。

② 氰化物。氰化物不仅要完全络合镀液中的主盐金属离子，而且还要保持一定的游离量。这样可以增加阴极极化，使镀层结晶细致，镀液的分散能力好。同时还能改善阳极的溶解性能，提高光亮剂的作用温度范围。如果游离氰化物偏低，镀层会出现粗糙，阳极出现钝化。但是游离氰化物也不能过高，否则会使电流效率下降，阳极溶解过快。

③ 碳酸钾。镀液中有一定量的碳酸钾对提高镀液的导电性能是有利的，导电性增加可以提高分散能力。由于镀液中的氰化物在氧化过程中会生成一部分碳酸盐，因此，镀液中的碳酸钾不可以加多，甚至可以少加或不加。当碳酸盐的含量达到 80g/L 时，镀液会出现浑浊，当达到 120g/L 时，镀层就会变得

粗糙，光亮度也明显下降。这时可以采用降低温度的方法让碳酸盐结晶后从镀液中滤除。

④ 酒石酸锑钾。酒石酸锑钾是合金中的另一主盐，是提高镀层硬度的合金成分，所以也叫硬化剂。随着镀液中酒石酸锑钾含量的增加，镀层中的锑含量也增加。同时镀层的硬度升高。有资料显示，当锑的含量在6%以下时，电沉积的银与锑形成的合金是固溶体，大于6%时，镀层中会有单独的锑原子存在。由于锑原子的半径较大，夹入镀层中会引起结晶的位移而增加脆性。锑在有些镀液中有时可作无机光亮剂用，在镀银中也有类似作用。由于锑盐的消耗没有阳极补充，因此要定期按量补加。在镀液中同时加入酒石酸钾钠可以增加锑盐的稳定性，添加时可以按与酒石酸锑钾1:1的量加入，可以防止酒石酸锑钾水解。补充锑盐可以按100g/1000A·h的量进行补充。

⑤ 光亮添加剂。用于各种镀银锑合金的光亮剂虽然各不相同，但其基本原理是一样的，就是在阴极吸附以增加阴极极化和细化镀层结晶。光亮剂的加入同时增加了镀层的硬度。但是这类添加剂不能使用过量，否则也会使高电流区的镀层变得粗糙。可以根据镀层的表面状态（如光亮度和硬度等）进行管理，从中找到添加规律。商业光亮剂一般都会有详细的使用说明，并注明添加剂的千安培小时消耗量，可以根据镀液工作的安培小时数来补加添加剂。

⑥ 温度。镀液的温度对镀层的光亮度、阴极电流密度和镀层的硬度等都有较大影响。温度低，镀层结晶细致，镀层硬度高。但是温度低时，电流密度上限也低。当镀液温度偏高时，则结晶变粗，低电流密度区镀层易发雾，光亮度差，硬度也下降。

⑦ 电流密度。提高电流密度有利于锑的沉积。随着电流密度的上升，镀层中锑含量的百分比增加。随着电流密度的升高，硬度会达到一个最高值。说明电流密度还对镀层的组织结构有影响。过高的电流密度会使镀层粗糙。所以要控制在合理的范围。

⑧ 搅拌。搅拌可以提高电流密度的上限，加快电沉积的速度。同时有利于镀层的整平和获得光亮镀层。

（3）银钯合金

镀银钯的工艺如下：

银（以银盐中的金属含量计）		碳酸钾	30g/L
	15g/L	温度	20℃
钯（同上）	6~15g/L	阴极电流密度	1~2A/dm²
氰化钾	48g/L		

银钯合金的特点是镀层的晶格常数随着钯含量的增加而有相应的线性变化，从而可以通过晶格常数的变化，定量地测定镀层中钯含量（表11-4）。

表 11-4　银钯合金镀层中钯含量与晶格常数的关系

钯含量 （质量分数）/%	0	1	3	5	7	10	14	20	100
晶格常数/Å	4.077	4.077	4.077	4.071	4.059	4.051	4.053	4.020	3.900

银钯合金能保持这种特性是因为镀层的结构全部都是面心立方结构的固溶体。并且镀层的硬度也随着钯含量的增加而提高。

（4）金钴合金

金和钴共沉积能够明显地提高金镀层的硬度。电镀纯金镀层的显微硬度大约为 70HV，而采用镀金钴合金得到的镀层的显微硬度大约为 130HV。

① 柠檬酸型

氰化金钾	10～12g/L	pH 值	3.0～4.2
硫酸钴	1～2g/L	温度	25～35℃
柠檬酸	5～8g/L	电流密度	0.5～1.5A/dm²
EDTA 二钠	50～70g/L		

② 焦磷酸型

氰化金钾	0.1～4.0g/L	pH 值	7～8
焦磷酸钴钾	1.3～4.0g/L	温度	50℃
酒石酸钾钠	50g/L	电流密度	0.5A/dm²
焦磷酸钾	100g/L		

③ 亚硫酸型

亚硫酸金钾	1～30g/L	pH 值	＞8.0
硫酸钴	2.4～24g/L	温度	43～50℃
亚硫酸钠	40～150g/L	电流密度	0.1～5.0A/dm²
缓冲剂	5～150g/L		

下面介绍镀液成分与工艺条件的影响。

① 氰化金钾。氰化金钾是镀金合金的主盐。当含量不足时，电流密度下降，镀层颜色呈暗红色。提高金含量可以扩大电流密度范围，提高镀层的光泽。当金含量过高时金镀层发花。金含量从 1.2g/L 升高到 2.0g/L 时，电流效率增加一倍。当金含量达到 4.1g/L 时，电流效率可以达到 90%。如果固定金的含量不变，增加镀液中的钴含量，电流效率反而下降。由于金钴合金的主盐不能靠阳极补充，所以要定时分析镀液成分并及时补充至工艺规定的范围。

② 辅助盐。柠檬酸盐在镀液中具有络合剂和缓冲剂的作用，同时能使镀层光亮，含量低时，镀液的导电性能和分散能力差，含量过高时阴极电流效率会降低。在以 EDTA 二钠为络合剂的镀液中，柠檬酸则主要起调节 pH 的作用，采用磷酸二氢钾也可以保持镀液 pH 值的稳定，扩大阴极电流密度范围和保持镀层

金黄色外观。

③ 钴盐。钴盐是金钴合金的组分金属，也是提高金镀层硬度的添加剂。其含量的多少对镀层的硬度和色泽以及电流效率都有很大影响。

金是面心立方体结构，原子的排列形成整齐的平面，取向为 [110] 面。由于这些平面可以移动，在有负荷的作用下，点阵很容易变形，表现出良好的延展性。所以金可以制成几乎透明的金箔。但是当有少量的异种金属原子进入金的晶格后，会给金的结晶带来一些变化，宏观上就表现为硬度和耐磨性的增加。当钴的含量为 $0.08\% \sim 0.2\%$ 时，镀层的耐磨性最好。

④ 电流密度。提高电流密度有利于钴的析出，也有利于镀层硬度的提高。

⑤ 温度。温度主要影响电流密度范围，温度高时允许的电流密度范围宽，但是太高的温度会使氰化物分解和增加能耗。

⑥ pH 值。pH 值对镀层的硬度和外观等都有明显影响。当 pH 值过高或过低时，硬度有所下降，并且还会影响外观质量。因此在工作中一定要保持镀液的 pH 值在正常的工艺范围内。

⑦ 阳极。电镀金合中金多数采用不溶性阳极。以前广泛采用铂电极，现在几乎不用了。石墨阳极由于存在吸附作用，现在也不多用。较多采用的阳极是不锈钢阳极、镀铂的钛阳极和纯金阳极。

(5) 金镍合金

氰化金钾	8g/L	pH 值	3～6
镍氰化钾	0.5g/L(以金属计)	温度	室温
柠檬酸	100g/L	电流密度	0.5～1.5A/dm²
氢氧化钾	40g/L		

电镀金镍合金的镀液组成与体系基本与金钴合金相似。因此镀液的配制与维护与金钴合金基本是一样的，有时只要将钴盐换成镍盐，就可以获得金镍合金镀层。

(6) 金银合金的镀液及工艺

氰化金钾	16～20g/L	pH 值	11～13
氰化银钾	5～10g/L	温度	25～30℃
氰化钾	50～100g/L	电流密度	0.5～1A/dm²
碳酸钾	30g/L	阴极移动	
光亮剂	适量		

① 镀液配制

a. 按配方计算所需要的硝酸银的量，并将称好的硝酸银用蒸馏水溶解，然后加入氰化钾溶液生成氰化银沉淀：

$$AgNO_3 + KCN === AgCN \downarrow + KNO_3$$

用倾斜过滤法获得沉淀，用蒸馏水冲洗几次后，再加入氰化钾溶液，使沉淀完全溶解。这时就生成了银氰化钾络合物：

$$AgCN + KCN \Longrightarrow KAg(CN)_2$$

b. 加入游离氰化钾（或者总氰的剩余部分）。

c. 加入计量的添加剂。

d. 加入溶解好的氰化金钾，加蒸馏水至规定的体积。

② 镀液成分及工艺条件的影响

a. 镀液中金、银含量的影响。当镀液中金的含量为 8g/L、银的含量为 2g/L 时，镀层中金的含量为 50%。降低镀液中金的含量，合金中金含量显著减少，反之镀层中金含量增加。镀液中的银含量增加，极易导致镀层中银含量的增加，相应金的含量就会减少。

b. 电流密度的影响。电流密度对镀层中金含量的影响很大，降低电流密度会使镀层中的金含量下降。

c. 温度和搅拌的影响。在一定范围内提高镀液的温度和加强搅拌，都会使镀层中的含银量增加。

11.4　复合镀

11.4.1　复合电镀及其应用

11.4.1.1　复合电镀介绍

复合电镀是 20 世纪 20 年代发展起来的一种新的电镀镀种，直到 1949 年才出现了第一个专利，这就是美国人西蒙斯（Simos）利用金刚石与镍共沉积制作切削工具的金刚石复合镀技术。此后复合镀获得各国电镀技术工作者的重视，研究和开发都十分活跃，发展到现在则成为电镀技术中一个非常重要的分支领域。

复合镀的特点是以镀层为基体而将具有各种功能性能的微粒共沉积到镀层中，来获得具有微粒特征功能的镀层。根据所用微粒不同而分别有耐磨镀层、减摩镀层、高硬度切削镀层、荧光镀层、特种材料复合镀层、纳米复合镀层等。

几乎所有的镀种都可以用作复合镀层的基础镀液，包括单金属镀层和合金镀层。但是常用的复合镀基础镀液多以镀镍为主，近年来也有以镀锌和合金电镀为基础镀液的复合镀层用于实际生产。

复合微粒早期是以耐磨材料为主，比如碳化硅、三氧化二铝等，现在则发展为有多种功能的复合镀层，特别是纳米概念出现以来，冠以纳米复合材料的复合镀层时有所见，这正是复合镀具有巨大潜力的表现。

工业上应用的材料经常是根据对强度的要求来选用的，但一些材料的表面性能，例如耐磨损性、抗腐蚀性、耐擦伤性、导电性等不一定能满足设计的要求。

因此，需要选择不同的镀层来对材料表面进行改性，以满足表面性能的要求。近年来，高速发展起来的复合镀层以其独特的物理、化学、力学性能成为复合材料的新秀，得到广泛的关注，并已经被公认是一种生产技术。以超硬材料作为分散微粒，与金属形成的复合镀层称为超硬材料复合镀层。比如以金刚石微粒作为复合材料的复合镀层就属于这一类。

常用的复合镀的复合材料见表 11-5。

表 11-5　常用的复合镀的复合材料

载体镀层	复合材料
镍	三氧化二铝、三氧化二铬、氧化铁、二氧化钛、二氧化锆、二氧化硅、金刚石、碳化硅、碳化钨、碳化钛、氮化钛、氮化硅、聚四氟乙烯、氟化石墨、二硫化钼等
铜	三氧化二铝、二氧化钛、二氧化硅、碳化硅、碳化钛、氮化硼、聚四氟乙烯、氟化石墨、二硫化钼、硫酸钡、硫酸锶等
钴	三氧化二铝、碳化钨、金刚石等
铁	三氧化二铝、三氧化二铁、碳化硅、碳化钨、聚四氟乙烯、二硫化钼等
锌	二氧化锆、二氧化硅、二氧化钛、碳化硅、碳化钛等
锡	刚玉
铬	三氧化二铝、二氧化铯、二氧化钛、二氧化硅等
金	三氧化二铝、二氧化硅、二氧化钛等
银	三氧化二铝、二氧化钛、碳化硅、二硫化钼
镍钴	三氧化二铝、碳化硅、氮化硼等
镍铁	三氧化二铝、三氧化二铁、碳化硅等
镍锰	三氧化二铝、碳化硅、氮化硼等
铅锡	二氧化钛
镍硼	三氧化二铝、三氧化二铬、二氧化钛
镍磷	三氧化二铝、三氧化二铬、金刚石、聚四氟乙烯、氮化硅等
镍硼	三氧化二铝、三氧化二铬、二氧化钛
钴硼	三氧化二铝
铁磷	三氧化二铝、碳化硅

11.4.1.2　复合镀的原理及影响因素

（1）复合镀的原理

复合镀在开发初期也被叫作包覆镀、镶嵌镀和弥散镀。由于这种镀层的特点主要是利用镀层在生长过程中将镀液中分散的微粒包覆到镀层中，因此，通常认为复合镀中微粒的嵌入是一个机械过程，即微粒粘附到阴极表面后，随着镀层的增厚，被包覆到镀层中去。

在研究复合电镀共沉积过程中，人们曾提出 3 种共沉积机理，即机械共沉积、电泳共沉积和吸附共沉积。目前较为公认的是由 N. Guglielmi 在 1972 年提出的两段吸附理论。N. Guglielmi 提出的模型认为，镀液中的微粒表面为离子所包围，到达阴极表面后，首先松散地吸附（弱吸附）于阴极表面，这是物理吸附，是可逆过程。然后，随着电极反应的进行，一部分弱吸附于微粒表面的离子被还原，微粒与阴极发生强吸附，此为不可逆过程，微粒逐步进入阴极表面，继而被沉积的金属所埋入。

该模型对弱吸附步骤的数学处理采用 Langmuir 吸附等温式的形式；对强吸附步骤，则认为微粒的强吸附速率与弱吸附的覆盖度和电极与溶液界面的电场有关。一些研究耐磨性镍金刚石复合镀层的共沉积过程显示，镍金刚石共沉积机理符合 Guglielmi 的两步吸附模型，其速度控制步骤为强吸附步骤。到目前为止，复合电沉积和其他新技术、新工艺一样，实践远远地走在理论的前面，其机理的研究正在不断的发展之中。

（2）影响复合镀的因素

复合镀产品的性能与复合材料的性质、电镀工艺参数等有密切的相关性，其复合镀层的质量和效果受复合材料和工艺参数影响较大。

① 复合材料性质的影响。复合材料是以一定形状的微粒参与电镀过程的，其形状、表面积、在镀层中的相对位置等都会对复合镀层的质量产生影响。图 11-1 是复合材料的形状和在镀层中的状态的示意图。

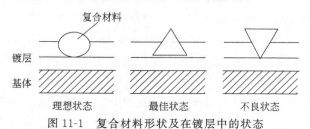

图 11-1　复合材料形状及在镀层中的状态

由图可知，球形微粒由于可以在任何方向都获得平衡，因而是理想的复合材料形状。但是实际当中复合材料也会是多边形状，这就会因其在镀层中的位置不同而出现最佳的状态和不良的状态。不良状态下的复合材料容易从镀层中脱出。

复合材料颗粒的物理、化学性质对其在镀层中的状态也有影响。比如微粒的带电状态，即静电荷和表面电位，就会对复合物与载体镀层之间的吸附力产生影响。正电位的微粒有利于在阴极上的吸附，从而可以提高复合材料的嵌入率。

影响微粒在镀液中表面电位的因素较多，主要有溶液的黏度、微粒的电泳速度和镀槽的电位梯度等：

$$\xi = \frac{4\pi\eta u}{\varepsilon E}$$

式中，ξ 为表面电位（V）；η 为溶液黏度（Pa·s）；u 为粒子电泳速度（cm/s）；ε 为介电常数（F/m）；E 为电位梯度（V/cm）。在水溶液中，$\eta=0.01$，$\varepsilon=80$。

② 电镀工艺参数的影响。影响复合电镀效果的工艺参数主要是镀液的 pH 值、镀液的温度和阴极电流密度等。

pH 值的影响是综合性的，包括对镀液导电性能、黏度、电流效率等都有影响，其中电流效率与析氢量有很大关系，在酸度增加时，较多的析氢对复合镀是不利的。同样，当镀液 pH 值偏高时，黏度的增加和镀液中出现悬浮物，对复合镀也是不利的。

温度对复合镀有明显影响，通常温度高有利于复合镀过程。但是过高的温度引起的分子热运动对复合材料的沉积率有影响。

电流密度的影响最为重要。实践证明不能采用大电流密度进行复合镀，必须耐心地用小电流进行电镀复合镀过程，这时电流效率较高，结晶过程控制良好，复合材料在镀层中的状态较好。

除了埋入法复合镀外，搅拌对复合效果均有很大影响。大多数复合镀都是靠强力的搅拌来保持复合材料在镀液中的悬浮和分散状态。

11.4.1.3　复合电镀的应用

在现代高速运转的各种机电设备中，摩擦与磨损问题非常普遍，由于摩擦与磨损导致的机械设备和运输工具的性能降低和寿命减少成为困扰现代工业的严重问题。人们采取了各种改善金属材料表面性能的技术措施，包括淬火、镀铬等，都是为了提高材料的耐磨蚀性能，这种努力的最新成果，就是复合镀技术。

早期的复合镀层，主要是用于获得硬质材料，如用来制作切削工具等。随着新型复合镀层的开发，复合镀已经在机械工业、航空航天工业、汽车工业等重要工业部门获得广泛应用。已经采用复合镀技术的产品有以下几类。

（1）切削工具类

用于对坚硬的岩石进行钻探和采样的探矿钻头，进行镶嵌金刚石的复合镀加工后，其使用性能和寿命都大大提高。

现在包括硬质材料磨床的磨轮、硬质材料的切削锯片（如陶瓷材料的切削工具等），都在刀具部位进行了复合镀处理。

还有牙科工具、玉器加工工具、高硬材料用什锦锉等，都是采用复合镀方法制造的。

（2）耐磨、减摩类

一些高磨损的轴等运动配合部位可以镀耐磨蚀的复合镀层，提高镀层的抗磨性能，包括电接点的耐磨蚀等。还有一类是需要减摩（自润滑）复合镀层，也获得较多应用。特别是复合石墨、复合聚四氟乙烯镀层，在轴瓦等产品上都有实际应用。

（3）功能性类

复合镀的功能性中包括装饰等用途的镀层，比如复合香料的镀层、复合荧光颜料的镀层，当然也包括改善其他功能的复合镀层，其要点就是利用相应复合材料的性能，沉积到镀层中发挥相应的作用。

11.4.2　复合镀工艺

最常用于复合镀的基体镀层是镀镍。这是因为镀镍属于接近中性的简单盐镀液，与各种微粒有较好的相容性，同时镀镍层有较好的力学性能和抗蚀性能，适合作为各种复合材料的载体。当然，随着复合镀技术的进步，更多的镀层可以用作复合镀的基体镀层，比如锌复合镀层、铜复合镀层等。从而既降低了复合镀的成本，又扩大了复合镀的应用范围。

11.4.2.1　切削工具用复合镀工艺

在复合镀层的应用中，切削工具用复合镀层是开发得最早，也是应用得最多的镀层。由于切削工具复合镀要求复合材料的嵌入率很高（50%以上），因此，这类复合镀采用的是静置埋入法。

（1）工艺流程

基体除油—酸洗—水洗—电解活化—二次水洗—预镀镍—水洗—复合镀镍—加厚度镍—水洗—修磨—装饰镀镍—水洗—干燥

（2）工艺规范

① 预镀镍

瓦特镍镀液		阴极电流密度	$0.1\sim0.5A/dm^2$
pH 值	4.5	时间	30min
温度	45℃		

② 复合镀镍

硫酸镍	$250\sim350g/L$	光亮剂	5mL/L
氯化镍	$30\sim60g/L$	pH 值	$4.2\sim4.5$
硼酸	$30\sim40g/L$	温度	45℃
复合材料	人造金刚石	阴极电流密度	$0.05A/dm^2$
十二烷基硫酸钠	$0.05\sim0.1g/L$	时间	视要求而定,至少 20min

③ 加厚度镍

瓦特镍镀液		温度	45℃
光亮剂	5mL/L	阴极电流密度	$0.05\sim0.1A/dm^2$
pH 值	4.5	时间	$4\sim6h$

④ 装饰镀镍

硫酸镍	75g/L	pH 值	4～5
氯化镍	110g/L	温度	55～65℃
硼酸	45g/L	阴极电流密度	2～5A/dm²
光亮剂	5mL/L	时间	20min
糖精	1g/L		

（3）操作要点

① 复合材料金刚石微粒要经过硝酸处理后，并充分清洗，再投入使用。

② 对于切削工具，由于微粒复合物的嵌入率要求较高，可在预镀后，采用人工将金刚砂微粒预撒在镀件工作面，再进行电镀的方法。也有采用埋砂法的，但需要的复合材料的量较多，且电镀过程中的析氢对沉积复合物有影响。

③ 加厚的时间要足够，视粒径大小而定，较粗的颗粒可适当延长时间。

④ 对于非镀覆部位，应采取绝缘措施以节约资源和能源。

11.4.2.2 耐磨复合镀工艺

（1）镍-碳化硅复合镀

氨基磺酸镍	450g/L	pH 值	1.2～1.6
氯化镍	10g/L	温度	50℃
硼酸	40g/L	阴极电流密度	15A/dm²
磷酸	20mL/L	镀层中微粒含量	6%～8%
碳化硅(2.5μm)	100g/L		

（2）镍-三氧化二铝复合镀

氨基磺酸镍	350g/L	pH 值	3.0～3.5
氯化镍	7.5g/L	温度	50℃
硼酸	30g/L	阴极电流密度	3A/dm²
三氧化二铝(3.5～14μm)	150g/L	镀层中微粒含量	7%

（3）镍-金刚石复合镀

硫酸镍	250g/L	pH 值	4.5
氯化镍	15g/L	温度	50℃
硼酸	40g/L	阴极电流密度	10A/dm²
金刚石(7～10μm)	150g/L	镀层中微粒含量	6%
添加剂	适量		

11.4.2.3 减摩性复合镀层

减摩性复合镀层通常是在镀镍液中加入有润滑作用的微粒，可以提高镀件的自润滑性能，在低负荷下工作有良好的减摩效果。

（1）二硫化钼复合镀

硫酸镍	300g/L	pH 值	3
氯化镍	30g/L	温度	50℃
硼酸	35g/L	阴极电流密度	2.5A/dm²
二硫化钼（2～3μm）	3g/L	镀层中微粒含量	20%

（2）氮化硼复合镀层

硫酸镍	250g/L	pH 值	4.3
氯化镍	45g/L	温度	50℃
硼酸	40g/L	阴极电流密度	10A/dm²
氮化硼（<0.5μm）	30g/L	镀层中微粒含量	9%

（3）氟化石墨复合镀

硫酸镍	250g/L	pH 值	4.3
氯化镍	45g/L	温度	50℃
硼酸	40g/L	阴极电流密度	10A/dm²
氟化石墨（<0.5μm）	60g/L	镀层中微粒含量	6.5%

11.4.2.4　锌基复合镀层

由于镀镍成本较高，有些复合镀层可以采用锌镀层作载体，同样能获得有一定功能的复合镀层。锌基复合镀层主要用于提高镀层抗蚀性能和减摩以及改善镀层的其他配合性能。

（1）二氧化钛耐蚀复合镀层

氯化锌	100g/L	pH 值	4.5
氯化钾	240g/L	温度	50℃
硼酸	30g/L	阴极电流密度	1～4A/dm²
添加剂	适量	镀层中微粒含量	1.5%
二氧化钛（<0.5μm）	30g/L		

（2）二氧化硅复合镀

硫酸锌	160g/L	pH 值	4.5
氯化铵	28g/L	温度	30℃
硼酸	30g/L	阴极电流密度	2A/dm²
二氧化硅（20μm）	75g/L		

（3）胶体石墨复合镀

氯化锌	80g/L	胶体石墨（2μm）	60g/L
氯化钾	210g/L	pH 值	5
硼酸	30g/L	温度	35℃
添加剂	适量	阴极电流密度	0.5～4A/dm²

11.4.2.5　复合电镀用添加剂

复合电镀的基体镀层往往可以沿用本镀种原有的添加剂系列，比如镀镍为载体的复合镀层，可以用到低应力的镀镍光亮剂等。但是根据复合镀的原理，复合镀本身也需要用到一些添加剂，以促进复合微粒的共沉积，这些添加剂依其作用而分别有微粒电性能调整剂、表面活性剂、抗氧化剂、稳定剂等。

（1）微粒电性能调整剂

由于微粒在电场作用下与镀层共沉积是复合镀的重要过程，让微粒带有正电荷有利于共沉积，但是大多数微粒是电中性的，需要通过一定处理让其表面吸附带正电的离子，从而成为荷电微粒，某些金属离子（如 Ti^+、Rb^+ 等）可以在氧化铝等表面吸附而使之带正电荷，从而有利于与镀层共沉积。某些络盐、大分子化合物也有调整微粒电荷的功能。为了使微粒表面能与相应的化合物有充分的结合，所有复合镀都要求对添加到镀液中的微粒进行表面处理，类似电镀过程中的除油和表面活化，从而获得有利于共沉积的电性能。

（2）表面活性剂

在以碳化硅为复合微粒的复合镀中，加入氟碳型表面活性剂，有利于微粒的共沉积。因此有些表面活性剂也是一种电位调整剂。但表面活性剂还有分散剂的作用，这对于微粒在镀液中的均匀分布也是很重要的。还有一些表面活性剂由于有明显的电位特性而在特定的电位下才有明显的作用，这对梯度结构的复合镀是有利的。

（3）辅助添加剂

还有一些络合剂、抗氧化剂、稳定剂等，在有利于复合镀液的稳定性的同时，可以有利于微粒的共沉积。同时，电镀过程中的添加剂与许多复配添加剂一样，是存在鸡尾酒效应的。有很多单独使用时作用不明显的添加剂和一些无机盐、有机化合物在共同添加时，反而可以起到良好的作用，这正是一些辅助添加剂所具有的魅力。

11.4.3　化学复合镀

11.4.3.1　化学复合镀的要点

化学复合镀与电镀复合镀相比，存在一定难度，但是也有其明显的优点。其难度表现在复合镀是要往镀液中添加复合物。这些复合物通常有很大的表面积，这大大超过了化学镀的装载量，很容易导致化学镀液因分解而失效。但是化学复合镀有化学镀一样的优点，即有在复杂形状上获得均匀镀层的能力，这是电镀法很难做到的。另外，化学复合镀液中添加的复合粒子的量与电镀相比，要少得多。例如获得含 SiC 7%～8%的镀层，如果是电镀液，需要加入 SiC 60～120g/L，而在化学镀液中只需要加入 1～2g/L 就够了。这种明显的优势，使化学复合镀成为复合镀中一个重要的应用和开发领域。当然如何保持化学复合镀液的稳定性成为这项技术应用的最大难题。尽管如此,化学复合镀由于其明显的优点而在诸多领域获得了广泛应用[5]。

为了解决化学复合镀的稳定性难题,电镀技术工作者采取了多种措施来提高镀液的稳定性,综合起来有以下几个要点。

(1) 严格选用复合微粒

对用作复合材料的微粒进行严格的筛选,这种微粒应该本身是化学惰性的,不具备催化反应的作用,同时微粒在使用前应该经过充分清洗以去除表面可能带有的杂质,特别是具催化化学镀的杂质,以保证镀液的稳定性。

(2) 加大稳定剂量

由于添加到化学镀液中的复合微粒有很大的比表面积,会大量吸附镀液中的稳定剂,从而降低了稳定剂的有效含量。因此,必须提高镀液稳定剂的补充量,经常监测镀液的稳定性,并尽量选用或开发高效稳定剂。

(3) 保持镀液清洁

对工作过的镀液,要进行清洁处理,将微粒过滤出来进行清洗,镀液中的沉淀物也都要去除。对挂具、搅拌器、加热器等表面的沉积物也要定期清除。并且每工作一次后,镀槽都要清洗,从而减少镀液自行分解的概率。

(4) 控制受镀面积

要控制化学复合镀的受镀面积,将受镀面积与镀液的体积比控制在下限,一般每升化学复合镀液的装量不超过 $1.25 dm^2$。

11.4.3.2 耐磨镀层

(1) 镍磷-碳化硅化学镀

硫酸镍	25g/L	硫脲	0.03g/L
次亚磷酸钠	20g/L	碳化硅	3~5g/L
乙酸钠	10g/L	pH 值	4.5
乙酸	5g/L	温度	90℃
氟化钠	0.2g/L		

(2) 镍硼-碳化硅化学镀

氯化镍	30g/L	氯化钯	$2×10^{-8}g/L$
硼氢化钾	1g/L	碳化硅(1~3μm)	4g/L
氢氧化钠	40g/L	温度	35℃
乙二胺	36g/L		

(3) 镍磷-金刚石化学镀

硫酸镍	35g/L	柠檬酸钠	85g/L
次亚磷酸钠	10g/L	氯化铵	50g/L

| 人造金刚石（1～6μm） | 1～2g/L | 温度 | 98℃ |
| pH 值 | 8.8～9.2 | | |

采用人造金刚石不仅价格便宜，而且其表面状态更适合化学镀过程。其表面较天然金刚石粗糙，易于在镀层中包裹，并且容易控制其尺寸。与电镀复合镀一样，人造金刚石要经过硝酸等处理去掉其他金属杂质后，再投入化学镀中，以免影响镀液稳定性和共沉积效果。

11.4.3.3 自润滑镀层

（1）镍磷-PTFE 镀层

硫酸镍	25g/L	PTFE（60％乳液）	7.5mL/L
次亚磷酸钠	15g/L	氟碳表面活性剂	1.5g/L
柠檬酸钠	10g/L	pH 值	4.5～5
醋酸钠	10g/L	温度	80～90℃

PTFE 是聚四氟乙烯的英文缩写，工业上也称其为"特氟龙"。这种塑料化学稳定性高，软化温度达 325℃，具有良好的脱模性，自润滑性。用于复合镀的 PTFE 的粒径一般为 0.5～1μm，由于粒度小，密度也小，在镀液中的分散很困难。所以需要先制成 60％的乳液。将计量的 PTFE 用加有氟碳表面活性剂的水先洗涤，漂洗后，再按比例加入表面活性剂，充分搅拌制成乳液，再加入化学镀液中。

（2）镍磷-二硫化钼镀层

二硫化钼本身是固体润滑剂，采用其作为自润滑镀层的复合材料，可获得良好的减摩效果。但同样存在复合材料在镀液中分散的问题，加入两种表面活性剂，可以改善其悬浮效果。

硫酸镍	27g/L	二硫化钼（1～7μm）	15g/L
次亚磷酸钠	25g/L	pH 值	5
柠檬酸钠	22g/L	搅拌	空气搅拌
十六烷基三甲基溴化铵	0.02g/L	温度	85～95℃
非离子表面活性剂	1mL/L		

参 考 文 献

[1] 屠振密. 电镀合金原理与工艺 [M]. 北京：化学工业出版社，1993.

[2] 刘仁志. 物质的意识与表面 [J]. 表面工程与再制造，2019，19（3）：15-20.

[3] 陈治良. 电镀合金技术及应用 [M]. 北京：化学工业出版社，2016.

[4] J. O. M 博克里斯，S. U. M 卡恩. 量子电化学 [M]. 哈尔滨：哈尔滨工业大学出版社，1988.

[5] 李宁. 化学镀镍基合金理论与技术 [M]. 哈尔滨：哈尔滨工业大学出版社，2000.

第12章

电子电镀常见故障与排除

12.1 电子电镀故障分类

12.1.1 显性故障与隐性故障

电子电镀的故障根据故障的表现形式可以分为显性故障和隐性故障两大类，下面分别加以介绍。

12.1.1.1 显性故障

所谓显性故障是能够很快发现和容易找到故障原因的故障。这类故障也是常见的或者说是显而易见的故障。比如外观缺陷、机械损伤、明显的漏掉工序等。

电镀显性故障中出现频率最高的是外观缺陷。从颜色不正到镀层粗糙，从起泡、脱皮到镀毛和烧焦等，包括水痕、手印、光亮度不够、变色等都属于外观缺陷。显性故障很容易发现，但争议却往往最多。这就是评判标准的掌握问题。对于严重的外观缺陷，比如起泡或烧焦等，一般是不会有争议的，但是对光亮度或色泽的判断等，则会因人而有较大偏差，需要在实践中培养出恰当的眼力。为了解决外观质量上的争议，很多时候不是采用文件化的标准，而是实行双方认可的实样封样保存方式，作为检验时的参照物进行对比检验。

显性故障的原因往往容易查找，因此，排除也就比较容易。以外观缺陷为例，只要控制好相关流程，根据故障表现调整好工艺参数，通常都能很快加以排除。

12.1.1.2 隐性故障

所谓隐性故障，顾名思义就是隐蔽而不易被发现的故障。这类故障从外观上基本上看不出存在什么缺陷，要经过适当的检测才可以发现存在某些不合格，甚至于在当时经检测都是合格的，但是经过一定时间以后，才出现不合格。显然，隐性故障是质量管理的大敌。因为它不易发现，因而危害比显性故障大，排除比较困难。

比较常见的隐性故障是镀层厚度不够，这通过厚度测量就可以很快发现，相对来说是最容易发现的隐性故障。其他如内应力、孔隙率、抗变色性能、镀层分散能力、电阻率等，对于功能性电镀，都是需要通过测试才能确定的参数，而如果这些参数不合格，从外观上或镀层厚度上是看不出来的，只有通过测试才能知道是否出现了质量故障。而在所有功能性电镀中，电子电镀需要测试的功能性参数最多，因此，电子电镀也是隐性故障较多的电镀工艺。

12.1.2 设计类故障

设计工艺类故障有时称为"先天性故障"。因为由设计和工艺人员闭门造车搞出来的东西有时不符合实际，结果是在生产过程中经常出现问题，但又总不从设计和工艺上找原因，使质量总是上不去，给管理和操作都带来很大麻烦。

设计的不合理包括产品结构不合理给电镀带来的困难、材料选用不当或镀层选用不当给电镀带来的困难等，这些都是设计人员对电镀技术不够了解时很容易出现的问题，而这类问题如果没有得到纠正，那么在电镀过程中就必然会经常出现问题。比如一种有较深盲孔的产品，由于没有让电镀液对流的出液孔，在电镀过程中不仅孔内镀层总是沉积不全，而且还在出槽时要带出许多镀液。如果让孔口朝下来镀，那形成的气室将使整个孔内都会没有镀层。

12.1.3　工艺操作类故障及影响因素

这是从故障来源角度进行的分类方法。无论是显性故障还是隐性故障，究其产生故障的原因，很大的比例是工艺操作中产生的。由于操作不当引起的故障在各类故障中确实占有较大比例。

所谓工艺操作类故障，包括不按工艺规定的流程操作，不按工艺规定的参数进行镀液的管理、温度的管理、pH 值的管理以及前处理不良、镀覆时间不够、清洗不彻底等。任何一个操作环节出了问题，都会给电镀质量带来问题，特别是隐性的问题，往往是在加工完成后，经过检测才能发现，有些则是到了用户手上才发现有问题，这造成的损失就大了。所以，对所有容易出现故障的工艺因素都加以考察是很有必要的。

12.1.3.1　几何因素的影响

几何因素包括镀槽形状、大小；阳极形状和配置数；挂具的形状以及被镀零件的形状等。

（1）镀槽

除了刷镀以外，其他电镀都需要镀槽。广义地说，任何容器只要不漏而又耐腐蚀，都可以用来做镀槽，但是要讲究电镀质量的话，镀槽就应该按照设计要求制作，而不是随便拿一个容器就可以用的。

镀槽设计的依据是产量和被镀零件的大小、形状。如果产量低、零件小，就用较小的镀槽，否则就是浪费。反之，产量高、零件大，如果槽子太小，镀液很容易出现失调，电镀质量不能保证，也不划算。合理的镀槽容量应该是满负荷运作能力的 1.2～1.5 倍。建议用加工零件的受镀面积来估算镀槽的容积，一般每平方分米应占用 8～12L 的镀液，才可以维持正常的工作。遇有镀铬或对温度敏感的镀种，要取上限，并适当加大总容量，比如镀硬铬，每平方分米需要 30L 左右的镀液量。

镀槽的几何形状一般是长方体。其高度一般为 800～1000mm，宽度为 600～800mm，长度在 1200mm 左右，这种通用标准镀槽的容量在 500～1000L，但具体的形状和尺寸应该根据欲镀零件的形状及挂具的设计和阳极的配置来确定。一般以沿镀槽轴线方向的中间为阴极，两边为阳极为标准。零件应浸入到镀液中，上端距液面 50～100mm，下端距槽应保持 100～200mm。阴极（挂具上的零件）与阳极之间的距离应在 150～200mm。尤其在没有搅拌时，阴、阳极的距离要加大一些。许多电镀产品的高电流区容易发生烧焦，与极间距离不够和挂具设计不合理有关系。

（2）挂具

挂具对电镀质量的影响非常大，却又往往最容易被忽视。有些简单的大零件只做一把钩子将产品一钩，往阴极杠上一挂，就可以进行电镀。即使是这样，如果挂钩导电截面不够，挂钩被烧红发烫是常见的事。很多电镀厂的挂具在工作中都是发烫烫手，人们习以为常，以为电镀就是这样的，实在是大错特错。

挂具导电截面不够使一类导体的电阻加大，无功电耗增加。电流表上的电流很大，而实际零件表面的电流密度反而不足，使二次电流分布恶化，电镀质量无法保证，同时镀液的温度也会因此而上升很快，槽电压也会因之上升，带来种种问题。

因此在合理选用挂具的主导电杠上，以在大电流下不烫手为原则。应根据镀槽的总电流强度和挂具数量计算导电截面，将电流合理分布到各个挂具上。还要根据零件形状确定挂具上的支杠和挂钩数。一般挂具上端零件距液面至少50mm，下端距槽底 100～150mm。当槽底有搅拌或热交换器时，这个数值还要加大或取其上限。

人工操作的挂具要考虑每挂的重量，不要超过 10kg。最好是双钩框式挂具。自动线上的挂具如果是人工上、下架时，单挂也不可以过重。另外，所有的挂具都要对非直接导电部位进行绝缘处理，涂挂具胶。用胶布缠的方法不好，镀液残留在夹缝中很难清洗干净而容易污染镀液。

（3）阳极

阳极以使用钛篮装载为最佳方式。既可以保证阳极的表面积不会发生大的波动，又可以使阳极的利用率大大提高。对于精细的镀种，例如光亮镀镍、镀锡铅、镀金、镀银等，应在阳极外面加上防护罩。阳极的面积应该是阴极的 1～2倍。特殊情况下还要大，在线材电镀业，阳极的面积是阴极的 10 倍以上，因为其电流密度很高，阳极极易钝化。

在使用悬挂阳极时，要制成长条形板状。其长度应比挂具上加工的零件底端短 100～200mm，宽度一般为 100～200mm。所有悬挂阳极应该加套子，并能使挂钩与阳极杠保持良好的导通状态。

电镀阳极的材质纯度应在 99.9％以上，否则镀液中的金属杂质会积累性增加。有些镀种对阳极纯度的要求还要高，如像镀银、金等要求阳极纯度在99.99％以上。如果没有合格的阳极，宁愿用不溶性阳极替代，也不要采用低纯度的阳极。如果将其他金属杂质带入镀液，后患更大。

（4）被镀零件的形状及表面状态

镀件的形状是决定电镀加工难易程度的重要因素之一。对于简单的零件，比如标准件，可以采用滚镀。对于条状件，可以采用悬挂，但对于异形管件、盲孔件等，要设计专门的挂具。有的还要设计辅助阳极，以解决深孔内壁等处的镀层分布问题。对于带有尖端、角形部等突出的零件，要采用阴极保护，防止被镀零件由于"尖端放电效应"而使镀层烧焦、镀毛。

对于每个被镀零件，都要计算其受镀面积以确定电镀加工时所给电流的大小。

另外，镀件表面的光洁度对镀后质量也有很大影响。使用再好的光亮剂，在粗糙的表面上也是很难镀出光亮镀层的。另外，粗糙表面的真实表面积比公称面积要大许多，如果还按公称面积计算电流，肯定会偏低，所以高要求的装饰表面在电镀前要求进行磨砂和抛光处理。

12.1.3.2　电学因素的影响

电镀要消耗电能，这是不言而喻的。电镀对所使用的电能有一定的要求，必须满足哪些要求才能获得合格镀层是有一定规范的。由于大多数电镀加工企业都是购进成品整流电源，因此，这个问题实际上是如何选用整流电源的问题。

（1）电源功率的影响

电镀电源的功率必须能够承受所定加工任务对电流的要求，并能连续工作而不出现故障。一般是按被镀产品的表面积和所镀镀种的正常电流密度计算出所需的总电流量，加上一定的保险系数，来确定选用多大功率的整流电源。在取电镀的电流密度时，要取最大的电流密度值，并要考虑连续工作时的温度升高等因素。因此，在计算出总电流量以后，一般要加 30% 左右的保险量，以策安全。否则，很难保证稳定的生产效率和良好的电镀质量。

针对不同的镀种，对电源电压也要有所选择。一般正常电镀的槽电压都在 6V 以下，但是由于阳极钝化和溶液电导率（浓度、温度、搅拌等影响）的变化，槽电压会有所波动。有时会在 10V 以上。因此，常规电镀的电源电压应该在 0～12V 的范围，对于镀铬、铝氧化等特殊镀种，电源电压应在 0～18V 或更高一些。由于工作电压过高时，整流元件的要求也高，造成整流电源的成本升高。不是镀种需要时，还是应该选用电压较低的电源。

（2）电源波型的影响

电镀加工一般要求采用直流电源，但对直流的理解往往有误差。并非从整流电源出来的电流都是平稳的直流。多少都带有一定的脉冲，要看采用的是什么整流线路和器件。

通常适合电镀的电源应该是三相桥式整流并带滤波的线路。特别是对于镀铬来说，平稳的直流有利于镀铬的加工。因为镀铬的电流效率只有 10%～15%，如果电流中有较多的脉冲，将使其效率进一步下降。分散能力会更差，镀层质量无法保证。

对大多数电镀来说，都是采用直流为好。脉冲有时虽然有利于某些镀种，特别是镀铜或贵金属，但对大多数镀种，还是以使用没有脉冲的电源为好。

（3）电源的安装

电镀电源应安装在不受电镀车间潮湿和有污染气体影响的地方。现在也有不少电源是密封式槽边电源。不在槽边的电源要将开关和仪表等控制部分放在槽边，而将电源主体远离镀槽，但也不要离镀槽太远，这样可以减少汇流铜排的用量。关于导电铜排，一定要使其截面积能承受最大电流负荷。很多工厂忽略这个问题，导致电流在进入镀槽前就已经由于导线发热而做无用功，电镀质量难以保证。当以铝排代替铜排时，其导线截面要增加1倍以上。

另外，最好采用单机单槽供电方式，当以单机多槽供电时，每个镀槽上都要配备电力调节设备，并且每个单槽都只能并联在主线路上。

12.1.3.3 辅助设备的影响

我国电镀界一直呼吁要重视辅助设备，但是由于企业考虑一次性投入太大而不愿过多投入辅助设备。比如镀镍的循环过滤，镀酸性铜的降温设备，很少有配齐全的。更不要说镀锌的降温设备。加热器、搅拌器、水洗设备、干燥设备等都会影响电镀质量，只不过一旦选定，其影响不易马上发现。有些镀锌企业根本就没有干燥装置，只在太阳下晒就完事了。如果遇到阴天怎么办？质量没有了保障。这里只就温度和搅拌的影响做出讨论。

（1）温度的影响

有些镀种需要加温才能得到合格的镀层，而有些镀种又必须在某一温度以下，才能正常工作，可见温度指标是电镀工艺的重要指标。能够在很宽温度范围工作的镀液当然是好镀液，但是在实际中这种镀液并不多。因此，用加温或降温的方法来弥补镀液性能的不足是完全必要的。在技术上也是可行的。唯一就是投资的问题。但是如果能综合考虑各种因素的重要性，在一次性投入后不再因为温度或搅拌而造成产品质量问题，那么这些投入是值得的。

以光亮镀镍为例，当温度在40℃以下时，再好的光亮剂也难以发挥出光亮效果，在30℃以下，就更难了，但是一加温到50℃以上，光亮效果就很明显了。当然，增加温度会使镀液的能量消耗加大、镀液蒸发加快。因此，开发不加温就有很好光亮效果的镀镍光亮剂是很有意义的课题。

加温可以增加电镀液的电导，使电流效率增加，在一定范围内是利于电镀的。当然也有在极低温度下电镀的，可以使镀层结晶细致，只不过实用价值不大。

（2）搅拌的影响

现在电镀普遍都采用各种搅拌以改善工艺性能。原因很简单，可以增加电流密度，提高电镀效率，改善分散能力，减少浓差极化。滚镀、线材电镀的零件是在运动中电镀，已经有搅拌的效果，也还可以采用镀液循环来加强搅拌作用。镀镍如果不加以搅拌和移动阴极，那高区很容易烧焦。

搅拌的方式有机械搅拌和空气搅拌，机械搅拌有桨式搅拌、阴极移动或旋转、振动等。也可以用镀液循环或喷射。可以根据产品的不同要求选用不同的搅拌方式。

12.1.3.4　化学因素对电镀质量的影响

（1）主盐及辅盐的影响

任何一个电镀工艺的镀液配方都离不开主盐和辅盐。要镀什么样的金属，就要采用这种金属的盐作主盐。由于不同的主盐有不同的性质和工艺特点，所以我们在称呼电镀工艺时，往往以所用的主盐来命名。

比如镀锌有硫酸盐镀锌、锌酸盐镀锌、氯化物镀锌等，镀铜有硫酸盐镀铜、焦磷酸盐镀铜、氰化物镀铜等。可见主盐的形式是决定电镀工艺的性能、质量的重要因素。一旦选定主盐，所有的辅盐、添加剂、pH 值等都要围绕主盐来选用，因此电镀工艺配方的第一项就是主盐。

当主盐浓度低时，电流效率下降，电镀速度下降，光亮剂作用受到抑制，高电区容易烧焦。过高的主盐电流效率也会降低，且带出浪费增加。因此控制主盐浓度是电镀管理中的一项重要工作，经常要通过分析加料补充，并保证阳极的正常溶解。

同一个镀种采用不同的主盐，其浓度是不同的。比如镀锌，锌酸盐的主盐浓度只有 $8 \sim 12 \mathrm{g/L}$，氰化物的主盐则是 $30 \sim 50 \mathrm{g/L}$，而硫酸盐镀锌则可达到 $300 \sim 450 \mathrm{g/L}$。

在工艺配方中，要注意主盐分子式的写法。在国际上，为了不引起误会，一般写金属离子的浓度。以硫酸锌为例，当含结晶水时，其实际含锌量为 23%，不含结晶水时，则可达 40%，而实际中我们买到的硫酸锌都含有结晶水，并且产品纯度只在 95% 以下，这样在配槽时如果不注意，主盐浓度就会偏低。

辅盐多为络合剂，也包括导电盐和 pH 值缓冲剂。完全只有主盐的镀种很少，即使只用主盐的镀液也要加入添加剂才能正常工作。因此，辅盐是必不可少的，并且对浓度也有一定要求，过多过少都会影响电镀质量。辅盐主要靠分析补加。

（2）pH 值的影响

pH 值是电镀工艺的重要因素。采用不同主盐的镀液有不同的 pH 值。从酸碱的角度看，镀液可以分为酸性、中性和碱性。对 pH 值要求比较严的往往是弱酸、弱碱性镀液。比如光亮镀镍，pH 值在 $4 \sim 5$ 之间，pH 值过低，对光亮度会有影响。过高，则镀层脆性增加。

因此，对于镀液的 pH 值要经常加以检测，不在工艺范围内要加以调整。调整的方法是采用与主盐同离子的酸或碱经过稀释后在搅拌下加入慢慢调整，不可直接将浓酸或碱加入到镀液中调 pH 值。

（3）添加剂的影响

随着电镀技术的进步，现在已经出现了许多种电镀添加剂，特别是各种商业光亮剂。由于光亮剂的出现，使过多依靠机械抛光才能达到的光亮镀种可以直接从镀槽中获得。

光亮剂几乎都是有机化合物。添加的量少，但作用很大。主要是在电镀过程中影响结晶过程，改变结晶取向，使镀层达到光亮的效果，但是添加剂也是使镀层脆性增加的因素，并且根据其作用的机理不同而使镀层产生压应力或张应力。选取适当的添加剂可以使这两种应力达到平衡而降低镀层脆性。

随着使用添加剂时间的延长，添加剂的分解产物会在镀液内积累，并在镀层内夹杂，从而导致镀层脆性增加，所以使用电镀添加剂的镀种要定期加以处理。处理的方法是采用活性炭处理后过滤。

为了防止添加剂的不足或过量，最好是按照说明书或厂商提供的资料少加勤加。有条件的应该安装安培·小时计，按通电量来补加比较合理。也可根据企业的经验，按受镀面积或加工的量来估计添加剂的消耗，避免盲目添加带来的不利影响。

选用和补加添加剂要看清光亮剂的名称和厂商，不要加错。更换厂商或品种要取小样做充分的试验后才能确定在镀槽内加，并做好记录。严格地说，应该建立镀槽档案，往镀槽里加入任何化学品都应该做记录，以便追索。

（4）杂质的影响

杂质对电镀的影响最常见的是电镀故障。在电镀故障中占的比例较大。本节只做概括性介绍，拟另辟专题来讨论各个镀种对杂质的允许浓度以及去除方法。

对电镀来说，杂质有三类：有机杂质、无机杂质、机械杂质。

有机杂质主要是带入镀槽的油脂、表面活性剂、添加剂及分解产物等。

无机杂质主要是指主盐及工艺规范以外的金属离子。比如镀镍中的 Zn^{2+}、Cu^{2+}、Pb^{2+} 等，镀锌中的 Cu^{2+}、Fe^{2+} 等。这些杂质由于沉积电位不同而在镀件的低电流区或高电流区析出，使镀层发黑、发脆或发花等。

机械杂质主要指灰尘、阳极泥等不溶性漂浮物。混入镀槽后受电泳作用影响，也会在镀层上滞留而使镀层起刺、起毛。

对于有机杂质，主要靠活性炭去除。无机杂质比较麻烦，个别无机盐很难用常规方法去除，即使可以除掉，成本也很高，因此要严防无机杂质混入镀槽。一般用电解法去除。机械杂质则主要靠过滤的方法去除。

（5）前、后处理的影响

① 前处理的影响。前处理主要是指除油和除锈。磨光后也存在除油（蜡）

问题，活化也属于前处理或预处理。

金属零件在机械加工过程中一般都会沾上油污，在周转和存放中会生锈。油和锈不去除干净，电镀就无法正常进行。电镀的前处理就如建房子打地基，看不起眼却十分重要。可以毫不夸张地说：三分电镀，七分前处理。

因为前处理不好，特别是肉眼看不出的油污或氧化层不去除干净，电镀也能镀上去，但是在随后的流程中，特别是经过热水洗、干燥等工序，就会起泡、掉皮。有些会延迟到用户已经安装到产品中去以后鼓泡，给企业带来严重损失。因此，前处理是必须十分重视的工艺。可惜电镀企业往往不重视前处理，往往把重点放到电镀工艺上。实行的是三分前处理，七分电镀的做法，去油和去锈马马虎虎，有的甚至认为氰化物电镀本身有去油能力，前处理差一点也不重要，这实在是大错特错。

鉴定去油的标准是表面要完全亲水化。现在由于使用各种高效表面活性剂，做到这一点并不难，但是有些除油剂会因表面活性剂选用不当，造成亲水假象，亲水基的另一端连着油分子，这种情况如果不进行电解除油，就会出现质量事故。电解除油既有化学除油作用，又有电化学除油作用。其中阴极除油主要靠大量析氢来冲刷油膜，再辅以皂化、乳化作用，使油脂完全从金属表面脱离。阴极除油的优点是除油效果好，但缺点是对弹性零件有造成氢脆的危险。另外，除油液中不能混入可镀性阳离子，特别是金属杂质，否则，反而会影响结合力。

阳极除油的效果没有阴极好，但是不会造成析氢，也不会有杂质沉积，但是当电位不当时，会造成零件发生钝化或者溶解、消光，因此也必须进行控制。

除油以后的清洗必须用热水，然后才用冷水洗，以防浮在零件上的油污带入镀槽。

除锈主要是靠酸与氧化物的反应。常用的酸有盐酸、硫酸等，用得较多的是盐酸，有用浓盐酸的，也有用 1∶1 的盐酸的。为了防止过腐蚀，在盐酸中有时也加入缓蚀剂，如乌洛托品。

有些零件在去完油、锈以后，要等一段时间才会入槽电镀，这时表面会形成一层看不见的氧化膜，如果不去除，也会影响结合力。因此，在下槽电镀前，都有一个活化工序，就是为的去掉氧化膜，使表面呈现活性状态。活化一般用的是 3%～5% 的硫酸，但实际上只用 1% 就足够了，并且每天都要换新的。有些厂家一周才换一次，更有只往里补酸而不加以更换的，这是得不偿失的管理办法，必须加以更正。

无论采用什么前处理工艺，其目的都是要让金属表面处于完全新鲜的状态，使镀层能在基体金属的晶格上生长起来，否则，镀层的结合力就会受到影响。

② 后处理的影响。这里主要指钝化等需要化学处理方法的影响，也包括干燥的方法。

有些镀层如果不进行后处理,看似光亮的镀层很快就会变暗,尤其现在彩色电镀盛行,单一的镀铬表面已经不适应市场的需求,使很多原来的中间镀层、底层镀层也当作表面镀层使用,如光亮镀铜、光亮镀锌等。这些镀层都存在极易变色的问题,必须进行后处理。

对镀锌层而言,现在有各种钝化方案,传统的是彩色钝化、白色钝化,现在有蓝白色、黄色、黑色等多色钝化。钝化后的镀锌层的抗蚀性可提高十多倍。

对于光亮镀铜、仿金、仿银等镀层,只钝化还不行,还要进行表面涂覆处理。也就是加上一层有机保护膜。比如用各种清漆、树脂、光油等对镀层进行最后的封闭处理。

电镀的干燥以使水分充分蒸发为准,不是温度越高越好。特别是在镀锌钝化以后的干燥,应该在100℃以内,过高时会对膜层颜色有影响,还会改变膜层结构,影响镀层的耐腐蚀性能。

12.1.4 设备材料类故障

设备材料类故障是随机性的,当然对设备管理和使用不当,也会增加设备类故障的发生频率。这里说的是对电镀质量带来不利影响的故障,而不是因为设备出问题导致的停产类事故。比如整流电源的缺相运行或使用不当造成的损坏、使用环境的腐蚀造成的损坏等,都会使电镀的电源出现故障。电源故障马上就导致停产的后果属于严重的显性故障,是企业最不愿意看到的。至于阴极移动、循环过滤、加热降温等设备都存在使用过程中出现故障的可能。因此,电镀现场的设备管理要有备无患,做到一出现故障就有补救措施,或可以在短时间内加以排除。由于设备故障基本上都是显性故障,因此,除了对产率有直接影响外,通常对电镀产品的质量不会构成大的影响。

原材料方面的影响则是电镀过程中最为敏感的。特别是化学原材料中的杂质含量超标、阳极面积不够等,在没有直接导致停产之前,只要继续工作,都会给电镀质量带来不良影响,当然这类影响多数是显性的,比较容易发现,但是也有隐性的,比如杂质,当时就很难发现,等发现时通常都比较严重,要停止生产来处理镀液,并且要追溯原料来源,加以根除。因此,对添加到镀槽中的原料一定要有严格的控制,不要等到加进去以后才发现有问题。化学溶解物料加进去容易,取出来就很难了。对所有加到镀槽中的物料都要有加料记录。以方便出了问题时可以核查,这在质量管理中称为可以追溯。

阳极也是造成电镀故障的重要因素之一,并且往往是隐性故障,但是对于阳极的管理和认识都还存在很多误区,需要加以纠正。前面已经将阳极作为几何因素进行过讨论。那是从电极电力线分布的角度来看阳极。实际上阳极既是处在动态变化中的重要设备,又属于需要补充的原材料。对于可溶性阳极,一方面有宏观位置和尺寸的变化,这需要作为几何因素加以考虑。而电极的电化学溶解和化学溶解则除了对镀液的主盐浓度有影响外，还有可能给镀槽带入金属杂质或其他元素杂质。因为并不是所有的阳极材料都能保证其纯度，而即使是纯度符合标准的阳极，也存在长期积累导致的金属杂质超标的问题。

12.2　电子电镀故障的排除

12.2.1　找到故障是排除故障的开始

要想迅速排除电镀故障，首先要对产生故障的原因进行排查。找出产生故障的原因是排除故障的开始。

对于显性故障，比较容易找到产生的原因，但是也要区别是镀液出现不正常引起的还是设备出现故障引起的。比如镀件出现不正常条痕，可能是镀液中添加剂分解产物积累到一定量引起的，但也有可能是电源出现问题引起的，还有可能是挂具出现问题引起的，不找到引起故障的原因，也就不可能对故障加以排除。但总的来说，显性故障由于故障特征明显，既容易发现故障，也比较容易找到产生的原因，因此排除起来比较容易。

对于隐性故障，在经过测试确定有故障存在后，要对产生这类故障的原因进行排查，排查的依据是所测出的不合格项目，根据所发现的不合格情况，可以初步确定需要从哪些方面进行排查。

隐性故障中最容易排除的是镀层厚度的不合格。在其他工艺条件不变的前提下，对同一批产品，只要延长电镀时间，就可以纠正过来。当然，对于个别产品由于本身形状复杂导致的一次电流分布不均、分散能力差的情况，则可能要对挂具进行一些改进，或添加辅助电极设置，以改善其分散能力。

对于其他类隐性故障，尤其是镀液类故障，则要通过一系列的试镀来找到产生故障的原因，制定出排除的方法，而排除镀液故障的最方便适用的方法就是霍尔槽试验。通过霍尔槽试验，可以较快地找到故障源头，而只有找到了故障，才可以采取相应的措施。

12.2.2　电镀故障排除的好帮手——霍尔槽试验方法

12.2.2.1　霍尔槽

霍尔槽是美国的 R. O. Hull 于 1939 年发明的用来进行电镀液性能测试的试验用小槽，它的特点是将试验用小槽制成一个直角梯形，使阴极区成一个锐角（图 12-1）。阴极的低电流区就处于锐角的顶点，这一结构特点使从霍尔镀槽中镀出的试片上的电流密度分布出现由低到高的宽幅度的连续性变化，镀层的表面状态也与电流分布有关，从而可以通过一次试镀，就获得多种镀层与镀液的信息。因此，霍尔槽自诞生以来，一直都是电镀工艺试验的最常用设备，也是电镀现场进行电镀故障排除的好帮手。标准的霍尔槽配置是一台 5A 的整流电源，一套电源线，一个霍尔槽。当然还可以有附加设备，比如加温、打气搅拌、计时等功能。

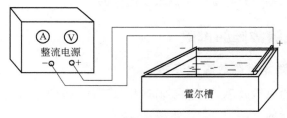

图 12-1　霍尔槽试验示意

霍尔槽的容量根据需要可以有好多种，但是最常用的是可以装 250mL 镀液的标准霍尔槽。目前电镀界流行的正是这种霍尔槽，往槽里每添加一个单位数量的添加物，在工艺上都要换算成 g/L 的单位，这样只要将添加量乘以 4，就是每升的添加量，使用起来比较方便。各种霍尔槽的尺寸规格见表 12-1。

表 12-1　不同容量霍尔槽的尺寸规格

霍尔槽容量/mL	阴极板长/mm	槽高/mm	槽宽/mm
250（常用尺寸）	100	63	63
265（原创尺寸）	103	63.5	63.5
1000（较少使用）	127	81	86

注：装液量以霍尔槽边上的刻度线为准。

对于从霍尔槽镀出的试片，为了直观地表达出试片的状态，通常都用图示的方法表示，再辅以简单的文字以对表面状态进行描述，常见的表示方法见图 12-2。

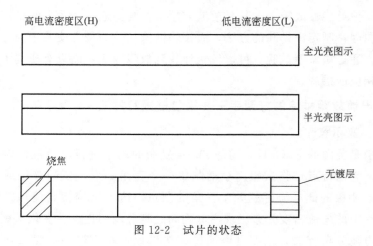

图 12-2　试片的状态

有时也采用一些试验者约定的表示方法，这时要将表示方法以图例的方式附在试验图示中，以方便阅读者直观了解试验结果，图 12-3 是这类图例的举例。

图 12-3　表示霍尔槽试验结果的图例

也可在图中采用文字表示，如"雾状"

12.2.2.2　如何利用霍尔槽排除电镀故障

熟练掌握霍尔槽试验方法是用它来进行工艺试验和排除故障的重要前提。很多现场工艺人员在使用霍尔槽时，都不同程度地存在一些错误。因此，有必要对正确使用霍尔槽进行讲解。正确使用霍尔槽通常要遵守以下规定：

① 首先要采用标准的霍尔槽试验设备，自己做也可以，但其尺寸和大小都必须符合标准的要求；

② 用于试验的镀液要取自待测镀液，液量要准确，且每次所取试验液只能做 2 片试片，做多了，镀液已经发生变化，与取样镀液已经不是同一种配比，所做的结果会有偏差；

③ 阳极一定要标准，厚度不可超过 5mm，找不到合适的阳极时，也可以用不溶性阳极，这时只能镀一片来作为样片；

④ 要预先准备好试片，对试片要进行除油和活化处理，下槽前同样要活化和清洗干净，镀后也要清洗干净并用吹风机吹干后，再来观察；

⑤ 养成边做边记录的好习惯，对试验参数和试片状况都要有准确的记录，不要用只有自己当时能看懂的符号，否则以后再看会一头雾水。

12.2.2.3　霍尔槽试验的可比性与重现性

霍尔槽试验是电镀工程技术人员和现场管理人员经常用到的试验方法，也是技术报告或技术论文中经常用到的方法。由于霍尔槽试验试片的状态涉及对工艺性能的评价，有时是对产品质量的评价，这就有一个评价的公正和公平的问题。只有当将试片的结果与标准加以比较，或者大家都按统一的标准进行试验，比较和评价才是可信的，也才是公平和公正的。目前大家在提供霍尔槽试验结果时，都是以大家用了同样的霍尔槽试验方法为前提的，并且默认这些试验采用了标准的霍尔槽在标准的状态下进行了试验，但是这种认可是值得商讨的。因为很多试验人员在做霍尔槽试验时，对有关参数没有加以认真地校正或记录，也没有按霍尔槽试验规范进行操作，所得的参数难免会产生偏差，从而给出错误的信息。

最常见的错误有以下几种。

(1) 阳极厚度超过 5mm

很多霍尔槽试验的阳极没有采用标准的阳极，而是从镀槽阳极上锯下一块来代用，这些阳极通常都比较厚，有时厚达 10mm，这种不规范的阳极相当于霍尔槽的尺寸发生了一点改变，从而使高电流区情况变得更差而低电流区的情况会好一些，这对了解镀槽真实情况是不利的。在没有标准试片的场合，宁愿使用不溶性阳极（例如不锈钢片或钛片等）制成标准阳极，每次取样只做一次试验会很准，对主盐较多的镀种，最多只做 2 次试验。

（2）同一镀液所做的试片超过 3 片以上

标准的霍尔槽试验取一次镀液，只应做 1 或 2 片，因为做多时，镀液浓度会因得不到及时补充而变化，结果就没有了可比性或重现性。除非是自己开发过程中，要试验补加规律或调整方法，可以边往试验液中加入相关成分边做好记录，才可以多做几片，但提供这种试验结果时，要有记录参数同时提供给读者。

但是我们很多做霍尔槽试验的人会一次取样做三四个试片，有时甚至更多，后几片的镀液浓度已经变化，结果就难以比较。

（3）试验条件的记录不完善

要使霍尔槽试验有可比性，要将试验时的工艺条件与结果一起报告，但是有不少关于霍尔槽的试验结果没有提供完善的工艺条件，不是没有温度指标，就是没有提供所用的镀液配方，或者没有指出是否有搅拌镀液或搅拌的方法，这样使所做的试片结果无法与其他相同的工艺进行比较。

（4）采用了不标准的霍尔槽或电源

有些试验者所用的是不标准的霍尔槽，这有两种情况，一是自己用有机玻璃或其他塑料做的，并且是手工制作，尺寸不精确，几何形状不符合霍尔槽的结构要求。另一种是所购的霍尔槽的制作商生产的霍尔槽不够标准，比如用拼装法做的出现装配误差超标，模压法的模具尺寸不符合要求等，所以完整的霍尔槽试验报告应该包括对所用霍尔槽的描述，例如"采用自制的霍尔槽"。

试验电源对霍尔槽试验也是很重要的，要采用平稳直流电源，对于自己开发对比的试验，一直使用同一种电源问题不大，但是要提供别人对比的试验时，一定要指明所用的电源参数，是单相全波还是半波，以及滤波条件等，因为这对试验结果有很大影响。很多技术服务人员在自己的实验室做好的试验，拿到用户那里又通不过，很少想到实际上有时是电源在作怪。

12.2.3 几种改良型霍尔槽

12.2.3.1 加长型霍尔槽

这是将霍尔槽的阴极区长度加长为标准霍尔槽的 2 倍的改良型霍尔槽（图 12-4）。这样做是因为现代光亮电镀技术的进步使标准霍尔槽试片的光亮电流区变宽，用标准试片发现不了新型光亮剂的低区和高区极限电流点，通过加长试片长度，可以在更宽的电流密度范围考察镀液和添加剂的水平。多用于光亮性电镀的验证性试验。特别是在光亮镀镍新型光亮剂的开发方面，这种加长霍尔槽可以发挥很好的作用。

12.2.3.2　对流型霍尔槽[1]

这是将霍尔槽的槽壁开一些圆孔（图 12-5），使镀液可以对流的霍尔槽。这种霍尔槽可以放到镀槽中测试，从而不用取镀液，也可以放入稍大一些的试验槽中做试验，从而不用更换镀液就做多一些试片，避免由于镀液太少、变化太快而影响试验结果，从而提高试验的效率和准确性。

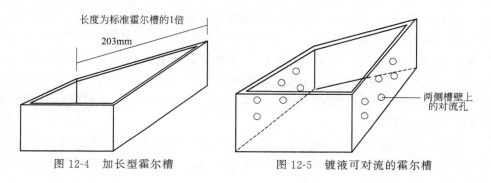

图 12-4　加长型霍尔槽　　　　图 12-5　镀液可对流的霍尔槽

12.2.3.3　带阳极篮的霍尔槽[2]

带阳极篮的霍尔槽的形状如图 12-6 所示。这是在标准霍尔槽的阳极区增加一个可以放阳极篮的空间，放入一个小的钛篮，这样，既可以保证阳极的面积恒定，不至于影响试验的可比性，又可以在阳极篮中放入零碎的阳极，不必制作标准的霍尔槽阳极，而标准的霍尔槽阳极是比较难找的，自己做也不是很容易，导致很多人随意用一块金属阳极，从而改变了霍尔槽试验的标准状态，使阳极与阴极的相对位置发生了改变，结果也就没有了可比性。带阳极篮的改良型霍尔槽解决了这个问题。

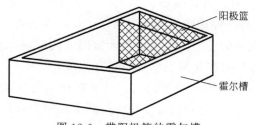

图 12-6　带阳极篮的霍尔槽

还有一些对霍尔槽的改进，是在长方体试验槽中加装活动的隔板。不装隔板时，可以做试验小镀槽用，在需要测霍尔槽数据时，将隔板插入形成带锐角的霍尔槽。诸如此类，只要符合霍尔槽阴极试片的可比性参数，或在发布霍尔槽试验结果时指明所用的方法和工具，就可以方便读者比较和判断分析。

12.3 镀镍层的内应力故障排除

12.3.1 关于镀镍层的内应力

镀镍是电子电镀中的重要镀种，很多电子产品的不同构件都要用到镀镍工艺。同时电子电镀中对镀镍的内应力有较为严格的要求，通常都是希望获得低应力的镀镍层。金属镍本身的塑性是较好的，易于压延，但是电镀镍却有较高的硬度，并且在不同的电镀条件下所镀得的镀层的力学性能有很大的差异。镍的标准电极电位是−0.25V，但镍的平衡电位和析出电位会由于电镀条件的不同而有所不同。比如当 pH 值为 6 时，可通过电极电位方程计算得出其平衡电位为−0.36V，而当镀液的 pH 值是 3 时，其平衡电位是−0.18V。这种变化使氢的析出电位也随之变化，对镀层性能肯定是会有影响的，这在后面的 pH 值的影响一节中会专门谈到。

镀镍层极易钝化，这也是它具有较好耐腐蚀性的原因，但也是镀镍层容易分层的原因。这种易钝化性与其内应力是否有关联尚有待进一步研究，但内应力高的镀层的结合力不好已经是公认的。

电镀层的应力是其结晶过程与冶炼学结晶过程不同而产生的。对镀镍层来说，这种不同是很明显的，尤其当使用电镀添加剂时，这种应力效应就更加明显，但是对镀镍层内应力产生影响的不仅仅只是添加剂，其他一些物理的、电化学的和化学的因素都会对镀层的应力产生影响。比如工艺参数、镀液组成、杂质等都会对镀层应力有影响。当镀层的内应力较大时，在宏观上就会表现为镀层硬度高、容易起皮、开裂和延展性变差等。

定量地测量镀层内应力是有困难的，但也有一些定性或半定量的方法可以从宏观上测量镀层应力的方向和相对大小。比如使用条形阴极法，在镀层应力测试仪[3]上测量镀层的应力状态。条形阴极是一个长 100~200mm、宽 8~10mm、厚 0.2mm 的铜片，将一面用防镀胶绝缘起来，在一定条件下电镀后，根据试片变形的情况来判断镀层的应力。当试片向无镀层方向弯曲，表示镀层有压应力；当试片向有镀层的方向弯曲，则表示有拉应力。如果试片不弯曲，则表示镀层没有应力或应力小于基体变形所需要的力。只要在相同的电镀条件下进行试片电镀，就可以对电镀工艺、添加剂、pH 值、杂质等因素对镀层内应力的影响做出适当判断，并且有一个公式可以对条形阴极法测得的内应力有一个半定量的表达[1]：

$$S = \frac{E(t^2 + dt)Y}{3dL^2}$$

式中　　S——镀层内应力，kgf/cm^2（$1kgf/cm^2 = 98.0665kPa$）；

E——基体材料弹性模数，kgf/cm^2，对于纯铜，$E = 1.1 \times 10^6 kgf/cm^2$；

　　t——试片厚度，cm；

　　d——镀层平均厚度，cm；

　　L——试片电镀面的长度，cm；

　　Y——试片自由端偏转幅度，cm。

12.3.2　影响镀镍层内应力的因素及排除方法

（1）电镀光亮剂的影响

电镀光亮剂对镀层的内应力有影响很早就被电镀技术工作者注意到了，根据添加剂所产生的不同性质的应力，人们将镀镍添加剂分为两大类，即初级光亮剂或一类光亮剂；次级光亮剂或二类光亮剂。一般认为，初级光亮剂产生的是压应力。压应力的方向相对于基体是使镀层拉伸的。可以认为这类添加剂在镀层结晶过程中是占据一定晶位的，使金属结晶发生位移。这时从金属基体上生长出来的镀层与原基体上的结晶比有向外伸长的趋势，宏观上就表现为压应力。初级光亮剂多数是有机磺酰胺、芳香族磺酸盐、硫酰胺等，典型的初级光亮剂是大家熟知的糖精，还有现在流行的 BBI、ALS 等。

另一类添加剂的加入会使金属结晶格子有向内收缩的趋势，这种应力被称为拉应力。至于为什么会产生使镀层收缩的拉应力，则没有很权威的说法。笔者认为，从使用第二类光亮剂可以降低压应力的宏观效果来看，这类光亮剂是在不改变甚至加强结晶面取向从而有利于获得光亮镀层的同时，与第一类光亮剂在结晶过程中的行为有协同作用，从而减少了金属电结晶过程的位移，使应力减小。常用的次级光亮剂有 1,4-丁炔二醇及其衍生物，现在则多采用 PPS、PS、PA 等中间体配制。两类光亮剂的合理搭配可以使镀层的内应力很小，据说可以趋近于零，但是由于这两类光亮剂在镀液内的电化学行为不同，其消耗量也就不一样，加上带出损失等物理消耗，要使两类光亮剂总是保持均衡是不容易的。

显然，光亮剂比例失调是导致镀镍层内应力增加的主要因素。因此，对镀镍来说，合理使用光亮剂是控制内应力的主要方法。合理开发的镀镍光亮剂商品是根据不同类别中间体按比例和消耗量经过反复验证后配成的，只要按规定的（比如安培·小时数）要求进行补加，并保持勤加少加的原则，其内应力是很小的。但是如果使用不当，或使用组合不很合理的光亮剂，就会造成镀槽内某一类光亮剂消耗失去平衡，时间一长，内应力就会增大。当然能够完全平衡消耗的光亮剂是没有的，所以有各种补加剂出现，比如专门的柔软剂，但是不能靠多加补加剂的方法来控制内应力，而是应该用减少添加剂的办法来控制应力。这应该是一个原则。

（2）pH 值的影响

当镀镍液的 pH 值不正常时，对镀层的性能是有明显影响的。在 pH 值升高时，一方面阴极区由于有析氢现象而有更高的 pH 值，会产生氢氧化镍微粒杂入镀层，增加镀层硬度。另一方面，pH 值的变化还会产生电流效率的变化，这种变化在 pH 值升高时特别明显。因此，当希望得到较软的镀镍层时，其 pH 值应当控制在较低的范围，比如在 3.8～4.1 之间。调低 pH 值时要使用经过稀释的纯硫酸。

（3）电流密度和温度的影响

在高电流密度和低温度下电镀，镀层的内应力会增加。采用多大的电流才合适要根据电镀液的各项参数来确定。当使用高浓度和高温度而 pH 值又较低的主盐时，可以用较大的电流密度，比如 $2～3A/dm^2$。而当主盐浓度较低、温度较低时，要用较小的电流密度，如 $0.5～1.5A/dm^2$。

镀镍层的内应力与温度的关系很明显，当镀液的温度从 10℃升高到 35℃时，应力迅速降低。但是超过 60℃以后，应力几乎不变。较高的温度也使各成分的溶解度增加，导电性增加，电流效率提高等。当然太高的温度也有其缺点，比如分散能力下降，镀液蒸发加快，能量消耗过大等。因此，采用适当的电流密度和保持合适的镀液温度是必要的。通常镀液的温度不要低于 50℃。

（4）镀液成分的影响

镀液成分不正常也会影响镀层的内应力。当主盐浓度过高时，镀层内应力增加。尤其是氯离子过高时，这种影响更为明显。比如全氯化物镀镍的内应力可达到 $280～340N/mm^2$，而瓦特型镀镍的内应力只有 $140N/mm^2$，氨基磺酸盐镀镍的内应力最小，只在 $70N/mm^2$ 以内，但是瓦特型镀镍的延展性最好，可以达到 30%[3]。

镀液成分中，除了主盐的性质和含量对内应力有影响外，其他组分对内应力也有影响，比如前面所说的氯离子的影响，还有其他导电盐离子或添加物离子，多少都会对内应力产生影响。因此要经常分析镀液各成分的含量，并使其保持在工艺规定的范围。

（5）杂质的影响

这是影响镀镍层内应力最复杂的因素。因为前面所说的影响因素都有工艺参数可供监测，也容易调整。杂质对电镀过程的影响就比较难以控制。往往是在积累到一定量以后才出现故障，而一旦出现故障，排除就比较麻烦。

首先是有机杂质的影响。这多半是电镀光亮剂过量或其分解产物的积累。当镀层很亮，但分散能力并不好，且很容易起皮，在高电流区甚至出现开裂时，多半是有机杂质较多的表现。这时要先用双氧水处理后，再加温，然后加入适量活性炭处理。对于有机杂质量较多时，要用高锰酸钾处理。这时应先调节 pH 值为 3，再加温到 60～80℃，加入事先溶解好的高锰酸钾，用量在 0.3～1.5g/L 以内，强力搅拌后静置 8h 以上，过滤后再调整 pH 值到正常范围。如果镀液有红色，可用双氧水退除。

另有一类有机物污染用上面的方法是不足以去除的。比如动物胶类有机杂质、印制线路板的溶出物等。这类杂质含量在 $0.01\sim0.1g/L$，就会引起镀层起皮等。这时要将单宁酸 $0.03\sim0.05g/L$ 加入到镀液内，经过 10min 左右就会有絮状物出现，再经过 8h 以上的充分沉淀以后，可以去除。做这种处理最好还要加活性炭处理，就可以完全去除所有有机物杂质的污染。

比较难以处理的是金属杂质的污染。金属杂质几乎都会影响镀层应力，还会影响镀层外观、分散能力等。对铜、锌类金属杂质，主要是电解法去除。锌杂质达到 $0.02g/L$ 以上，镀层的内应力显著增大，镀层发脆。化学法去除很麻烦且要损失很多镍。可用 $0.2\sim0.4A/dm^2$ 的电流密度在搅拌下电解去除。

铁杂质的影响也是很大的。当铁的含量达到 $0.05g/L$ 以上，就会使镀层发脆。可以用 $0.1\sim0.2A/dm^2$ 的小电流电解去除。当铁的含量过大时，可以用化学法去除。先用稀硫酸将镀液的 pH 值调节到 3 左右，搅拌下加入 30% 的双氧水 $1\sim2mL/L$，充分搅拌后加温到 $60℃$，搅拌 $1\sim2h$，再调整 pH 值到 5.5 以上。继续搅拌 $1\sim2h$，静置 8h 以上后过滤。调节 pH 值到正常范围即可。

另外，钠离子对镀层的力学性能也有影响。因此一般不采用氯化钠补充氯离子，也不宜用钠盐作导电盐或增白剂。

重要的是对镀液平时的管理。如果经常按工艺要求管理镀液，不使杂质有过量积累，以上所说的所有杂质的影响是可以得到控制的。还有很重要的一条是对阳极材料和所用的化学原料的控制。不要因为贪图便宜而采用杂质多的化学原料和低级别的阳极板。这是先天带入杂质的主要渠道。光亮剂使用不当则是有机杂质的主要来源。

由于镀镍的重要性和其应用成本较高，返工又比较困难，所以保证镀镍层的质量对所有用户都是十分重要的课题。以上所说的对镀层内应力故障的排除方法，多数是现行工艺管理中常用的方法，但是我们并不希望经常对镀液进行这类大处理，而是希望在日常的操作和工艺管理中多下功夫，并且要十分注意每天对工艺参数的监测，包括温度、pH 值、镀液浓度、霍尔槽试片检测等，还要采用安培·小时计管理添加剂的消耗，并对光亮剂的添加量和其他化学品的加入量加以记录，以保留可以追索的资料，便于检查和排除故障。加上对电镀时间、电流密度、阳极面积、设备维护等方面的管理，将使镀镍层的内应力得到有效控制，镀层质量保持稳定，镀液使用周期延长。这样，才是管理镀层质量的合理方法。

12.3.3　不合格镀镍层的退除

镀镍不合格的产品需要退镀后重新电镀，而退镀不小心很容易造成报废，因此，选择合适的退镀工艺是非常重要的，而退镍恰巧又是退镀中比较困难的一个镀种，需要根据不同的基体来选用合适的工艺。详细的退镀技术可以参见作者的另一本专门讨论退镀的图书《电镀层退除技术》[4]。

（1）钢铁上镀镍层的退除

① 化学法

氰化钠	70g/L	温度	40～70℃
间硝基苯磺酸钠	70g/L	时间	退净为止
氨水	40mL/L		

② 化学法

硝酸	1000mL	温度	40～60℃
氯化钠	40g/L	时间	退净为止

③ 电化学法

硝酸铵	100g/L	温度	10～35℃
氨三乙酸	30g/L	阳极电流密度	5～20A/dm^2
EDTA 二钠	10g/L	槽电压	6～18V
六亚甲基四胺	20g/L	时间	退净为止
pH 值	4～7		

④ 电化学法

硫酸	600～650mL/L	阳极电流密度	3～7A/dm^2
甘油	25～35mL/L	槽电压	5～7V
温度	10～30℃	时间	退净为止

（2）铜和铜合金上退除镀镍层

① 化学法

硫酸	2 份	温度	室温
硝酸	1 份	时间	退净为止

② 化学法（黄铜）

乙二胺	150～200mL/L	间硝基苯甲酸	55～75g/L
硫氰酸钾	0.5～1g/L	温度	80℃

③ 化学法

间硝基苯磺酸钠	70g/L	温度	80℃
硫氰酸钠	1g/L	时间	退净为止
硫酸	60mL/L		

④ 电化学法

硫氰酸钠	110g/L	阳极电流密度	2～3A/dm^2
亚硫酸氢钠	90g/L	时间	退净为止
温度	10～35℃		

（3）其他金属基体上的退除镀镍层

① 镁上退除镀镍层

氢氟酸	15%	温度	室温
硝酸钠	2%	阳极电解退除	

② 锌和铝上退除镀镍层

浓硫酸

室温

阳极带电入槽退除

退镀工件要保持干燥。

退镀后充分清洗并立即干燥。

③ 锌基铸件上退除镀镍层

硫酸水溶液（50～55°Bé）	密度 $1.53\sim1.62g/cm^3$
温度	室温
电压	6V

阳极电解退除

（4）塑料上镀镍层的退除

由于塑料本身不易发生过腐蚀问题，所以可以采用一步退镀的方法。一步退镀方法适合于已经镀有所有镀层的制品，当然也适合镀有任一镀层的制品：

盐酸	50%	温度	室温
双氧水	5～10mL	时间	退尽所有镀层为止

双氧水要少加和经常补加，一次加入过多，会放热严重而导致变形等问题。另外，对于镀有装饰铬的镀层，可以先在浓盐酸中将铬退尽后再使用本退镀液。

参 考 文 献

[1] 成都市科学技术交流站. 电镀技术 [M]. 成都：四川人民出版社，1976：562.

[2] 张允诚. 电镀手册 [M]. 2版. 北京：国防工业出版社，1997：310.

[3] 刘仁志. 镀层应力测试仪 [P]，97322351. 1998-10-14.

[4] 刘仁志. 电镀层退除技术 [M]. 北京：化学工业出版社，2007.

第 **13** 章

电子电镀技术展望

13.1　电化学理论创新的意义

自从博克里斯《量子电化学》一书由哈尔滨工业大学在我国翻译出版以来，已经过去 30 多年。他将量子力学引进电化学的努力开始显示出成效。这一理论创新的一个重要的应用就是电极过程，而电极过程的一个重要应用正是电沉积过程，也即电镀过程。研究和应用这个过程的电镀技术在现代制造产业链中具有重要地位。而创新，特别是理论创新是现代产业发展的重要推动力。因此，量子理论在电极过程研究中的应用就具有重要意义。

传统电化学应用领域对电镀的定义如下（ISO 标准）：电镀——在电极上沉积附着的金属覆盖层，其目的是获得性能或尺寸不同于基体金属的表面。但是，我们根据物质结构的研究成果结合量子理论对电镀给出如下定义。

电镀是电子以量子态从电极跃迁到离子空轨道，使离子还原为原子，进而在电极表面组装成金属结晶的过程。这一过程的特点也定义了电镀是可以在原子级别进行增量制造的技术。将从宏观上定义电镀过程转换为从微观上表述电子的量子态行为。

这一过程的最显著特点是极高速下大量离子的空轨被快速而连续的电子填充，还原为原子并组装出金属晶体。注意极快速和连续，这是我们宏观可以观察到的在电镀槽中一通电就能连续从阴极产品表面得到金属镀层的结果做出的判断。真可以说是"说时迟，那时快"，镀层瞬间就覆盖了产品表面并持续进行。这种惊人的速度只能用电子以量子态从电极向双电层中离子空轨道跃迁来加以说明。而这时电子仍按照泡利原理一个一个或一对一对地进入空轨，让一价或多价态的离子，有序地还原为原子，再组装成晶体，形成镀层。

电镀的这个特点最重要的应用，是实现晶圆和芯片制造中的半导体器件互连。随着半导体制造的摩尔定理的进一步深化，微电子制造已经达到纳米极限，这时只有原子级别实现互连才能应对这种越来越密集的芯片内器件之间的连接。这具有重要的理论价值和应用价值。

传统上，根据经典的电化学理论可以以电流密度、温度、离子浓度参数控制影响这一过程，还可以通过添加剂的方式影响结晶过程，或者外加物理场影响过程，而所有这些影响，都将以影响电子的初态和激发态来获得不同效果的最终镀层。这一过程不只对单一金属离子的电化学还原有意义，对形成多种合金、复合镀层等也特别有意义。这些电化学方法获得的金属镀层的特点是其他制造方法（例如冶金学方法）不可替代的。

电镀的这一新概念，使得电镀技术在许多特殊领域的应用在机理上清晰起来，从而有利于电沉积技术应用的进一步拓展[1]。这包括从更深层次认识电源在电沉积过程中的作用和磁场等物理场对电镀过程的影响。

13.2 电子电镀技术的改进与模式创新

13.2.1 工艺控制技术的改进

（1）单一参数的自动控制

对于一个确定的电镀工艺，在生产过程中对其工艺参数进行控制是一项很重要的工作。电镀生产过程的质量和效率，就是由这种控制来保证的。但是，现在的电镀过程控制主要还是靠人工进行，存在较大偏差和随意性。

为了防止因为人工失误导致的质量事故，对有些参量已经采取了一些自动、半自动控制措施，比如温度自动控制，这是已经应用较多的单一参数自动控制系统。最常见的是接点式的温度自动控制装置。现在则普遍采用电子式温度传感器与电磁继电器开关联动控制加热装置。

还有时间报警装置，可以对电镀时间进行呼叫控制，防止超时或提前出槽。对需要精确控制电镀时间的则可以与电源装置联动，到时间就切断电源。但是对于装饰性电镀或在断电后制品在镀液中会发生变化的镀种，还需要与自动起槽装置配合，断电后保证镀件提出槽外，放入回收槽或者水洗槽。这些单一参数控制系统是已经实现了的技术模式。

但是，对于电流密度变化的控制和表面状态的监测，基本上仍然是依靠人工进行。而电流密度的控制和表面状态的观察，恰是电镀工艺控制和质量管理的关键。

（2）电流密度的自动控制

大家都知道，电流密度的控制与电镀制品的表面积有直接关系。电镀加工现场往往是根据图纸上标注的尺寸估算制件表面积，当没有图纸时，则是根据对制品进行测量来计算表面积，这有时比看图纸更可靠。但很多时候则是凭目光估算表面积，再根据试镀情况调整。这显然有很大的随意性，不可能保持电流密度在最佳工艺范围。现在已经有电脑三维扫描技术，并且可以很方便地获取三维图形的表面积。这样，将这一技术应用到电镀过程，对阴极（电镀产品）进行扫描，从而获得被镀件表面积，再输出给电流密度控制设备，指令其按设定的电流密度，比照所获表面积信息，随时将电流密度调整到设定的参数内。这样无论是对新产品表面积的确定，还是电镀过程中表面积的微观变化，都可以由这种表面积测量设备测出，然后输出到相应的处理器，变成控制信号，将电镀过程中的电流密度参数保持在最佳的状态。这是现代自动控制技术完全可以做到的事。

（3）表面状态观察

在传统电镀过程中，表面状态的观察是由人工定时将电镀中的产品从镀槽中取出来进行观察，以便发现问题，及时加以纠正。但是这种观察由于断电而容易引发镀层间的结合力问题，对于多挂具的或大件的产品，取一部分出槽不仅有操作困难，还会因镀槽中阴极表面积的变动而影响正在镀产品的质量。因此，电镀过程中又希望尽可能少地取出镀件来观察。这可以说是电镀过程控制中的一个两难问题。

在镀液中安装视频监控装置或利用可以扫描表面的传感器，可以直接或间接获取电镀过程中的表面状态。将视频信号传送到显示屏，不用将电镀件提出镀槽，就可以直观地获得镀件表面的电镀状况。从而根据表面状况对相应工艺参数做出调整。

这种直接观测动态表面的技术，应该是成熟的。需要解决的是在镀液中能"看清"表面的摄像头，特别是有些镀液的颜色较深、浓度较高，用普通摄像头是难以获取准确信息的。

目前这一技术在连续电镀过程控制中已经有较广泛的应用。例如硅片切割用的钢丝锯复合镀过程就采用了在线显微监拍技术，可以从监视屏上即时观察到复合镀层的表面状态，并通过智能化处理显示镀层厚度、单位面积、金刚砂颗粒共沉积数、电流密度、电压等质量控制和工艺控制参数[2]。

13.2.2　镀液管理技术的改进

镀液的管理主要是指对镀液成分及状态的管理。目前镀液成分的管理主要是依靠人工定期取样进行分析。分析的手段有人工容量分析法和人工操作设备分析法。然后根据分析的结果对镀液进行管理，补加或调整镀液中的成分。由于镀液成分较多，因此通常只对主盐和重要的辅助成分（比如配位剂、导电盐和对镀层有重要影响的指定成分等）进行分析。至于杂质的影响、少量或微量添加剂的影响，通常用霍尔槽等其他测试手段进行分析。重要的镀种镀液也有用光谱分析或更精密的微电子方法进行分析的。这些分析都是从镀液中取样，另外单独进行的分析，再拿来指导镀液的管理。显然，这些方法费时间，成本高，并且不及时，除非停止生产等待结果再做处理，否则，等分析结果出来时，镀槽中的状态已经又发生了变化。

要想解决这个问题，只有实现在线的即时监测，才能做到对镀液的变化做出及时的反应。因此，实现镀液即时监测是镀液管理的重要课题。

镀液成分自动控制的原理如图 13-1 所示。

由图 13-1 可知，由传感器收集到的镀液成分变化经信息处理后，指令控制器动作，根据信息要求将镀液或者镀液中某种成分通过添加器，自动添加到镀槽中。

目前，除了 pH 值可以用到这种系统做到在线监测和自动调整以外，镀液的其他成分的在线监测和自动补加系统仍在开发当中。从现在的科技水平来看，实现这种在线分析和监测的技术本身是成熟的。只是由于镀液成分复杂，干扰因素较多，获取单一成分信息难度很大。但是实现对某种特定离子的识别，比如主盐

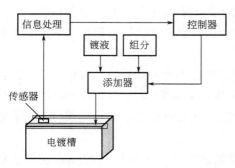

图 13-1　镀液成分自动控制系统的原理

金属离子等，应该还是存在可能性的。

随着传感器技术的进步，特别是离子选择性电极的应用，可以排除其他离子干扰的新一代传感电极将会在电镀液的在线即时监控中，发挥作用。

一旦实现了信息采集方面的突破，则镀液成分自动补加系统就是一件相对简单的事情。将各种用于添加或调整的成分分别置于专用的容器内，用导管与受浓度信息指令控制的电磁阀相连接，就可以根据指令进行定量的补加。

13.2.3　电镀设备的创新

到目前为止，人们对不溶性阳极的认识还是一种不得已的选择。理想的阳极是导电而又可以提供金属离子的。但是如果我们以创新思维来看待不溶性阳极，就可以设想将其作为载体来实现理想阳极的功能。可以设想的功能性阳极应该具有以下几种功能：

（1）兼做热交换器或物理波源用的不溶性阳极

可以利用这种不溶性阳极在导电的同时，向电解液交换热量（加温或降温）、发出超声波或其他物理波等。

使不溶性阳极兼有物理场传导功能，这样做可以节约镀槽空间。提高镀槽体积效率的同时，降低设备综合成本。同时，有利于改善一次电流分布。

（2）向镀液中自动添加光亮剂或添加剂的阳极

将不溶性阳极制成中间有一定容量空间的板式容器。在容器内可以装进用于往镀槽添加的镀液添加剂，从而使这种不溶性阳极成为自动补加系统的一个部件，同样是提高镀槽设备效率的一种较好方案。

这种中空的阳极，像一个箱子，其间可以装入补加成分。同时安置指令接收和发送系统，可以根据指令向电解液内释放添加剂。或者补加其他调整镀液辅助成分的添加物。图 13-2 是这种阳极的一个示例。

（3）自动补加镀液成分的阳极

在上述自动补加添加剂的不溶性阳极的基础上，可以将这种不溶性阳极分成几组，在各自的中空室内盛有主盐或辅助盐等的浓缩液，从而实现根据传感器的指令向镀液补加所需要的成分。

实现这些功能的电子自动控制技术已经非常成熟，关键是电镀液成分分析的自动化和传感器技术还没有跟进，全面的镀液补加自动化难度较大。但是主盐等单一成分的自动补加控制是完全可行的，只是需要将其与阳极技术联系起来。

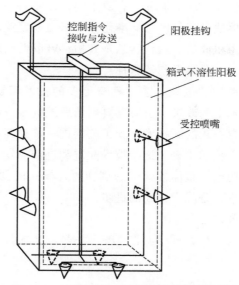

控制指令
接收与发送

阳极挂钩

箱式不溶性阳极

受控喷嘴

图 13-2　自动补充光亮剂或添加剂的阳极

13.2.4　电镀模式的创新

（1）当前电镀模式的缺点

电镀技术发展到今天，无论是电镀设备还是电镀工艺，都有了很大的进步。特别是镀液配方技术、电镀原材料生产制造技术和电镀设备及自动化技术，包括辅助设备、测试设备、环保设备等，已经形成了当代电镀制造的产业链[3]。为满足现代制造的需要发挥着重要的作用。

但是，现代电镀技术的这些发展与进步，仍然基于传统电镀技术和工艺上的改进，并没有从根本上改变电镀生产过程的模式。与其他现代制造技术相比，仍然处在相对落后的局面。要改变这种局面，还需要电镀技术的进一步创新，以适应建立资源节约和可持续发展的电镀业的需要。

当前电镀模式的主要缺点是物料严重不平衡，特别是全流程都要用到大量的清洗水，并且主要是流动水清洗。更重要的是，这些清水在用过后变为排放水时，水中已经溶解有各种有用和有害的物质。如果直接排放，不仅污染环境，而且也流失了水中的金属盐等有用的元素。改变这种传统电镀生产模式应该是最为主要的技术目标，并且最需要有创新思维，才可能有所突破。在电镀模式上创新，已经成为一个重要的技术课题。也是一个引人入胜的重大技术课题。

从审视电镀模式的角度，除了物料平衡问题，还有设备和流程的问题。电镀生产从坯件到成品，需要经过镀前处理、电镀、镀后处理三大流程，每个流程又有许多工序。这些流程和工序都要用到一些设备，这些设备和流程在当前的技术背景下，有较大随意性。不同的镀种，有所不同；即使同一个镀种，也会因不同企业而有所不同。简单地说就是没有标准化。可以说电镀业的设备状态和流程控制是所有制造业中最为粗放的。这种状态是其物料难以做到最佳平衡的一个重要原因。改变这种模式，也需要有创新精神。

至于具体到各个镀种的电镀工艺，就有更多的技术问题需要改进。这些改进，既有基于传统技术上的改进，也有需要创新思维的改进；既有现有技术和工艺的进一步提高，也有引入的新技术和新工艺的进一步提高。这正是目前电镀界做得最多的一个领域。我们不否认这些技术改进和进步对发展整个行业的重要意义，但是与前面所说的电镀整体模式上的创新比，模式的创新是战略性的改变。具体技术和工艺的改进，是战术方面的进步。

（2）未来的电镀模式之一

未来的电镀模式是个什么样子？图 13-3 就是一个例子。这是未来可能的电镀模式之一。

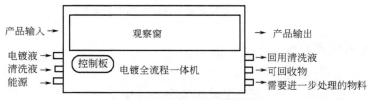

图 13-3　一种未来电镀模式的构想

这个模式与传统电镀模式的不同首先表现在设备的高集成化。在这种模式中，电镀加工已经成为一种与机械加工中心一样的智能型一体机。从一边输入待加工产品，经过机内的加工流程，从另一边就可以输出产品。其关键是电镀物料和力能的输入和输出做到了良性平衡，使电镀加工中消耗的物料和排放物都在机内处理完成，分类回收利用，只将不能处理的余料送往专门的处理设备做再处理。

这种模式使人们印象中水淋淋的化学化工工艺加工模式变成了物理模式，是人们理想中的加工中心模式。实现这种模式的现代控制技术和设备制造技术是完全可行的，关键是电镀工艺的加工过程本身还存在一些技术难题，使这种一体化机模式难以实现。另外是这种设备的成本。以当前的技术为背景，其成本会非常高，不是一般电镀加工企业能承受的。但是相信这不是一个主要障碍。只要在技术上是可行的，则降低系统成本的路子很快就会走出来。

细心的读者可以从图中发现电镀清洗一项写的不是清洗水，而是清洗液。这也许就是一个重要的创新点。如果我们采用一种高效而又易于回收的液体代替清洗水，这种设备的体积和效率就会大大提高。这种可能性是存在的。事实上，一种不用水而用油作为镀后清洗剂的专利已经提出。这一专利的要点是以可反复使用的油类为清洗剂，使镀液从镀件表面脱除，并脱脂干燥即可。而镀液密度比油类大，与清洗油自然分层，很容易从下部抽出，用于回收，上部的油则可重复使用，基本不用水而实现零排放。

当然，这只是可以设想的并且很接近可以实现的新的电镀模式之一。相信只要解放思想，更多的新的电镀模式，一定会被开发出来。

13.3 未来的电子电镀技术

13.3.1 设备技术

未来电镀技术的发展，最可能有所突破的将是电镀设备。现在已经出现了一些半自动和全自动的电镀生产线。特别是高速电镀、卷对卷电镀、印制板电镀、芯片电镀等，都已经有很先进的专业电镀生产线在使用，并且都不同程度地采用了一些先进的在线管理技术。这些技术的进一步发展和成功模式在其他电镀加工业的推广只是时间问题。随着清洁生产的推广，粗放的电镀模式首先要在设备上进行根本的改变。电镀设备的标准化、自动化大势所趋。其次，在新的电镀原理支持下，影响电极过程的物理因素将受到更多关注。特别是影响电子跃迁行为或者提高电子能级的物理场的介入，将在原有脉冲电源设备的基础上，有所改进。再次，磁场的影响也将会有更加深入的研究和开发，更多物理场在原有技术的基础上可以在新技术的支持下强化其作用。例如超声波、激光等都会有更加适合作用于电镀过程的设备出现。

同时，在电镀设备自动化的基础上，一些难以控制的参数将得到控制，从而为电镀技术的创新创造了良好的前提条件。显微在线监测技术将大大提高电镀过程控制的能力，从而提高功能性电镀的质量水平。只有先进的生产设备，才有与先进工艺配套的潜力。

未来的电镀设备将具有适应新的电镀模式的能力。将在自动控制、资源节约、环境友好等方面有许多创新性设计。

根据电镀技术应用领域的不同，新型电镀模式下的电镀设备将同样有单一机型和自动线式组合机型。其构想可以参见图 13-3。

13.3.2 电解液技术

电解液技术一方面是成分的改进和变化，另一方面是溶剂的改进或变化。随着其他相关技术包括设备技术的进步，原来是瓶颈的技术难题会被化解，从而使原来不可能的设想变得成为可能。在量子电化学理论的支持下，电解液中离子的轨道状态将成为关注的一个重点。量子化学和络合物化学都会对电沉积过程中离子的状态做出新的描述，这对研制新的电解液是有益的。

镀液成分的改进是目前电镀技术工作者一直在做的工作。寻找更好的配方，这是沿用了多少年的镀液开发思路。未来的镀液技术需要在这方面有所突破，应该结合设备技术提出新的镀液理论。比如在高速传质情况下的镀液，成分会非常简单化。在低温或高温条件下的镀液，也会有很多不同。这样，结合设备技术可以达到的状态，一定可以有不同于传统镀液模式的镀液。例如可以考虑采用工作面直接喷射难还原离子在设计区域获得合金。

溶剂方面，有机溶剂或其他模式（例如熔融盐）本身就是已经在应用的模式。但是，由于目前这些模式的缺点明显大于水溶液模式，人们只对在水溶液中不可能获得的镀层才会采用这种技术。但是，随着相关技术的进步，这种模式的优点突显出来以后，就可以在一些镀种中采用综合了两者优点的电镀液，从而出现新的电镀液技术。

比如乳化液和混合液镀液技术等。这类镀液将有机溶剂与水溶液相结合，或者将复合镀技术与传统电镀液相结合，加上设备技术的进步，可以形成新的电镀液体系。

将来电镀液的组成或组分将出现多样性和多种模式，单一以水溶液为主的镀液体系将发生很大变化，这些都是基于如何控制离子空轨处在开壳接受电子的状态。

13.3.3 电镀工艺技术

电镀工艺是实施电镀技术的具体措施，是电镀技术重实践和实验特点的体现。电镀技术的创新最终只有落实为可操作的工艺，才具有强大的生命力。

电镀工艺合理地将电镀技术转变为一系列可操作的流程，每一个工序都可以发挥其重要的创新作用，从而明确技术改进的路径，使一种技术可以由多种工艺路线达成，以便根据需要选择合适的工艺路线。可见工艺创新在实现电镀技术进步方面有重要作用。

以非金属电镀技术为例，从 ABS 塑料电镀发展起来的非金属电镀技术，以塑料表面粗化、敏化、活化和化学镀为技术背景，扩展到其他塑料的电镀和其他非金属材料的电镀，又由刚性非金属材料扩展到柔性非金属材料的电镀，使这一技术有多种工艺可供选择。特别是新电子技术产品越来越多的应用非金属材料或强介电性能的材料，例如纳米陶瓷材料、微波陶瓷材料等，在 5G 系统、航空航天领域都有很多应用。这些产品的互连，都需要电子电镀技术的支持，需要有电镀新工艺来实现现代电子制造[4]。

同时，电镀工艺的创新也为新产品的开发提供了重要支持。一些产品的换代和更新，都有电镀工艺创新的支持。手机等移动通信产品中，有许多例证。包括多层印制板和柔性印制板的制造等，还有微电子制造、智能面料制造、集成电路制造等，都与电镀工艺创新有关。

　　而电镀工艺的创新有最为广大的工业基础和创意群体，因此，是电镀技术创新中最为活跃和有最多成果的领域。有许多创意值得我们期待。

参　考　文　献

[1]　刘仁志. 物理因素对电镀过程的影响 [J]. 天津电镀，1981，4：30.

[2]　李斯. 金刚石线锯生产过程中的实时监测系统 [C] 第十九届中国超硬材料技术发展论坛论文集//郑州：中国机床工业工具协会，2015.

[3]　刘仁志. 现代电镀手册 [M]. 北京：化学工业出版社，2010.

[4]　刘仁志. 非金属电镀与精饰 [M]. 北京：化学工业出版社，2012.

第14章

电子电镀与环境保护

14.1　电子产品与环境污染

14.1.1　危险的地球

最近几年，气候反常是人们经常谈论的话题，全球各地先后都出现了反常气候。只是许多人并不明白，近年不断出现的灾害性天气是人类自己放肆地生产和生活活动造成的恶果。

20 世纪 60 年代，发达国家开始注意到工业生产对环境的影响，70 年代初，联合国委托环境问题专家在征求了 58 个国家的 152 位各专业领域的权威人士后，由美国哥伦比亚大学教授巴巴拉·沃德（Barbara Word）女士和洛克菲勒大学的著名微生物学家雷内·杜博斯（Rene Dubos）执笔，发表了著名的环境问题报告：《只有一个地球》[1]。这本书的副标题是"对一个小小行星的关怀和维护"。这本书作为 1972 年联合国在瑞典斯德哥尔摩召开的"人类环境会议"的背景材料，尽管只是一份非正式的报告，但是很快在全球产生了重要的影响，催生了许多环境保护政策。当时我国翻译和发行了这本书，使我们早在 1976 年，就得以了解国际上对全球环境问题的关切。遗憾的是，这么些年来，全球的环境污染并没有多少根本的改善。其中一个很重要的原因是发达国家针对自己国家发生的环境污染，在采取了治理措施的同时，纷纷将严重污染的行业和技术向第三世界转移。而第三世界的国家则因为生存和发展是首要的问题，而不得不在实际上采取了牺牲环境的策略。对于发达国家，他们以为只将污染业拒之于自己的国门之外，就可以保证自己不受到环境污染的伤害；而发展中国家则期望在经济发展以后再来治理污染。但是他们都错了。因为地球是圆的，当英国和北美都受到酸雨的侵害时，他们意识到远在亚洲和非洲的那些日夜开工并肆意排放烟尘和废水的工厂对水体和大气的污染最终会影响到地球上的所有地方，不管是发达国家还是发展中国家。而生态环境一旦遭到破坏，要想重回原来的状态，几乎是不可能的。许多发展中国家已经为此付出了沉重的代价。最为可怕的是，这种状况并没有因为地球人有了一定程度的警醒而有所改善。这样下去，我们将留给子孙们怎样一个地球？我们的子孙们将生活在怎样的气候环境里？是每一个地球人都不得不思考和面对的问题。

在《只有一个地球》发表 20 多年以后，在人类即将进入 21 世纪的时候，英国学者 A. J. 麦克迈克尔发表了《危险的地球》[2]（中译名，原文是 Planetary Overload，意为超负荷的行星）。这本书从生态结构、人类健康、生态系统超载、人口增长、贫困与健康、温室效应与气候变化、正在变薄的臭氧层、土壤与水、生物多样性——森林、食物和药物以及城市的发展、观念限制和障碍等多视角地、全面地对地球不堪重负的现状进行了分析和描述，并对许多国家特别是发达国家将大量经费用于军事和政治的争夺提出了严厉的批判。

麦克迈克尔指出："在这个不寻常的 20 世纪，当全球经济从 1 万亿美元增长到 20 万亿美元时，过度的资源掠夺和分配的不公平使得大多数人陷入困境。第三世界国民生产总值中超过 40％被用于偿付国际债务（1.2 万亿美元）。结果，这些在经济上陷于绝望的国家破坏性地使用资源——森林、农场、渔场和水源。过去 10 年中全球财富最终从穷国流向富国（即使在进行援助以后），随着这个财富裂痕的增大，大量第三世界的环境危害和贫穷的后果已经通过各种途径波及富国，像温室升温、生物多样性丧失、毒品贸易、难民压力的增加。这就是所谓的自食其果的债务。"

"上述这些不平等和经济的继续开发加剧了第三世界国家生态和环境的恶化，酸雨、全球温暖化以及臭氧层变薄所带来的环境和健康问题，使得所有国家都面临着'一损俱损'的困境。"

影响地球人生存和发展的还不仅仅是环境污染的问题。自然资源的紧缺也日益成为严重的问题。当前最令人担心的首先是能源，具体地说是石油的问题。我们的地下还有多少石油可供我们挥霍，可能是一个不容乐观的数字。

当然，我们有理由相信人类可以依靠科技创造出更多适合人类发展的新产品、新能源，在尽量少破坏生态环境的情况下提高生活素质，但是这种与环境相关的技术开发的力度太小。我们地球人，包括各种各样的政府，都有急功近利的取向，从而使人适应自然变化的速度太慢，这样，我们人类将要不得不付出极大的代价，有时甚至是惨痛的代价。在大自然的惩罚面前，人类之间的争斗有时都失去了意义。只要看一下 2004 年 12 月 26 日的那场海啸，十几万人瞬间就从地球上消失。再看看那部美国的电影《未来水世界》，那也许真的是人类未来生活的写照。或许更糟。

显然，在环境污染和资源紧缺这两大全球性最为严重的问题面前，人类面临着重要的选择。要想保持可持续发展的势头，只有全球所有的人都携起手来，保护我们生存的环境和珍惜资源。并且关键是要有所行动，要采取有效的措施。每一个国家，每一个地区，每一个政府，每一个企业，每一个人，都从自己做起。在所从事的所有工作中都要将保护环境和节约资源作为工作的内容之一。

而对于一个企业或一个组织，较好的方法就是建立起环境管理体系。

从 1972 年联合国召开人类环境会议到 1992 年的 20 年间，国际社会对环境问题的关注逐渐发展到关注环境与发展的关系，并且已经认识到环境问题的解决必须得到国际社会的广泛参与。1992 年，联合国在巴西里约热内卢召开了环境与发展会议。会上提出了两个纲领性文件：《里约热内卢环境与发展宣言》和《21 世纪议程》。以这次大会为标志，人类对于环境与发展的认识提高到了一个新的高度。这次大会对可持续发展做出了定义，这就是"既满足当代的需要，又不对后代人满足其需要的能力构成危害的发展"，使人类迈出了跨向新的文明时代的关键性的一步，可以说是人类环境与发展认识历程中的里程碑。也就是在这一年，国际标准化组织（ISO）和国际电工委员会（IEC）成立了"环境问题特别咨询组"。1993 年 6 月，正式成立了 ISO/TC207 环境管理技术委员会，正式开展环境管理国际标准制定工作。1996 年正式公布了 ISO 14000 环境管理体系系列标准，从此在全球开展了建立环境体系的推动工作。经过几年的实践，根据情况的变化和发展的需要，于 2004 年发布了 ISO 14000 的新版标准。现在再建立和审核环境管理体系，所依据的是新版的标准。

我国根据 ISO 14000 环境管理体系系列标准，以等同采用的方式制定了我国自己的 GB/T 24000 环境管理系列标准。现在越来越多的企业或组织开始执行这些标准，先后走向保护环境和可持续发展的正确发展道路。

但是我们应该看到，有些企业之所以不得不采取保护环境的措施，或建立环境保护体系，是迫于社会或市场的压力，并且有些企业的环境保护措施仅仅只是为了应付检查，并没有实际运转。还有一些企业仍然在严重地污染着环境而没有采取任何措施。所有这些与经济发展的落后固然有着内在的联系，但是与国家和组织管理、教育力度的不足也不无关系。尤其从事与环境污染有着密切关系行业的投资者、管理者、工程技术人员和一线操作人员，都要有环境保护意识和责任感。只有这样，才能使环境保护的措施和管理落到实处，真正起到保护环境和获得可持续发展的动力和资源。

14.1.2　电子工业对环境的影响

造成全球严重环境污染的主要是人类的生产和生活方式，其中工业污染的影响最大。表 14-1 列举了 20 世纪已经困扰人类多年的全球性环境的十大问题。这十大问题几乎都与工业污染的影响有关。

表 14-1　20 世纪全球十大环境问题

项目	环境问题	项目	环境问题
1	气候变暖	6	土地荒漠化
2	臭氧层破坏	7	大气污染
3	生物多样性减少	8	水体污染
4	酸雨蔓延	9	固体废物污染
5	森林锐减	10	海洋污染

随着工业技术的进步，影响环境的工业领域也从以往的重工业和传统工业转向电子工业等现代工业，这是令许多科技工作者所没有想到的。特别是电子工业，其对环境的影响已经使各国不得不对电子产品专门制定环保要求的法律、法规，电子工业也与汽车工业一样，进入了诸多环保要求限定的环境壁垒时代。

电子工业对环境的影响从生产过程到成品废弃物都有，生产过程包括机械加工、表面处理、电子装配等。其中尤其以表面处理的影响较大，因为表面处理所涉及的化学品比较多，而化学品是造成环境污染的重要因素之一。至于电子产品的废弃物则更是对环境有很大影响，却又容易为人们所忽视。

以几乎所有电子产品都要用到的印制线路板为例，现在已经可以确定，废弃的印制线路板由于含有阻燃剂，在作为垃圾焚烧时，会产生严重污染环境的二噁英，而成为严格禁止的污染物。二噁英属于氯化三环芳烃类化合物，主要来自垃圾的焚烧、农药、含氯等有机化合物的高温分解或不完全燃烧。有极高的毒性，又非常稳定。属于一类致癌物质。由于极难分解，人体摄入后就无法排出，从而严重威胁人类健康。因此，禁止使用含有卤素类阻燃剂的印制板已经成为世界性趋势。

至于其他与印制板制造有关的影响环境的工艺，正如我们在第 4 章中已经介绍的那样，包括印制板制造中其他工艺所用的化学品，如退锡剂、图形蚀刻液、电镀废水等，都是对环境有不同程度污染的物质。

由于电子产品通常都比较复杂，所用到的零部件的品种多，类别杂，从各种有色金属到各种非金属材料都有，因此，其加工制造过程肯定会产生许多影响环境的因素，产品成品也要用到一些对环境有影响的物料，因此，对电子产品提出环境因素控制和环境保护是很有必要的。

14.2 国际上对电子产品的环保要求

14.2.1 《WEEE 指令》和《RoHS 指令》

自联合国在 20 世纪 70 年代提出"只有一个地球"的概念以来，各国都出台了不少有关环境保护的法律和法规。在一些国家或地区，环境污染得到了控制；特别是发达国家，自己的生活环境得到了很大改善，但是这种好景是不长久的，发展中国家的环境污染依然严重，而发达国家仍然以高能耗在消费着越来越紧缺的地球资源，这一切使整个地球的总体环境状况不容乐观，这促使一些国家和地区制定更为严格的环境保护法律和法规，并且将其约束力延伸到全世界，对人类的生产和生活中有可能污染环境的过程进行合理的约束。这种趋势在进入 21 世纪后越来越明显。代表性的事件就是已经引起全球电子制造商关注的欧洲的两个环保指令。

《WEEE 指令》和《RoHS 指令》是欧盟通过的旨在限制供应商将有污染的产品引入欧洲市场而做出的至今最为严格的环境保护指令。

WEEE 是 waste electrical and electronic equipment （报废电子电气设备指令）的缩写。

这一指令已经于 2005 年 8 月 13 日生效。指令规定欧盟市场上流通的电子电气设备的生产商必须在法律上承担起支付报废产品回收费用的责任。同时欧盟各成员国有义务制定自己的电子电气产品回收计划，建立相关配套回收设施，使电子电气产品的最终用户能够方便并且免费地处理报废设备。

RoHS 是 The restriction of the use of certain hazardous substances in electrical and electronic equipment（关于在电子电气设备中限制使用某些有害物质指令）的缩写。

规定从 2006 年 7 月 1 日起，新投放欧盟市场的电子电气设备中不得含有以下 6 种有害物质：铅、汞、镉、六价铬、多溴联苯、多溴二苯醚。

对这些物质在均质材料中最高限量分别为：① 铅（Pb）1000mg/kg；② 汞（Hg）1000mg/kg；③ 镉（Cd）100mg/kg；④ 六价铬（Cr^{6+}）1000mg/kg；⑤ 多溴联苯（PBB）1000mg/kg；⑥ 多溴二苯醚（PBDE）1000mg/kg。

这些指令的实施将使许多原来早已经进入欧洲市场的产品的成本明显提高，有些暂时不能达标的产品有可能会在达标前退出欧洲市场，以至于不少人怀疑这是欧洲为了贸易保护而施展的绿色壁垒策略。即使这种策略带有技术壁垒的色彩，但也是一种不得不为之的对以往过于滥用资源的补救措施。全球资源的匮乏如果处理不当，将引起世界性混乱，为争夺资源而爆发战争的潜在危险依然存在。

现在，所有输往欧洲的电子电气产品都已经在认真地执行符合这两个指令的制造工艺和原材料结构。这种环保策略的成功将会导致其他地区和其他类别的产品仿效，这对在全球建立可持续发展的节约型社会是有积极意义的。

14.2.2　美国和世界其他国家的环境法规

欧盟的《禁止使用有害物质指令》（RoHS）和《报废电子电气设备指令》（WEEE）不仅有力地推动了将已颁布的环保法律付诸实施，而且也影响和带动了欧盟以外的地区采取相应的措施来保护环境和资源。

14.2.2.1　美国加州的立法

美国很快就根据两个指令的模式在其本国进行了相应的立法。由于美国的司法制度使各州有独立立法权，加利福尼亚州率先制定了本州的法律：《加利福尼亚州电子废物回收法》。

《加利福尼亚州电子废物回收法》规定，对在加利福尼亚州销售所涉及的电子设备进行收费，当这些电子产品报废时，所收的费用将用来支付处理报废电子产品的费用。该法令还要求在加利福尼亚州销售所涉及的电子设备，在 2007 年 1 月 1 日以后，必须符合 RoHS 指令所提出的要求。加利福尼亚州有毒物质管理部（DTSC）负责解释哪些是所涉及的电子设备，哪些不是。DTSC 已经规定，屏幕对角线尺寸大于 10.16cm（4in）的新的或翻新的显示器要符合有关法律。

这些产品包括：

① 采用阴极射线管（CRT）或液晶显示屏（LCD）的电视；

② 采用 CRT 或 LCD 的计算机显示器；

③ 带有 LCD 显示屏的笔记本电脑；

④ 裸 CRT 或其他任何包含 CRT 的产品；

⑤ 等离子电视。

被免除的设备包括：

① 用过或未被翻新的电子设备；

② 汽车的零部件，或用于替换的汽车零部件；

③ 包含在家用电器中（洗衣机、烘干机、电冰箱、制冰机、电烤箱、洗碗机、空调、除湿机或空气清洁器）的电子配件。

从 2007 年 1 月 1 日起，不符合标准的电子产品将不能在加利福尼亚州生产、销售或进口。

14.2.2.2　美国其他 49 个州的立法

缅因州（Maine）已经颁布了电子有害物质的法律，该法要求生产商采取切实行动，减少和消除电子产品和器件中的有害物质。新泽西州（New Jersey）、得克萨斯州（Texas）、佛蒙特州（Vermont）、华盛顿州（Washington）、威斯康星州（Wisconsin）等州政府也都提出了类似于 RoHS 的法规。此外，有 10 个州制定了针对含水银产品的法律，12 个州颁布了针对有毒阻燃剂的法律。美国国会也在听取各方意见，以决定是否有必要制定全国性的法律。如果想了解北美地区的已公布和正在制定的有关电子产品的法律，可以浏览 Newark In One RoHS Express 的网站，网站提供美国各州和加拿大各省的进展情况，并定期更新。

14.2.2.3　世界其他地区

加拿大的 Alberta 省已经实施类似 WEEE 的电子废物回收计划。加拿大 Nova Scotia 则参照 RoHS 制定了相应的有害电子废弃物的法规。

5 个非欧盟成员已经有了或提出了针对处置报废电子产品的法律，包括中国的《废旧家用电器及电子产品回收利用管理条例》、日本的《家用电器回收法》和《JEITA/JEMA 产品回收动议》、韩国的《促进节约和回收资源行动》、瑞士的《要求电器和电子设备生产商、进口商和经销商回收 EOL 设备》、中国台湾的《经济事务 G 计划》。

澳大利亚也将很快出台类似的法律，目前正在制定行业和政府的标准，建立全国的收集和回收电视机、电脑以及打印机、扫描仪等外围设备的计划。

14.2.3　我国电子产品的污染控制法令

我国是电子电气使用和生产大国，手机的拥有量已经位居世界第一，互联网用户也成为世界第一，更不要说日益增长的中小城镇和广大农村市场，这么大量的电子产品从生产到进入用户，很多环节都存在环境污染问题，因此，正确控制电子污染是促进国民经济发展与构建和谐社会的基础。为控制和减少电子信息产

品废弃后对环境造成的污染，促进生产和销售低污染电子信息产品，保护环境和
人体健康，由我国信息产业部、国家发改委等部门联合制定的《电子信息产品污
染控制管理办法》已于 2006 年 2 月 28 日正式颁布，2007 年 3 月 1 日施行。《电
子信息产品中有害物质限量技术要求》《电子信息产品中限用物质的检测方法》
《电子信息产品污染控制标识要求》三大电子信息产品污染控制行业标准也由信
息产业部于 2006 年 11 月 8 日正式发布并即日生效。这个管理办法和三个标准可
以说是我国应对国际上电子产品污染控制法规的重要举措。从事电子产品制造的
企业，特别是电镀加工企业，有必要了解这些标准。

14.2.3.1 我国电子产品的《有害物质限量技术要求》

《电子信息产品中有害物质限量技术要求》是参照各国对电子信息产品有害
物质的限量规定而制定的标准，在行业中简称为《限量要求》。

目前许多电子信息产品由于功能和生产技术的需要，仍含有大量如铅、汞、
镉、六价铬、多溴联苯、多溴二苯醚等有毒有害物质或元素。这些含有毒有害物
质或元素的电子信息产品在废弃之后，如处置不当，不仅会对环境造成污染，也
会造成资源的浪费。因此，以有害物质或元素的减量化、替代为主要任务的电子
信息产品污染控制工作已经提上政府主管部门的议事日程。

为了达到资源节约、环境保护的目的，信息产业部等国务院七部委"从源
头抓起，立法先行"，制定了《电子信息产品污染控制管理办法》（信息产业部
第 39 号令），以立法的方式，推动电子信息产品污染控制工作。旨在从电子信
息产品的研发、设计、生产、销售、进口等环节限制或禁止使用上述六种有害
物质或元素。

为了配合《电子信息产品污染控制管理办法》的实施，我国信息产业部特
制定了《电子信息产品中有害物质限量技术要求》。这个标准在考虑了电子信
息产品的生产者和进口者从源头控制有毒有害物质或元素污染的需要的同时，
又考虑到监督检查机构实施监管或测试的可行性，与国际相关标准衔接的要求，
结合行业的现状、经济与技术上的可行性等，制定出限制使用的有害物质合理的
限值指标。

标准将电子产品需要进行有害物质限量检测的组成单元分了三类。

① EIP-A 构成电子信息产品的各均匀材料。这是指采用同一种材料制作的
各种零件，特别是各种金属材料、合成材料，比如标准件、壳体、腔体、印制线
路板基板等。在该类组成单元中，铅、汞、六价铬、多溴联苯、多溴二苯醚（十
溴二苯醚除外）的含量不应该超过 0.1%，镉的含量不应该超过 0.01%。

② EIP-B 电子信息产品中各部件的金属镀层。各种材料（包括金属材料和
非金属材料）上的金属镀层，是有害物质限量控制的重点之一。在该类组成单元
中，铅、汞、镉、六价铬等有害物质不得有意添加，也就是说不能以这些禁止的

金属作为镀层成分、合金组成成分、电镀光亮添加剂等有意添加使用。作为阳极中的微量杂质，从阳极中溶解进入镀液并在镀层中夹杂的，则不能超过限量的标准。

对有意添加物的标准解释是：生产者或进口者为使其产品达到某种性能指标而故意使用有毒有害物质，并且所使用有毒有害物质符合下列情况之一者，即视为有意添加：

a. 利用 SJ/T 11364—2006《电子信息产品中限用物质的检测方法》中第 5 章规定的方法所检测的铅、汞、镉为不合格的；

b. 利用 SJ/T 11364—2006《电子信息产品中限用物质的检测方法》中 8.1 规定的方法检测出含六价铬的。

③ EIP-C 电子信息产品中现有条件不能进一步拆分的小型零部件或材料，一般指规格小于或等于 $4mm^3$ 的产品。在该类组成单元中，铅、汞、六价铬、多溴联苯、多溴二苯醚（十溴二苯醚除外）的含量不应该超过 0.1%，镉的含量不应该超过 0.01%。

14.2.3.2 检测方法

电子信息产品中有毒有害物质的检测方法主要是指对铅（Pb）、汞（Hg）、镉（Cd）、六价铬 [Cr（Ⅵ）]、多溴联苯（PBB）和多溴二苯醚（PBDE）六种限制使用的有毒有害物质或元素的检测方法。

行业标准推荐的检测方法有以下几种。

(1) X 射线荧光光谱法（X-ray fluorescence spectrometry，XRF）

这种方法是用一束 X 射线或低能光线照射待测试样，使之发射特征 X 射线而对物质成分进行定性和定量分析的方法。按激发、色散和探测方法的不同，分为波长散射-X 射线荧光光谱法和能量散射-X 射线荧光光谱法。

① 波长散射-X 射线荧光光谱法（wavelength dispersive X-ray fluorescence spectrometry，WD-XRF）。试样中被测元素的原子受到高能辐射激发而引起内层电子的跃迁，同时发射出具有一定特征波长的 X 射线，根据测得谱线的波长和强度来对被测元素进行定性和定量分析。

② 能量散射-X 射线荧光光谱法（energy dispersive X-ray fluorescence spectrometry，ED-XRF）。试样中被测元素的原子受到高能辐射激发而引起内层电子的跃迁，同时发射出具有一定能量的 X 射线，利用具有一定能量分辨率的 X 射线探测器探测试样中被测元素所发出的各种能量特征 X 射线，根据探测器输出信号的能量大小和强度来对被测元素进行定性和定量分析。

(2) 气相色谱-质谱联用法（gas chromatography-mass spectrometry，GC-MS）

将气相色谱仪与质谱仪连接起来，利用气相色谱高效的分离能力与质谱的特征检测来对有机化合物进行定性与定量分析的方法。

（3）电感耦合等离子体原子发射光谱法（inductively coupled plasma atomic emission spectrometry，ICP-AES/OES）

利用高频等离子体使试样原子化或者离子化，通过测量激发原子或离子的能量对应的波长来确定试样中存在的元素。

（4）电感耦合等离子体质谱法（inductively coupled plasma mass spectrometry，ICP-MS）

通过高频等离子体使试样离子化的方法确定试样所含的目标元素。用质谱仪测出产生的离子数量，并由目标元素的质/荷比来分析目标元素及其同位素。

（5）原子吸收光谱法（atomic absorption spectrometry，AAS）

用火焰或化学反应等方式将欲分析试样中待测元素转变为自由原子，通过测量蒸气相中该元素的基态原子对特征电磁辐射的吸收，确定化学元素含量的方法。

（6）冷蒸气原子吸收光谱法（cold vapour generation atomic absorption spectrometry，CVAAS）

将欲分析试样中的汞离子还原成自由原子，通过测量该蒸气相中的基态原子对特征电磁辐射的吸收，以确定汞元素含量的方法。

（7）原子荧光光谱法（atomic fluorescence spectrometry，AFS）

利用原子荧光谱线的波长和强度进行物质的定性与定量分析的方法。

详细的检测方法可参阅本书作为附录的 SJ/T 11364-2006 电子信息产品中有毒有害物质的检测方法。

14.2.3.3　电子信息产品污染控制标志

为了方便使用者识别，信息产业部对电子产品的污染控制标准做出了相应的规定。标准规定电子信息产品应按要求标识电子信息产品污染控制标志，标志应清晰可辨、易见、不易褪色并不易去除。

图 14-1 和图 14-2 为电子信息产品污染控制标志的图样示例。图 14-1 所示标志建议使用绿色；图 14-2 所示标志建议使用橙色。如果电子信息产品颜色与图示标志的推荐颜色相近使其显得不够清晰或图示标志的颜色影响产品的整体美观，也可以使用其他适当的醒目颜色，其中模塑的可以与制品颜色相同。

当采用图 14-2 进行标识时，若电子信息产品最大表面的面积大于或等于 $5 \times 10^3 \, \text{mm}^2$ 且形状规则，电子信息产品污染控制标志应以模塑、喷涂、粘贴、印刷的方法直接标识在电子信息产品上；若电子信息产品最大表面的面积小于 $5 \times 10^3 \, \text{mm}^2$ 或形状不规则，可以不在产品表面直接标识电子信息产品污染控制标志，但应在产品说明书中予以注明。

需要标明的有害物质包括：铅（Pb），汞（Hg），镉（Cd），六价铬［Cr（Ⅵ）］，多溴联苯（PBB），多溴二苯醚（PBDE）。对于含有有害物质但含量在标准规定的限量以内的，可用○在表中表示；对于含量超出标准规定的，在列表中要用×表示。企业可根据实际情况对表中打"×"的技术原因进行进一步说明。含有有毒有害物质或元素的电子信息产品应按图 14-2 标识产品的环保使用期限，并在产品说明书中对保证产品在环保使用期限内的使用条件、配套件特别标识等给予详细说明。其中，标志中间的数字应替换为被标识产品的实际环保使用期限，单位为年。电子信息产品的生产日期即为产品环保使用期限的起始日期。

图 14-1　污染控制合格标志

图 14-2　含有某种有害物质的标志
图中数字仅为示例，使用时应替换为
电子信息产品相应的环保使用期限

14.3　电子电镀的"三废"治理

14.3.1　电镀工艺对环境的影响

电镀是从传统工业过渡到现代工业的重要加工工艺。由于电镀所使用的原材料和过程中的排放物对环境的污染严重，因此，关于电镀的环境保护措施和法规比较多，也引起各相关地区和各级政府部门的重视。

应该承认，我国在 20 世纪 70 年代曾经兴起的无氰电镀推广应用运动所获的科技成果至今都还在发挥作用，一些当年开发的无氰电镀工艺至今都还在生产中应用，最有代表性的是碱性无氰镀锌、酸性光亮镀铜等。其他包括无氰镀银、碱性镀铜、镀合金等，都有无氰工艺在生产中应用，只是应用的面不那么广泛而已。

但是电镀对环境的污染绝不仅仅是氰化物污染的问题，并且氰化物虽然是剧毒化学品，相对许多化学品污染，氰化物是比较容易被分解的，在自然界也不会积累造成持久的危险，其对社会的潜在危害要比对环境的危害大得多。各国对氰化物的严厉管制主要还不是针对环境而采取的，很大程度是为了公众的安全。事实上，许多重金属和新引入的有机添加剂、表面活性剂、络合物等对环境的积累性和持久性的污染比氰化物要严重得多。忽视对这类污染物的治理，才是最危险的。因为这类污染物是积累性和难以处理的，一旦进入环境，再要治理，就非常困难了。

电镀工艺过程对环境的影响见表 14-2。

表 14-2 电镀工艺过程对环境的影响

工艺过程	产生的有害物质	对环境的影响及危害
除油	碱雾、含碱废水	使水体 pH 值上升。碱雾刺激和伤害呼吸道。含磷化合物和表面活性剂使水体富化、缺氧等
酸洗	酸雾和含酸废水	酸雾对皮肤、黏膜、呼吸道有害，使水体 pH 值下降，水中 pH 值低于 5 时，大多数鱼死亡
镀锌	含锌化合物	锌盐有腐蚀作用，能损伤胃肠、肾脏、心脏及血管。水中含锌量超过 10mg/L，可引起癌症。浓度仅 0.01mg/L 就可使鱼类死亡
镀镉	含镉废水	镉进入人体后，主要积累于肾和脾脏内。能引起骨节变形或断裂。0.2mg/L 可使鱼类死亡
镀铬、铝铬酸盐氧化	铬雾、水中的三价铬和六价铬离子	铬中毒时能引起皮肤及呼吸系统溃疡，引起脑炎及肺癌。铬化合物对水生物有致死作用，并能抑制水体的自净。特别是六价铬危害最大，浓度 0.01mg/L 就能致水生物死亡
镀镍	溶液蒸气、废水中含镍化合物	镍中毒时引起皮炎、头痛、呕吐、肺出血、虚脱。有资料介绍镍可导致癌肿。镍化合物的浓度为 0.07g/L 时，对水生物有毒害作用
镀铜、印制板图形蚀刻	废水中的含铜化合物	铜能抑制酶的作用，并有溶血作用。铜中毒引起脑病、血尿、腹痛和意识不清等。铜对水生物毒性较大，浓度 0.1mg/L 可使鱼类死亡
镀铅、铅锡合金	废水中的含铅化合物、氟化氢气体	铅可在人体内积累，每天摄入超过 0.3mg，就可以积累引起贫血、神经炎、肾炎等。对鱼的致死量为 0.1mg/L。吸入氟化氢气体会刺激鼻喉，引起肺炎、氟骨症
氰化物电镀	含氰废水、含氰废气、氰氢酸	氰化物是剧毒物，0.1g 的氰化物就会致人死亡。0.3mg/L 就会致鱼死亡。吸入氰氢酸可导致喉痒、头痛、恶心、呕吐。严重时心神不宁、呼吸困难、抽搐，甚至停止呼吸

为了防止电镀等化工工艺生产排放的污水对环境造成污染，我国的环境保护法对工业排放水中的污染物的排放浓度作出了规定。各类污染物的最高允许排放标准见表 14-3 和表 14-4。电子产品的有害物质限量要求见表 14-5。

表 14-3 第一类污染物排放标准

污染物	最高允许浓度/(mg/L)	污染物	最高允许浓度/(mg/L)
总汞	0.05	总砷	0.5
烷基汞	不得检出	总铅	1.0
总镉	0.1	总镍	1.0
总铬	1.5	苯并芘	0.00003
六价铬	0.5		

第一类污染物指能在环境或动植物体内积累，对人体健康产生长远不良影响的物质。第二类污染物指其长远影响远小于第一类的污染物质。

表 14-4　第二类污染物排放标准　　　　　单位：mg/L

污染物	一级标准		二级标准		三级标准
	新扩建	现有	新扩建	现有	
pH 值	6～9	6～9	6～9	6～9	6～9
色度（稀释倍数）	50	80	80	100	
悬浮物	70	100	200	250	400
生化需氧量（BOD）	30	60	60	80	300
需氧量（COD）	100	150	150	200	300
石油类	10	15	10	20	30
动植物油	20	30	20	40	100
挥发酚	0.5	1.0	0.5	1.0	2.0
氰化物	0.5	0.5	0.5	0.5	1.0
硫化物	1.0	1.0	1.0	2.0	2.0
氨氮	15	25	25	40	—
氟化物	10	15	10	15	20
磷酸酯（以 P 计）	0.5	1.0	1.0	2.0	—
甲醛	1.0	2.0	2.0	3.0	—
苯胺类	1.0	2.0	2.0	3.0	
硝基苯类	2.0	2.0	3.0	5.0	5.0
阴离子合成洗涤剂	5.0	10	10	15	20
铜	0.5	0.5	1.0	1.0	2.0
锌	2.0	2.0	4.0	5.0	5.0
锰	2.0	5.0	2.0	5.0	5.0

表 14-5　电子产品中有害物质限量要求

单元类别	限　量　要　求
EIP-A	在该类组成单元中，铅、汞、六价铬、多溴联苯、多溴二苯醚（十溴二苯醚除外）的含量不应该超过 0.1%，镉的含量不应该超过 0.01%
EIP-B	在该类组成单元中，铅、汞、镉、六价铬等有害物质不得有意添加
EIP-C	在该类组成单元中，铅、汞、六价铬、多溴联苯、多溴二苯醚（十溴二苯醚除外）的含量不应该超过 0.1%，镉的含量不应该超过 0.01%

14.3.2　电镀"三废"的治理与零排放系统

14.3.2.1　电镀"三废"的治理

所谓电镀"三废"，是指废渣、废气和废水。这也是所有工业三类废弃物的简称，也就是常说的工业"三废"。在没有环保意识以前，这些固体、气体和液体废弃物确实就是被废弃掉了，多少年来，不知污染了多少土地和水体，同时也不知浪费了多少资源。现在，人们越来越认识到资源可再生利用的重要性，因此，所有在某一工业过程中的废弃物在另一个过程中会成为资源。

（1）固体废物的处理

电镀的固体废物大部分是可以回收的。特别是金属材料，比如产品加工中的废品、挂具头等，都可以通过金属回收的办法加以回收。非金属材料如包装材料，也基本上是可以回收再利用或交收旧部门回收的。

现在对于固体废物都要求做到分类存放和处理，通常的做法是首先分出可回收和不可回收的废物，再从可回收的废物中分出可回收金属和非金属，以方便后续的回收加工过程。对于不可回收的固体废物，可以采取深埋或燃烧的方法，其中燃烧法一方面可以利用其产生的热能，另一方面要进一步对燃烧产生的有害气体加以治理。

可回收废弃物则可以有直接回收法和再生回收法两大类方法。直接回收用于同种金属、同种非金属材料，如 ABS 塑料或其他工程塑料等，都可以采用直接回收法。

对于有些可回收废弃物，需要经过再生处理或再制处理才可以回收。再生处理的目的是提高回收物的纯度和去掉某些有害的杂质。对于一些混合类固体废物，则更是要进行分解处理后再行回收。

（2）酸雾的净化处理

对于生产过程中的排气，包括金属酸洗时的酸雾、化学反应产生的气体和电镀操作产生的排气，都应该采用现场排气系统加以排出。如果所排气体或酸雾是有害物质或超过国家规定的排放标准，就要采用相应的治理措施。

① 硫酸酸雾的中和处理。硫酸酸雾一般可以采用 10% 的碳酸钠进行中和处理：

$$Na_2CO_3 + H_2O = 2NaOH + CO_2$$

$$2NaOH + H_2SO_4 = Na_2SO_4 + 2H_2O$$

碱性溶液中和酸雾后，应有沉淀箱让净化过程中产生的渣滓沉淀下来，碱液通过循环系统还可以再使用，但是当其 pH 值达到 8～9，接近中性时，应该补充新的碱液。

② 硝酸酸雾的中和处理。硝酸可以采用氨溶液进行中和：

$$2NO + O_2 = 2NO_2$$

$$3NO_2 + H_2O = 2HNO_3 + NO$$

$$HNO_3 + NH_3 = NH_4NO_3$$

二氧化氮溶于水后，其中 2/3 生成硝酸，另有 1/3 转化为一氧化氮。一氧化氮与空气中的氧接触后又生成二氧化氮，再被水溶解成硝酸。这种方法不能完全将氮氧化物中和干净，采用氨进行中和是为了使反应更为完全，增加氮氧化物的反应概率。

③ 盐酸酸雾的中和处理。盐酸的中和可以采用碱和氨等低浓度的溶液进行中和处理：

$$HCl + NaOH \longrightarrow NaCl + H_2O$$

$$HCl + NH_3 \longrightarrow NH_4Cl$$

由于盐酸的溶解热较大，因此要较完全地中和盐酸，要用到冷却吸收器，或者当溶液再循环使用时，先经过冷却器，再回到净化设备。

对于浓度较大的气体，由于惰性气体比较少，盐酸很容易扩散，吸收也快，可以在简单的设备中进行处理。对于浓度较稀的气体，吸收速度会有所下降，这时要采用例如陶瓷填料塔来进行处理。

④ 氢氟酸雾的中和处理。对于氢氟酸的酸雾，可以用 5% 的碳酸钠或氢氧化钠进行中和处理：

$$HF + NaOH \longrightarrow NaF + H_2O$$

通过净化后的氟化钠溶液可加入适量的石灰水 $[Ca(OH)_2]$ 和明矾 $[Al_2(SO_4)_3]$，生成冰晶石 (Na_3AlF_6) 和石膏 $(CaSO_4)$，而氢氧化钠则又可以再用于中和处理。

$$12NaF + Al_2(SO_4)_3 \longrightarrow 3Na_2SO_4 + 2Na_3AlF_6 \downarrow$$

$$Na_2SO_4 + Ca(OH)_2 \longrightarrow 2NaOH + CaSO_4 \downarrow$$

（3）酸雾净化设备

① 喷淋塔。喷淋塔的原理是让通过抽风系统排出的酸雾能通过管道由塔的下方进入塔内，而中和用的碱水从塔顶部向下分级喷淋。碱水要形成大小合适的液滴，以充分与上行的酸雾接触而发生中和反应。气体在喷淋塔横截面上的平均流速一般为 0.5～1.5m/s。我们称这种平均流速为空塔速度。气流在通过筛板等塔内构件时会受到一定阻力，这种阻力的大小以 Pa 为单位。

喷淋塔的优点是阻力小，结构简单，塔内无运动部件，但吸收率不高，适合于有害气体浓度低和处理的气体量不大的情况。

② 填料塔。填料塔是在喷淋塔的基础上改进而得的设备，在塔内填充适当的填料就成了填料塔。放入填料的目的是增加气液的接触面积。当吸收液从上往下喷淋时，沿填料表面下降而湿润了填料，气体则上升通过填料表面而与液体接触进行中和反应。

填料可以是实体也可以是网状体。常用的实体填料有瓷质小环和波纹填料等。填料的置入除了支撑板上的前几层用整砌法放置外，其他层是用随意堆放的方法。填料塔的空塔速度一般是 0.5～1.5m/s，每米填料层的阻力一般为 400～600Pa。填料塔结构简单，阻力小，是目前用得较多的一种净化气体的方法。

③ 浮球塔。浮球塔的原理是在塔内的筛板上放置一定数量的小球。气流通过筛板时，小球在气流的冲击下浮动旋转，并互相碰撞，同时吸收从上往下喷淋的中和水，使通过球面的气体与之反应，使气体中混入的酸雾被吸收。由于球面的液体不断更新，气体不断向上排放，使过程得以连续进行。这种小球通常是以聚乙烯或聚丙烯制作，直径为 25～38mm。浮球塔的空塔速度为 2～6m/s，每段塔的阻力为 400～1600Pa。

浮球塔的特点是风速高，处理能力大，体积小，吸收效率高。缺点是随着小球的运动，有一定程度的返混，并且在塔内段数多时阻力较大。

④ 筛板塔。筛板塔也叫做泡沫塔。这是因为这种喷淋塔的特点是在每层筛板上保持有一定厚度的中和液，中和液由上向下喷淋在每一个筛板上形成一定液位的水池后，再溢出流往下一层筛板。筛板上有一些可以让气体通过的小孔，气体从孔中进入溶液后生成许多小泡，使气液发生中和反应，达到净化气体的效果。

筛板上的液体要保持在 30mm 左右。空塔速度为 1.0～3.5m/s。随着气流速度的不同，筛板上的液层呈现不同的气液混合状态。当出现大量泡沫时，气液有最大的接触面积，这时的效果是最好的。为了能达到这种泡沫状态，筛板的开孔率为 10%～18%，孔径为 3～8mm。筛孔过小，不仅加工困难，而且容易堵塞。过大，则液面难以保持，也不利于生成气泡。同时筛板的安装也一定要保持水平，以有利于液面高度均匀，提高吸收效率。

筛板塔的优点是设备简单，吸收率高。它的缺点是筛孔容易堵塞，操作不稳定，只适用于气液负荷波动不大的场合，并且在气体流量较大时，这种方法的成本较低。

14.3.2.2　电镀用水的零排放

大家知道，零排放在电镀污水治理中是一种最为理想的模式，至今都没有能够得到普及和推广。究其原因，是电镀用水量太大并且水体中的污染物又太多且复杂，要想分流治理，成本将很高。电镀实现零排放的另一个困难是对水质的要求较高，回用水如果不能完全恢复到初始状态，只能用于前处理的清洗，在电镀件的清洗中是不能用的。因为那会给槽液和电镀件表面质量带来风险。而要使回用水恢复到初始状态，成本也将高得惊人。因此，至今只有非常单一或专业的极少数电镀生产线用到了零排放技术。

因此，如何减少电镀清洗用水是实现电镀废水零排放的关键。一种正在流行起来的系统是电镀槽边回收系统，这是在电镀产品出槽时先在回收槽中清洗，清洗槽的水是不排放的，与传统回收概念不同的是，在回收槽中装置有回收膜或电解回收装置。通常是通过泵将含有金属离子的回收液抽送到回收装置，将金属离子直接从清洗槽中回收，可以提高回收效率和减少电镀水的排放。经过槽边回收金属离子的水的回用质量也会得到提高。

还有一种新思路是将电镀产品出槽后的第一道清洗改为油洗，这是一种全新的清洗方式，用油而不是用水来进行出槽后的第一道回收清洗，这个油洗槽实际上是一台超声波增强的油水分离器。

14.4　电镀资源的再利用

14.4.1　金属离子的回收利用

这里所说的金属的回收与前面所说的金属回收是不同的概念。不是指还原态金属的回收，而是指处于离子态的金属的回收，主要是指从电镀废液、经浓缩后的清洗液和经化学溶解的挂具等原液中回收金属。包括将散留在挂具或其他夹具等上面附着的金属经化学溶解（退镀）后，从这类金属离子的溶液中回收金属。所用的方法大多数是电解回收法。

（1）铜的回收

可以用电解法回收废水中的铜。如果水量不大，而含铜离子的量较高，可以通过蒸发的方法将废水进行加温蒸发，使其铜离子的浓度进一步提高至 $30g/L$ 左右，然后加入硫酸 $50g/L$，以 $0.5A/dm^2$ 的电流密度（电压为 $1.8\sim2.4V$）进行电解沉积。阴极可以采用电解铜板或不锈钢板，阳极采用不溶性阳极。如果以铜粉的方式回收电解液中的铜，则铜盐的浓度最低可以在 $5g/L$ 左右。

当水量较大而铜离子的浓度较低时，要采用反渗透法先将含铜离子的水进行浓缩后，再进行电解回收。由于铜的还原电位较正，又是采用较小的电流密度电沉积，这样可以保证铜的优先沉积而不会有其他金属离子的干扰。因此，采用电解回收的方法可以获得较高纯度的回收铜，类似于铜的精炼。

（2）镍的回收

镍的回收也是采用先浓缩废液，使其达到可供电沉积的工艺所要求的浓度，再以电解的方法进行电沉积回收。对镍进行电解回收时，比较理想的电解液是氯化物电解液。这种电解液可以在较低的浓度下工作，比如在以下的电解液中可以将镍离子以镍粉的形式加以回收：

氯化镍	$4\sim10g/L$	温度	$40\sim50℃$
氯化钠	$7\sim12g/L$	阴极电流密度	$30\sim60A/dm^2$
氯化铵	$15\sim25g/L$		

在这种电解液中回收镍时，可用一圆筒形不锈钢阴极，并让阴极滚筒缓慢地旋转。在滚筒上装一个刮板，将沉积在阴极上的镍粉不断地刮下来落入托盘中。

当然也可以在这种镀液中镀出镍板，但镍盐的浓度要相应提高。

如果要用硫酸盐镀液进行回收，则镍盐的浓度至少要在 30g/L 以上。

（3）其他金属的回收

金、银等贵金属的回收可以采用离子交换树脂法。离子交换树脂法的特点是装置结构比较简单，机械故障少；水处理的成本相对较低；水处理的纯度较高。缺点是树脂的寿命在饱和后需要及时再生，否则就失去了处理能力。尤其是处理高浓度的废水时，树脂的处理周期短，只适合于低浓度的废水。

离子交换树脂分为阳离子交换树脂和阴离子交换树脂两大类。阳离子交换树脂又分为强酸性阳离子交换树脂和弱酸性阳离子交换树脂。阴离子交换树脂又分为强碱性阴离子交换树脂和弱碱性阴离子交换树脂。

14.4.2　水的再利用

（1）含镍废水处理

金属镍作为重要的工业资源，曾经是西方国家对我国禁运的战略物资，现在也一直属于供应紧张的战略资源。改革开放以来，我们虽然可以在国际上采购到金属镍，但其价格越来越高。我国属于镍资源相对贫乏的国家，而无论是在电镀还是在电铸中，镍的用量都非常大，更不要说在不锈钢等行业中也需要用到镍资源，因此节约使用镍资源有着重要的意义。

电镀镍由于镀液浓度比较高，加上清洗用水的量较少，使得废水中的镍离子浓度相对也较高，有必要从废水中将镍加以回收。通常可以用离子交换法、反渗透法和电渗析等方法加以回收，但是离子交换法的处理浓度不能太高，当废水中镍离子浓度超过 200mg/L 时，就不宜采用。比较适用的方法为反渗透法。

反渗透法是一种膜分离技术[3]。这种技术实际上是仿生学的成果。人们很早就知道肠衣和膀胱膜等能够分离食盐和水，这种透过膜将盐和水分离的现象被称为渗透现象。膜被叫做半透膜。最先利用渗透原理的技术是海水淡化。1953年，由 Reid 提出用反渗透方法淡化海水，到 1960 年美国加利福尼亚大学的 Loeb 开发出实用的半透膜，这一方法得以进入实用阶段[4]。

利用反渗透法处理废水的原理是用隔膜将电镀废水与清水隔开。在废水一侧加上一个大于渗透压的压力，则废水中的水分子会逆向透过膜层透过到清水一侧。含镍废水在高压泵的作用下，镍盐被膜截留而只让水通过。这样不断持续，便可以达到分离出镍盐和净化清洗水的目的。其流程见图 14-3。

反渗透膜有好几种，主要有醋酸纤维膜。可以根据需要制成管式、卷式和空心纤维式三种。

醋酸纤维膜主要由醋纤维、甲酰胺和丙酮三种材料合成。甲酰胺起成孔作用，丙酮为溶剂。卷式醋酸纤维反渗透元件是将半透膜、导流层、隔网按一定排列黏合成后卷在有排孔的中空管上，形成反渗透器件。废水从一端进入隔网层，

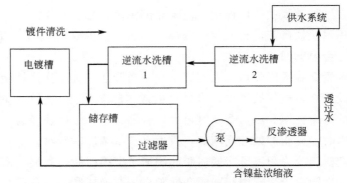

图 14-3　反渗透法处理含镍废水流程

经过隔网时，在外力下，一部分水通过半透膜的孔渗透到导流层内，再顺导流层的水管流到中心管的排孔，经中心管排出。被阻隔的部分为浓缩了的含镍盐溶液。可以经分析后投入电铸槽回用，或电解精炼为金属镍。

　　（2）混合废水的处理

　　混合废水处理是较小规模的电镀企业为了简化水处理流程，而将各类废水纳入同一个排水管进入废水处理设备的处理模式。

　　混合废水处理可以简化处理流程，提高水的回用率。其废水处理流程参见图 14-4。

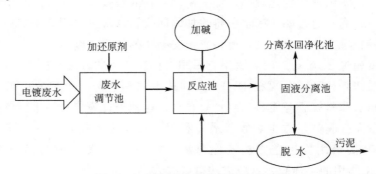

图 14-4　电镀混合废水处理流程示意

　　电镀混合废水首先进入调节池，加入硫酸亚铁等还原剂对废水中高价金属离子进行还原，以利后续的沉淀处理。还原处理后的废水用泵抽入反应池，加入石灰等碱类，使金属离子生成氢氧化物，然后用泵抽至固液分离池沉淀，经充分沉淀后，分离室内的水可以抽入回用水净化槽，经调整 pH 值至 7 以后进入电铸清洗供水系统。

　　沉淀室中的污泥可进入脱水过程。脱下的水可进入反应室回用。剩余的污泥是各种金属的氢氧化物，可以交环保部门做进一步的处理。这进一步的处理包括再利用或集中深埋。

14.5 电镀安全生产

14.5.1 电镀生产中的安全知识

电镀生产过程要用到多种化学品，包括常用的三酸、二碱、各种金属的盐、试剂、有机溶剂等，这些化学品多数是有毒有害物质，特别是强酸和强碱等强腐蚀性化学品，从采购到运输、使用、储存都有严格的规定，操作人员必须接受安全生产教育并经考试合格后才能上岗。

电镀生产过程中的安全知识归纳起来有碱性溶液操作安全知识，酸蚀溶液操作安全知识，氰化物操作安全知识及其他有关（有机溶剂、机械、动力设备）的安全知识。

14.5.1.1 碱性溶液的操作安全知识

电镀生产中涉及碱性化学用品的工序有化学除油、电解除油、氧化及有色金属精密件去油等。碱液对人的皮肤和衣服有较强的黏附性及腐蚀性，腐蚀时有灼热的感觉、因此在生产中使用碱溶液时，应掌握如下的安全操作知识。

① 操作温度（除氧化溶液外）一般不宜超过 80℃，以免碱液蒸气雾粒外溢，影响操作环境，伤害工人的皮肤和衣服。

② 应配备抽风设备或添加气雾抑制剂。

③ 操作时，工件进出溶液的速度应缓慢，严防碱液溅出伤害人体。

④ 氧化溶液加温时，用铁棍将其表面硬壳破碎，防止内压作用溅出的碱液伤人。

⑤ 操作时必须配备好防护用品，女同志一定要戴工作帽。

⑥ 碱液粘在皮肤或衣服时，应立即用水冲洗干净。皮肤可用 2% 左右的醋酸或 2% 的硼酸溶液中和清洗干净，待皮肤干燥后涂以甘油、医用凡士林、羊毛脂或橄榄油等。若吸入体内，只有轻微的不适感觉，可内服 1% 的柠檬酸溶液，多饮牛奶、黏米汤。严重灼伤者，送医院治疗。

14.5.1.2 酸蚀溶液的操作安全知识

常用的酸蚀溶液有硫酸、硝酸、盐酸、氢氟酸、铬酸以及其混合酸液等。这些酸液腐蚀性很强，对环境污染严重，对人体危害也较大，因此操作时应掌握如下的安全操作知识。

① 操作人员应熟悉各种酸的特性。

② 配制和使用酸液时，应有抽风装置，工作者应佩戴好相应的防护用具。

③ 配制单酸的酸蚀溶液时，必须是先加水，后加酸。配制混合酸蚀液时，应先加密度小的酸，后加密度大的酸，如配硫酸、硝酸和盐酸的混合酸时，它们的加料顺序是先把盐酸加入水中，再加硝酸，然后再加硫酸。

④ 宜在室温条件下使用浓硝酸,以防止分解污染环境。

⑤ 细小通孔管状工件需用浓硝酸腐蚀时,应将工件同时浸入,不得一端插入酸液中,避免酸液和生成气体从管内向外喷射伤人。

⑥ 发现酸液溅在皮肤上,立即用水冲洗干净,可用2%左右的硫代硫酸钠或2%左右的碳酸钠溶液洗涤,然后用水洗净,再涂以甘油或油膏。若轻微吸入体内时,可饮大量的温水或牛奶。严重灼伤者,冲洗后立即送医院治疗。

14.5.1.3 氰化物的操作安全知识

氰化物的毒害很严重,操作不当,会危及人的生命,因此必须严格遵守各项安全操作制度。以下各条务必要认真遵守。

① 必须严格遵守氰化物剧毒品的存放和领用制度。存放氰化物等剧毒化学品的库房必须有严格的安全措施,并且是双人双锁保管,有领用审批和签字制度,有明确的用途和去向。

② 工作者必须是接受过使用氰化物安全教育并经考核合格的人员,要求熟悉氰化物的特性和它的危害性,操作前必须穿戴好防护用品,操作时一定要集中注意力。

③ 使用氰化物电解液时,必须具备良好的通风装置,应该是先开抽风机,然后操作。

④ 氰化物遇酸类物质产生反应生成剧毒的氢氰酸气体,影响环境和安全生产,因此氰化物不能摆放在酸类物质的附近,酸类溶液不能与氰化物溶液共用抽风系统。

⑤ 工件进入氰化物溶液之前,必须将酸类物质彻底清洗干净(特别是有盲孔的或袋状的工件),以杜绝酸液带进氰化物溶液中。

⑥ 配制和添加氰化物时速度应缓慢,一方面使它能在溶液中充分扩散起反应,同时要避免溶液外溅。为了减少氰化物的分解挥发,防止环境的污染,溶液的温度不宜超过60℃。

⑦ 盛过和使用过氰化物的容器和工具必须用硫酸亚铁溶液作消毒处理后,再用水彻底冲洗干净(专用于盛装氰化物)。凡含有氰化物的废水、废渣等都应进行净化处理,经处理符合排放标准后,才能排放。

⑧ 操作人员皮肤有破伤时,不得直接操作氰化物。清理氰化物电解液中阳极板时,必须在湿润状态下先中和,清洗后再进行。清理时必须戴好手套。

⑨ 严禁在工作地区吸烟、吃食物。下班后应更换工作服。一切防护用品不准带回家去,放在专用的更衣柜内。下班后应漱口,用10%的硫酸亚铁清洗手和皮肤。每天下班后必须洗澡,防护用品应做到勤清洗。

⑩ 氰化物有苦杏仁味,发现有中毒迹象,可内服1%的硫代硫酸钠溶液,并立即送医院救护。

14.5.1.4　其他安全事项

① 由于有机溶剂易挥发，闪点低，因此严禁近火源。需升温时，应采用水浴或蒸汽加温。附近应有隔绝火源措施，容器应有密封盖。

② 有机涂料烘干时，注意打开排气孔，防止爆炸，烘干设备应有防爆措施。在扑救易燃有机物火灾时，一般不宜用水，可用二氧化碳、四氯化碳、沙土。如果易燃物密度大于水或能溶解于水的，可用水扑救。毒性较大的气体，应戴防毒面具。

③ 受压器件应经常保持安全阀的完好，如发现故障，不得开启，检修完好后才能使用。

④ 蒸汽阀门开启与闭合时防止过头，否则易损坏阀门引起漏气伤人。

⑤ 转动设备使用时，切勿用手抓住强迫停车，应自然停稳后，才能装卸工件。

⑥ 生产场地应整齐、清洁。人行道畅通无阻。配备完好的消防、安全设施，并注意妥善保管。

14.5.2　电镀防护用品的正确使用及保管

劳动保护用品是保护工人身体健康，以利安全生产的人身防护用品。这也是员工的劳动保险待遇，各种工种有它相应的劳动保护用品。对防护用品应正确使用，以符合节约资源的原则。

14.5.2.1　电镀操作者的劳保用品

电镀工艺属于化学、电化学加工工业，经常接触有腐蚀性、毒性的物品，因此电铸操作者的劳动保护用品应是耐酸、耐碱、防毒的。其中包括：

① 耐酸、碱的工作帽，工作服，围裙及防水靴；

② 防护眼镜、口罩或防毒面具；

③ 工作手套，必要时用耐酸、碱手套，一般防止导电部分过热烫手可用纱手套或布手套；

④ 存放防护用品的专用更衣柜或箱。

14.5.2.2　使用防护用品的注意事项

① 防护用品只能在工作时间内使用，不得带回家或穿戴入公共场所。

② 防护用品只能起防护作用，决不能随意将防护用品浸入电镀生产中的化学溶液中。即使沾有化学物品，也应及时或定期洗涤干净。

③ 不得使用不耐磨或软质用品去接触尖棱、摩擦性较严重的物件。

④ 不得用不耐热的用品去接触高温物件。

⑤ 保持操作范围的场地空气畅通，消除有尖角、棱刃的障碍物，以免挂、划破劳动保护用品。电镀工作场所不准戴有色的平光眼镜。

参 考 文 献

[1] 巴巴拉·沃德，雷内·杜博斯. 只有一个地球 [M]. 北京：石油工业出版社. 1976.

[2] 麦克迈克尔 A J. 危险的地球 [M]. 南京：江苏人民出版社，2000：368.

[3] 张允诚. 电镀手册（下）[M]. 北京：国防工业出版社. 1997：569.

[4] 石井英雄. 日本电镀指南 [M]. 长沙：湖南科学技术出版社. 1985：507.